安全健康新知丛书

ANQUAN JIANKANG XINZHI CONGSHU

第三版

风险分析与安全评价

第三版

◎ 罗云 主编 ◎ 裴晶晶 副主编

化学工业出版社

·北京·

《风险分析与安全评价》（第三版）是《安全健康新知丛书》（第三版）的一个分册。

《风险分析与安全评价》（第三版）主要论述了现代工业风险的现状，风险防范科学的发展、风险管理的基本思路和策略，先进的风险分析与安全评价理论和方法，缜密的风险辨识、科学的风险评估、有效的风险控制理论和方法。更有实用价值的是详述了危险源辨识与风险评价的方法和实例以及风险预警管理的理论和实践的相关内容，同时对事故预测、事故预防、事故应急和风险控制进行了深入介绍。本书具有前沿性、理论性、系统性和实用性的特点。

《风险分析与安全评价》（第三版）可供企业安全管理人员、政府安全生产监督管理人员阅读，也可作为高校、科研单位安全科技人员及安全工程专业大学生的理想参考书。

图书在版编目（CIP）数据

风险分析与安全评价/罗云主编．—3版．—北京：化学工业出版社，2016.1（2023.8重印）
（安全健康新知丛书）
ISBN 978-7-122-25445-0

Ⅰ.①风… Ⅱ.①罗… Ⅲ.①工业生产-风险分析②工业生产-安全管理 Ⅳ.①X931

中国版本图书馆CIP数据核字（2015）第250195号

责任编辑：杜进祥　　文字编辑：孙凤英
责任校对：边　涛　　装帧设计：尹琳琳

出版发行：化学工业出版社（北京市东城区青年湖南街13号　邮政编码100011）
印　　装：北京机工印刷厂有限公司
710mm×1000mm　1/16　印张20　字数391千字
2023年8月北京第3版第7次印刷

购书咨询：010-64518888　　售后服务：010-64518899
网　　址：http://www.cip.com.cn
凡购买本书，如有缺损质量问题，本社销售中心负责调换。

定　价：59.00元

前言

从方法论的角度，安全生产的工作模式大致能分成三种：一是迫于事故教训的工作方式，这是传统的经验型监管模式；二是依据法规标准的工作方式，这是现实必要的规范型监管模式；三是基于安全本质规律的工作方式。本质规律的方式必然要求风险分析与安全评价方法与技术的支持。

基于风险的监管，即 RBS/M 模式就是体现安全本质规律的分析模式和方法的最典型标志。其具有科学性和有效性，在针对当前我国安全生产管理资源有限、事故预防命题复杂的势态下，应用更为科学有效的风险分析理论和方法显得极为重要和具有现实意义。因为，RBS 力求使安全评价和风险分析做到最合理、最有效，最终实现事故风险的最小化。这是由于：第一，基于风险的管理对象是风险因子，依据是风险水平，目的是降低风险，其管理的出发点和管理的目标是一致和统一的，监管的准则体现了安全的本质和规律；第二，基于风险的管理能够保证管理决策的科学化、合理化，从而减少监管措施的盲目性和冗余性；第三，基于风险的管理以风险的辨识和评价为基础，可以实现对事故发生概率和可能损失程度的综合防控。建立在这种系统、科学的风险管理理论方法上的监管方法能全面、综合、系统地实现政府的科学安全监察和企业的有效安全管理。

RBS/M 方法可以应用于针对行业企业、工程项目、大型公共活动等宏观综合系统的风险分类分级监管，也可以针对具体的设备、设施、危险源（点）、工艺、作业、岗位等企业具体的微观生产活动、程序等进行安全分类分级管理，可以为企业分类管理、行政分类许可、危险源分级监控、技术分级检验、行业分级监察、现场分类检查、隐患分级排查等提供技术方法支持。RBS 的应用流程是：确定监管对象→进行风险因素辨识→进行风险水平评估分级→制订分级监管对策→实施基于风险水平的监管措施→实现风险可接受状态及目标。

应用 RBS/M 监管的理论和方法，将为安全生产监管带来如下转变。

- 监管对象：变事故被动监管为风险主动监管；
- 监管过程：变静态局部监管为动态系统监管；

- 监管方法：变形式约束监管为本质激励监管；
- 监管模式：变缺陷管理模式为风险管理模式；
- 监管生态：变安全监管对象为安全监管动力；
- 监管效能：变随机监管效果为持续安全效能。

正因为有了这些新的风险分析与安全评价理论和技术的发展，使得本书的第三版具有了创新的动力和源泉。《风险分析与安全评价》（第三版）面向公共安全和安全生产，在安全管理的理论、安全管理的法制、安全管理的方法等方面都有了进展和突破。本书由罗云主编，裴晶晶副主编，参加编写人员还有：樊运晓、马孝春、罗斯达、常成武、李峰、胡延年、杨景武、黄西菲、李彤、黄玥诚、曾珠、李平、李永霞等。我们期望读者能够通过最新版本的阅读，获得最新、最前沿现代安全管理理念与理论、技术与方法、应用与实例的新知识及新感悟。

罗　云

2015 年 7 月于北京

第一版前言

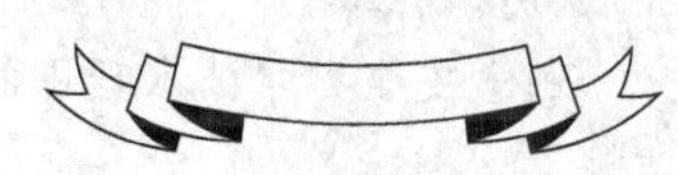

在我们的生产和生活过程中，时时处处都充满着来自于技术的风险。技术风险给我们带来的是生产和生活过程中发生的各类安全事故，它会给个人造成生命的丧失、生理的伤残，给家庭带来痛苦和不幸，给社会和企业造成生产的影响和财富的破坏与经济的损害，给国家稳定造成干扰和危害。因此，人们憎恨来自于技术风险的意外事故。

然而，导致技术风险的本质根源或原因是什么？如何消除或控制技术风险？如何减轻由于技术风险造成的损害和损失？

为了回答如下问题，我们先从技术系统的“本质安全”说起。

“本质安全”这一术语源于20世纪60年代的电子工业部门，用于指电子系统的自我保护功能。后来这一概念以及“本质安全化”的理论和方法被工业安全技术人员接纳并推广，并作为对技术系统安全性能评价的原则之一。

关于本质安全的定义有两种观点。一种观点认为：本质安全化是针对人-机-环境整个系统而言，可谓之系统本质安全化。也就是说：对于人-机-环境系统，在一定历史的技术经济条件下，使其具有较完善的安全设计及相当可靠的质量，运行中具有可靠的管理技术。其内容包括：人员本质安全化，机具本质安全化，作业环境本质安全化，人-机-环境系统管理本质安全化等。

第二种观点认为：本质安全化的概念仅适于人-物-环境方面的本质安全化。因为：(1) 人的生理机能根本不可能是本质安全化的；(2) 人是不停地接受外界物质、能量、信息作用的客体，又是异常复杂的物质与精神不断循环的系统，要达到本质安全化是不大可能的。所以“本质安全化”是指通过本质安全化的手段、方法，达到对人无损无害。

两种观点不同，但都充分肯定了技术系统的本质安全对于预防事故灾害的重要性和必要性。事实上，在现代的安全管理工作中，人们研究最多、成果最多的也是系统的本质安全化技术，它对于预防事故和保障安全生产起到了巨大的改进和促进作用。

为了实现本质安全化的目的，安全科学技术专业人员在探索和研究基本的理论和方法。

随着安全科学技术理论的发展，人们逐渐认识了实现系统本质安全化的基本方法。

一是从根本上消除危险、危害因素及其导致事故和毒害事件的发生条件。即针对事故发生的主要原因采取物质技术措施，使其从根本上消除，这是防止发生事故或类似事故最理想的本质安全措施。主要有：(1) 以安全、无毒产品替代危险、高毒产品；(2) 按本质安全化要求，重新设计工艺流程、设备结构、形状和选择能源；(3) 消除事故可能发生的必须条件。

二是在设备或技术系统中应能自动防止操作失误、设备故障和工艺异常。操作失误、设备故障和工艺异常是生产过程中难以避免的现象。设备及其系统应有自动防范措施，否则必然导致事故发生，造成人员伤害、设备损坏，甚至还可能引起燃烧、爆炸。采取自动防范措施的主要方法有：(1) 用机械的程序控制代替手工操作，是保证安全、防止错误操作的根本途径；(2) 积极进行自动化和机器人的研究、生产，逐步替代人去从事危险、脏且累、尘毒及其他人们不愿从事的工作；(3) 采取和创造安全装置。安全装置一般由机器制造厂商设计安装并随机器销售。这些安全装置有：屏护装置，密闭装置，自动和联锁装置，保险装置，自动监测、报警、处置装置，以及指示灯、安全色等辅助性安全装置。

三是设置空间和时间的防护距离，尽量使人员不与具有危险性、毒害性的机器接触，这样即使发生事故也不能造成伤害，或降低伤害程度。具体的方法有：(1) 将具有危险性、毒害性的机器围封于特定场所，即抗爆间、密闭室、安全壳等，使之与人员及周围环境保持一定的安全距离；(2) 在人员与机器之间或机器周围设立隔断墙、隔火墙、防爆墙、隔火间、隔爆间、抗爆土堤、抗爆屏障、防泄堤及避难设施（安全滑梯、滑杆、通道等）；(3) 围栏、护网可起部分隔离作用，只用于其他隔离措施无法实行的情况；(4) 时间隔离是为了避免相邻作业发生事故后相互影响，从而确定错开作业时间，达到隔离目的。但它易随着人为因素而失效，所以只在其他隔离措施无法实行时才运用。

四是根据生产特点，做好安全措施的最佳配合。首先应研究对象的主要危险因素，熟悉各种安全措施、方法的使用范围和条件，然后进行选择、匹配，从两个或两个以上的相对安全措施的最佳组合中求取最大限度的安全效果，对重要、危险的部位要采用双重、多重安全保障措施。

综上所述，本质安全化原则和技术对于从根本上认识技术风险、消除事故和危害事件、防止人为失误和系统故障时可能发生的伤害是最基本和有效的措施，这种措施贯穿于技术方案论证、设计，以及基本建设、生产、科研、技术改造等一系列过程的诸多方面，它对于指导安全生产科学管理工作有重大的意义。故此，“本质安全”的原则在安全设计、安全管理中得到了广泛的应用。

要实现技术系统的本质安全，就需要认识技术风险，进行风险分析、风险评价和风险控制。因此，风险分析与管理是实现系统本质安全的基础。

本书的重要内容涉及如下方面：

1. 技术风险对现代社会的影响和负面作用。

2. 工业风险管理的基本概念、原则、理论和方法。

3. 风险辨识的理论和技术。

4. 风险评估的理论和方法。

5. 风险控制的理论——事故预测与预防的理论。

6. 重大事故的应急救援理论和方法。

作者希望通过本书提出的观点，介绍的理论和方法，或分析、探讨的实例和论证，向读者传递一套风险管理的理论和方法体系。

由于安全科学技术的理论和方法还处于发展之中，风险分析与安全评价的理论和方法体系还有待于不断地研究和探索，加之作者知识及能力水平有限，不足及错误在所难免，望读者能予谅解，并能提出宝贵意见。

罗　云

2004年元月于北京

第二版前言

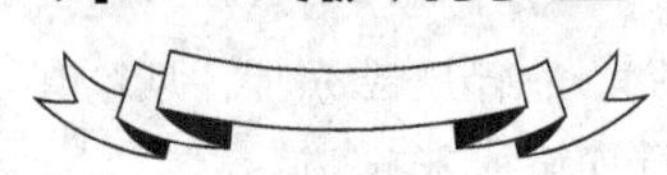

近十年来，重大危险源和重大隐患的概念深入人心。从法律到标准，从政府监管到企业防控，对危险源和隐患的监控和治理，全社会都倾其能力，极度重视。是的，对重大危险源进行普查，推行评估制度，落实监控措施，制定应急预案；对重大隐患进行排查，推行分类分级管理制度，落实治理整改措施，这些策略和对策与事故报告、责任追究等事后型的监管措施相比，无疑具有超前预防的功能和作用，确实是安全管理的进步、科学管理的体现。但是，以重大危险源和重大隐患作为管理对象，推进全面的、严厉的监管制度，这仅仅是预防型科学管理的初级阶段，是现代安全管理的第一步。

为什么这样说？如何认知和理解上述的观点和结论？下面是我们的见解。

2007年湖南凤凰“8·13”堤溪大桥垮塌特别重大事故，山东新汶华源“8·17”洪水淹井事故，2008年深圳市龙岗区龙岗“9·21”舞王俱乐部重大火灾事故，内蒙古鑫鑫花炮厂“8·30”重大爆炸事故，广西广维化工股份有限公司“8·26”爆炸事故，山西襄汾“9·8”特大尾矿库溃坝事故等。面对这些重特大事故，调查记者、社会公众、业内人士常常都会提出如下质疑：为什么重大危险源的监控成效不大？为什么已查出的重大隐患长期得不到解决？为什么同类型的事故重复发生？为什么一边排查治理隐患一边发生事故？……

多年来，国家在安全生产监管层面组织实施了“重大危险源普查”、“重大隐患排查”等举措。国家安监总局将2008年定为“重大隐患治理年”，并在奥运会召开之前启动了“百日督查专项行动”。但就是在这样的背景下，重特大事故还累累发生。我们不能就此否定近年的这些重大安全监管举措的作用和成效，但这些重特大事故的发生和对其原因的分析，以及对事故责任的认定，在诸多原因之中，有一点是我们必须认识到的，就是：我国目前安全生产“监管水平较低，缺乏科学性”；“监管效能较差，与科学发展不适应”。监管效能差是结果、是表象，监管缺乏科学性才是本质，才是根源。

作者认为，我国安全生产监管还缺乏更为科学、有效的手段和方式，主要体现在如下几个方面：

一是缺乏科学分级，抓不住监管重点。尽管多年来我们进行了重大危险源和重大隐患的普查排查、评估分级、监控管理，但是其核心的分级方法和标准是根据危险源的固有危险性进行的，这是一种以能量级为依据的分级方法（危险理论），这种方法根本没有反映和抓住危险源的安全本质，即没有根据危险源和隐患的现实风险水平进行科学的分级（风险理论）。建立在固有危险分级理论和方法基础上的分级管理，使得安全监管资源（监管的力量或投入）的利用和分配是盲目和缺乏科学性的，因此使得各级政府的安全监管效能是低下的。在如此高度重视和督查强度的情况下，还有失控的特别重大危险源存在，从而导致特别重大责任事故的发生，就说明了这一点。

二是监管的方式是静态的，缺乏动态预警监控。目前我们对重大危险源和重大隐患的宏观层面采取的普查、排查、分类监管、分级监管，微观层面采取的报告、备案、安评、检查、督查等措施，都是一些静态监管办法。但是，危险源和隐患客观上是动态变化的。同样的危险源或隐患，在不同的生产环节、过程，不同的环境条件、状态，其风险水平是动态变化的，而我们恰恰缺乏动态、实时、适时的监管办法，从而也就谈不上超前的预测、预警对策。政府的各级安全监管缺少系统分类、科学分级、事前预测、实时预警、及时预控等技术方法。如湖南凤凰“8·13”堤溪大桥垮塌特别重大事故和山东新汶华源“8·16”洪水淹井事故，在施工或生产过程中，风险的程度是时时变化的。在变化动态的施工环节和季节环境中，我们没有适时地跟进监管措施，从而使重大风险环节或重大风险状态失控。

三是监管的时机是滞后被动的，缺乏超前主动的科学预防。近年来，我们强调责任追究，用事故指标考核各级政府，采取“回头看”的监督方式，监察的对象主要是重大事故类型、地区和单位。这不能说对遏制重大事故和保障安全生产没有发挥积极作用，但这些办法和措施都带有事后、被动和治标的特点，而要体现“预防方针”，要“治本”，就需要加强监管的超前性，推行科学预防的办法和措施。

四是监管方法以约束为主，缺乏激励机制。在目前有限的社会经济发展水平以及科技发展能力和安全文化素质背景下，在各行业，特别是高危行业，安全生产“应付文化”盛行，这与各级政府安全监管缺乏激励机制有一定关系。近年来，我们采取的安全生产主体责任强化，加大事故责任追究，提高经济处罚标准等措施，无疑是实际而有效的。但是随着社会经济的发展和安全文化的进步，时代呼唤更多的激励机制。

针对上述问题，我们认为，我国的安全生产监管需要作出如下的发展和转变：

一是变固有危险监管为现实风险监管。在各行业的生产现实中，是“重大危险源”或是“重大隐患”，不一定为“重大风险”，而风险才是生产系统安全的本质特征。现行的以固有危险作为监管分级依据的做法，往往放走了“真老虎”、“大老虎”、“活老虎”——真正具有特大风险的危险源或隐患。如发生的内蒙古鑫鑫花炮厂“8·30”重大爆炸事故、广西广维化工股份有限公司“8·26”爆炸事故和山西襄汾“9·8”重大尾矿库溃坝事故，依据临界量、库存容量（危险原理）不一定是高级别的重大危险源，但由于它发生特别重大事故的可能性（概率）极高，可能造成的人员伤亡和损失后果非常严重（严重度），这样的危险源必然是特别重大风险（风险原理），按国家的安全生产分级监管制度，就应该纳入相应的国家、省级、地区和县级的四级监管范畴。为此，我们建议国家对目前辨识的重大危险源和重大隐患重新进行以风险为标准的辨识分级，用风险的理论来指导危险源和隐患分级监管，实现对高风险企业、高风险设备设施、高风险工程施工、高风险作业工期、高风险矿井、高风险仓储、高风险社区场所、高风险活动项目等进行科学分级监管。

二是变静态监管方式为动态监管模式。在重大危险源普查和重大隐患排查的基础上，根据各地区和行业的危险源和隐患风险评估，明确风险预警级别，推行风险动态监管监控。在技术上推广实时监测监控（如对尾矿库安装技术监测系统），在管理上推进“实时报警、适时预警”机制，具体的做法是：对各地区、各行业、各企业的各类重大危险源和重大隐患进行预期风险评估制、风险分类分级监管制、下级实时报警制、上级适时预警制等。

三是变事后的被动监管为超前的主动监管。首先，改变用事故指标考核各级政府的做法，推行各级政府安全监管业绩测评。业绩测评的指标突出监管成本、监管效能、监管效果，重视发展性指标、预防性指标、治本性指标。其次，“回头看”与“向前看”相结合，在实行闭环监管检查过往事故、事件、隐患整改的同时，重视督查风险预测、预警、预控的措施及方案。

四是变约束强制监管为主动激励机制。安全生产方针要求的“预防文化”呼唤安全生产监管的“激励机制”。为此，第一，我们建议对特殊（多因素、新形态、复杂型）的安全事故或事件推行“首发免责”制，即对这类事故主要是吸取经验、信息共享、防范同类；第二，各级政府根据风险分类监管和分级监管的职责，提倡“风险主动报告奖励”制（建立在专家认定的基础上）；第三，推进合理的经济激励政策，即推行安全生产投入经费的国家补贴制、高危行业税收风险调节制等经济激励机制。

国际范围的安全生产管理经历了从经验到科学、从被动到主动、从静态到动态、从事后到超前、从约束到激励的发展和进步。这种科学、合理、有效的管理原理和方法在我国的煤矿、石油、化工、电力、民航等高危行业已有成功的案例，我们期望其在我国各级政府的安全生产监管领域同样也得到认识、发展和实践。

综合上述分析，我们提出如下安全科学管理的策略和方法：变固有危险分级为实时风险分级；推行静态监管与动态监管相结合；从滞后被动监管到主动预警监管；实行强制监管与激励监管协调制。为了达到这些目标，我们多年来致力于以风险为管理对象的安全管理理念和实践推进工作。为此，2004 年我们编写了本书第一版，并获得了读者的普遍关注和喜爱。今年，在化学工业出版社的推举下，我们再奉献给读者《风险分析与安全评价》（第二版）。

第二版相对第一版本来说，一是内容上进行了适当调整；二是对部分不足的内容进行了必要修正和补充；三是增加了第九章，即风险预警管理的理论和实践的相关内容，致使风险管理的方法更为先进与实用。

推进全社会安全科学管理的进步和发展，让各行业的安全管理从经验型传统管理向科学型的高级管理迈进，这是我们的追求和愿望。

罗　云

2009 年 4 月于北京

目录

第五章 风险评价方法 /113

第一章 生存于风险的王国

重要概念 技术风险，意外事故，安全事故。

重点提示 技术风险是客观存在的，本章从不同角度和层面展示了人类面对的风险问题。但是这种展示的用意不是让我们去感受严峻和悲哀，而是让人们警觉，更重要的是要建立风险可防范的意识，认识与社会经济和科学技术发展相适应的、并应该和可能达到的风险控制水平。

问题注意 构成事故的主要因素；职业意外事故的类型与特征；生产过程中的危害分类；风险防范综合对策。

第一节 正视技术的两面性

一、技术是一把双刃剑——利弊共存

技术是人类达到理想境界的阶梯，是创造财富和发展社会经济的强大手段。农业技术的发展，使人类踏进了文明的大门；工业技术的进步，则给人类社会和自然界带来了翻天覆地的变化。回顾历史，我们可以清楚地看出，正是技术的突破带来了一次又一次产业革命和人类社会的日益繁荣。我们今天的物质享受和文化生活，是过去人类梦寐以求的；今天的许多事物，是我们的祖先所不敢想象的。当祖国的运动健儿在大洋彼岸奋力拼搏时，亿万同胞可以通过卫星电视分享他们胜利的喜悦。“朝游北海，暮宿南溟”也不再是什么神话了。今日的飞机、船舰、汽车、火车、高楼大厦、电器化家庭，无一不是工业技术发展的赐予和技术进步的成果。没有现代工业就不会有今天的文明社会。

然而，工业技术在人们的印象中却并不总是光彩夺目的。从另一方面讲，甚至有人对它深恶痛绝，因为它造成人类生命的丧失与健康的危害，以及带来了令人厌恶的环境污染等问题。在工业革命初期，工业所造成的肮脏环境还只限于厂房内和工厂区；现在，它所造成的污染影响已扩大到地球上的几乎任何一个角落。因此，有人摒弃工业生产，主张回到自然体系中去；有人逃离工业城市，到

野地山林里去体验大自然的生活；还有人着手建立古典式的田园村舍，力图摆脱现代工业的影响。但是，所有这些思想和行为，到头来只不过是梦幻或出出风头而已——这些“创业者”一个个又回到城市，回到工业社会中，没有人能长久地生活在我们祖先的环境条件里。其实，即使宣称不要现代工业的人，也避免不了穿戴现代工业生产的衣服鞋帽，使用近代技术制造的物品和工具，乘坐现代化的交通工具。现代工业已深入到人们生活的一切领域，因而作为现代人，想要脱离工业社会和摆脱近代科技的影响，就如抓住自己的头发想使自身离开地面一样困难。

那么，问题的症结究竟在哪里？难道工业技术本身生来就既是福星又是祸根吗？是不是工业化必然给生命与健康带来风险呢？仔细研究一下就会发现，当今严重的工业事故与环境污染并不能只怪工业技术本身，主要是因为人类在进行工业生产时，设计、制造出有缺陷的技术，并应用在生产和生活实际中；同时，就是对于合格或称安全可靠的技术，由于人为的行为不当和管理的失误也会导致技术的失控，从而产生负面的作用——事故和环境灾难。具有缺陷的技术不能把原料全部转化为产品，而是大部分以废物的形式浪费掉了。例如，能源对技术社会有着决定性的意义。石油、煤、天然气等能源都是有限的。世界的石油总储藏量估计在4000亿立方米，目前每年的开采量超过30亿立方米，假如不采取措施，现有的石油资源大约在100年被开采殆尽。煤的储量虽比石油大得多，但也并非无穷的，只不过能供人类开采几个世纪而已。对于如此宝贵的能源，人类又是怎样合理利用的呢？就美、日等主要发达资本主义国家来说，其能源利用率也不过50%，而我国总的能源利用率还不到30%。也就是说，大部分能源不但白白地浪费掉了，而且成了污染源。

根据化学家的观点，地球上没有一种化学元素是无用的，关键在于我们如何控制和利用它们。煤、石油、天然气包含着多种有用物质，如煤中含有工业上极为重要的硫，从石油和天然气中可提炼出大量合成材料的原料，等等。现在把它们简单地燃烧掉，只利用其中的碳和氢，仅仅提取了少部分热能，而其余的大量元素物质和利用价值却被完全忽视了。不仅如此，它们还都以含毒废物的形式被排放出来：硫变成了二氧化硫，金属元素成了有毒颗粒物，结果造成环境严重恶化。不仅天然的物质利用不当会造成危害，为了提高生产的效率和生活的品质，人类还利用技术创造了很多很多过去自然界没有的化学物，这些化学物在造福的同时，也给我们的生活和环境带来负面的影响。

工业发展的历史表明，意外事故的严重以及造成环境危害的关键因素不在于工业生产规模的大小，而在于采用技术的先进和完善程度。

在工业社会的早期，由于采用的技术落后，甚至近乎野蛮，虽然生产规模不大，但造成的事故和污染却十分惊人。1900年，美国田纳西州的一个镇上建设了一座硫酸厂，采用硫铁矿作原料。生产者只简单地将硫铁矿与木柴相间堆积成层，点火燃烧，用生成的二氧化硫气体来制造硫酸。这种简陋的生产方式使大量二氧化硫散失，熏死了周围一万多亩土地上的所有植物，直至今日，那里仍是寸草不生。

现在，人类的生产水平虽已比几十年前大为提高，但资源的利用率依然很低，尤其像我国这样工艺技术落后、生产设备陈旧与管理不善的生产方式，使能源的浪费和原料的流失更为严重。我国是以煤炭为主要能源的国家，大部分煤炭未经加工处理就直接用于燃烧，不仅热效率低，而且煤炭的绝大多数成分都以废气、粉尘和煤渣的形式排放到环境中，这是我国许多城市和工业区黑烟滚滚、煤渣成山、大气飘尘严重超标的根本原因。我国仅造纸、制糖、制革、合成脂肪酸、合成洗涤剂等五大轻工行业，每年排出的悬浮固体物就多达120万吨，BOD_5（排出废水的五日生物化学需氧量）高达135万吨。造纸工业每年用火碱近百万吨，只有二十几万吨回收利用，其余都变成了水污染物质。我国化工行业的原料利用率也不到三分之一，大部分原料都转化为污染物进入大气、水体和土壤中了。上述种种情况都说明，技术上的缺陷是造成当今环境污染的主要因素。

二、两种前途

我们已经认识了技术给人类生产和生活带来的利弊。从中可以看出，生产的效率、生活的质量、人类生存环境的质量，不仅与人类社会的物质和精神文明，与人们的生老病死、吉凶祸福密切相关，而且对人类的未来都有极其深远的影响。现今，人类社会正处于一个动荡的变革时期。在这个剧烈的变化过程中，人类科学技术的发展趋势怎样，这是人们十分关心的问题。古人云："凡事预则立，不预则废"，展望未来对我们今天的态度和行动有极大的好处。

1. 严峻的未来

几千年的人类文明历史，在任何一种生物的进化史上都不过是短暂的一瞬间，但人类社会却发生了翻天覆地的变化，而且其变革的速度越来越快，变革的规模也越来越大。在人类文明史上，农业社会历时数千年，工业社会至今不过三百年，目前又面临着新的变革时期，这就是某些社会学家所称的"信息社会"或"信息革命"。这种新的变革，也许只能延续几十年，但可以肯定的是，变革给人类的生产、生活和环境带来的影响将更加巨大，更加深刻。在信息社会的重大变革中，技术的发展对人类生产和生活的作用是空前和最为突出的。

在工业社会以前一个相当长的历史时期，人类活动受自然的制约，人与大自然的斗争是这一时期的主要矛盾。在这个时期，火是人与自然斗争的最强大武器，焚山烧林、开辟农田、驯养禽畜等，是人与自然斗争的主要内容。这种生产和生活的方式下，人类面对的主要是来自自然的灾祸。

工业化将人类历史推向一个新的阶段。在工业社会里，矿物能源代替了传统的薪柴木炭，机器代替了手工劳动，大工厂取代了小作坊，技术大行其道。技术创造了效率，也创造了财富，创造了城市，人群由农村涌向城市，一切都向大型化与集中化发展，随着而来的就是损失对意外事故极其敏感，人类的生产、生存

风险扩大。

目前，我们已经进入这样一个历史时期：征服自然的手段和技术已取得了重大发展，自然界已基本置于人类的控制之下；全世界60多亿人口对地球的压力已接近其承受的限度；工业社会赖以生存的矿物能源已呈匮乏趋势；自然资源已被广泛开发，有些已开始衰竭；生产效率已达到极高的程度，以至于要再加速提高已甚感困难，而从减轻负面影响和损失方面，即利用间接"减负为正"的策略来提高经济增长发挥不可忽视的作用。这一切告诉人们，以牺牲生命、健康和环境为代价得到的文明已发展到高峰，如果按照现在这样的模式继续下去，即对技术的负面作用不加遏制，使技术带来的风险居高不下，人们还是持征服自然的姿态，动用反生态的技术干预生物圈，那么也许到本世纪中期，人类就会遇到严重的麻烦。

人类所处的工业经济时代已经历了相当长的历史时期。工业经济是以工业技术为前提，以资源经济为重要基础的。在这种历史背景下，人类为挽回经济的增长，不惜为技术付出巨大的生命、健康和环境代价。在人类考虑"人口、资源、环境"这一可持续发展的重大命题时，安全与健康作为人类最根本的命题而成为可持续发展的基础。

长期以来，人们通过科学技术手段，经济手段，管理、法律和行政的手段来解决人口、资源、环境问题，但严格地讲，始终未能从根本上奏效。于是，人类开始从更深刻的层面上去思考，即从人类的生存方式、生产方式和人类文明的进程上去思考，由此得到一个基本的结论是：人类必须摒弃工业文明时代奉为公理的观念、理论、方法和行为准则。可持续发展的思想就是在这样的时代背景中萌发和产生的。

对于人类面临的技术风险，我们要站在可持续发展和可持续生存的高度来认识。

2. 光明的前景

如前所述，如果没有科学地利用技术进行掠夺式的生产，在安全方面，则会导致人类意外事故频发、生命与健康风险极高、经济与财产的意外损失巨大；在生态环境方面，世界迅速城市化、资源大量消耗、环境遭污染、生态受破坏。值得庆幸的是，20世纪末期，有效控制技术风险，不仅成为企业安全生产、保障职业安全卫生的重要前提，也成为生活质量和生存保障的基本要素。

迅速崛起的能源革命，将使永久性能源——核聚变逐步取代目前广泛使用的矿物能源；深层地热、太阳能、风能、水力能、氢能等清洁能源将得到开发和利用。能源多样化以后，我们再不用像现在这样为开采、运输大量的煤、石油和天然气而奔忙了，同时，矿物燃料燃烧时造成的大气污染问题也有可能随之迎刃而解。

发展迅猛的信息革命也会引起生产与生活的巨大变革，对环境质量也可能产生巨大影响。电脑将使生产变得高度自动化，一切原料和材料将得到最大限度的利用，污染物的排放量也会因而减少。上海有一些设备陈旧的落后小厂，一经在关键地方安装上电脑，就大大提高了产品质量，增强了经济效益和环境效益。电脑用于生产、资源开发和环境管理，可迅速处理多因素的环境问题，预防大面积或严重污染事故的发生。办公与家庭生活电子化，将使许多事情不需要出门就能办妥，这又将大大减少交通流量，从而相应减少交通污染和拥挤造成的身心伤害。据统计，美国每一城市的居民每天仅往返于居住地和工作处之间使用的汽油平均相当于64.4千瓦，如果将12%～14%的城市上下班职工的工作通过电讯手段来完成，每年就可节约7500万桶汽油，这样美国也就不必进口石油了。信息传播技术的进步，使人们能迅速地获得一切所需要的情报，真正实现“天涯若比邻”的理想，从而人们不再需要集中在一起，也不会再出现“超级城市”问题了。

近年来兴起的生物技术，对增加农业生产、改善未来环境和生态系统都具有很大的意义。人们可以通过基因拼接培育出特殊品种的作物。例如，促使禾谷类作物能像豆科作物那样进行固氮，那么就可不必再施化学氮肥，这意味着既能避免施肥造成的污染，也可消除氮肥厂这样的污染源。如果能把玉米等作物由一年生变成多年生，就可减少耕作，并防止土壤过多损失。假如能将动物的基因拼接到植物中，也许会产生含有动物蛋白的植物，到那时就用不着再通过饲喂家畜来获得动物蛋白，从而有可能避免因过度放牧而造成的草原退化。还有，人们是否可以动用生物技术培育特殊微生物来消除某些污染物质呢？当然，虽然有些事情还只是科学家们的设想，但我们应该相信，随着现代科学技术的突飞猛进，设想完全有可能变成现实。

技术风险问题说到底乃是技术不完善或缺乏认识（安全意识、安全科学态度），以及安全对策不力所造成的。现代最新的科学技术已显示出对提高技术风险的控制能力具有很大的潜力。近年来，发达国家在生产继续增加和经济高速发展的情况下，意外事故率（如交通安全的万车死亡率、亿客公里死亡率，职业工伤的万人死亡率、百万工时伤害频率等）逐年下降，这些多数是采用新技术和完善安全法制、强化科学管理的成果。因此我们应相信，在日益发展的新技术推动下，技术意外问题将同整个人类的前途一样，会有一个光明的前景。

3. 必须立即行动

现代安全问题可分为三大类：一是人的生命与健康损害，二是对社会、企业、家庭的财产危害，三是对环境的破坏。

由于技术风险是在人造系统中发生的，因此，从哲理上讲，所有由于技术风险造成的意外事故都是可防和可控的。但是，由于技术危险的客观存在，要绝对避免意外事故的发生又是不现实的。问题的关键是我们的技术风险控制水平应多大才是合理的。一位世界著名的安全科学家说：如果人造系统中引发的意外死亡率低于由于自然因素导致的死亡率，这样的人造系统就是安全的。事实上，在不同的国家和地区，由于技术水平的不同以及经济基础的差别，政府制定和社会可接受的意外事故率是不同的。但是，有一个共同点，就是尽一切力量去有效地防范由于技术风险造成的意外事故，为社会创造一个安全、健康、高效的生产和生

活环境，使安全健康水平基本上能够同国民经济的发展和人民物质文化生活的提高相适应。

实现一个理想的安全目标是人们的热切愿望，是物质文明和精神文明建设所必需的，是生活质量的需要。但是，我们面临的形势是严峻的，实现这一目标的困难也相当大。例如，据我国原国家劳动部对20个省市和16个产业的权威调查统计，20世纪90年代中期，我国的工业生产各行各业存在可能导致一次死亡10人以上或经济损失500万元以上的重大隐患有982项。公安部门的调查表明，我国的厂矿、城市公共场所和家庭存在有13.82万处重大火灾隐患。这些问题的解决有赖于安全科学的发展，需要大量的经济投入。完成这样的任务，无论财力、物力，都有相当大的困难。由此可见，我国安全生产及意外事故的预防工作将是多么艰巨！

当前，我国的经济力量仍比较薄弱，工业生产技术落后、设备陈旧、安全法制建设和管理不善等都是导致意外事故频发的主要因素。虽然在新技术革命的浪潮中，许多新兴技术的应用和产业结构的改变将使本质安全有所提高，但这种硕果大多会发生在发达国家里，发展中国家想要达到这一步，似乎还需要度过不少的艰苦年月。目前，发达国家正在致力于发展技术集约型产业，以高超的技术产品去占据市场，将许多危害性较高的传统产业，如采矿、钢铁、造船、冶金、化工等移向第三世界。这种转移，对发达国家的环境将带来益处，但对像我们这样的发展中国家和整个人类的安全来说，究竟如何，人们正拭目以待。

安全生产、安全生存对于人类生活的重要意义已越来越明显。现代人类的物质文明已发展到相当高度，人们对精神文化生活的需求在迅速增长。安全、健康、舒适、高效已成为企业、社会和家庭非常关注的问题。安全就是生活质量，珍惜生命，健康胜金，这些已成为广大人民的共识。保护我们的生命与健康，创造安全健康的生存世界，无论现在还是将来，都具有头等重要的意义。

我国是一个社会主义国家，一切工作都是为了人民的利益，因而在任何生产活动中，都必须“目中有人”，既有生产观点，又有安全观点和环境观点。如果说，过去人们为了经济而不顾生命与健康的价值，那么今天需要的却是为防范技术的风险和保护脆弱的生命与健康而奋斗。就在本书编写过程中，还不断传来重大意外事故发生的不幸消息，如“大舜号”沉船事故，200多人丧生；河南焦作娱乐场所火灾，70余人死亡；江西萍乡数月间连续发生三次爆炸事故，造成重大伤亡……令人震惊，发人深省。惊心不仅是因为失去了宝贵的生命，更主要的是因为人们的无知行为。想想我们的目标，看看我们的现状，差距有多大！因此，我们必须立即行动起来，增强安全科学的意识，提高全民的安全素质，强化科学的安全管理，加大技术风险的防范投人，保护我们珍贵的生命、健康与财富，保护有效的技术生产力。愿广大读者都投身到这一有益于人民、造福于子孙的伟大的事业中去。

第二节 生活中的技术风险

一、居家生活中的技术风险

1. 生活中意外事故知多少

由于技术的发展和进步，人们的生活质量不断提高，这种状况一方面给人们带来了极大的物质利益和生活享受，另一方面也给人类的生存增添了许多危险和危害因素。现代生活方式比起传统生活方式对人为意外事故更为敏感，意外事故发生后可能造成的损失也更难与控制。发达国家的经验已经证明，现代生活中的意外事件随着新技术的广泛应用和生活方式及内容的变化，越来越成为人类最为烦恼的事情。

家庭是社会的细胞，家是狂风暴雨中的一个宁静的港湾。无论是层楼突起，还是巷陌深深，家无不以安全、舒适给人们以温馨的感觉。因此，人们都认为家庭、居所是最安全的地方。但对于现代家庭来说，由于技术的不断引入，高层建筑、家用电器、新材料与新能源的利用，使家庭在获得舒适的环境、方便高效的用具、快乐刺激的设施后，却把灾祸的“幽灵”引入了家庭和居所。坠落、中毒、割伤、烫伤、起火等意外事故成为家常便饭，特别对于孩子，家庭已失去“安全大后方”的意义。在美国，死于家庭事故的占全部意外事故的60%。

生活意外事故是指人们日常生活中由于人为原因（直接或非直接的）造成的不期望或意想不到的人的生命与健康危害及损害的事件，如交通事故、火灾、触电、溺水、坠楼、中毒（煤气、石油气、天然气体中毒，食品中毒等）、刺割、运动伤害、爆炸（燃气爆炸，高压锅爆炸等）、气管异物、烫伤，等等。

2. 各领域的安全事故现实

在全球范围内，每年约有400万人死于意外伤害事故，约占人类死亡总数的8%，是除自然死亡以外人类生命与健康的第一杀手。在很多经济发达国家，生活意外伤害事故已经成为人类非正常死亡的第一死因。美国1993年生活意外事故死亡人数高达40530人，其10万人的死亡率是8.7，是劳动生产事故死亡率的2.5倍；失能伤残人数800多万人，是生产事故伤残人数的2.6倍，造成的经济损失生活事故是生产性事故的2.3倍。正因如此，非生产性意外事故长期以来一直是美国国家政府关注的重要问题，在美国国家安全委员会的“意外事故实情”统计分析报告中，生活意外事故一直是其重点统计和分析的内容。在日本，社会非常关心家庭的安全问题。据统计资料表明，日本在20世纪80年代每年生活意外伤害事故死亡高达4万人，其中除了交通事故（占生活意外事故的一半）以外，就是家庭意外事故。20世纪80年代在新加坡，全社会一年发生的意外事故中，生产性事故仅占16%左右，公路交通占17%，家庭事故也高达14%；新加坡的整个社会一年死亡原因统计中，生产性意外事故仅占4%左右，非生产性意

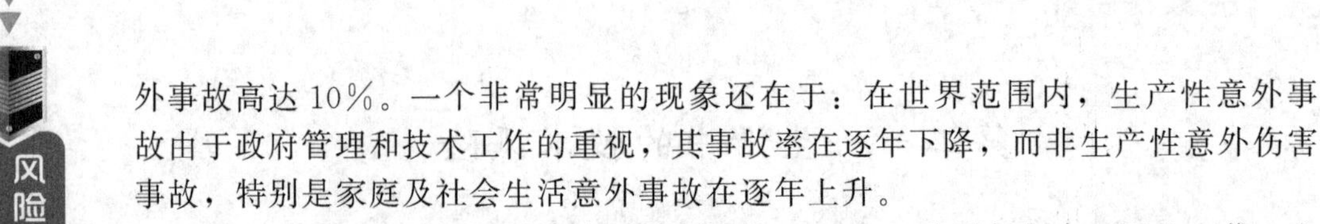

外事故高达10%。一个非常明显的现象还在于：在世界范围内，生产性意外事故由于政府管理和技术工作的重视，其事故率在逐年下降，而非生产性意外伤害事故，特别是家庭及社会生活意外事故在逐年上升。

据我国有关管理部门的统计，最高峰的2002年，我国每年由于职业工伤、交通事故、火灾三大领域的意外事故死亡高达14万人，其中交通事故约11万人。值得注意的是，这一统计中未包括家庭、学校等生活领域的意外事故。按一些发达国家的统计结论，生活意外事故导致的生命风险是生产性意外事故的2～3倍。

在所有的生活意外事故中，老人和儿童是重点受伤害的对象。据统计，在所有生活意外事故中，老人和小孩受伤害的比例高达60%，而其中，儿童占三分之二。在所有的交通意外事故中，少年儿童受到伤害的比例占8%。根据上述的比例推断，可得到如下有关少年儿童意外事故状况的统计推断数据：

每年全球死于意外事故的少年儿童约130万人；

我国每年死于意外事故的少年儿童约8万人；

我国少年儿童年10万人意外事故死亡率约23人，几乎是职业意外死亡率的2倍；

我国每年死于交通意外事故的少年儿童约8千。

20世纪90年代以来，这一现象及问题已引起国际社会的广泛关注。1989年在瑞典首都斯德哥尔摩召开了“第一届国际儿童意外伤害”大会，确认意外伤害为20世纪儿童重要的健康问题；国际疾病分类（ICD-9）中，意外伤害被单独列为一类疾病；国际卫生组织欧洲办事处提出在20世纪末把意外伤害事故率相对于1990年下降25%，意外事故伤残率下降50%的目标。上述现象、经验、动向或进展都应引起我国全社会的重视。由此可以说，由少年儿童基金会推出的少儿安康成长计划是件及时而有重大意义的事。

二、技术风险就在我们的身边

1. 无所不在的声音

世界上到处充满了声音。风声、雨声、沉雷的隆隆声、海涛的怒吼声，还有那蝉儿鼓翅、鸟儿和鸣、虎啸猿啼，这一切汇成了一支大自然“交响曲”。后来，人类又创造了更加多样的声音，如悠扬的琴声、激昂的鼓号、甜润的歌喉……它们或使人感奋，或使人畅想……我们就生活在这样一个无比丰富的声音世界里。

自从有了人类以来，声音就没有脱离过人类生活。一躺卧在慈母怀抱中的婴儿能和着母亲心脏跳动的节律而安然入睡，若是放在寂静的房间里，就会惊恐得哭闹不休。科学家们通过对狗、狼等高等动物的观察发现，噪音和某些吵闹声会使动物消瘦，食欲下降，严重时甚至出现神经错乱，但是，过度安静的环境又会使它们精神萎靡，食欲减退，寿命缩短。如果没有声音，地球也许会同月球一样，成为一个死寂的凄凉世界。

声音由物体振动发出，通过空气传播，引起耳膜的共振，于是人就会感受到它。音乐有一定的旋律，强度也适当，所以人会感到悦耳动听；车辆和机器等嘈杂的声音则会让人感到厌烦，成为令人讨厌的声污染——噪声。

什么样的声音对人和动物有益呢？实践证明，只有大自然的动静规律才最有益于生物和人类生活。有位科学家曾做过这样的实验：将一个单细胞动物放在空气充足、营养丰富、湿度适宜的环境中，但不断给以振动刺激，这个小动物的生命并未维持多久。继而，他又做了进一步实验：在同样优越的环境下，杜绝任何振动并除去外面的“吵闹”因子，让这个小动物生活在极其“安静”的环境中，结果它不仅不能很好地成长，反而很快就死去了。从而人们推测，可能只有大自然的声响才最有益于生物的生存和健康。

声音的高低是由物体振动的快慢决定的。物体振动越快，声音越高；振动慢，声音就低。振动幅度越大，声音越强；振动幅度小，声音也弱。人耳能听到的声音，通常是振动频率在每秒 20 次到 2 万次之间的声波。超过每秒 2 万次的超声波和低于每秒 20 次的次声波，虽然人耳听不见，但它们也都对人类生活和健康有重要影响。

1502 年，探险家哥伦布第四次去美洲时，在魔鬼“百慕大三角”曾遇到过一场惊心动魄的大风暴。这位航海家写道：“浪涛翻天，一连八九天不见太阳和星辰。我这辈子见过各种风暴，可是从来没有遇到时间这么长，这么猛烈的风暴。”几百年来，已有成百上千的船只和飞机在这一地区神秘地消失，成为一大“自然之谜”。近年来，据一些科学家研究，“百慕大三角”的气候之所以奇特，是由于赤道热空气和北极冷空气在这里相遇，形成强烈的风暴；而飞机、船只的遇难，则是由于风暴产生的次声波造成的。

次声波对人有不可忽视的危害。据说，在 20 世纪 30 年代有一位声学家曾把一台次声波发生器带进剧场，悄悄打开，结果本来安静的观众出现了惶恐不安的情绪，并很快蔓延到整个剧场。当关闭次声波发生器后，观众很快又恢复正常。次声波对中枢神经有不良影响，当它达到一定程度时，会使人产生恐惧、目眩、恶心、平衡失调等症状。据研究，每秒振动 5 次左右的次声波对人危害最大，能引起神经混乱、视觉模糊、血压升高、四肢麻木。强烈的次声波能损伤人的五脏，甚至可使机器运转失灵，船舶和飞机遭破坏。

次声源随处都有。自然界的闪电雷鸣、浪涛拍岸；生产活动中的飞机飞行、火车急驰、大炮发射、鼓风机轰鸣、柴油机运转、打夯机撞击等都在发出可听见声音的同时，也发出人耳听不到的次声。人体的某些感觉，如风暴来临前的不适感，往往是由较强的次声引起的。地震爆发前，都先有次声发生。强次声可使青蛙跳出井，老鼠逃了洞，鸡不进窝，牛不入圈。这些生物反应，现在已被人用作预报地震的参考依据。

次声不易被水或空气吸收，因而能传播得很远，这一点增加了次声的作用范围。次声如同噪声一样，都能造成声污染，危害有机体的健康。因此在研究和防治噪声污染的时候，对次声污染也不可完全忽略。

2. 沐浴在磁场中

一块马蹄形的磁铁能将几厘米远的铁钉吸引过来。一块巨大的电磁铁能将成吨重的散碎废铁“抓”起来，装上运输车辆或投入熔炉。这都是由于磁铁具有磁场的缘故。

地球是一个被磁场包围的星球。地球的磁场强度为0.28～0.71奥斯特［1奥斯特=(1000/4π)安/米］。磁场对生物有很大的影响。有人认为，地球上许多生物的灭绝，就是地球磁场曾经发生过巨大变化的后果。人类世世代代生活在地球的磁场之中，早已习惯了这样的磁场作用，因而从未感觉到它的存在。

现在，人类在生产活动中，人为地创造了许多磁场，这些磁场的强度比地球磁场要强很多。例如，发电机内的磁场，其强大程度从所发出的电流就可以想象出来。磁场具有一定的生物效应，人们可以巧妙地运用磁场的生物效应来治疗疾病。但是，强磁场也会损害有机体的健康。由于电与磁犹如一对孪生兄弟，往往同时发生。电的应用既然如此广泛，那么在生活中也就到处存在着磁场。

若把特制的磁体贴敷在患部或相应的穴位上，就会形成一个局部的恒定强磁场，它作用于肌体，达到治病的效果，这种方法被称为“磁疗”。实践证明，磁场有一定的通经活络作用，可治疗神经性头痛、三叉神经痛、风湿关节炎等。磁场还具有消毒、抗感染、防浮肿等作用，可用于治疗血管病、骨折及促进伤口愈合等。如果1000～2500奥斯特的磁片贴敷在相应的耳穴、体部位，还具有麻醉作用，可应用于某些手术，据说成功率达90%以上。

在进行磁疗时，人们已经发现，过强的磁场能引起头晕、嗜睡等副作用。长期暴露在强磁场环境中，还可引起中枢神经系统机能的衰退及荷尔蒙的失调。

近年来，许多国家对强磁场下工作的人员进行过不少调查，证明强磁场确有不良的作用。苏联人调查过一些经常接触300奥斯特磁场的人员，发现他们常有植物神经系统失调和头痛、眩晕、耳鸣、起立时头昏及急躁等异常现象。我国也调查过强磁场下工作的18～30岁的部分人员，同样发现有人感到精神紧张、易疲劳、心率过速、失眠和毛发脱落等症状。

在强电流设备附近均有较强的磁场。在电流为3000安培和16000安培的设备附近，磁场强度可达50～300奥斯特［1奥斯特=(1000/4π)安/米］。工作在这种环境下，也有人感到头脑发胀、耳鸣、无力，以至引起心率过速和血压升高等异常现象。

磁场对人的作用一般较弱，不过某些人对磁场比较敏感。磁场对其他生物有何作用，如鸟类怎样利用磁场来判断方位等，是目前人们深感兴趣的研究领域。

3. 生活在电磁波辐射下

在现代化进程中，大功率高频电磁场和微波在广播、通信、医学、工业、国防以及家用电器中，应用得越来越广泛，成为生产和生活不可缺少的部分，也是现代化的重要标志之一。电磁波的广泛应用，也造成了生活环境的电磁辐射污染。联合国人类环境会议还将其列为“造成公害的主要污染”之一。

电磁波具有一定的生物效应。当人体承受超量的电磁波时，会导致出现头晕、恶心、工作效率降低、记忆力减退等病状。电磁波对人体的影响与其频率、强度和作用时间长短等有关。一般来说，它所造成的现象在脱离其作用场后几小时即会消失。受电磁波严重影响的人，也可在几天内恢复正常。

一些学者研究指出，微波频段（300 兆赫～300 吉赫）电磁波辐射的生物学效应要比射频段（0.1～300 兆赫）电磁辐射强。其作用可分为热效应与非热效应两类。

组成人体的细胞和体液分子大都是极性分子，外加的微波场力可使排列混乱的极性分子因定向作用而发生频率极高的振荡运动；为了克服介质的黏滞性，就出现因能量消耗增加而发热现象。如果外加微波力场过强，就会使调节系统承受不了，从而导致体温失控、上升，并引起一系列高温生理反应。巧妙地利用这种作用，可以对有机体产生良好的刺激作用，如使血液流动加速，血管扩张，促进新陈代谢，改善局部营养等，从而促进机体组织的修复与再生，这就是电磁波理疗的基础。但是，当电磁波辐射太强、人体暴露在 100 毫瓦/平方厘米以上的功率密度中时，就会产生明显的病理不可逆变化。

电磁波辐射的生物效应是复杂而又精细的，有很多现象不能用单纯的热效应来解释，这类作用统称为“非热效应”。环境电磁辐射通常都是低强度的长期慢性作用，它对人体的作用都归为非热生物效应。

据实际调查证明，在环境电磁辐射作用下，人体会产生许多不良的生理反应。反复的低强度电磁辐射会影响中枢神经系统，出现诸如头昏、嗜睡、无力、记忆减退等病状。当辐射强度超过 100 毫瓦/平方厘米并长期照射眼睛时，由于热效应，可导致晶状体蛋白质凝固，形成“微波白内障”；即使是低强度电磁辐射，也会引起视觉疲劳、眼不适感和眼干燥等现象。电磁辐射对于心血管系统和血液系统亦有影响，如通过对雷达操纵手进行健康调查，发现多数人的白细胞数偏低。此外，电磁辐射污染对内分泌系统、免疫系统，亦都有一定的效应。

环境电磁辐射除了对生物体具有广泛而复杂的作用外，还会干扰收音机和电视机的功能，也可能使自动控制装置失灵、飞机和船舶导航发生误差，甚至还可能使军事上使用的电爆兵器失控及某些挥发性液体或气体发生意外燃烧，等等。因此，在人类活动中，电磁辐射已成为人们必须认真对待的因子。在人们的生产和生活中，应当对有关电器采取接地、屏蔽等预防措施，以避免这种看不见、听不到的污染的危害。

4. 噪声刺耳

潮涌般的人流、隆隆的机动车、噪杂的工地、刺耳的汽笛、轰鸣的飞机，这一切似乎都是现代城市的基本特征，然而这些“噪声”也正是现代城市的通病。

噪声是现代城市的主要污染之一。世界各国每年发生的污染诉讼案件中，有近半数是噪声诉讼案。噪声对人体健康有多方面的危害，首先是破坏听力。经常在噪声环境里工作的人，内耳听觉器官会发生器质性病变，引起听觉衰退，甚至

耳聋。长期处于噪声影响下，还会引起心血管病和消化系统疾病。噪声对神经系统的伤害更为常见，如引起头痛、头晕、心神不安、记忆力变弱、失眠等。噪声甚至能使人失去自我控制。在城市里，往往几个人中就有一个有由于噪声污染引起的神经官能症。

衡量噪声强弱的单位是“分贝”。50 分贝以下的环境是安静的；75 分贝以下对人体健康没什么影响；85～90 分贝对人有轻度影响；95 分贝以上的噪声对人可构成危害；130 分贝会引起病态感觉；150 分贝是人体忍受的界限；180 分贝能够破坏金属；190 分贝，就足以把铆钉从金属结构中拔出来。

街道上隆隆驶过的机动车辆，其噪声可达 80～100 分贝；大型球磨机可达 120 分贝；风铲、风铆、大型鼓风机、锅炉排气放空等甚至达 130 分贝。

我国城市噪声污染比较普遍。20 世纪 80 年代初，我国曾对 20 个城市进行噪声监测，发现全部超过《城市区域环境噪声标准》的规定。在交通干线附近和铁路两侧，居民尤受噪声危害。噪声是使城市环境质量下降的重要原因之一。

噪声污染与交通拥挤有密切关系。交通拥挤不仅造成经济损失，而且也给居民的心理和精神带来沉重负担。目前我国城市人口平均每人只占有道路面积 2.8 平方米。由于道路不够，导致车辆行驶速度大大下降。上海市内货车的行驶速度由 1964 年的平均每小时 30 公里下降到现在的 20 公里左右，每年由此造成的营运损失达 4 亿元。天津市中心区汽车行驶速度更慢，平均只有 11 公里，每年的营运损失也达 2 亿元；职工上下班乘坐公共汽车单程时间超过 1 小时的大约占乘客的四分之一。据估算，全市职工每天上下班乘车时间如果减少 10 分钟，每年就可多创造 4.4 亿元的价值。

5.“热岛”效应

现代化城市总是与密集的高楼大厦、广布的公用设施、林立的烟囱和纵横交错的柏油街道相联系。这样的结构多半导热性好，受热传热快。白天，在太阳的辐射下，结构面很快升温，滚烫的路面、墙壁、屋顶把高温很快传给大气；日落后，加热的地面、建筑物仍缓慢地向市区空气中播散热量。此外，人口密集、耗能集中、排热量大，也使气温上升。因而，市区的气温常常明显高于郊区。众多的城市犹如一个个“热岛”，散布在广阔的大地上。据世界上 20 多个城市的统计，城市的年平均气温比郊区高 0.3～1.8℃。例如，北京和南京市内的气温都比郊区高 0.7℃；贵阳则高 0.4～0.5℃；杭州高 0.4℃。每到夏季，城市气温升得更高。1963 年的一次实测，证明杭州市内官巷的气温比近郊的杭州大学高 3.2℃，比苏堤高 3.9℃。

城市“热岛”气候是一种利少弊多的现象。市区温度高，周围地区的冷空气就会向市区汇流，结果把郊区工厂的烟尘和由市区扩散到郊区的污染物又重聚集到市区上空，久久不能消散。对于诸如我国长江流域的城市来说，“热岛”气候使夏季的市区更加闷热难耐，严重影响人们的工作效率和身体健康。

在城市环境中，除了温度升高之外，湿度也比郊区低。坚硬的路面、屋顶，不易存水，良好的排水系统又将雨水很快排定，因而市区的蒸发量大为减少，空气要比周围地区干燥。据欧洲的一些城市调查，其相对湿度比郊区低4%～6%。我国南京城内的相对湿度比郊区低3%，杭州低6%，贵阳低4%。在炎夏季节，最大相对湿度甚至达28%。随着城市的扩大和“热岛”气候的强化，城市不仅热，而且越来越干燥，逐渐成为不适于人生活的地方。

城市特殊气候的形成与空气污染亦有很大关系。城市上空烟尘的增加，不仅使太阳辐射减弱，而且在有烟尘时，空气中凝集水气的“凝结核”大大增多，容易形成雾。英国伦敦在1871～1910年内，人口增长了200万，雾日随着增加46%。南京市内年平均雾日也比郊区多32%，尤其在冬季较多80%以上。此外，露还招致云和雨的形成，从而阴天增多晴天减少。据统计，匈牙利的布达佩斯从1861年起，随着城市的不断发展，年平均晴天日数减少18天，阴天日数则增加41天。

三、生活中的化学

1. 生活用品化学化

自石油化学工业兴起以来，人类的生活中便充斥着各式各样的化学制成品。从衣服、鞋、帽到餐具、洗涤剂、化妆品，从桌布、床罩到各式装潢、小孩玩具、交通车辆，几乎人们接触的一切物件多少总与合成化学有关。以合成塑料、合成纤维、合成橡胶为代表的化学成品，因在发达国家价廉，所以其使用已到无可替代的程度，以致如果没有这些合成品，也许就没有现代化的繁荣和现代化的生活。2009年，单是塑料的消费量，比利时就达到人均200公斤（1公斤＝1千克，下同），其次是美国170公斤，其他发达国家都达到了120公斤以上，中国人均达到了46公斤，超过世界人均水平6公斤。

塑料制造容易，加工方便，具有质轻、坚实、绝缘、耐热等特点。用塑料薄膜包装方便食品、冷冻食品、罐头食品、医药品等，易保存、不碎、重量轻；用泡沫塑料、酚醛树脂泡沫等做建筑用的绝热材料，可以建成省能、舒适的生活环境。在现代化的家庭中，电视机、电冰箱、洗衣机等，大多数取材于塑料。这些产品近年来的神速发展，在很大程度上都依赖于塑料的应用。

但是，加工塑料时，为了赋予其适当的柔性，必须加入大量增塑剂，此外还要根据情况加入适量润滑剂、安定剂、着色剂、抗氧化剂、紫外线吸收剂、防静电剂等各种物质。这就使塑料成分大大复杂化了，而且所加物质大都是低分子类物质，容易在使用过程中蒸发或逸出，并污染环境。1970年，侵越美军岘港野战医院发现，接受输血治疗的伤兵出现呼吸困难、缺氧、血压下降，以至休克死亡的现象。医生们分析了各种情况，并用犬进行试验，证明这是由于使用聚乙烯输血袋保存血液时，增塑剂酞酸酯溶解到血液中所致。酞酸酯与血液中的血小板有很高的亲和性，能结合形成微小凝集体。这种含有微小凝集体的血液输入人体内，会引起微小的血栓塞，从而导致伤兵的死亡。

塑料制品应用于食品包装和食具，更增加了某些物质经口摄入的危险。聚氯乙烯塑料成分中可能混有致癌的氯乙烯，因而不能用于包装食物；聚苯乙烯塑料可制成色彩艳丽、造型美观的用具，但所含的有机物在水中会溶出，所以不能用来存放湿性食物；小儿有嗜食癖，喜欢啃咬拿在手里的东西，因而应注意不要给儿童用含毒塑料制作的玩具。

合成纤维也是近三四十年迅速发展起来的。迄今为止，合成纤维在许多方面已代替了棉布，成为主要的服装原料来源之一。大约从 1965 年开始，就不断有人提出家庭用品对健康的影响问题。穿着合成纤维衣服的人常出现疹子、瘙痒、湿疹等皮肤症状，有的还发生头晕、支气管炎等疾病。这是纤维中化学物质离解出来造成的。

纤维加工制造时，要加入防缩防皱剂、抗燃剂、防菌防霉剂及防虫剂等。其中，防缩防皱剂中的甲醛是公认的有害物质。吸入低剂量甲醛气体可引起结膜炎、鼻炎、咽炎、喉炎、顽固性皮炎等。有的抗燃剂可能有致癌性；防菌防霉剂所用的是用机汞和有机锡化合物；防虫剂常采用有机氯化合物，这些化学品都是有害物质，只是由于用量少，接触不多，所以才不致造成明显恶果。

所以，在现代生活中，只有充分了解各种化学物质的特性，正确利用这些东西，才能避免意外的发生。

目前，已经有数万种化学物质进入环境中，每年还有约 3000 种新化学物质从实验室或工厂源源不断地进入环境。这么多化学物质对人类的威胁不仅表现在降低生活环境质量，引起中毒和疾病，而且更为严重的是，许多化学物质还具有致畸和致突变的作用，从而殃及子孙后代，危及人类的未来。

2. 食品化学化

如果有人提议给你的饭菜中加些化学物质，你也许会拍案惊呼，认为这是“害命”行为。其实，现代人类的食物早就化学化了，而且是人们主动将大量化学物质添加到食品中去的。

随着城市化的发展，人们早已摆脱了那种自产自销、自给自足的庄园式生活。粮食、蔬菜、果品、肉类，无一不通过长途运输、长期储存，或多次加工处理，然后才送到人们面前。在这些过程中，食品里常常需要投放各种添加剂。此外，现代人过分追求食品的“色、香、味”，于是又向食物中添加名目繁多的“佐料”、色素等物质。这类添加剂大部分都是化学物质。据日本科学技术厅调查，日本人每天要摄入六七十种食物添加剂，总量达几克至 10 克左右，其中三分之二是化学合成品。截至 2014 年，日本政府批准使用的食品添加剂达 442 种；美国 FDA 批准的可直接用于人类食品的添加剂种类达 790 种；我国的《食品添加剂使用卫生标准》（GB 2760—2007）涵盖的食品添加剂分为 22 类，共 2200 余种，其中直接使用的添加剂有 290 种，香料有 1800 多种，食品工业用加工助剂有 100 多种。这些化学物质虽然满足了人们各方面的要求，但食物却变得不安全了。

现在使用的食品添加剂花样百出，如防腐剂、杀菌剂、漂白剂、抗氧化剂、甜味剂、调味剂、着色剂、发色剂等。实践证明，它们中的多数都有一定的毒性，过多地摄入，会在人体内积累，甚至会产生致癌、致畸等不良作用。例如，防腐剂水杨酸有积累性，过量摄入会引发呕吐、下痢、中枢神经麻痹，甚至有致死的危险。安息香酸能使受试验的动物死亡。用于柠檬和橘子防腐的联二苯，对心脏、肝、肾均有慢性损害。肉类发色保鲜用的亚硝酸盐和硝酸盐是生成强致癌物质亚硝胺的前体。我国烹调中广泛使用的调味品——味精，可能是一种能刺激神经的物质，食用过量会引起头痛、眩晕等神经症状，对有些人还会造成消化道和呼吸道疾病。

近二三十年来，我国对着色剂和甜味剂的安全问题进行过相当长时间的争论。多年的“人体试验”证明，一些广泛使用的着色剂原本都是有毒化学物质，如奥拉明有致头痛、心悸、脉搏减少、意识不清等的副作用；罗丹明 B、菊橙、孔雀绿及人造奶油用的甲基黄都对肝、肾有害，现在均已禁用。我国在 1960 年规范食品中准许使用苋菜红、胭脂红、柠檬黄、靛蓝、苏丹黄等五种合成色素，这些都曾被公认为基本无毒无害的添加剂。可是，从 20 世纪 50 年代以来，不断有人报告说，苋菜红导致大淋巴肉芽肿、肠癌，对卵有催畸作用等，因而这种广泛使用的色系已面临“危机”。合成染料出现后，曾被广泛用作食品色剂，至今世界上仍有 50 多种这类染料被“自觉”地加到食品中。后来，由于人们不断发现它们对食品的污染，对其使用的限制也越来越严了。

食品的化学化看来已走到它的顶峰，人们对它的热情早已大大衰退，但为追求食品的“商品价值”而过量加入添加剂的事情还在继续进行。因此，食品化学添加剂的污染仍是人们生活中经常遇到的现实问题。

几年前，河南省曾发生过一起“鼠鱼奇案”：两个农民在从集市上买的鱼肚内发现了死老鼠。事情报告到工商管理局，但卖鱼人不承认自己作弊，于是官司打到了公安局。公安人员经过认真探查后推测，过程可能是：生产队在农田里施药，被鼠食入，老鼠吃药后干渴难忍，跑到河边喝水，并死于河中。死鼠被鱼吞食，鱼又被农民捕捞、上市，于是“鼠鱼奇案”发生了。近年来，化学物导致食物污染，甚至引起人畜中毒、死亡的事件时有发生。这类一次性大量含入化学毒物而致死的事，还比较容易引起人们的重视，但各种类型“潜移默化”的积累污染，往往容易被人忽略和难于引起人们的警惕。

在就餐时，人们常常只注意藕丝是否香脆，米饭是否适口，鱼肉是否鲜嫩，而不去考查食物里是否会有什么毒性或其他问题。其实，当代广泛存在的污染物质同样弄脏了那些精美可口的饭菜。食物主要来源于植物，植物生长于土地并需要水和空气，因而空气、水体和土地的污染必然会导致植物产品的污染，最终造成食物污染，危及人体。

农药是现代农田的“守护神”。但是，过量的农药常常残留在粮食里。山西曾发生过在高粱收获前施用 3911 农药，使高粱有机磷含量超过国家标准，造成

人畜中毒的事故。从 20 世纪 50 年代以来，广泛使用的有机氯农药是一种高残留的农药。长期使用的话，不仅粮食，饲料，而且畜肉、禽蛋等都会含有机氯农药，人体残留农药的积累量也十分“可观”，甚至胎儿未出世就已受到农药的污染了。浙江省曾测定过 90 份人体样品，六六六平均含量为 21.31 毫克/公斤，有一个出生两天的婴儿，脂肪中六六六含量竟达 53.2 毫克/公斤。

种类繁多的化学污染物还通过污灌、雨水、尘降、气体交换、固体废物弃置等各种途径进入土壤、作物、粮食中，或者通过水体进入鱼虾体内。湖北鸭儿湖受农药等化学物质污染，不少鱼变形，烹调后药味浓重，人们称之为“药水鱼”。这些“药水鱼”曾造成数百人中毒。因此，环境污染是现在食物污染的根源。此外，从作物收获、粮食运输、储藏、加工，到食品制作、储运、销售，周期甚长。在这样漫长的过程中，不仅需要加入各种添加剂，而且还会发生各种沾污、霉变，很难保持洁净。日本的著名“米糠油事件”就是食品在加工过程受污染的典型例证。它的发生主要因为在米糠油的生产过程中混入了多氯联苯，人吃后中毒，发生眼皮浮肿、手掌出汗、脱发、呕吐恶心和全身肌肉疼痛等症状，严重者甚至死亡。

除了这种加工设备带来的偶然性污染外，正常的食品加工或烹调也可能导致污染。很早以前，人们就注意到海岛居民多发胃癌。据研究，这是由于岛民常食烟熏食品造成的。加热是食品加工的主要方法。现在人们已经知道，蛋白质、脂肪和碳水化合物等加热后，会产生众所周知的致癌物——苯并（*a*）芘。例如，用普通的方法焙干的咖啡豆含有极少量的苯并（*a*）芘（只有 0.3～0.5 微克/公斤）；但在焙焦的咖啡豆中，苯并（*a*）芘的含量要高 20 倍。用烟熏烤食物更可能受到多环芳烃的污染。

粮食或加工食品在储存过程中，不仅可能因防虫灭菌需用一些有毒药剂熏蒸而造成污染，霉变也是主要的污染途径。现在人们已知，一部分霉菌能产生剧毒的霉菌毒素，如黄曲霉毒素，它是致癌的剧毒物质。霉菌毒素的污染，可能是造成世界上某些湿热地带肝癌高发的重要原因。

食物污染早已成为一种普遍现象。近年来，有人种植不施农药的作物，产品颇受消费者欢迎。有人企图寻找不受人类影响的无污染食品，因而求助于野生植物。不过，在目前的地球环境里，这些努力往往收效甚微，因为世界上几乎没有什么地方绝对不受到化学物质的沾污，甚至连生活在北极的爱斯基摩人，也由于核爆炸产生的放射性物质沿着苔藓→驯鹿→人的食物链富集，从而受到放射性物质的毒害。因此，要获得真正洁净的食品，只有在人类的生存环境彻底改善之后才有可能。

总之，由于人类发展至今，各种生理功能大都已趋完善，环境中的致突变剂导致有益基因突变的概率已相当小，致突变剂带来疾病或其他不良后果的可能性很大。因此，为了保护子孙后代健康成长，必须尽量消除有害突变的各种因子，这是关系到民族兴旺和国家盛衰的大事。

四、家庭意外事故风险

意外伤害已成为人类生存的头号杀手，家庭意外是意外伤害的“重灾区”，在现代社会已成为现实和共识。意外伤害主要包括伤残和致死，其伤残的主要类型是：车祸、火灾、溺水、窒息、中毒、烧（烫）伤、跌伤、撞伤和击伤、动物咬伤、异物卡入喉鼻、针刺、踩到铁钉、割伤、其他伤害等；致死的主要类型有：车祸、淹溺、跌倒和高处坠落、噎塞、火灾、触电、物击、窒息、危房倒塌、自杀、他杀等。

据报载，1998年青岛市一户居民在搬进刚装修完新房后的第二天，全家三口人全部深度中毒，其中男主人经抢救无效死亡。经专家分析，中毒死亡是由屋内的装饰材料所引发的。在内墙涂料中，乳胶漆是一种较安全的装修材料，因它的主要成分是树脂、溶剂（包括水）、颜料和少量的助剂。在这些成分中，树脂、溶剂和颜料基本没有毒性，乳胶漆中有千分之三是助剂，只要其挥发不到一定的量，就不会对人产生危害。与油漆相比，乳胶漆的污染要小几千倍。研究表明，107涂料和有的家具上的聚氨酯漆会对人体健康带来较大的危害，尤其是劣质的107涂料会使人致癌甚至死亡。所以，专家提醒消费者千万不要使用那些不合格的107涂料，同时也必须关注家具漆和地板漆中所含的毒性问题。据了解，目前我国生产的聚氨酯漆中所含有的对人体有害的TDI，其含量为5%以上，国际标准是0.3%以下。由此可见，我国生产的聚氨酯漆中的有毒物质超出国际标准的十几倍。

再看危险的氡。20年来，美国的科研人员一直在研究氡对人体的危害。氡是一种放射性物质，某些岩石和土壤中含氡。研究人员警告说，如果使用含有氡的岩石及土壤制成的建筑材料，就会给人体带来危害。在美国，每年因建筑材料受到氡辐射导致肺癌的人数达15000～22000人，占整个肺癌发病人数的12%。美国国立研究院（NRC）的一份研究报告称，氡辐射仅次于吸烟，是导致肺癌的第二大杀手。美国约翰斯·霍普金斯大学流行病学院的J. 萨梅特说：“这项研究结果可以解释为什么有些人不吸烟也患肺癌。”专家呼吁，人们应注意氡辐射给健康带来的危害。美国环保机构对氡的安全标准是：30%的人的住宅内氡辐射超过安全标准；40%的住宅内氡辐射平均值在1.25～4皮居里/立方米。研究人员称，对氡辐射是否还带来其他危害，如导致矽肺（硅沉着病，下同），还在进行深入研究。

总体讲，住宅居室内的风险涉及火灾、坠物、煤气中毒、跌倒、砸伤、触电、公害、污染等。据世界卫生组织（WHO）的定义，所谓健康就是“在身体上、精神上、社会上完全处于良好的状态，而并不是单纯地指疾病或病弱”。因此，“健康住宅”就是能使居住者“在身体上、精神上、社会上完全处于良好状态的住宅”。具体来说，“健康住宅”的最低要求应达到：①会引起过敏症的化学物质的浓度很低；②为满足①的要求，尽可能不使用容易散发出化学物质的胶合板、墙

体装修材料等；③设有性能良好的换气设备，能将室内污染物质排至室外，特别是对高气密性、高隔热性住宅来说，必须采用具有风管的中央换气系统进行定时换气；④在厨房灶具或吸烟处，要设局部排气设备；⑤起居室、卧室、厨房、厕所、走廊、浴室等温度要常年保持在17～27℃之间；⑥室内的湿度全年保持在40%～70%之间；⑦二氧化碳浓度要低于1000×10^{-6}；⑧悬浮粉尘浓度要低于0.15毫克/平方米；⑨噪声级要小于50分贝；⑩一天的日照要确保3小时以上；⑪设有足够亮度的照明设备；⑫住宅具有足够的抗自然灾害能力；⑬住房具有足够的人均建筑面积，并确保私密性；⑭住宅要便于护理老龄者和残疾人；等等。

居家意外事故中，儿童是主要伤害对象。石家庄市急救中心的医务人员在整理1997年10月至2000年3月收治的1326名意外事故患者病历时发现，儿童患者占27%，且数量一年比一年增多。尽管抢救成功率很高，但仍有3%的小生命过早地离开了人世，10.4%的孩子终生残废或留下后遗症。儿童意外事故发生率最高的是误服药物或药物过量中毒，占30.2%；其次为食物中毒和误服鼠药、农药等，分别占24.5%和19.8%；死亡率最高的是车祸和电击伤，占死亡儿童的56%。分析结果表明，虽然家长非常爱护自己的孩子，但是由于家长自身就缺乏保健意识和医疗预防知识，所以在孩子健康保护方面很难实施有利的防护措施。用药不慎、药品乱放、食物不洁、鼠药农药无严密隔离措施，这些都使许多孩子受到了由家长引起的伤害。儿童误服药物和药物过量中毒也涉及医院和医生的部分责任。医生为堵塞漏洞，在为儿童开药时必须认真核查用药是否恰当，服法剂量可曾写清或交代清楚。因此，谨慎、周详、细致、醒目标记、多加说明仍然是医生努力的目标。一些儿童也是交通意外、劣质的电器商品漏电和啤酒瓶爆炸的受害者。

广州市妇儿工委2000年8月在全市12个区、县级市进行了一次儿童意外事故的调查，结果是每年死于各种意外的儿童都超过100人！调查显示，近年来在建筑工地、洼地水塘意外丧生，或因火患火灾、交通肇事、电击、食物中毒、烫伤等造成伤亡的儿童不计其数。其中1997年死亡201人，伤133人；1998年死亡167人，伤161人；1999年死152人，伤184人。究其原因，主要是在目前环境中存在着不少威胁儿童生命安全的隐患。有的建筑工地的拌泥池和石灰池都很深，且无任何护栏，一旦下雨积水就很危险；有些街面上的沙井无盖，当水浸街时就会形成一个个险恶的“陷阱”；有些农村地区的电线残破不堪，甚至霉烂得露出线芯；有的农户在高压线下盖房子；有的汽车保管站就紧挨着变电站。如海珠区马路边的变电器迁移后遗留下一个两米深的大水池，黄埔区的多数鱼塘和水塘均无护栏，黄埔大道跑马场前没有人行斑马线，等等，所有这些都可能对自我保护意识和能力较弱的儿童形成生命威胁。

在20世纪80年代，一些发达国家对多年来儿童意外事故的统计资料表明：5～9岁的儿童中，道路交通意外是导致死亡最主要的类型；淹溺是第二种常见的意外死亡类型，多发生于0～4岁的幼童；高处坠落是造成意外死亡的第三种类型，也多发生于0～4岁的幼童。总的来说，意外死亡的儿童以0～4岁的幼童这一组占比例最大，占儿童意外死亡的40%，5～9岁的儿童占34%，10～12岁的儿童占26%。

从安全科学的原理出发，构成事故的4个因素是：人的因素、物态因素、环境因素、社会的管理和协调。人的因素包括：个人所具有的安全知识，掌握的安全技能，以及人的安全意识，甚至人的观念、态度、情感、伦理、生理、心理等本质性素质。人的因素体现了全民的安全意识和素质。物态因素包括：生活、生存过程中的技术安全性，使用的工具和手段的安全可靠性，人造环境的本质安全化等。物态条件不仅受技术和经济发展的制约，而且更重要的是它是人们对安全防范重视意识的产物。环境因素包括：自然和人工创造的物理、化学环境等，如气候、地形、气温、季节等自然环境条件，以及人工的照明、物流、声环境等。环境因素一方面是人类如何科学地利用和协调，另一方面是人们要有意识地进行改造、创造和利用。社会的管理和协调包括：社会的安全立法、监督完善方面，社会的安全教育、宣传能力，以及各级政府的重视程度等。

五、居家意外的防范

从各种意外的直接表现分析，意外事故的主要原因表现出：家庭和社会的安全意识淡薄，对儿童在意外防范方面的关爱不够；缺乏对家长和儿童本身的必要的安全初级教育，甚至训练，因而导致对简单的安全知识和技能知之甚少；在一些娱乐、公共生活活动中具有盲目、侥幸的心理，缺乏防范的意识；在儿童用具、玩具和设施，甚至生活用品及设施的设计上，只重视功能而忽视安全性。

居室气候是一种与人体健康最密切的人造气候。随着人们物质生活水平的日益提高，各种调节居室气候的电器产品（如空调、加湿器等）已越来越多地进入寻常百姓家。居室气候已变得越来越舒适，越来越不受自然气候的制约。但和无边无际的自然气候相比，居室气候只能算是一种“微气候”。人的许多活动还必须在自然气候下进行，而出入居室，其实就类似于出入不同的“气候带”，人的身体常常不能完全适应这样的“气候变化”，于是就出现了各种各样的居室病症，“空调病”就是其中一例。怎样才能提高人们对环境变化的适应能力，从而避免现代居室病症呢？医疗气象学家通过试验得出一个比较有效的办法，那就是在居室内保持一种“气象变化”，以“多变”应“突变”，从而锻炼人的抗“变”能力。事实上，生活或工作在气象条件不断变化的环境中的人（例如经常出入高温车间或冷库的工人），患感冒的概率要比在正常环境下工作的人小得多；常在空调居室（一般保持较低恒温）的人，患感冒的概率则大得多。俄罗斯的医疗专家就曾采取变化“微气候”的方法，用了3年的时间，将莫斯科第十九住宿学校某一班学生的“感冒率”降为零。

居家意外防范的主要策略是：

一是政府要制定科学的住宅安全设计标准体系。在国家科委组织的《2000

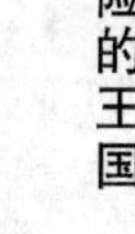

年小康住宅产业系统工程》专题研究中竟未涉及住宅安全与防范问题，这无疑是个遗漏。居家健全，不应仅仅包括环保和可持续发展问题，更有居家安全的方方面面。联合国有关社会及人口统计体系都明确规定，社会安全、个人安全、危险事故是必须考虑的生活质量测度。住宅安全设计符合国家可持续发展战略。安全减灾是可持续发展的重要方面，若在住宅规划设计时对灾害的发生没有足够的估计，缺少防范措施，那么住宅建筑的可持续发展仅仅是枉说。因此需要提请建筑（工程）师关注如社会安全、室内安全小气候等问题，充分估价并认识现代城市系统及住宅系统的脆弱性，从根本上提高住宅系统的安全功能及应付意外事故的能力。为此，我国应该建立专门的机构研究和监管家庭意外伤害事故，建立特定的法律来控制生活意外伤害事故的发生。如对于危险性较大的生活用品和设施，规定严格的生产及质量检验标准，禁止事故伤害概率较大的生活方式和行为等。全社会应增强生存的安全意识，广泛应用教育、宣传等手段，发展全民的安全文化，树立正确的安全观念和态度，掌握必要的防护技能。生命对于我们只有一次，无论是生命的丧失还是身体的伤残，对于个人都是不可弥补的损失，给社会也会带来沉重的负担，所以我们应重视生活意外伤害事故的预防和控制。只要我们能够主动落实应有的措施，特别是我们全社会的每一个人都从自己做起，提高自身的安全文化素质，重视家庭事故的预防和控制，那么人类安全生活的目标就能得以实现。

二是要建设公共安全文化。21 世纪的中国，经济发展将迈着前所未有的坚实步伐，健康、稳步地走向世界民族之林。2010 年的远景规划展示了国家统一富强、经济持续发展、科教兴国的美好蓝图。进入小康社会的中国，人民物质文化生活水平将得到极大的提高。酒店、宾馆、商场、购物中心、公园、娱乐广场、夜总会、高尔夫球场、桑拿中心、通宵电影院、歌舞厅、桌球城、保龄球馆、健身房、酒吧、冲浪游泳馆、美容厅等在各大中城市星罗棋布，人们在双休日的休闲娱乐保健和夜生活将非常丰富多彩。经济的发展，科学技术的高度发达，使人们的文化生活发生了巨大的变化，但是也带来了一系列人类前所未有的安全新问题。根据公共场所和休闲保健的特点，从安全减灾的角度出发，应形成完善和发展其独特的安全文化工程。21 世纪的中国，高速公路、高速铁路、海上快艇、空中大型客机等海、陆、空交通网络将日趋完善，人们休闲旅游时，汽车、火车、轮船、飞机都快捷方便。但是对于富裕了的中国人来说，旅途中的交通安全是头等重要的大事，不论是汽运、铁运、海运、航运都要求舒适、快捷、安全、可靠。这就要求各营运系统要应用高新技术，提高营运装置的可靠性，培养技术熟练、心理素质高的驾驶员，建立完善的安全管理机制。

对于某些不可抗拒的因素，在特殊条件下或复杂的气象环境中，为了尽量避免或减少灾难或伤害，要宣传安全性自救、互救的应急方法。例如，如何使用高速汽车、火车、飞机上的安全带？如何使用飞机上的氧气罩？在船上、飞机上如何取救生衣、救生圈？大巴、火车、轮船、飞机的紧急出口如何打开？这些知识都是现代中国人在公共交通装置上应该熟练掌握的安全文化知识。人们一旦掌握了这些知识，在紧急状态下人人都是救护队员，人人都懂得逃生。

三要加强全社会公民的消防意识。公安部1995年11月发布《消防安全二十条》，这二十条可以说是消防安全文化的缩影。具体内容如下：①父母师长要教育儿童养成不玩火的好习惯，任何单位不得组织未成年人扑灭火灾。②切莫乱扔烟头和火种。③室内装饰装修不宜采用易燃可燃材料。④消防栓关系公共安全，切勿损坏、圈占或埋压。⑤爱护消防器材，掌握常用消防器材的使用方法。⑥切勿携带易燃易爆物品进入公共场所或乘坐交通工具。⑦进入公共场所要注意观察消防标记，记住疏散方向。⑧在任何情况下都要保持疏散通道畅通。⑨任何人发现危及公共消防安全的行为，都可以向公安消防部门或值勤公安人员举报。⑩生活用火要特别小心，火源附近不要放置可燃易燃物品。⑪发现煤气泄漏，速关阀门，打开门窗，切勿触动电器开关和使用明火。⑫电器线路破旧老化要及时修理更换。⑬电器线路保险丝（片）熔断，切勿用铜线、铁线代替。⑭不能超负荷用电。⑮发现火灾速打报警电话119，消防队救火不收费。⑯了解火场情况的人，应及时将火场内被困人员及易燃易爆的物品情况告诉消防人员。⑰火灾袭来时，要迅速疏散逃生，不要贪恋财物。⑱必须穿过浓烟逃生时，应尽量用浸湿的衣服披裹身体，捂住口鼻，贴近地面。⑲身上着火可就地打滚，或用厚重衣服覆盖压灭火苗。⑳大火封门无法逃生时，可用浸湿的被褥、衣物等堵塞门缝，泼水降温，呼救待援。《消防安全二十条》的内容包括火灾预防、管理和火灾发生后如何报警逃生，语言简练，通俗易记，便于操作，实用性强。现代中国人应该将上述的规范变成自觉行为，在公共场所里形成浓郁的消防安全文化氛围。

四要有生活娱乐安全技能。一家三口双休日到公园、游乐园、冲浪游泳馆去娱乐健身将是未来中国人休闲娱乐的新内容。随着物质生活的不断丰富，高新技术的广泛应用，娱乐设施不断推陈出新，迷你过山车、航天飞机、碰碰车、太空飞船等娱乐设施在公园、游乐园中真是数不胜数。但是，随着科学的发展，社会的进步，文明程度的提高，安全与不安全的因素也在同时增长。近几年来游乐园多次发生事故，大多是娱乐器械安全可靠性低造成的。就目前我国娱乐场所的游乐设施，由国家技术监督局组织抽查的结果是，游乐设施合格率为42.3%。安全带、安全把手、安全距离及车辆连接器的二道保险装置等都是保证游客人身安全必不可少的安全措施，国家标准均有明确规定。但是，目前游乐设施自动控制不合标准，焊接与螺栓连接不合标准，站台及安全栅栏尺寸不合标准，游戏机未做电气连接，游乐园车辆硬度低，游乐园重要受力部门探伤不合标准，游乐园的机械传动不合标准等在全国各地都有不同程度的存在，这些缺陷将直接影响游客特别是中小学生的人身安全。加强对游乐设施的安全监察、检测的力度，时刻不能放松。虽然科技进步将给游乐设施的安全可靠增加保险系数，但设施运营、设备维修、设备保养的好坏将直接影响人身的安全。因此，安全保障系统达不到标准时，要采取强有力措施，禁止运营。

另外要加强对人民大众的安全教育，教师、家长带小孩去游玩，首先要注意游乐设施的安全保障设施是否完好，安全保障有把握的情况下才可带小孩去玩。另外教育孩子们在游玩中一定要遵守游玩的规则。

第三节　生产中的技术风险

一、生产效益与技术灾难相伴

人类自有了生产后，特别是大规模的工业社会化生产，技术灾难也随之而来。人类在获得生产技术的利益的同时，也在为生产技术赋予的利益付出巨大的代价。工厂和矿山生产过程中运用的锅炉、机械设备、压力容器、易燃品、化学品、高热物体等，如果发生故障和应用失控，随时都可能释放杀伤力或产生危害作用，从而导致激烈的“战火”。

当代工业生产事故重要的根源是机械和电气的利用。17世纪后半叶，人类发明了蒸汽机，创造了机械，形成了生产的机械化，从而导致世界爆发了工业的第一次革命；进入19世纪末，人类发明了电，把人类推进了电气化时代，从而爆发了人类的第二次工业革命。机械与电气为提高人类工效，发展社会经济，创造社会财富，把人类带人富裕和康乐世界产生了巨大作用，因此被认为是人类文明和进步的“功臣”。但是由于机械与电气具有巨大的能量，一旦应用失误或控制不力，就会转化成破坏力量，如果作用于人体，就会造成伤害，导致伤残甚至生命的丧失；如果作用于财产，就会造成破坏，使得一切财产化为乌有。在所有的工业生产意外事故中，由于机械和电气造成的死亡人数，每年高达45万人左右，占总体意外死亡人数的15%左右。美国在1993年由于意外事故死亡的9万人中，有14000人死于机械和电气下。人类发明了机械与电气，利用它们达到自己的目标，获得应有的利益，是否这种牺牲和代价就是必然的呢？能否有较好的对策和办法来减少人类承受的负担与代价，这需要现代人作出明确的回答。

化工事故是工业生产安全的重要问题。印度博帕尔农药厂的毒气泄漏事故人们可能还记忆犹新：1984年12月2日23时，1名维修保养工发现储气罐异常，试图用手工操作来解决未成功后，一股乳白色气体从安全阀漏出来，在工厂区上空形成了一个巨大的蘑菇状气柱，毒气迅速向四周扩散，笼罩了40平方公里的面积，波及11个居民区。世界最大的一场毒气泄漏事故发生了，创下了人类化学工业史上最严重之纪录。事故发生后的短短几天内就造成2500多人死亡，4000多人濒临死亡，近20万人中毒，估计有10万人终身残废，5万人双目失明。同时还有大批牲畜死亡，空气和水源受到严重污染。博帕尔全市70万人处于有毒气体威胁的环境之中，造成的经济损失有55亿美元。事故发生的主要原因是设计的欠缺和管理的不良。

今天，在我们生存的周围，有成千上万种天然或人造物质。有化学的、物理的；气体的、液体的、固态的，甚至准固体的。由此，物质世界显得瑰丽多姿，人类生活显得丰富多彩。但是，无论是天然或是人造的很多物质，无论是作为用品或是作为食品，是要讲究其使用方法和技术的。如果使用不当，或者用量不当，就会造成生命和健康的危害，从而变利为害，弄巧成拙。

核技术是20世纪最成功的高技术之一，特别是核发电技术，给人类带来了极大的利益，但同时人类也接受了极大的风险。切尔诺贝利核电站的核泄漏事故就是一起使世界震惊的重大工业事故：1986年4月26日凌晨1时23分，核电站进行试验计划停止第四机组工作时，反应堆的功率突然加大，排出大量蒸气，随之发生反应生成氢，进而引发爆炸，毁坏了反应堆，并释放出碘、铯等大量放射性物质，造成了举世震惊的核泄漏事故。事故发生后短期内造成31人死亡，203人患放射性疾病，方圆30公里内的2万人受到放射照射危害，预计至2006年将由此造成死亡75000人，事故造成经济损失13亿美元以上。这次事故还造成北欧的瑞典、芬兰、丹麦、挪威等国家的放射性物质含量急剧增加，其中芬兰超过正常标准10倍，瑞典空气中的碘和铯含量增大5～10倍。导致这场悲剧的最主要原因是人为错误，即是人主观上的原因。

二、工业事故和灾难的特点

据国际劳工组织报告，世界范围内的工矿企业，每年发生各种工业事故5000万起，造成200多万人丧生，上千万人受伤致残。

美国：2001年在工作场所的工伤事故中死亡5300人，十万人中死亡率为3.9人，伤残人数390人。其中农业生产死亡700人，发生致残伤害的有130000人，农业工人在各主要行业中死亡率高达第2位。工伤导致美国损失1321亿美元，平均每个工人损失970美元。工人遭受的死亡伤害中的大约十分之九和致残伤害中的约五分之三是发生在非工作时间内。

英国：每年工伤死亡300余人，重伤近两万人。

德国：每年工伤死亡约1500人，领取工伤保险金人数约5万人。

法国：每年工伤歇工者达30万人，年损失劳动工日约3000万个。

韩国：一年的工伤人数高达10万人，死亡2500人，损失劳动工日5000余万个。

新加坡：每年的工伤事故5000余起，百万工时损失率为448天。

日本：每年生产性事故死亡4千余人，近百万人受伤致残。

泰国：一年的工伤人数达13万人，死亡近800人。

工业事故不仅是表现在总体的规模对人类社会发展和经济发展有重大的影响，重要的是有些一次性导致的灾难性损失的事故也相当严重，在心理上对人类造成严重的影响。

据联合国有关资料统计，世界各国平均每年的事故经济损失约占国民生产总值（GNP）的2.5%，预防事故和应急救援措施的投入约占3.5%，以上两项表

明了安全经济活动的基本规模合计为 GNP 的 6%。

三、生产事故的特性

1. 职业意外事故类型

参加工作，从事生产活动是当代社会每一个成人所必须经历的。社会工作种类千百种，每一种或多或少都有一定的职业危害和危险。要做到职业安全，需要每个劳动者都应有强烈的安全意识，懂得一些本工种的安全知识。我们首先从认识一般性职业事故类型入手。

为了研究分析生产事故特性，对事故进行科学、合理的分类是很重要的基本手段。根据生产事故的性质，通常有工伤事故和非工伤事故，责任事故与非责任事故的划分。根据国家对工伤事故统计的需要，国家制定了生产过程发生伤亡事故的统计标准，其按照事故对人身加害物的特征，把生产过程发生的伤亡事故分为 20 类，即机械伤害、电气伤害、起重及运输伤害、火灾与爆炸伤害、锅炉与压力容器伤害、工业粉尘伤害、工业毒物伤害、工业噪声与振动伤害、劳动作业环境及职业病伤害、矿山事故伤害、放射物及电磁辐射伤害、焊接伤害，等等。按生产事故的原因分类，还可分为人为事故、技术原因事故、环境原因事故、管理原因事故等。按国家的工伤事故报告制度的规定，企业一旦发生人身死亡事故，必须在 24 小时内上报主管部门，并应由经贸委、公安、监察、工会、企业主管部门联合组成调查组进行调查。

2. 职业意外事故的特性

根据安全系统分析方法的研究，认识到生产事故具有如下特性：

(1) 因果性。工业事故的因果性是指事故由相互联系的多种因素共同作用的结果。引起事故的原因是多方面的，在伤亡事故调查分析过程中，应弄清事故发生的因果关系，找到事故发生的主要原因，这样才能对症下药。

(2) 随机性。事故的随机性是指事故发生的时间、地点、事故后果的严重性是偶然的。这说明事故的预防具有一定的难度。但是，事故这种随机性在一定范畴内也遵循统计规律。从事故的统计资料中可以找到事故发生的规律性。因而，事故统计分析对制定正确的预防措施有重大的意义。

(3) 潜伏性。表面上，事故是一种突发事件。但是事故发生之前都有一段潜伏期。在事故发生前，人、机、环境系统所处的这种状态是不稳定的，也就是说系统存在着事故隐患，具有危险性。如果这时有一触发因素出现，就会导致事故的发生。在工业生产活动中，企业较长时间内未发生事故，如果麻痹大意，就会忽视事故的潜伏性，这是工业生产中的思想隐患，是应予克服的。

(4) 可预防性。现代工业生产系统是人造系统，这种客观实际给预防事故提供了基本的前提。所以说，任何事故从理论和客观上讲都是可预防的。认识这一特性，对坚定信念、防止事故发生有促进作用。因此，人类应该通过各种合理的对策和努力，从根本上消除事故发生的隐患，把工业事故的发生降低到最小限度。

矿山是工业生产中最严重的危险行业，每年造成的死亡人数占生产事故死亡人数的60%。建筑业事故也是生产事故中较严重的一类，占生产事故总伤亡量的五分之一左右。

四、生产事故的原因

生产意外事故发生主要是由4大要因引起：人的不安全行为和动作，技术客观的隐患和欠缺，生产环境的不良，以及管理的不善。因此，从教育入手，加强岗位的技能培训；应用法制的手段，强化安全管理；投入必要的安全资金，改善生产劳动条件和工艺，尽力实现本质安全，创造良好的物化生产环境，是预防生产事故的重要举措。从管理的角度，工业事故的原因还表现在：企业领导和职工普遍存在安全意识淡薄，“三违”现象严重；一些企业的安全生产责任尚未得到落实，规章制度执行不严；治理事故隐患措施不得力，安全投入不足；安全生产管理体制不顺，机制不健全；安全生产宣传、教育、培训力度不够，效果不好；对发生的事故查处不严，同类事故重复发生；安全法规不健全、不落实，等等。

五、生产过程中的风险与危害

1. 机械伤害

机械伤害是机械加工过程中引起的伤害。在工业生产中，机械伤害占有相当大的比例。在职业事故中，大约有20%的职业意外事故是机械伤害。机械伤害包括：机器工具伤害（辗、碰、割、戳等）；起重伤害（包括起重设备运行过程中所引起的伤害）；车辆伤害（包括挤、压、撞、倾覆等）；物体打击（包括落物、锤击、碎裂、砸伤、崩块等）；触电伤害（包括雷击）；灼烫伤害；刺割（机器工具、尖刃物划破、扎破等）；倒塌伤害（堆置物、建筑物倒塌）；爆炸伤害（锅炉、受压容器、粉尘、气体钢水等爆炸）；中毒和窒息（包括煤油、汽油、沥青等作业环境破坏引起中毒和缺氧）；其他伤害（扭伤、冻伤等）。要减少和消除机械伤害采取的安全技术措施有：①隔离的方法，即把人与可能伤害人的动能隔离开来；②连锁的技术，如金属冲床的闭锁装置；③个体防护的方法，即职工本人采取工装、工具进行有效防护；④严格操作规程；⑤实现本质安全化，即自动停机、连锁等；⑥信息警示，即出现危险后，自动声光警报。

2. 电气伤害

电气伤害事故大体分为以下5种形式：①电流伤害事故。即由于人体触及带电体所造成的人身伤亡事故。②电磁伤害事故。即机械设备、电器产生的辐射伤害。③雷击事故。这种自然灾害是自然因素形成的。④静电事故。生产过程中产生的静电放电所引起的事故，如塑料和化纤制品，摩擦就易产生静电，最为严重的危害是引起爆炸和火灾。⑤电气设备事故。由于电气设备的绝缘失效或机械故障产生打火、漏电、短路，从而引起触电、火灾或爆炸事故。为防止电气伤害事故发生，必须从用电技术、严格管理、学习电气知识、电气设备本质安全化、采

用安全防护和保安措施、电气伤害后人的自救和互救等方面做工作。

3. 工业防火与防爆

火灾与爆炸会给人民和社会造成巨大灾难和损失。消防与防爆技术就是防止火灾和爆炸事故的根本措施。这类灾害之源在于火。火灾出现的关键是由于燃烧。所谓燃烧是指可燃物质在点火能量的作用下发生的一种放热发光的氧化反应，火灾则是一种破坏性的燃烧。要产生燃烧，就必须有可燃物质、助燃物质和火源 3 个条件。燃烧包括闪燃、着燃、自燃和爆炸，因此大火总会伴随着爆炸。

工业中常见的防火防爆措施有：①控制可燃物质；②采用安全生产工艺；③严格控制火源；④考虑安全距离、防爆距离；⑤加强消防措施和管理。

4. 压力容器意外

生产中的压力容器是发生爆炸事故的设备。通常这种设备有安全阀、爆破片、压力表、液面计、温度计等安全附件。高压气瓶的安全附件有瓶帽、防震胶圈、泄压阀。为了防爆，国家规定，压力容器每年至少进行一次外部检查，每 3 年至少进行一次内部检验，每 6 年至少进行一次全面检验。当压力容器发生下列任一情况时，应立即报告有关部门。这些情况是：压力容器的工作压力、介质温度或壁温超过允许值，采用各种方法仍无效时；主要受压元件发生裂缝、鼓包、变形、泄漏等缺陷时；安全附件失效、接管断裂、紧固件损毁时；发生火灾直接威胁容器安全时。

工人使用压力容器必须遵守安全操作规程，持证上岗，防火防爆，保证按期检验，注意安全储存，安全运输。所有压力容器制造单位须经严格的审批，持有压力容器制造许可证者，方能生产。

5. 生产作业粉尘危害

在生产过程中产生的粉尘叫生产性粉尘。我国许多行业都产生粉尘，例如金属加工行业就有镁、钛、铝尘；煤炭行业（煤矿）有活性炭、煤尘；粮食行业有面粉尘、淀粉尘；轻纺行业有棉、麻、纸、木尘；农副产品行业有棉尘、面粉尘、烟草尘；合成材料业有塑料尘、染粉粉尘；化纤行业有聚乙烯粉尘、聚苯乙烯粉尘；饲料行业有血粉尘、鱼粉尘；军工、烟花行业有火管粉尘；水泥厂有水泥尘；石料工厂的矽尘；锯木工厂的木尘；等等。粉尘对职工的身体有很大的危害，除了得尘肺病或诱发癌症外，还时有粉尘爆炸的威胁。因此，从事这方面职业的人员应特别加以注意。一般工业生产过程中，主要的防尘措施有：

① 采用新工艺，改进设备和工艺操作，尽可能应用除尘新技术；

② 大力推广用湿法作业，经济、简便；

③ 新建、改建、扩建工程要增加防尘投入，设计、施工中要保证防尘效果；

④ 推行密闭措施，密闭尘源，使生产管道化、机械化、自动化，尽量避免人与粉尘接触；

⑤ 采用通风除尘；

⑥ 注意个人防护措施，工人佩戴合格标准的防尘口罩、防尘面具、防尘头

盔、防尘服，保护工人安全与健康。

6. 生产作业毒物（气）危害

工业的发展，高新技术的引进，新材料、新工艺的使用，使劳动过程中的有害物质在不断增多。通常工业毒物有：①汞、铅、砷金属或类金属类；②刺激性和窒息性气体，如氯气、二氧化硫、光气等；③有机溶剂，如苷、汽油、四氯化碳等；④苷的硝基、氨基化合物，如硝苯、联苯胺等；⑤高分子化合物生产中的毒物，如氯乙烯、丙烯腈、氯丁二烯等；⑥农药类毒物，如乐果、六六六，敌百虫等。工业毒物以气体、液体、固体的形式通过呼吸系统、皮肤及消化系统进入人体。其中最主要、最危险的途径是经呼吸道，其次是皮肤。工业毒物进入人体，达到一定的程度（量）就会引起中毒，但这种职业中毒的发生与进入人体毒物的性质、侵入的途径、数量的多少、接触时间的长短以及人的健康状况、防护条件、生活习惯等有关。

预防和消除生产作业中毒的基本方针是“预防为主”。对工业毒物的危害要从生产条件、防毒技术、医疗保健、组织管理、个人防护、毒物测定等各方面采取综合措施。

7. 搬运作业风险

工业中的搬运作业是通过人力和机器的办法来实现起重运输。生产过程中，由各种起重设备完成原材料、产品、半成品的装卸搬运，进行设备的安装和检修，非常常见。在搬运过程中，如果忽视了安全，就会出现倒塌、坠落、撞击等重大伤亡事故；如果起重设备起吊赤热，装满熔化金属的耐温锅或酸、碱溶液罐一旦出现钢缆断裂，吊物倾落，就会引发爆炸、火灾和重大伤亡，造成特大事故。据统计，起重机械事故约占生产性事故的20%。因此，从事搬运行业的工人应特别要注意安全。一般防范措施有：坚持起重机人员须经培训考核，持特种工种证后才能上岗的原则；经常检查安全装置，这些装置有过卷扬限制器、超负荷限制器、行程限制器、缓冲器、力矩限制器、制动器、连锁装置、防护装置（防护板以及防护栏杆、警铃、指示灯和接地系统等）；掌握主要安全部件故障排除的方法；熟练起重机操作规程。

8. 化工生产风险

化学工业发展到今天，影响到人民生活的方方面面，以致我们都生活中到处充满了化学工业的产品。化学产品在给人们带来利益的同时，也给社会带来了新的问题。由于化工原料、化工产品、生产工艺及部分产品是有尘有毒的，因此严重地危害着生产环境和人们的安全与健康。因此，防止化学性事故的发生就显得愈来愈重要。防止化学性事故发生要做到：

（1）加强明火管理，厂区内不准吸烟；生产区内，不准未成年人进入；上班时，不准睡觉、干私活、离岗和干与生产无关的事；班前、班上不准喝酒；不准使用汽油等易燃液体擦设备、用具和衣物；不按规定穿戴劳动保护用品者，不准进入生产岗位；安全装置不齐全的设备不准使用；不是自己分管的设备、工具不

准动用；检修设备时，安全措施不落实，不准检修；停机检修后的设备，未经彻底检查，不准启用；未办高处作业证，不系安全带、脚手架，跳板不牢，不准登高作业；石棉瓦上不固定跳板，不准作业；不准使用未安装触电保安器的移动式电动工具；未取得安全作业证的职工，不准独立作业；特殊工种职工，未经取证，不准作业。

(2) 执行安全动火制度。即动火证未经批准，禁止动火；不与生产系统可靠隔绝，禁止动火；不清洗、置换不合格，禁止动火；不消除周围易燃物，禁止动火；不按时作动火分析，禁止动火；没有消防措施，禁止动火。

(3) 严格进行交接班制；严格进行巡回检查；严格控制工艺指标；严格执行操作法（票）；严格遵守劳动的纪律；严格执行安全规定。

9. 建筑施工风险

建筑施工伤害是职业伤害事故中常见且占相当比例的一种。

建筑施工的人员无论是民工、正式工、工程技术人员、工地施工管理人员及工地负责人等，都必须学习《建筑安装工程安全技术规程》和《关于加强建筑企业安全施工的规定》，熟知本职工作范围、安全法规以及有关的规章制度，注意高空作业安全，土石方工程的安全，机电设备安装的安全规程，拆除工程的安全，瓦工、灰工、木工、搬运工的安全以及施工机械的安全。

要保证建筑安全施工，先要做到水、电、道路通畅，工地平坦；强化现场安全管理，现场要设专职安全员管安全；制定安全生产制度、安全技术措施；定期检查安全措施执行情况，检查违章作业，检查冬、雨季施工安全生产设施；注意施工区的安全防护，在现场周围设置围栏屏障。工地上危险地段、区域、道路、建筑、设备要张贴或悬挂“禁止或警告指令、提示”标志；夜间要置红灯，防止误入；预留洞口、通道口的安全防护，必须设围栏、盖板、架网，所有出入口须设板棚等护头棚；经常检查安全帽、安全带、安全网。

10. 职业环境中的化学物质

职业环境千差万别，接触的化学物质也各不相同，其中损害人体健康最明显的是空气污染物，主要是颗粒物质和有毒气体。

在职业环境中，由于化学物质存在的浓度的接触的时间不同，作用强度也不一样，因而中毒症状亦有急性、亚急性和慢性之分。例如，在闭塞且狭隘的室内进行喷涂作业，因溶剂蒸气浓度很高，曾发生过工人意识丧失和死亡事件。这种高浓度暴露所引起的急性中毒，较易为人们所发现和重视。但是，低浓度、长期的慢性中毒，却是既大量存在又难以为人所觉察的，而且许多职业性疾病有很长的潜伏期。

此外，在职业环境中，接触的化学物质往往不止一两种，而是多种，再加上人类活动的范围很大，除职业性接触外，还受外界环境其他化学物质的侵袭，它们可对人体发生多因素的联合作用。曾有一异丙醇装瓶厂，因暂时缺少丙酮，就用四氯化碳代替丙酮洗涤装瓶机。这本来是生产中常有的事，但由于人体同时暴露于高浓度四氯化碳和异丙醇下，结果造成工人的肝和肾等内脏遭到损害。经分析研究认为，这是四氯化碳与异丙醇发生反应，形成一种高活性的自由基所致。个人的饮酒与吸烟，也能与某些职业环境中的化学物质起协同作用，从而大大增加对人体的危害。从事石棉生产、铀矿开采、接触铬盐及β-萘胺的工人，吸烟都能大大增加其得癌症的危险性。

职业环境中，化学物质引起的疾病非常多，除癌症外，还可引起心血管系统、呼吸系统、神经系统、皮肤等各类疾病。各种化学物质对机体的作用机制各不相同。以职业环境导致心血管疾病为例，化学物质可通过对心肌的损害作用，如造成动脉硬化，促使血管紧张等引发心血管系统病变。比如，砷和高浓度二硫化碳直接对心肌有毒害作用；钴能抑制心肌丙酮酸或脂肪酸氧化，使心肌收缩力减低及乳酸积聚而致心肌病变；二硫化碳与体内氨基酸相互作用产生的产物可与多价微量金属离子络合，促成动脉硬化；铅可使胆固醇在动脉内沉着……

种种迹象表明，职业环境对人体健康的影响很大。美国每年死于职业病的约10万人，新发病例约40万人。为了对付这人类健康的大敌，世界各国对各种化学物质不断制定相应的职业环境允许标准。但是，在不少场合，这些标准常常被忽视。即使职业环境都达到这些规定标准，也只能维持低水平的环境质量和低限度的健康保障，因为许多化学物质的低浓度、慢性作用究竟会对人体产生多大的威胁，至今仍不确定。

第四节　事故风险给我们的警示和启示

一、20世纪全球重大事故警示——十大技术灾难

20世纪是人类发展史中一个灿烂辉煌的时代。人类的智慧在科学与技术上得以淋漓尽致地发挥。人们利用技术使人类的生活方式发生了根本变化。然而，技术是一把双刃剑，在给人们带来舒适、高效、快捷和财富的同时，也带来了环境污染、生态破坏、交通事故和核战争威胁等一系列负面影响。当技术一旦发生失误时，还会造成巨大灾难。下面就是20世纪所发生的十大技术灾难。

1. 魁北克大桥事件

1900年，加拿大魁北克桥梁公司聘请了当时美国最负盛名的桥梁专家希杜尔·古伯设计并施工建造了一座横跨圣罗伦斯河的悬索式大桥。古伯称这座世界上最长的桥梁将是现代工程技术的典范，还自诩他的设计不但质量上乘，而且造价低廉。古伯设计的这座大桥的确造价低廉，桥梁的总长度在不增加任何其他费用的情况下，从原来的487.7米增加到546.6米，这无疑是“偷工减料”的结果。在大桥即将竣工的前夕——1907年8月29日，连接桥墩与南端锚柱的钢缆突然断裂，使得整座大桥瞬间崩塌，造成75名作业人员丧生。如果在投入使用

后发生事故，损失将更大。

2. “泰坦尼克”号事件

1912年4月14日夜，在北海纽芬兰大浅滩以南150公里处，一艘8层楼高的英国超级豪华邮轮“泰坦尼克”号与冰山相撞，并于1912年4月15日凌晨2时20分沉没。1513人在这次事故中罹难，成为有史以来最大的一次海难（此前最大的海难发生于1904年6月15日，一艘叫“斯洛克姆将军”号的游轮在美国纽约州东沉没，死亡1030人）。这起事故成为当时特大的爆炸性新闻，是20世纪最令人震惊的灾难之一。首先这艘造价当时为150万英镑（折合当时中国华币1000万两白银，相当于今天的4亿美元）的豪华邮轮，有双层底和16个水密舱，能防任何可能的撞击，即使有1/4舱室灌满水也不会危及船的浮力，在世纪之初号称史无前例和“永不沉没”的巨轮。

然而不幸的是，设计者只考虑到了船体的正面冲击，忽视了冰山可能的高速侧撞，而且由于过分自信，仅配备了可搭载1/2乘客的救生艇。这艘排水量为4.6万吨的邮轮以22节的速度鲁莽地擦过一座巨大的冰山时，冰山庞大的身躯犹如一座锋利无比的暗礁，把邮轮的防水舱割破一个数米长的大口子，数以千吨计的海水涌进舱内，几个小时后这艘邮轮就葬身海底。

3. “兴登堡”号飞艇事故

1937年5月6日，当德国制造的“空中霸王——兴登堡”号飞艇在美国的新泽西州降落时，那壮观的情景真叫人肃然起敬。然而，仅仅过了几分钟，这只800英尺长的飞艇突然燃起大火，霎时化为灰烬。这艘编号为LZ-129的“兴登堡”号于1936年首次飞行，全长804英尺，用四台1100马力的柴油机作为动力，最大时速达84英里。1936年它在德国和美国之间进行了10次定期的往返商业飞行，共载客1002名。1937年5月6日完成第11次飞行，当它在新泽西州的莱克赫斯特着陆时焚毁，这是飞艇商业飞行史上第一次重大的事故，同时也结束了飞艇作为交通工具的时代。令人惊奇的是，飞艇上97名乘客中竟有61名死里逃生，死亡36人。真正的悲剧是美、英、德三国缔结的商业定期航线毁于这场事故。关于飞艇爆炸的原因，一时猜测纷纭。大多数人认为，由于美国难以容忍德国在航空上的成就，拒绝出售给德国助艇上升的氦气，迫使“兴登堡”号飞艇不得不用极易燃烧的氢气代替。虽然采取了种种严格的措施，但它仍是个随时都可能爆炸的火药库。

4. 由“灵丹”变为“魔鬼”的DDT

米勒是瑞士化学家，他在1939年9月成功合成了DDT（化学名称为二氯二苯三氯乙烷），开创了合成杀虫剂的先河，瑞士当局立即用它来对付马铃薯的害虫，取得了出人意料的效果。他因此获得1948年诺贝尔生理学或医学奖。这一“良好”开端，引发了人工合成化学品的高潮，数量多达上万种的新杀虫剂相继问世。科学家和使用者谁都没有想到，这些人工合成品虽说杀死了众多的害虫，但不久也给人类自己带来了巨大的祸害。1942年，美国就将其投入了商业生产。

1943年末，首次大规模地用于同人类有重大关系的目的中去。第二次世界大战中，英美联军攻克意大利的那不勒斯不久，那里发生了斑疹伤寒流行病。这种流行传染病曾经在第一次世界大战中改变过战争的进程，它同样可能在第二次世界大战中重演过去发生过的事态，阻止英美联军在意大利的攻势，而且比纳粹的枪炮要有效得多。1944年1月，联军在那不勒斯全面地喷洒了DDT，结果一场正在流行的传染病被制止了，这在人类历史上还是第一次。战后，DDT被视为“灵丹妙药”大量地使用，昆虫侵害农作物的事情减少了。不幸的是，很快昆虫就对它产生了抵抗力，结果导致人和昆虫的“大较量”，新的杀虫剂不断地合成，昆虫的抗药本领也愈来愈高超。由于人类在这个问题上的欠谨慎和不高明，DDT和其他一些杀虫剂不仅杀死了害虫，同时也杀死了对人类有益的昆虫。从北极的冰块到新生儿的血液中，DDT无所不在，污染了全世界，也伤害了人类自己。人们不得不承认错误，这类化学合成物对生态的影响是毁灭性的，现在DDT已被许多国家明令控制或禁止使用。

5. 维爱特水库事件

1963年10月9日夜晚，意大利贝尔鲁诺附近的维爱特水库的积水突然铺天盖地地从堤坝上溢出，吞没了下游的5个村庄，大约有4000名村民被大水淹死。使人惊异的是，水库竟看不出任何破损的痕迹。经过调查，真相才大白于天下。原来，建筑在两座山峰之间的钢筋混凝土大坝形成了一个长6.5公里的人工湖，连续数周的暴雨浸透了水库四周的陡峭山坡，使得1.5亿吨的泥土和石块突然滑入水库里，上千万立方米的水便越过大坝瀑布般冲向下游。发生这次灾难的责任，应归咎于水库设计师，其在修筑这座大坝时，没有对水库周围进行详细而周密的地质勘查。

6. DC-10空难

1974年3月3日，一架载有335名乘客、11名机组人的土耳其DC-10客机由巴黎起飞。8分钟后，飞抵伦敦前方1.2万英尺高空时，突然爆炸坠毁，机上的人员全部罹难，造成了当时最惨重的空难事件。调查结果表明，事故的原因是由于飞机下层货舱的一道舱门设计上欠妥。这道密封性能舱门在空中脱落，造成下层货舱内的压力剧降，而上层舱内压力仍然很高，使得地板下陷，飞机失去控制，从而引起了这场灾难。设计和制造该飞机的道格拉斯公司过去曾发生过类似的问题，只是侥幸没有发生坠机事故。

7. 海特饭店事件

1981年7月17日，美国堪萨斯州的海特饭店的正厅聚集着1600名参加周末舞会的宾客。在他们上层的空中过道上，挤满了200多名兴高采烈地观看这场舞会的客人。一名劫后余生的目击者事后回忆说：“起初只听见‘啪’的一声，好像有人在放枪，接下来就是震耳欲聋的号哭声，2层与3层之间的钢筋水泥过道突然断裂，整体落在下面狂欢的人群上”。这场灾难使118名客人当场被压死，受伤的人数不下200人。调查小组发现，海特饭店走道的自重已超过钢材所能承

受的负荷，即使没有人在上面也会自行崩塌。建筑工程史上把这次事故视为建筑设计中敷衍了事的典型实例。

8. 印度博帕尔事件

1980年，印度博帕尔市联合碳化物公司开始生产化学农药，用来消灭农作物的昆虫，它的生产似乎将给印度农业带来无限的生机。具有讽刺意味的是，4年后的12月3日清晨，杀虫剂的主要成分异氰酸甲酯外泄，在全市上空形成一片毒雾，数以千计的人产生了神经性中毒症状，最后死亡的人数达到1万余人，还有（5～10）万人受到各种程度的伤害。事故发生的主要原因至今尚未查明。据该公司称，有将近240加仑的水被混入异氰酸甲酯储槽里，引起了化学反应，槽内温度达到200℃发生爆炸，5万磅毒气逸出。

9.“挑战者”号事件

1986年1月28日，美国佛罗里达州的卡纳维拉尔角的肯尼迪航天中心发射台上，“挑战者”号航天飞机载着7名宇航员即将腾空升起进行它的第11次航天飞行。11时38分，“挑战者”号点火上升，直入云霄，在发射后的第73秒钟时，碧空突然传来一声巨响，人们从看台上的电视荧光屏上看见“挑战者”号顷刻间化作一团橘红色的火球。观礼台上直接目击了这场悲剧的观众，个个惊骇不已。反应过来，他们不禁失声痛哭。究竟是什么原因造成这架飞行次数最多、性能最佳、造价达12亿美元的“挑战者”号失事的呢？总统委员会调查后表示，“挑战者”号爆炸，是由于航天飞机右侧固体火箭助推器连接处因设计上的缺陷，一只密封圈失效而引起的。

10. 切尔诺贝利核电站事件

位于乌克兰首府基辅以北150公里处的切尔诺贝利核电站的第四动力机组于1986年4月26日凌晨发生事故，释放出铯和锶等大量放射性物质，其辐射剂量曾高达每小时100～150伦琴，使半径80公里地区受到严重放射性污染，并波及东欧邻国及西欧一些国家。给苏联造成的经济损失，轻则要用几十亿美元清理污染，重则要付出更大的代价。

事故发生，造成31人死亡，203人患放射性疾病，方圆30公里内的2万人受到放射照射危害，预计至2006年将由此造成75000人死亡，造成经济损失20亿卢布以上。这次事故还造成北欧的瑞典、芬兰、丹麦、挪威等国家的放射性物质含量急剧增加，其中芬兰超过正常标准10倍，瑞典空气中的碘和铯含量增大5～10倍。导致这场悲剧的最主要原因是人为错误，即是人主观上的原因。这次核事故在国际上引起了轩然大波。这次核事故给数百万人播下致命的祸根。几年后该地区出现第一批白血病患者；事故后十年里，可能在500公里的范围内使1万人患肺癌死亡；放射性尘埃将在今后80年内使数十万人患甲状腺癌。

面对意外事故如此高昂的生命、健康与财产代价，人们在思考：人类为了所祈求的利益和享受所承担的技术风险是否值得？与获得技术成果相适应和合理的生命、健康、经济的风险代价水平是多少？我们能否把技术风险代价再减小一些？当我们面对世界上惊人的“无形战争”的后果后，或许会使人们更为清醒和理智地反省，从而更加“善待生命，正视现实，警觉灾患”。如何有效地战胜技术风险成为现代社会所面临的重大挑战。

二、让平安的愿望变为安全的行动

平安，人生最基本的企望，人生最美好的祝福。当我们还是孩子的时候，父母用全身心保护我们的安康；当我们进入学生时代，老师和亲人们祝福我们平安成长；当我们成家立业了，亲人和朋友们日夜期望着我们从工作岗位上平安归来；当我们进入老年，孩子和朋友们愿我们健康长寿，安享晚年。人生平安对于我们现代社会是如此的平常和必需，但又是如此的难觅和难得。

在我们生存的现代环境里，无论是家庭生活还是公共娱乐，无论是工作还是生活，无论是在室内还是在户外，都存在着来源于人为或自然的危险及危害，对我们的生命、健康和财产产生威胁。所谓“人在家中坐，祸从天上来”，由此可见：以分秒为计的交通死亡事故；每时每刻都在发生的无情火灾；诸多职业事故导致的伤残和早逝；家庭生活失误造成的倾家荡产和终生悔痛，等等。天灾人祸已成为时时处处伴随着人类生存的“幽灵”。这些“幽灵”来自于现代生活中高层人造空间和机、电、化学、毒气等物品的危险；来自于风暴、水灾、地震、地陷等自然灾害。对此，我们基本的法宝就是依靠科学，唯有安全科学是事故和灾难的“克星”。

尽管今天发展的安全科学技术还不能对每一个人或每一件事的发展过程中是否会发生事故或灾祸作出精确的预测或推断，但是只要我们有了一份警觉，懂得一些知识和规律，掌握一些避难和应急的方法，做到“超前防范”和“临危能应”，那么我们就能把天灾和人祸可能造成的伤害及损失降低到最小限度，就能在灾祸发生时获得最大的生存机会。

因此，实现平安生存和安全生产的最基本法宝就是在安全科学知识的指导下，在行为的每一分钟，变平安的愿望和祈求为安全的意识和安全的行动。

三、提高人类安全素质从自我做起

生存于现代社会，人们拥有豪华富丽的高层建筑和居家，享受着方便实用的电器和燃气，有了现代化的交通和商场，还有刺激的娱乐场所和公园。无论是在工业企业还是国家机关工作，无论是在家里还是在公共娱乐场所，不管是在室内活动还是在户外游乐，不管是行进在街道还是社区，每一个公民都应意识到时时处处都存在着来源于人为或自然的、不同形式和规模的、随着现代技术发展而变化的各种危险及危害。在这种环境中，我们每个人都应该思考一个问题：如何提高现代社会公民的安全素质？

面对严重的技术风险导致的事故现实，每一个公民首先必须要做的事情就是行动起来，为了自身安全素质的提高而努力。提高公民安全素质，最为基本和重

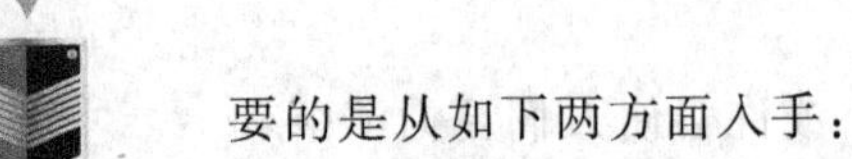

要的是从如下两方面入手：

（1）懂得必须的安全知识。要了解生活和生产过程中的基本的安全常识，认识各种危险物质；知晓危险场所，懂得预防危险和事故等。

（2）学会应有的安全技能。学会使用灭火器和消防报警；能够在商场或宾馆遇险逃生；掌握事故和灾害应急方法；学会工作和生活过程中一般预防和防范事故及危险的方法和技术等。

除此之外，公民安全素质的提高还依赖于个人的安全意识、安全观念、安全的自觉行为等。

四、防范风险需要采用系统综合对策

生命对于我们只有一次，安全意味着幸福、康乐、效率、效益与财富，因此我们要把防范技术风险的愿望变为时时、事事的行动。为此，我们需要综合的策略和方法：

第一，要有强烈的安全意识。我们之中的很多人还需要从轻视和迷糊中警醒，从司空见惯的麻木和随意侥幸中觉悟。安全行为应成为我们每个人的自觉，力求防患于未然。

第二，树立遵规守纪的安全观念。生命安全是最大的人权，要从人权和法制的高度来认识安全对于生命的意义。《世界人权宣言》确认，人人享有生命、自由和人身安全的权力。我国宪法规定，公民有劳动的权利和获得劳动保护的权力。不论是极左思想还是利益驱动，带病上岗、疲劳工作是侵犯人权，要钱不要命更是对生命的犯罪。

第三，要懂得安全知识。无知是最大的灾难。知识就是力量，是维护生命安全的力量。你身边一切事物的安全知识都是你应该学习的，尤其重要的是那些过去发生的各种事故的经验教训总结，更需要人们学习和了解。对于已知世界是如此，对未知世界也同样。人类并不会因为一次意外的出现，就会永远也不再碰到其他意外了。在不断认识和探索自然的过程中，总有认识不清的客观规律，就有可能违背客观规律行事，就会碰到各种意外事故，因此我们还要学习探索未知世界的安全知识。

第四，要学会应有的安全技能——对付处理意外事故。光懂得安全知识还不够，靠本能去应付事故更是危险万分，最重要的还是学习和掌握正确的事故处理方法，必要时还应该接受有关训练。

人们仅仅认识到生命安全的权利和自身具有的本能还不够，还必须有安全避险的科学知识和技能，但这些并不是生下来自然就会的，它是需要经过培训和锻炼的，从而逐渐形成正确的安全哲学和安全思维观的，这才是安全文化教育的根本核心，有了科学的思维、逻辑方法，才有正确的判断、决策能力。

第五，遵守安全规则。不论是使用洗衣机还是驾驶飞机，都有各自的安全程序；工厂车间、油库加油站、道路交通更有严格的安全规则；家里头是个东西就有它的使用说明。用什么东西就要讲什么安全，在什么场合就要守什么规矩。

不遵守安全规则就是冒险。人为什么会冒险？人真的不怕死吗？实际上，每一个正常人在做出任何一种行为之前，都会有“风险决策”的过程，只有当主观感受到的风险为零时，人才会采取某种行动。我们都有这样的体验：“通常感觉十分安全的地方，事故却频繁发生。”这就是人们常说的愈安全愈危险。人都在安全与危险之间追求一种平衡。当感觉安全时，行为就会冒险些；当感觉危险时，行为就会慎重些。其结果是：冒险的行为导致的事故多，保守的行为导致的事故少。在人行为的理性决策的过程中，关键是如何使这个决策是正确的、科学的，不至于使人的行为表现出冒险倾向。这就要求每个人都遵守安全规则。

第六，担负安全责任。责任重于泰山。领导的责任最为重大。国际社会对战争罪犯严惩不贷，是因为他们灭绝人性、惨无人道地摧残生命，负有不可逃脱的责任，而且是领导责任。那么任何领导对自己所领导的人员的生命安全不负责任，难道不也是犯罪吗？

作为政府和企业，为了防范技术意外事故，广泛普遍地采用了本质安全的工程技术手段；全面系统的安全教育对策；严格规范的安全管理策略。通过综合的安全对策，使安全生产和安全生存的水平得以提高和改善。

无形的战争令人生畏，但我们人类对付它的最大优势在于：意外事故并非不可避免，意外事故对生命的伤害也并非必然，关键在于人类自身。我们每个人应该遵循的原则是：安全第一，预防在先；强化安全意识，掌握安全技能。为此需要我们发展安全科学技术，只有这样才能把技术风险的危害降低到最小及可接受的程度。

第二章 风险防范科学的发展和进步

重要概念 风险防范，风险理论，安全科学，安全原理。

重点提示 风险防范的科学——安全科学是一门新兴、发展中的交叉科学；我国古代有着灿烂的安全科学技术成果；安全科学技术经历了3个大的发展阶段；风险防范问题是当今世界和人类共同面临的问题。

问题注意 风险防范的理论和技术的发展受生产技术、方式，以及社会经济基础和生产力水平的限制；古今中外的风险防范经验和教训对我们今天的安全科学技术的发展有重要的参考价值。

第一节　古代的安全防范

一、我国古代的风险防范

来自于生产和生活中的风险伴随着人类的进化和发展。在远古时代，原始人为了提高劳动效率和抵御野兽的侵袭，制造了石器和木器，作为生产和安全的工具。早在六七千年前，半坡氏族就知道在自己居住的村落周围开挖沟壕来抵御野兽的袭击。大禹治水和都江堰工程更是我国劳动人民对付水患的伟大创举。公元132年，张衡发明的地动仪为人类认识地震作了可贵贡献。

在生产作业领域，人类有意识的风险防范活动可追溯到中世纪的时代，当时人类生产从畜牧业时代向使用机械工具的矿业时代转移。由于机械的出现，人类的生产活动开始出现人为事故。随着手工业生产的出现和发展，生产中的风险问题也随之而来。风险防护技术随着生产的进步而发展。

在公元七八世纪，我们的祖先就认识了毒气，并提出测知方法。公元610年，隋代巢元方著的《诸病源候论》中记载：“……凡古井冢和深坑井中多有毒气，不可辄入……必入者，先下鸡毛试之，若毛旋转不下即有毒，便不可入。”公元752年，唐代王焘著的《外台秘要引小品方》中提出，在有毒物的处所，可用小动物测试，“若有毒，其物即死”。千百年来，我国劳动人民通过生产实践，积累了许多关于防止灾害的知识与经验。

我国古代的青铜冶铸及其风险防范技术都已达到了相当高的水平。从湖北铜绿山出土的古矿冶遗址来看，当时在开采铜矿的作业中就采用了自然通风、排水、提升、照明以及框架式支护等一系列安全技术措施。在我国古代采矿业中，采煤时在井下用大竹杆凿去中节插入煤中进行通风，排除瓦斯气体，预防中毒，并用支板防止冒顶事故等。1637 年，宋应星编著的《天工开物》一书中，详尽地记载了处理矿内瓦斯和顶板的“安全技术”：“初见煤端时，毒气灼人，有将巨竹凿去中节，尖锐其末。插入炭中，其毒烟从竹中透上”，见图 2-1，采煤时，“其上支板，以防压崩耳。凡煤炭去空，而后以土填实其井”。

图 2-1　古代南方挖煤通风防毒方式

公元 989 年，北宋木结构建筑匠师喻皓在建造开宝寺灵感塔时，每建一层都在塔的周围安设帷幕遮挡，既避免施工伤人，又易于操作。

防火技术是人类最早的风险防范技术之一。公元前 700 年，周朝人所著的《周易》中就有“水火相忌”、“水在火上既济”的记载。据孟元老《东京梦华录》记述，北宋首都汴京的消防组织就相当严密，消防的管理机构不仅有地方政府，而且由军队担负执勤任务：“每坊卷三百步许，有军巡铺一所，铺兵五人负责值班巡逻，防火又防盗。在高处砖砌望火楼，楼上有人卓望，下有官屋数间，屯驻军兵百余人。乃有救火家事，谓如大小桶、洒子、麻搭、斧锯、梯子、火叉、火索、铁锚儿之类”；一旦发生火警，由军弛报各有关部门。

二、古代人类的风险防范观

古老的中华民族有着悠久的历史，其流动于民族文明长河中的安全观念和方略，无疑对我们现代社会的风险防范安全活动有着极有价值的借鉴。

“观”，观念，认识的表现，思想的基础，行为的准则；方略，即方法和策略，活动的艺术和技巧。现代的安全活动需要正确的风险观，只有对人类的安全态度和观念有着正确的理解和认识，并有高明的防范行动艺术和技巧，人类的安全活动才算走入了文明的时代。研究我国古代的风险防范认识观和方略，对于我们现代人类的生产和生活仍存在着现实意义的光辉。

方略之一：居安要思危——出于《左传、襄公十一年》：“居安思危，思则有备，有备无患”。“安不忘危，预防为主”，正如孔子所说：“凡事预则立，不预则废”，即安全行动的原则和方针。

方略之二：长治能久安——出自《汉书、贾谊传》：“建久安之势，成长治之业。”是的，只有发达长治之业，才能实现久安之势。这不仅对于国家安定是这

样，生活与生产的安全也需要这一重要的安全策略。

方略之三：有备才无患——出于《左传、襄公十一年》："居安思危，思则有备，有备无患。"只有防患未然时，才能遇事安然，成竹在胸，泰然处之。

方略之四：防微且杜渐——源于《元史、张桢传》："有不尽者，亦宜防微杜渐而禁于未然。"从微小之事抓起，重视事物之"苗头"，使事故和灾祸刚一冒头就及时被制止，为损失控制之战术。

方略之五：未雨也绸缪——出自《诗、幽风、鸱》："迨天之未阴雨，彻彼桑土，绸缪牖户。"尽管天未下雨，也需修补好房屋门窗，以防雨患。如要安全，也须此然。这不失为有效的事故预防对策。

方略之六：亡羊须补牢——出自《战国策、楚策四》："亡羊而补牢，未为迟也。"尽管已受损失，也需想办法进行补救，以免再受更大的损失。古人云："遭一蹶者得一便，经一事者长一智。"故曰："吃一堑，长一智。""前车已覆，后来知更何觉时。"谓之："前车之鉴。"这些良言古训虽是"马后炮"，但不失为事故后必须之良策。

方略之七：曲突且徙薪——源自《汉书、霍涮传》："臣闻客有过主人者，见其灶直突，傍有积薪。客谓主人，更为曲突，远徙其薪，不者且有火患，主人嘿然不应。俄而家果失火……"只有事先采取有效措施，才能防止灾祸。这是"预防为主"之体现，也是防范事故的必遵之道。

古语指导我们的安全方略不失为"警世良言"。但应予注意的是，面对现代复杂多样的事故与灾祸，以教条不变的政策对待之，是必定要失败的。正如秘本兵法《三十六计、总说》中所云："阳阴燮理，机在其空；机不可设，设在其中。"只有以变化和发展的眼光去实践中探求和体验，才能在与事故和灾祸的较量中立于不败之地。

三、人类安全法规的起源与发展

1. 人类最早的工业安全法规

1765 年，从瓦特发明蒸汽机开始，就引起了工业革命，人类从家庭手工业走入了社会化工业。从此，工业事故不断升级，生产安全问题日益突出。当时，常常发生的锅炉爆炸事故成了社会的大难题。1815 年，伦敦发生了惨重的锅炉爆炸事故，为此，英国议会进行了事故原因调查，之后开始制订了有关的法规，并创建了锅炉专业检验公司。但是，这还不是人类最早的安全法规。

由于工业革命最先是从纺织工业的改革运动发起的，当时世界上最发达的资本主义国家英国，其政府对经济生产实行不干涉主义，因此 18 世纪对工业的立法几乎没有。直到 19 世纪初，随着工业的发展，问题的日益严重，并出于所谓"温情主义"的传统，于 1802 年，英国制订了最早的工厂法，称为《工厂学徒的健康和道德法》，其中主要限制了工厂中学徒的劳动时间，规定了室温、照明、通风换气等标准。这一法规虽然不是以安全专门命名的，但实质上是一个以工厂安全为主的法规。后来，工厂所用的动力由水力逐渐为蒸汽机所代替，工厂法为了适应实际生产的要求，不断修改完善，1844 年，英国制订了对机械上的飞轮和传动轴进行防护的安全法。

根据有关专家的考证，人类最早的安全法规出自早期工业最发达的国家——英国，其代表法规就是英国的《工厂学徒的健康和道德法》。今天，安全法制手段已成为世界各国管理职业生产、生活安全和社会安全的主要措施。因而，安全法规体系建设成为人类安全活动的重要一环。当前，在我国面临安全法制建设的新时期，分析古今中外安全法规的发展及历史演变，从中吸取其精华，具有重要的现实意义。

2. 人类最早的交通安全法规

交通的出现是与车的使用密切相关的。人类最早的车据考是出现于我国的夏代，而我们现在能够看到的最早的车的形象是商代的。在商周时期的墓葬里，其车子的遗残物表现为双轮、方形或长方形车厢、独辕。通过复原看到的古代车形，与当时的甲骨文、表青铜器铭文中车字的形象相似。古埃及和亚述（古代东方的奴隶制国家，公元前 605 年灭亡）是外国最早有车的国家。在西方，16 世纪前车辆并不发达，仅有少量的载物用车，直到 17 世纪以后，西方才普遍使用车辆。

人类交通工具的第一次革命是汽车的发明。谁第一个发明汽车，法国人和德国人一直争执不下。从引擎的研制来看，似乎法国人较先。法国人雷诺于 1860 年发明了汽车引擎，德国人奥多则于 1886 年才发明汽油混合燃料引擎。但德国第一部汽车于 1886 年正式注册，它是由卡尔、本茨制造并取得专利权的。汽车的出现表明：人类几千年来依靠兽力拉车的时代行将结束。

在早期人类用人力或畜力作为交通动力时，交通安全问题并不突出。但是，到了汽车时代，情况就大为不同了。汽车的出现，使人类的交通与运输进入了高效与文明时代。但是，伴随的汽车交通事故成为人类社会人为事故最为严重的一项。因此，在汽车应用一开始，交通安全法规就成为必不可少的“保护神”。

据考证，世界上最早的交通法规是美国交通学专家威廉·菲尔普斯·伊诺制定的。

1867 年的一天，9 岁的伊诺在马车里目睹了纽约市一个十字路口交通堵塞达 30 分钟之久，留下了很深的印象。以后他常跟家里人到欧美去旅行，每到一处，就观察当地的交通秩序，考察交通事故问题，并写下了大量的笔记。1880 年，他在报刊上发表了两篇颇有见地的论文。从而引起人们的重视，之后纽约市的警察局决定请他出面制定交通法规。

他在整理了自己的考察笔记基础上，起草了世界上第一个交通法规——《驾车的规则》，其条文 1903 年在美国正式颁布，由此把美国的汽车交通带入高效安全的世界。从此，世界各国积极仿效。交通法规随着交通事业的发展而发展，其法规体系日益完善和趋于合理。

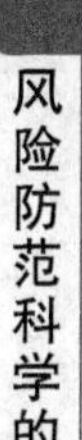

3. 我国交通安全法规的演变

我国是世界上城市形成最早、发展最快的国家。公元 800 年（唐贞元十六年），当时的长安有 80 万人口，居世界首位；公元 1500 年（明弘治十三年），当时的北京有 672000 人，也居世界第一。由于城市的发展，城市交通也随之发展起来。为了适应交通发展的需要，道路交通管理法规也随之而产生。

早在公元前 221 年秦始皇统一中国后，就对车辆的轴距作了统一规定，即“辆轨”。此后行人、车辆在道路上实行了“男子由右，妇女左，车从中央”的规定。这个“法”看起来是一种礼法，实际上是在法律上规定了车辆、行人分道行驶这个交通管理的基本原则。

至明朝初期，由于马车增多，在交通管理上也采取了一些相应的措施。如明朝的京都北京，宫廷公布了各城门进出车辆的规定：前门行驶皇宫御车，崇文门行驶酒车，朝阳门行驶粮车，德胜门行驶军车，东直门行驶木材车，安定门行驶粪便车，西直门行驶水车，阜成门行驶煤气车，宣武门行驶刑车。这大概是我国实行禁线交通法的雏形。

到了近代，随着机动车的出现，交通管理法规也有了新的发展。1903 年，清政府在天津设立了管交通的警察，上海开始发给自动车执照。到 20 世纪 20 年代末，上海、北平、广州、青岛、南京先后制定了汽车的管理规定。30 年代末期在各大城市主要地点设置了交通标志。1932 年，由全国经济委员会筹备处首先在汽车较多的华东地区倡导组成交通委员会，负责联络贯通江苏、安徽、浙江三省和南京、上海二市的交通运输管理工作，并制订了《五省汽车互通章程》。同年在全国经济委员会建制内成立公路处，公路处会同原五省市及福建、江西、湖南、湖北、河南等省逐渐发展成全国公路交通委员，负责规划全国交通管理工作。并先后制订了《汽车驾驶人执照统一办法》、《汽车驾驶人考验规则》、《人力、兽力车辆道行公路管理、公路交通标志号设置保护规则》、《公路安全须知》以及《汽车肇事报告》等有关规章，颁发各省实施，为统一全国交通管理法奠定了基础。

1943 年，由内务部统一制订了《陆上交通规则》，可称是我国第一部正式交通法。1940 年，由交通部公路总局管理处汽车牌照所先后制定了《汽车管理规则》、《汽车驾驶人管理规则》以及《汽车技工管理规则》等，以后又制订了《全国公路行车规则》，并由政府公布执行。1945 年，抗日战争胜利后，由交通部公路总局监理处根据战后的交通管理工作需要，制定了《收复区各种车辆临时登记及领照办法》、《收复区驾驶人及技工临时登记办法》。此二法规定了全国汽车总检、驾驶员牌证。1946 年是交通法规最多的一年，一共制订了 11 个法规：《公路汽车监理实施细则》、《公路交通安全措施》、《公路交通安全须知》。这些规章内容尽管受当时政治的影响有一定的局限性，但它的体制较系统完整，对以后制订交通法规影响很大，就是我们现在立法也值得借鉴。

1955 年我国颁布了《城市道路交通规则》，1955 年 8 月 1 日开始实施《道路交通管理条例》。目前我国实行的是2004年4月30日国务院发布的《中华人民共和国道路交通安全法实施条例》和2011年5月1日起施行的《中华人民共和国道路交通安全法》。

第二节　近代安全科学技术的起源与发展

一、安全认识观的发展和进步

1. 从“宿命论”到“本质论”

我国很长时期普遍存在着“安全相对，事故绝对”、“安全事故不可防范，不以人的意志转移”的认识，即存在有生产安全事故的“宿命论”观念。随着安全生产科学技术的发展和对事故规律的认识，人们已逐步建立了“事故可预防，人祸本可防”的观念。实践证明，如果做到“消除事故隐患，实现本质安全化，科学管理，依法监管，提高全民安全素质”，安全事故就是可预防的。这种观念和认识上的进步表明在认识观上我们从“宿命论”逐步地转变到了“本质论”，落实“安全第一，预防为主”方针具备了认识观的基础。

2. 从“就事论事”到“系统防范”

我国在20世纪80年代中期从发达国家引入了“安全系统工程”的理论，通过近20年的实践，在安全生产界，“系统防范”的概念已深入人心。这在安全生产的方法论层面表明，我国安全生产界已从“无能为力，听天由命”、“就事论事，亡羊补牢”的传统方式逐步地转变到现代的“系统防范，综合对策”的方法论。在我国的安全生产实践中，政府的“综合监管”、全社会的“综合对策和系统工程”、企业的“管理体系”无不表现出“系统防范”的高明对策。

3. 从“安全常识”到“安全科学”

“安全是常识，更是科学”，这种认识是工业化发展的要求。从20世纪80年代以来，我国在政府层面建立了“科技兴安”的战略思想，在学术界、教育界开展了安全科学理论研究，在实践层面上实现了按“安全科学”办学办事的规则。学术领域的“安全科学技术”一级学科建设（代码），高等教育的“安全工程”本科、硕士、博士学历教育，社会大众层面的“安全科普”和“安全文化”，都是安全科学发展进步的具体体现。

4. 从“劳动保护工作”到“现代职业安全健康管理体系”

新中国成立以来的很长一段时期，我国是以“劳动保护”为目的的工作模式。随着改革开放的进程，在国际潮流的影响下，我们引进了“职业安全健康管理体系”论证的做法，这使我国的安全生产、劳动保护、劳动安全、职业卫生、工业安全等得到了综合协调发展，建立了安全生产科学管理体系的社会保障机

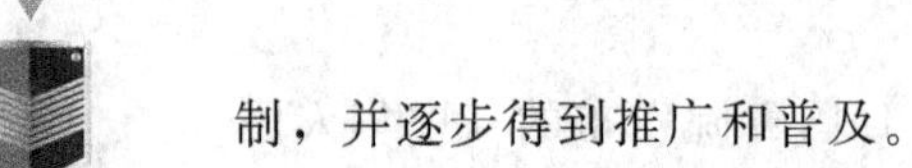

制，并逐步得到推广和普及。

5. 从“事后处理”到“安全生产长效机制”

长期以来，我们完善了事故调查、责任追究、工伤鉴定、事故报告、工伤处理等“事后管理”的工作政策和制度。随着安全生产工作的发展和进步，预防为主、科学管理、综合对策的长效机制正在发展和建立过程之中。这种工作重点和目标的转移，将为提高我国的安全生产保障水平发挥重要的作用。

二、安全科学理论的发展

我国安全科学理论经历了以下 4 个发展阶段。

第一阶段：建国初期至 20 世纪 70 年代末改革开放时期的劳动保护和工伤事故理论阶段。主要运用苏联的劳动保护理论体系，建立了初步的工业安全理论。

第二阶段：20 世纪 80 年代的事故致因与事故预防理论阶段。主要吸收了国外 50 年代的事故致因理论和安全系统工程理论，逐步将安全系统工程的理论方法引入到我国的安全生产管理和工作中。

第三阶段：20 世纪 90 年代的安全科学理论的初级阶段。安全科学的学科体系初步建立，以职业安全健康管理体系为代表的现代安全管理的理论和方法得到发展。

第四阶段：进入 21 世纪的安全科学发展新阶段。安全原理的理论体系将得到发展，风险管理理论将得到完善。

三、安全科学技术发展的标志性成果

改革开放以来，我国在安全科学技术方面的重要发展和主要的标志性成就包括：

1983 年在天津成立了中国劳动保护科学技术学会；

1984 年在我国高等教育专业目录中第一次设立了“安全工程”本科专业；

1987 年国家劳动部首次颁发“劳动保护科学技术进步奖”；

1989 年国家颁布的《中长期科技发展纲要》中列入了安全生产专题；

1990 颁布了安全科学技术发展“九五”计划和 2010 年远景目标纲要；

1991 年中国劳动保护科学技术学会创办了《中国安全科学学报》；

1992 年由国家技术监督局发布的中华人民共和国国家标准 GB/T 13745—92《学科分类与代码》中，安全科学技术获得了一级学科的地位；

1993 年发布的《中国图书分类法》中，以 X9 列出劳动保护科学（安全科学）专门目录；

1997 年 11 月 19 日，人事部和劳动部联合颁发了《安全工程专业中、高级技术资格评审条件（试行）》；

2002 年国家经贸委发布了《安全科技进步奖评奖暂行办法》，并进行了首届“安全生产科学技术进步奖”的评奖工作；

2002 年人事部、国家安全生产监督管理局发布了《注册安全工程师执业资格制度暂行规定》和《注册安全工程师执业资格认定办法》；

2002 年中华人民共和国第九届全国人民代表大会常务委员会颁布了《中华人民共和国安全生产法》；

2003 年科技部的中长期发展规划中，将“公共安全科技问题研究”列为我国 20 个科技重点发展领域之一；

2004 年国务院作出了《关于进一步加强安全生产工作的决定》，颁布了《安全生产许可证条例》，出台了一系列安全生产经济政策；

2006 年六中全会把坚持和推动“安全发展”纳入构建社会主义和谐社会应遵循的原则和总体布局；

2011 年国务院印发了《关于坚持科学发展安全发展，促进安全生产形势持续稳定好转的意见》，是全国安全生产工作丰富实践的科学总结与概括；

2014 年第十二届全国人民代表大会常务委员会第十次会议通过了全国人民代表大会常务委员会关于修改《中华人民共和国安全生产法》的决定，自 2014 年 12 月 1 日起施行。

我国安全生产科学技术领域的基本发展还表现在：

到 2014 年为止，我国已有近 130 所高等院校开办了安全工程本科专业教育，其中具有硕士授权点的院校 35 所，具有博士授权点的院校 17 所；

目前从事安全科学技术的研究机构已超过 50 个，专业技术人员超过 5000 名；

目前我国定期发行的安全生产专业期刊 50 余种；

据初步的统计，20 世纪 80 年代至 21 世纪初，我国已出版发行安全生产职业健康类著作 4000 余种；

我国每年通过各种期刊和学术会议发表安全生产及职业健康方面的学术论文超 3000 余篇。

四、安全科学技术与社会经济的关系

安全科学技术不仅是国家经济建设和发展的保障，是社会稳定和发展的重要动力和基础条件，同时也是重要的不可缺少的生产力。

生产过程中，意外事故的发生和职业病的产生对职工的安全健康造成重大损害，造成不可忽略的重大事故和职业病的严重局面，其所产生的社会矛盾将日益突出。主要将表现在以下几个方面：

（1）由于工业生产事故和其他职业危害问题所产生的劳动争议增多，而且矛盾易于尖锐。尤其是 21 世纪中国实现了小康生活水平后，人们对生产和生活中的安全需要不断增强。对危及人身安全和健康的恶劣劳动条件，处理不当就会影响社会安定。

（2）在我国，由于计划生育政策的实施，在未来的时代，独生子女将成为 21 世纪的主要劳动力，这些人一旦发生伤亡事故，会严重影响家庭人员结构，

造成不可弥补的损失，对家庭和社会都会造成极大的冲击。同时，对国家生育政策的进一步落实也会带来影响。

(3) 人们把安全、卫生、舒适的劳动条件作为职业选择的重要标准。按目前生产模式发展，在重大事故多发行业，将会由于招不到高素质的职工而使生产发展受到严重影响，进而影响产业的平衡、持续、发展。

(4) 工伤事故和职业病不仅造成巨大的经济损失和生态环境破坏，形成社会不安定因素，而且也造成人们心理上难以承受的负担。

我国工伤事故和职业病状况严重的根本原因在于安全科学技术水平落后，安全管理和工程技术装备不能满足生产发展的需要。生产安全关系着企业的兴衰，关系着人民的安危幸福，是关系国计民生的大事。因此，必须确保安全科学技术与国家经济建设和技术改造同步规划，同步发展。

不仅是劳动过程中的意外事故对国家和社会造成极大的危害，生活过程中的意外事故对社会和家庭也造成重大的影响。

安全科学技术是安全生产和安全生活的基础和保障。安全科学揭示安全的本质和规律，通过安全工程技术保护生产力和保障生活安康，从而推动安全文明生产和人类安全生存。安全科学技术是发展生产和推动社会进步的重要保障和必要条件。

安全科学技术的发展与国民经济和社会发展是统一的。事实证明，安全科学技术已不仅影响生产力的发展，影响劳动生产率的提高，还影响国民经济的增长。据联合国统计，世界各国每年要花费国民经济总产值的6%来弥补由于不安全所造成的损失。一些研究也表明，事故对生产企业带来的损失可占企业生产利润的10%，而安全投入的经济贡献率可达2.5%，高危的行业可超过5%。这些数据说明安全科学技术在经济和社会发展中起着重要作用。在我国新世纪的中长期科技发展规划中，已将“公共安全”作为重要领域来考虑。

发展安全科学技术，提高安全生产保障水平，是人权的需要，是“三个代表”的体现，是社会经济可持续发展的要求。

五、20世纪安全生产拾萃

20世纪的百年，在人类历史长河中仅仅是短暂的一瞬，但对于人类的劳动安全则是巨大的一步。站在全人类的高度，用世界的眼光来回溯百年劳动安全的方方面面，一件件成功的历史事件像璀璨的明珠光彩夺目。

(1) 人类“劳动保护”意识的产生。最早是恩格斯1850年在《十小时工作制问题》的论著中首次提出。进入20世纪，1918年俄共《党章草案草稿》中把劳动保护列为党纲第10条；在我国首次提出劳动保护是1925年5月1日召开的全国劳动代表大会上的决议案中。劳动保护作为安全科学技术的基本目标和重要内容，将伴随人类劳动永恒。“安全第一”这一口号来源于美国。1901年在美国的钢铁工业受经济萧条的影响时，钢铁业提出“安全第一”的公司经营方针，致力于安全生产的目标，不但减少了事故，同时产量和质量都有所提高。百年之间，“安全第一”已从口号变为安全生产基本方针的重要内容，成为人类生产活动的基本准则。

（2）事故致因理论的形成。把人为事故作为一种工业社会的现象，研究其规律，这是美国工业安全专家海因里希 30 年代的贡献。他提出的事故致因理论至今还指导着当代事故预防的实践。

（3）安全系统工程的理论和方法。第二次世界大战后期，军事工业的发展和电气化生产方式的出现，以及系统科学的诞生，在安全工程领域提出了以故障树（FTA）分析技术为代表的安全系统工程理论和方法，这对于人类的工业安全理论是大大的推进。特别是安全的定量分析理论与技术方面，安全系统工程独树一帜，丰富了安全科学大花园。

（4）安全文化的提出。1986 年，国际原子能机构在面对苏联切尔诺贝利灾难性核泄漏事故的背景下，对人为工业事故追根求源，得到的认识归根结底是“人的因素”，而“人因”的本质是文化造就的。因此，1989 年在核工业界首先提出了“核安全文化建设”的概念、方法和对策。从此，在工业安全领域，安全文化建设的理论、方法、实践作为人类安全生产与安全生活的一种战略和对策，不断地研究、探讨和深化。

（5）安全科学的学科建设。1990 年在德国召开了第一届世界安全科学大会，同时成立了世界安全联合会。从此，人类将安全科学作为一门独立学科进行研究和发展。我国在 20 世纪 90 年代初也将安全科学技术列为一级学科。

除上述方面，各种安全技术的突破、本质安全化的认识、安全人机学的创立、风险管理理论的发展等，人类安全科学技术的理论与实践成就不胜枚举。

第三节　安全对现代社会的影响及作用

安全生产作为保护和发展社会生产力、促进社会和经济持续健康发展的基本条件，是社会文明与进步的重要标志，是全面建设小康社会与实现小康社会宏伟目标的本质内涵。社会进步、国民经济发展和人民生活质量提高是安全生产的必然结果。这些基本观点在全面建设小康的历史进程中，必然也必须获得全社会的共识。

重视和加强安全生产工作，将安全生产规划纳入全面建设小康社会的总体发展规划中，是社会主义市场经济发展的客观需要，也是政府“执政为民”思想的具体体现。对于维护国家安全，促进社会和经济的持续健康发展，实现全面建设小康社会的宏伟目标具有重要的战略意义。

一、安全生产事关我国小康社会的安全稳定

党和政府历来高度重视安全生产工作。我国《宪法》明确规定了劳动保护、

安全生产是国家的一项基本政策。党的十六大报告中明确提出："高度重视安全生产，保护国家财产和人民生命的安全"的基本目标和要求。安全生产的基本目标与我党提出的"三个代表"重要思想的基本精神是一致的，即把人民群众的根本利益放在至高无上的地位。在人民群众的各种利益中，生命的安全和健康保障是最实在和最基本的利益。因此，要求各级政府和每一个党的领导要站在维护人民群众根本利益的角度来认识安全生产工作。"立党为民"是党的基本宗旨，满足人民群众的利益要求是国家稳定和发展的基础，安全生产是人民根本利益的重要内容，因此，重视安全生产工作事关社会稳定、事关社会发展。

安全生产职业安全健康状况是国家经济发展和社会文明程度的反映，是所有劳动者具有安全与健康保障的工作环境和条件，是社会协调、安全、文明、健康发展的基础，也是保持社会安定团结和经济持续、快速、健康发展的重要条件。因此，安全生产不仅是"全面小康社会"的重要标准，而且是党的立党之基——"三个代表"的重要体现，因为，安全生产保障水平体现了"最广大人民群众根本利益"的要求。如果安全生产工作做不好，发生工伤事故和职业病，这对人民群众生命与健康，对社会基本细胞——家庭将产生极大的损害和威胁，由此导致广大人民群众和劳动者对社会制度、对党为人民服务的宗旨、对改革的目标产生疑虑和动摇。当这些问题积累到一定程度和突然发生震动性事件的时候，有可能成为影响社会安全、稳定的因素之一。当人民群众的基本工作条件与生活条件得不到改善，甚至出现尖锐的矛盾时，也会直接影响稳定发展大局。据我国相关改革发展省市的有关统计，在日益增多的劳动争议案件中，涉及职业安全健康条件和工伤保险的已达50%，在全国各地多次出现因上述问题激化而发生集体请愿和上街游行等事件，安全生产可能直接影响到国家的政治经济安全，影响社会的稳定。

二、安全生产事关我国国际形象和国际市场的竞争力

我国的社会主义国家性质，决定了做好劳动保护工作，提高职业安全健康水平和提高安全生产保障水平是政府、国家和社会的重大责任与义务。如果重大安全事故不断发生，职业病发病率过高，这对我国的国际形象极大的不利。世界经济一体化提出安全生产标准国际化的要求。20世纪90年代以来，在全球一体化的大背景下，国际上出现了职业安全健康标准一体化的倾向。美、欧等工业化国家提出：由于国际贸易的飞速发展和发展中国家对世界经济活动越来越大的参与，各国劳动安全卫生的差异使发达国家在成本价格和贸易竞争中处于不利的地位。这些国家认为，这种主要是由于发展中国家在劳动条件改善方面投入不够使其生产成本降低所造成的"不公平"是不能接受的，并已经开始采取协调一致的行动对发展中国家施加压力和采取限制行为。作为经济最活跃的亚洲和环太平洋地区被视为行动的重点，其中经济增长最为显著的中国则理所当然地成为限制的主要对象。北美和欧洲已都在自由贸易区协议中作出规定，只有采用同一劳动安全标准的国家与地区才能参与贸易区的国际贸易活动，以期共同对抗以降低劳动

保护投入（低标准）作为贸易竞争手段，共同对那些劳动安全卫生条件较差又不采取措施改进的国家和地区在国际贸易中进行制裁和谴责。国际劳工组织（ILO）的一位负责人提出：国际劳工组织将像贯彻 ISO 9000 和 ISO 14000 一样依照 ILO 155 号公约和 161 号公约等推行企业安全卫生评价。这些新的国际动向可能将对我国的社会与经济发展产生潜在影响，它应充分引起我国政府的重视并尽早采取防范对策，以便尽量消除或减少可能带来的不良后果。近年来，国际上安全生产管理水平和安全卫生科学技术水平提高很快，进展迅猛，中国的安全生产状况不但比工业发达国家明显落后，而且与韩国、新加坡、泰国这些亚洲的发展中国家相比较也有较大差距。比我国香港和台湾地区也有差距，这种落后的状况已经使我国在一些国际交往中有时处于被动的位置。长期不能解决这些问题，长期处于被动的位置，必然要影响到国际经济活动，也可能危及国家政治体制和行政管理体制的顺利运行。因此，安全生产的水平或标准不是以本国的条件为依据，而是受到国际规范和标准的约束。

WTO 规则和规范广泛涉及劳工安全标准和职业安全健康准则。加入 WTO 后，我国经济的发展进入一个更高的新阶段，而作为社会进步重要标志之一的安全生产却滞后于经济建设的步伐，在矿山安全方面表现更为突出。WTO 是世界上唯一处理国与国之间贸易规则的国际组织，其核心是 WTO 协议，建立标准化的市场体制。在 2001 年中国上海安全生产论坛会议上，来自美国的前劳工部副部长纪傅瑞（Charles N. Jeffress）在大会上作了以《安全生产规范的全球化》为题的发言，他认为：经济全球化必然导致安全生产标准、规范的全球一体化，经济贸易问题无法与社会问题分开，这代表了当前大多数发达国家的观点。由此看出，落后的安全生产工作将对参加国际经济活动产生的不良影响是显而易见的。消极抵制不利于我国企业在国际经济贸易中的竞争，只有积极应对才能顺应国际潮流。无论从保护劳动者的健康，完善我国社会主义市场经济运行体制，促进国家社会经济健康发展，还是从顺应全球经济一体化的国际趋势，保证国际经济活动安全顺利地运行，都应注重安全生产，否则将影响我国的国际形象和国际市场竞争力。

三、安全生产水平反映我国“人权”标准

1. 国际社会“人权”呼声涉及安全生产

生命权、健康权、安全权，这是最基本的人权。这一理念是国际社会共同的认识。因此，保障劳动者、公众和个人的生命安全与健康，落实安全生产方针，做好劳动保护工作，是重视人权、体现人权的最重要、最基本的原则。“劳工生命安全与健康权利是神圣不可侵犯的权利”，这是国际劳工组织（ILO）推崇的基本理念。因此，每一个政府官员、企业生产经营人员或每一个社会公民，都应该站在人权的高度来认识安全生产工作。

如果安全生产问题严重，将会受到国际社会指责。20 世纪 90 年代以来，我

国安全生产现状一直吸引国际社会的关注。在每年的国际劳工组织大会上常有批评中国职业安全健康状况的发言，工伤事故与职业病问题也是世界人权大会上和其他一些国际组织攻击中国“忽视人权”的借口之一。几乎每次中国发生特重大工伤事故，美国之音、BBC等国外媒体都大肆渲染事件的严重和影响。国外一些友好人士也对中国的职业健康安全状况表示担心和忧虑。1994年，美国《新闻周刊》刊登的《亚洲的死亡工厂》文章对我国的南部特区“三合一”工厂发生重大伤亡事故提出指责；当年，国际皮革、服装和纺织工人联合会秘书长尼·克内曾致函李鹏总理对我国政府指责“没有使用有力的法律手段”，要求“政府制定相应的监察机制，并停止将工人宿舍设在工厂厂房内的做法”；进入21世纪，世界国际煤炭组织曾召唤世界进煤国家联合起来，抵制进口“中国带血的煤”。这些事件都反映出安全生产问题对我国国际形象产生极大的影响。这些问题表现出我国在维护工人的基本人权和安全健康事业方面还有较大不足，各类安全事故降低了我国公民的人权标准，使我国不得不承受来自国际社会的压力，同时也影响了我国的国际形象。

2. 我国安全事故关系公民“人权”标准

我国安全生产状况是反映“人权”水平的重要标志之一。从社会学的观点，由于受事故伤害的人员多为青壮年，不仅对罹难者造成损害，而且对一代人甚至几代人的生活造成经济和心理上的重大损失和创伤，成为造成我国贫困人群的主要因素之一。同时，由于我国家庭独生子女的普遍性，安全事故往往造成重大的社会危害。我国高频率的事故指标和数据水平，显然与我国社会主义国家性质的“人权”标准是不容许的，与我党“最广大人民群众的根本利益”的宗旨是不协调的。

四、安全生产事关社会经济健康持续发展

1. 安全生产是国民经济的有机整体

国民经济是一个统一的有机整体，是由各部门、各地区、各生产企业及从业人员组成的。从业人员是企业、地区、各部门的主体，是生产过程的直接承担者。企业是国民经济的基本单位，是国民经济的重要细胞组织。

整个国民经济是由一个个相互联系、相互制约的相对独立的生产企业经济组织组成的。企业经济是构成国民经济的基础，企业经济目标的完成和发展需要安全生产的保障。因此，企业安全生产同国民经济是不可分割的整体。没有安全生产的保证体系，就不可能有企业的经济效益；没有企业的经济效益，国民经济目标就不可能实现。所以安全生产是实现国民经济目标的主要途径和基石。

2. 安全生产具有的劳动价值

人类的社会生产活动，从其共性上说是由决策劳动、生产劳动和安全劳动这3种基本性质的劳动所构成的。它的构成方式和表现形式因所处地位、条件不同而不同。决策劳动通过各方面提供的信息进行决断，如劳动对象对人们的需要，其开发性的大小，开发的价值、时间以及如何开发等；生产劳动是劳动对象必须

具有按照人类可变革的性质，通过生产对它进行变革加工，形成人类社会所需要的产品；安全劳动取决于对劳动对象的可控制性，任何劳动对象，人类都要应用其自身的规律对它进行变革，并需要具有控制其自发的破坏性和对人类社会造成危害的控制能力，否则开发价值再大，也只能是不可开发的自然对象，而不能构成劳动对象。

安全生产的价值不在于生产什么，而在于怎样生产，怎样创优质高效、实现产品质量安全。它以最终提高产品的使用价值为目标，通常是由许多工序和从许多方面创造使用价值的劳动而创造的，不能说最后由谁拿出产品就是谁创造的。例如在采煤过程中，凿岩工没有挖出煤来，也不能因此否定其所创造的价值。

安全劳动和生产劳动同寓于企业生产活动的过程中。从保障生产顺利进行的意义上说，安全劳动处于一种特殊地位并起着特殊的作用。它的特殊地位和特殊作用在于能够保障决策劳动和生产劳动，将生产的需要性和可能性变为现实。

3. 安全生产状况是社会经济发展水平的标志

当今世界，各国经济发展水平的差距是客观存在的，因此安全生产情况也不尽相同。在20世纪70年代之后，发达国家的职业伤害事故水平一直处于稳步下降的趋势。如日本在75年至85年的10余年间，职业伤害事故死亡总量下降了50%；美国在70年实施《职业安全健康法》后的15年间，事故死亡总数降低近18.8%，万人死亡率降低近38.9%；英国1972年实施《职业安全健康法》后的15年间，死亡总数下降近40%。

因此，进入20世纪90年代后，各国在安全生产方面的内容和重点均发生了很大变化。面临的主要任务已由职业安全转变为职业健康保健，因此这些国家相应的研究机构、管理机构和法规标准应更多地关注职业健康。如美国NIOSH研究所所长米勒在谈及20世纪90年代安全卫生研究问题时，提出了下列重点：①研究因工作紧张引起的精神压力综合症；②保护健康；③人类工效学；④室内安全质量问题；等等。瑞典确定近期的研究任务是职业事故、化学危害和物理因素（如噪声、振动）等方面的预防措施，如肌肉骨骼损伤，人类工效学、心理学等。澳大利亚由于50%以上的职业病与重复肌肉疲劳损伤有关，因此确定以人类工效学为主要研究内容。

发展中国家情况则有所不同，包括亚洲许多国家在内的发展中国家，职业伤害水平较高，并呈明显上升趋势，因此发展中国家的安全生产的主要任务还集中在职业安全方面。如印度根据自己的国情制定的20世纪90年代安全生产方面的任务是：①加强化工安全管理，建立重大灾害控制系统，开展评价工作，分析伤害和职业病的原因；②改善作业环境，加强职业健康保健工作；③建立工伤事故数据库和信息分析系统；④改善小企业的职业安全健康状况。

我国是发展中国家，工业基础比较薄弱，科学技术水平低，法律尚不够健全，管理水平不高，发展水平不平衡。从总体上看，安全生产还比较落后，工伤事故和职业危害比较严重。根据2001年ILO（国际劳工组织）公布的20余个国

家的劳动工伤10万人死亡率指标，我国的数据是8.1人，世界20个国家平均值是8.496人，美、英、德、法、日5国平均水平是3.18人。基于这一指标，可得出我国综合安全生产（事故）指数水平相对发达国家是255，相对世界平均水平是95.3。其他一些国家的综合安全生产指数水平是美国47、英国8.2、德国40.2、日本38.8、意大利94.1、加拿大78.8、俄罗斯169、澳大利亚47、巴西218、韩国224、乌克兰108、墨西哥106、阿根廷254、奥地利57.6、丹麦35.3、波兰与马来西亚124.7。

上述分析表明，安全生产的情况是衡量一个国家社会经济发展水平的标志，经济发达国家的总体安全生产状况优于发展中国家。但是应该清楚地认识到，无论是发达国家还是发展中国家，政府、社会和公众对安全生产的要求和需求是一致的。

4. 安全生产水平受社会经济发展水平的限制

人类的安全水平很大程度上取决于经济水平。一方面经济水平决定了安全投入的力度，另一方面经济水平制约了安全技术水平和保障标准。

在工业安全方面，西方一些国家的研究表明，经济发展周期影响事故的发生。事故发生率及其严重程度与经济发展周期变化是一致的，即在经济萧条时期，伤亡事故的发生率及严重程度都会下降，在高度繁忙和就业高峰时期则会上升。经济学家对此的解释是，在萧条时期，更多有经验、受过高等训练的雇员被企业留下了，没有经验、受训练较少的雇员则被解雇了。与此相反，在充分就业时期，大批无经验、稍受训练或者未受训练的工人都被引入到一般企业中做工，因而造成事故比率增加。另外，萧条时期工作时间减少，作为个人疲惫作业原因减少，作为社会事故风险概率降低。

事故与伤亡是工业化进程带来的产物，用马克思的话来说是“自然的惩罚”。事故状况与国家工业发展的基础水平、速度和规模等因素密切相关。剖析我国安全生产存在的问题及其原因，除了体制不顺畅、法制不健全和基础薄弱等这些众所周知的原因之外，同时还应认识到：安全生产现状是我国社会经济发展水平和各级政府管理能力的反映。

5. 安全生产影响企业商誉

商誉是指企业由于各种有利条件，或历史悠久积累了丰富的从事本行业的经验，或产品质量优异，生产安全或组织得当、服务周到，以及生产经营效率较高等综合因素，使企业在同行业中处于较为优越的地位，因而在客户中享有良好的信誉，从而获得超额效益的能力。商誉是在可确指的各类资产基础上所获得的额外高于正常投入报酬能力所形成的价值，是企业的一项受法律保护的无形资产。商誉是企业经过多年的各方面的努力才赢得的，但是只要发生一次安全事故，就有可能将企业商誉毁于一旦。一个具备良好商誉的企业必然是一个安全状况良好、生产稳定的企业，如果一个企业事故频发，劳动者职业危害严重，生产就不可能稳定，产品质量就不可能优异，企业就无商誉可言，也就不可能在竞争中处于有利地位，更不可能在同行业中获得高于平均收益率的利润，甚至安全事故可能会导致企业蒙受巨大的损失和严重的人员伤亡，从而带来不良的社会影响。

6. 安全生产对社会经济发展的正面影响

据联合国统计，世界各国平均每年支出的事故费用约占总产值的6%。ILO编写的《职业健康与安全百科全书》提出："可以认为，事故的总损失即是防护费用和善后费用的总和。在许多工业国家中，善后费用估计为国民生产总值的1%～3%。事故预防费用较难估计，但至少等于善后费用的两倍。"

1980～1986年，全世界平均国民生产总值年增长率为2.6%，其中发达国家除日本外，均在2%左右徘徊，这一比率大大低于因职业伤害所造成的比率。所以国际劳工组织的官员惊呼：事故之多，损失之大，真使人触目惊心，这是一个十分严峻的问题。

鉴于职业伤害给国民经济带来的严重后果，不少国家指定了有关政策，开展了有计划预防事故的安全生产投资，是安全生产工作得以与国民经济同步发展。据美国职业安全健康管理局对全国100家大企业的调查结果表明：企业用于安全生产的费用占工业全部投资的2.6%，投资额从1972年的30亿美元上升到1985年的58亿美元。除了企业自筹资金外，联邦政府每年都投入一大笔资金。例如在1981～1988年间，联邦政府每年拨给其直属机构的资金为（7～8）亿美元。美国在安全生产方面的投资额占国民生产总投资额的1.5%～1.6%。

日本用于安全生产的经费预算比较稳定，每年几乎均占国民生产总值的1.4%。如1982年的经费预算为37032亿日元，1983年为39262亿日元，1987年则为45000亿日元。

我国的研究表明，在必要、有效的前提下，安全生产的投入具有明显、合理的产出。我们研究得到：20世纪80年代我国安全生产的投入产出比是1∶3.65；20世纪90年代我国的安全生产投入产出比是1∶5.83。安全生产的投入产出比水平与20世纪90年代中期工业领域总的投入产出比1∶3.6相比，显然安全投入有较大的经济效益，因此各级领导和生产经营单位负责人应转变长期以来将安全当作"包袱"或"无益成本"的不明智的观点。

安全生产对社会经济的影响不仅表现在减少事故造成的经济损失方面，同时安全对经济具有"贡献率"，安全也是生产力。因此，重视安全生产工作，加大安全生产投入对促进国民经济持续、健康、快速发展和坚持以经济建设为中心是完全一致的。

国家安全生产监督管理局2003年鉴定的《安全生产与经济发展关系研究》研究课题，针对我国20世纪80年代和90年代安全生产领域的基本经济背景数据，应用宏观安全经济贡献率的计算模型，即"增长速度叠加法"和"生产函数法"，经过理论的研究分析和数据的实证研究，获得安全生产对社会经济（国内生产总值GDP）的综合（平均）贡献率是2.40%。

实际上，由于不同行业的生产作业危险性不同，其安全生产所发挥的作用也

不同，因此对于不同危险性行业的安全生产经济贡献率也不一样。因此，分析推断出不同危险性行业安全生产经济贡献率为：高危险性行业约7%；一般危险性行业约2.5%；低危险性行业约1.5%。

"生产必须安全、安全促进生产"，这是整个经济活动最基本的指导方针之一，也是生产过程的必然规律和客观要求，因此安全生产是发展国民经济的基本动力。

7. 安全生产对国民经济和社会发展的负面影响

美国劳工调查署（BLS）对美国每年的事故经济损失进行统计研究，其结果占GDP比例为1.9%，总数1992年高达1739亿美元。研究还表明：事故损失总量随着经济的发展呈不断上升的趋势。

根据英国国家安全委员会（HSE）研究资料，一些国家职业事故和职业病损失占GDP的比例如表2-1所示。

表2-1 职业事故和职业病损失占GNP或GNI比例对比

国家	基准年	事故损失占GDP比例
英国	1995/1996	1.2～1.4
丹麦	1992	2.7
芬兰	1992	3.6
挪威	1990	5.6～6.2
瑞典	1990	5.1
澳大利亚	1992/1993	3.9
荷兰	1995	2.6

从表中可以看出，虽然各国对事故经济损失的统计水平不尽相同，但是显然事故造成的经济损失是巨大的，事故对社会经济的发展也产生了较大影响。

国际劳工组织局长胡安·索马维亚说：人类应加强对工伤和职业病的关注。他还指出，目前工伤事故和职业病给世界经济造成的损失已相当于目前所有发展中国家接受的官方经济援助的20倍以上，这将造成世界GDP减少4%，这一数字还不包括一部分癌症患者和所有传染性疾病。

8. 我国的研究

根据国家经贸委组织的科研课题《安全生产与经济发展关系研究》的调查研究表明：

20世纪90年代我国平均直接损失（考虑职业病损失）占GDP比例为1.01%；

平均年直接损失为583亿元，并且按研究比例规律，我国2001年事故经济损失高达950亿元，接近1000亿元；

如果考虑间接损失，因为事故直间损失比系数在（1∶2）～（1∶10）之间，取其下四分位数为直间比系数值，可得出90年代年平均事故损失总值为2500亿元。若采取美国1992年事故损失直间比数据，即1∶3，则我国事故损失总值为1800亿元。

根据对我国企业进行的抽样调查获得的数据统计，我国企业的事故损失倍比系数在（1∶1）～（1∶25）的范围，数据离散较大，但大多数在（1∶2）～（1∶3），取其中值，即1∶2.5，则我国20世纪90年代事故损失总量约为1500亿。若按我国2002年的经济规模推算，则每年的事故经济损失高达2500亿元。

事故经济损失对我国社会和经济的影响是非常巨大的，按每年造成2000亿元的事故经济损失，就相当于我国每年损失两个三峡工程（工程静态投资为900.9亿元）；每年损毁10个中国最大的机场（新白云机场预计200亿）；足够全国居民消费20天（107.9亿元/天）；相当于2000年度深圳市国内生产总值化为乌有（1665亿元）。因此，事故经济损失对我国社会和经济的影响是非常巨大的。

五、安全生产在全面建设小康社会进程中的重要地位和作用

1. 安全生产是全面建设小康社会宏伟蓝图中不可或缺的内容

“小康”源出《词经》：“民亦劳止，汔可小康。”在西汉《礼记·礼运》中，“小康”开始与社会模式相联系，成为了仅次于“大同”理想社会模式的代名词。近代，小康社会和小康生活已作为一种社会理想，散发着诱人的魅力，特别是对于我国长期处于贫困和温饱的老百姓，小康成为一种梦想、一种追求。我国改革开放的总设计师邓小平，1992年在会见日本首相时，使用“小康”来描述中国式的现代化；1982年9月，党的十二大首次提出了“小康”的奋斗目标；1990年12月，党的十三届七中全会对小康的内涵作了详细描述，即“所谓小康水平，是指在温饱的基础上，生活质量进一步提高，达到丰衣足食……”。1991年，中共中央、国务院又制定了《关于国民经济和社会发展十年规划和第八个五年计划纲要》（以下简称《规划·纲要》），在这个文件中，对小康生活的内涵又作了较为明确的描述：“我们所说的小康生活，是适应我国生产力的发展水平，体现社会主义基本原则的。人民生活的提高，既包括物质生活的改善，也包括精神生活的充实；既包括居民个人生活消费水平的提高，也包括社会福利和劳动环境的改善。”其中社会福利和劳动环境的改善，就明确包含劳动安全卫生即安全生产职业健康的内容。根据中央建设小康社会三步走的战略目标和《规划·纲要》对小康生活标准的概括，1991年国家统计局会同计划、财政、卫生、教育等12个部委提出了小康社会的16项基本标准：

① 人均国内生产总值2500元（按1980年的价格和汇率计算，2500元相当于900美元）；

② 城镇人均可支配收入2400元；

③ 农民人均纯收入1200元；

④ 城镇住房人均使用面积12平方米；

⑤ 农村钢木结构住房人均使用面积15平方米；

⑥ 人均蛋白质日摄入量75克；

⑦ 城市每人拥有铺路面积8平方米；

⑧ 农村通公路行政村比重85%；

⑨ 恩格尔系数50%；

⑩ 成人识字率85%；

⑪ 人均预期寿命70岁；

⑫ 婴儿死亡率3.1%；

⑬ 教育娱乐支出比重11%；

⑭ 电视机普及率100%；

⑮ 森林覆盖率15%；

⑯ 农村初级卫生保健基本合格县比重100%。

我们要清醒地认识和正确地评价目前所达到的小康水平。十六大报告就指出：现在达到的小康还是低水平的、不全面的、发展不平衡的小康。

所谓低水平，就是虽然我国经济总量已经达到一定规模，但人均水平还比较低。2000年，我国人均国内生产总值只有800多美元，属于中下收入国家的水平，只相当于日本人均国内生产总值的2.3%。我国劳动生产力比发达国家低，事故发生率却比人家高。如煤炭行业，美国和我国煤炭产量相当，但美国平均每个职工每年生产煤6000吨，而我国仅有200吨，是美国的1/30，但百万吨死亡率却是美国的近200倍。

所谓不全面，就是目前的小康基本上还是生存性消费的满足，重点在解决温饱问题，旨在提高物质文明的水平。发展性消费还没有达到有效满足，社会保障还不健全，环境质量有待提高，各类伤亡事故和职业危害还没有被有效地控制，精神生活还需丰富。

所谓发展不平衡，是指地区之间、城乡之间、各种社会阶层之间发展水平差距较大。我国西部12个省市区，面积占全国的71%，而国内生产总值只占18%。近年来，全国每年有十几万人死于各类事故，几十万人受伤，几百万人置身于职业危害之中，给几十万甚至几百万个家庭带来不幸，给社会带来不安定。

以上情况反映了1991年国家制定的小康基本标准偏低，并且指标不全面，没有安全生产职业健康的有关指标。例如，伤亡事故和职业病控制指标。在革命、建设、改革推进过程中，随着形势和社会的发展，党的十六大及时提出全面建设更高层次小康社会的奋斗目标。

2. 安全生产职业健康是全面建设小康社会的重要内容

根据十五大提出的到2010年、建党一百年和新中国成立一百年的发展目标，党的十六大提出到2020年全面建设惠及十几亿人口的更高水平的小康社会的历史任务，并制定了全面建设小康社会的4条宏观目标，包括：在优化结构和提高效益的基础上，国内生产总值到2020年力争比2000年翻两番，综合国力和国际竞争力明显增强；社会主义民主更加完善，社会主义法制更加完备，依法治国基本方略得到全面落实，人民的政治、经济和文化权益得到切实尊重和保障，基层民主更加健全，社会秩序良好，人民安居乐业；全民族的思想道德素质、科学文化素质和健康素质明显提高，形成比较完善的现代化国民教育体系、全民健身和医疗卫生体系；可持续发展能力不断增加，生态环境得到改善，资源利用效率显著提高，促进人与自然的和谐，推动整个社会走上生产发展、生活富裕、生态良好的文明发展道路。正如十六大报告指出的："这次大会确定的全面建设小康社会的目标，是中国特色社会主义经济、政治、文化全面发展的目标"。安全生产是全面建设小康社会的重要内容，在所有目标中，条条都与安全生产有关，如"国内生产总值到2020年力争比2000年翻两番"这一目标，与安全生产有着密切的关系。据测算，要使2020年国内生产总值翻两番，平均每年国民经济将要以7.18%的速度增长，而每年各类伤亡事故所造成的直接、间接经济损失约占国民生产总值的2%，如果安全生产工作做好了，不仅保障了人民的生命安全，而且还可减少这2%左右的损失，将大大加速全面建设小康社会的进程。安全就是效益。在目标的第二条中，关于"社会主义法制更加完备"，以人为本、保护人民生命财产安全是我国立法的取向，完善法制主要是完善保护人全面发展的法制。十六大报告一共论述了10个大问题，其中，第4个大问题对安全生产提出要"高度重视"，达到"保护国家财产和人民生命的安全"的目标要求，从而使安全生产职业健康成为全面建设小康社会的重要的具体内容。

人民是全面建设小康社会的主体，也是享受全面建设小康社会的主体。安全是人的第一需求，也是全面建设小康社会的首要条件。没有安全的小康不能称作是小康；离开人民生命财产的安全，就谈不上全面的小康社会。不难设想，一个事故不断、人民群众终日处在各类事故的威胁中、老百姓没有安全感的社会，能叫全面小康社会吗？党和国家对人民的生命财产的安全一向高度重视。因此，全面建设小康社会的十六大报告将安全生产作为重要内容写入这份纲领性文献中，并提出了新的更高要求。报告对各项工作提出了明确而严格的要求，把安全生产摆到了重中之重的位置。

3. 把安全生产纳入全面建设小康社会的总体目标体系之中

中国是一个发展中国家，面对全面建设小康社会和加快推进社会主义现代化的宏伟目标，加快发展是今后相当长历史时期的基本政策。为了尽快达到全面小康社会的目标和中国可持续发展战略实施，迫切要求迅速扭转安全生产形势的不利局面，应从国家发展战略高度，把安全生产工作纳入国家总的经济社会发展规划中，应用管理、法制、经济和文化等一切可调动的资源，实现最优化配置，在发展的进程中，逐步和有效地降低国家和企业伤亡事故风险水平，将事故频率和伤亡人数都控制在可容许的范围内。而且，我国现已加入WTO，以美国为首的西方国家习惯把政治、社会问题与经济、贸易挂钩，要确保我国的政治经济利益不受到损害。因此，安全生产职业健康应纳入国家经济社会发展的总体规划，为适应社会主义市场经济体制，加强我国在国际上的竞争力，建立统一、高效的现代化职业安全健康监管体制与机制，与经济发展同步，逐渐增加国家和企业对安全生产投入和大力加强安全生产法制建设等。

"全面建设小康社会"的这一远大而现实的目标，不应仅仅反映在经济和消

费指标上，它的“全面”的内涵还应该包括社会协调安定、人民生活安康、企业生产安全等反映在社会协调稳定、家庭生活质量保障、人民生命安全健康等指标上。因此，社会公共安全、社区消防安全、道路（铁路、航运、民航）交通保障、人民生命安全健康等指标上。交通安全、企业生产安全、家庭生活安全等“大安全”标准体系应纳入“全面建设小康社会”的重要目标内容，纳入国家社会经济发展的总体规划和目标系统中。

由此，我们应该认识和强调提高全社会、全民族的安全生活水平和安全生产标准是“全面建设小康社会”的重要任务。我们应该将安全生产指标纳入我国全面建设小康的指标体系中。

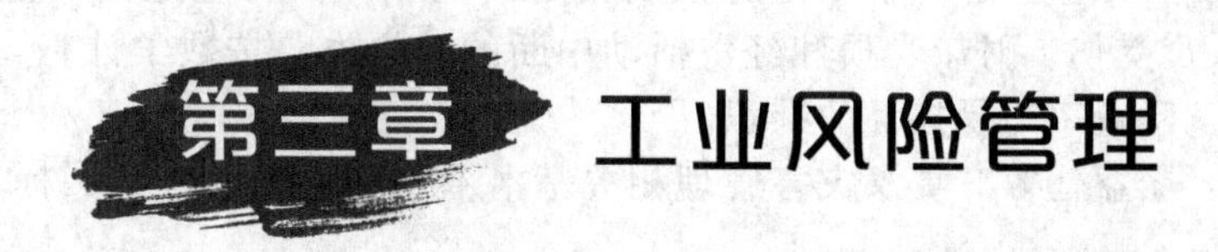

第三章 工业风险管理

重要概念 风险，危险性，现实风险，固有风险，事件概率，事故严重度，安全评价。

重点提示 风险的定义和风险的定量分析；隐患、风险与事故之间的关系；如何分析确定事件概率、事故后果的严重度；掌握风险分析、风险评估和风险控制的过程和关系；安全评价的理论和方法；作业危险性评价方法和用途；风险定性评价的方法。

问题注意 风险与危险的区别；风险与事故的区别；可接受风险的关系及意义；各种风险的定量评价与定性评价的方法及用途。

第一节 基本概念与分类

一、风险的概念与术语

1. 风险的基本概念

天有不测风云，人有旦夕祸福，生产和生活中充满了来自自然和人为（技术）的风险（Risk）。安全风险是指安全不期望事件概率（Probability）与其可能后果严重程度（Severity）的结合。

对于风险的定义有多种：

定义1：目标的不确定性产生的结果。

注1：这个结果是与预期的偏差——积极和/或消极。

注2：目标可以有不同方面（如财务，健康和安全，以及环境目标），可以体现在不同的层面（如战略，组织范围，项目，产品和流程）。

注3：风险通常被描述为潜在事件和后果，或它们的组合。

注4：风险往往表达了对事件后果（包括环境的变化）与其可能性概率的联合。

来源：ISO 31000 风险管理-原则与指南（第一版 2009-11-15）。

定义 2：风险是指对于给定地区及指定时间段，由特定危险而造成的预期（生命、人员受伤、财产受损和经济活动中断的）损失。按数学计算，风险是特定灾害的危险概率与易损性的乘积。

来源：黎益仕等．英汉灾害管理相关基本术语集．北京：中国标准出版社，2005。

定义 3：风险是指可能发生的危险。

来源：莫衡等主编．当代汉语词典．上海：上海辞书出版社，2001。

定义 4：事故风险（Accident Risk）从定性上说，指某系统内现存的或潜在的可能导致事故的状态，在一定条件下，它可以发展成为事故。从量上说，事故风险指由危险转化为事故的可能性，常以概率表示。事故风险通常被用来描述未来事件可能造成的损失，就是说它总涉及到不可靠性和不能肯定的事件。

来源：苑茜，周冰，沈士仓等主编．现代劳动关系辞典．北京：中国劳动社会保障出版社，2000。

在工业生产系统中，风险是指特定危害事件或事故发生的概率与后果的结合。风险是描述技术系统安全程度或危险程度的客观量，又称风险度或风险性。风险 R 具有概率和后果的两重性，风险可用不期望事件发生概率 p 和事件后果严重程度 l 的函数来表示，即：

$$R=f(p,l) \tag{3-1}$$

式中，p 为不期望事故或事故发生的可能性（发生的概率）；l 为可能发生事故后果的严重性。

事故发生的可能性 p 涉及 4M 因素，即：人因（Men）——人的不安全行为；物因（Machine）——机的不安全状态；环境因素（Medium）——环境的不良状态；管理因素（Management）——管理的欠缺。因此有：

概率函数 $p=f$（人因，物因，环境因素，管理因素）　　(3-2)

可能事故的后果严重性 l 涉及时态因素、客观的危险性因素（发能量程度，损害对象规模等）、环境条件（区位及现场环境）、应急能力等。因此有：

事故后果严重度函数 $l=F$（时机，危险，环境，应急）　　(3-3)

式中，时机——事故发生的时间点及时间持续过程；危险性——系统中危险的大小，由系统中含有能量、规模决定；环境——事故发生时所处的环境状态或位置；应急——发生事故后应急的条件及能力。

在实际的风险分析工作中，有时人们主要关心事故所造成的损害（损失及危害）后果，并把这种不确定的损害的期望值叫做风险，这可谓狭义的风险。即当 $p=1$ 时，风险 R 可写为：

$$R=E(L) \tag{3-4}$$

同理，当 $l=1$ 时，风险 R 是事件的概率，则有：

$$R=p(X) \tag{3-5}$$

2. 风险管理的重要术语

（1）危险（Hazard） 危险的定义是可能产生潜在损失的征兆。它是风险的前提，没有危险就无所谓风险。风险由两部分组成：一是危险事件出现的概率；二是一旦危险出现，其后果严重程度和损失的大小。如果将这两部分的量化指标综合，就是风险的表征，称风险。危险是客观存在，是无法改变的，而风险却在很大程度上随着人们的意志而改变，亦即按照人们的意志可以改变危险出现或事故发生的概率和一旦出现危险，由于改进防范措施从而改变损失的程度。

（2）隐患（Hidden Danger） 隐患是指任何能直接或间接导致伤害或疾病、财产损失、工作场所环境破坏或其组合的对工作标准、实务、程序、法规、管理体系绩效等的偏离。当危险暴露在人类的生产活动中时就成为风险。如在群山中有一摇摇欲坠的巨石，这是一个隐患，是客观存在的不安全状态，但它不是风险，因为它周围没有人员从事生产活动，即它没有暴露在人的生产活动中，即使它从山上坠落下来，也不会对人员和设备造成任何伤害和损坏。而当一名地质勘探人员在它周围从事地质勘探作业时，就成为风险，因为巨石可能伤害这位地质勘探人员。

隐患与风险是一对既有区别又有联系的概念。隐患、风险、事故的关系如图3-1所示。

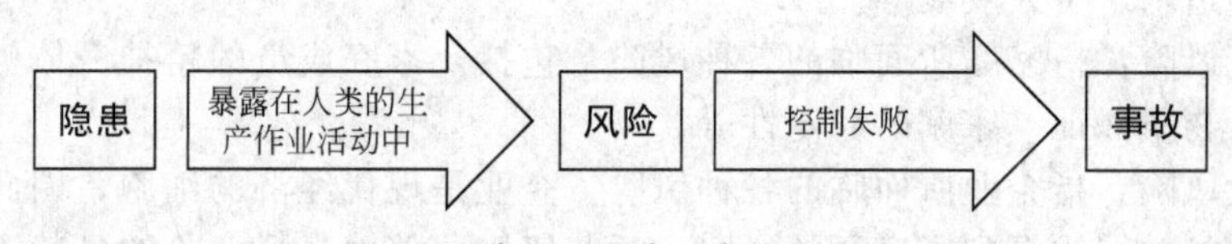

图 3-1 隐患、风险、事故的关系

3. 风险与危险

在通常情况下，“风险”的概念往往与“危险”或“冒险”的概念相联系。危险是与安全相对立的一种事故潜在状态，人们有时用“风险”来描述与从事某项活动相联系的危险的可能性，即风险与危险的可能性有关，它表示某事件产生事件的概率。事件由潜在危险状态转化为伤害事故往往需要一定的激发条件，风险与激发事件的频率、强度以及持续时间的概率有关。

严格地讲，风险与危险是两个不同的概念。危险只是意味着一种现在的或潜在的不希望事件状态，危险出现时会引起不幸事故。风险用于描述未来的随机事件，它不仅意味着不希望事件状态的存在，更意味着不希望事件转化为事故的渠道和可能性。因此，有时虽然有危险存在，但并不一定要冒此风险。我们可以做到客观危险性很大，但实际承受的风险较小。

4. 风险预报

风险预报也称风险报警，是指对风险的预先辨识报告，需要全员参与，是风险预警、预控的基础。风险预报的方式有：现场监控技术自动报警，网络管理信息自动报警，现场作业人员主动报警，部门管理人员专业报警等。

5. 风险预警

风险预警是指对风险的预先警示，一般是安全专业人员根据风险性质作出的专业化警告。风险预警是风险预控的根据。风险预警的对象及方式有：对决策层预警，网络查询方式；对管理层预警，网络查询方式；对操作层预警，报警及时反应方式。

6. 风险预控

风险预控是指对风险的预先管理性防控措施。风险预控的措施有：决策型预控——规划改进、治理、完善方案，以及启动应急预案等；管理型预控——规制、监督、检查、评估、审核等；反应型预控——操控、处置、逃生、救援等；

二、风险的分类

风险具有不同属性和特性，从不同的属性将风险进行不同的分类。对风险进行全面的分类学研究，对于了解风险特性和本质具有重要的作用。

1. 按损失承担者分类

按损失承担者风险可分为

个人风险：指个人所面临的各种风险，包括：人身伤亡、财产损失、情感圆满、精神追求、个人发展等。

家庭风险：指家庭所面临的各种风险，包括：家庭成员的精神身体健康、家庭的财产物质保证、家庭的稳定性等。

企业风险：指企业所面临的各种风险。企业是现代经济的细胞，因此围绕企业发展的相关课题得到了广泛的研究。近些年来，随着市场竞争的日趋激烈，企业风险管理引起了学者和企业决策人员的高度重视。

政府风险：指政府所面临的各种风险，如政府信任危机、政治丑闻、政治垮台等。

社会风险：指整个社会所面临的各种风险，如环境污染、水土流失、生态环境恶化等。

2. 按风险损害对象分类

按风险损害对象可分为

人身风险：指人员伤亡、身体或精神的损害。

财产风险：包括直接风险和间接风险（例如由于业务和生产中断、信誉降低等造成的损失）。

环境风险：指环境破坏，对空气、水源、土地、气候和动植物等所造成的影响和危害。

3. 按风险的来源分类

按风险的来源可分为

自然风险：指自然界存在的可能危及人类生命财产安全的危险因素所引发的

风险，如地震、洪水、台风、飓风、海啸、恶劣的气候、陨石、外星体与地球的碰撞、病毒、病菌等。

技术风险：泛指由于科学技术进步所带来的风险，包括各种人造物，特别是大型工业系统进入人类生活带来了巨大的风险，如化工厂、核电站、水坝、采油平台、飞机轮船、汽车火车、建筑物等；直接用于杀伤人的战争武器，如原子弹、生化武器、火箭导弹、大炮坦克、战舰航母等；新技术对人类生存方式、伦理道德观念带来的风险，如在1997年引起轩然大波的“克隆”技术，Internet网络对人类的冲击等。其中，工业系统风险是技术风险的主要内容，也是我们的主要管理对象。

社会风险：指社会结构中存在不稳定因素带来的风险，包括政治、经济和文化等方面。

政治风险：指国内外的政治行为所导致的风险，如国家战争、种族冲突、国家动乱等。

经济风险：指在经济活动中所存在的风险，如通货膨胀、经济制度改变、市场失控等。

文化风险：如腐朽思想、不良生活习惯（如酗酒、吸烟、吸毒等）对人们身心健康的影响。

行动风险：指由于人的行动所导致的风险。所谓“天下本无事，庸人自扰之”、“一动不如一静”、“动辄得咎”等，都是指人们面临的许多风险都是自己的行为导致的。另外，人们为了追求某种利益，必须采取一定行动，并承担一定风险。

上述划分不是绝对的，事实上，现在出现了“自然—技术—社会—行为风险”一体化的综合风险的趋势。例如环境污染，既有大自然变化的因素，也有技术进步带来的负面因素，更有一些社会经济决策失误的因素。

4. 按风险的存在状态分类

按风险的存在状态可分为

固有风险：指系统本身客观固有的风险。对于特定的系统，固有风险是客观不变的。

现实风险：指系统在约束条件下，对个体或社会的现实风险影响。现实风险是变化动态的。

5. 按风险影响范围分类

按风险影响范围可分为

个体风险（单一对象）：指个人或单一对象所面临的风险，包括人身安全、财产安全、系统破坏等个体风险。

社会风险（综合影响）：指整个社会所面临的各种风险，如群体伤害、社区危害、环境污染、水土流失、生态环境破坏等。

6. 按风险的意愿分类

按风险的意愿可分为

自愿风险：指个人、社会或企业自愿承担的风险，如事故应急处置状态下的风险，有刺激的娱乐活动、抽烟等，都是自愿风险。对于自愿风险，人们可承受的风险水平较高。

非自愿风险：指个人、社会、企业不愿意承担的风险。安全生产类风险，如各类事故、隐患、缺陷、违规等不期望事件，都是非自愿风险。对于非自愿风险，政府、社会和企业的控制责任较大，可接受的水平较低。

7. 按风险的程度分类

按风险的程度可分为

一般风险：发生可能性较低，造成的影响或损失较小的风险。

较大风险：发生可能性较大，造成的影响或损失较大的风险。

重大风险：发生可能性特大，造成的影响或损失特别重大的风险。

也有将风险等级分为红、橙、黄、蓝 4 级。风险的控制措施要根据级别高低进行有效的设计和实施。

8. 按风险的表象分类

按风险的表象可分为

显现风险：指再现出形式或后果的风险状态，如停电、触电、坠落、噪声、中毒、泄漏、火灾、爆炸、坍塌、踩踏等突发事件及危害因素。

潜在风险：指存在于潜在或隐形的风险状态，如异常、超负荷、不稳定、违章、环境不良等危险状态及因素。

9. 按风险的状态分类

按风险的状态可分为

静态风险：指风险的存在状态不与时间或空间的变化而变化的风险，如隐患、缺陷、坠落、爆炸、物击、机械伤害等不随时间变化的风险。

动态风险：指风险的存在状态随时间或空间的变化而变化的风险，如火灾、泄漏、中毒、水害、异常、不稳定、环境不良等随时间变化的风险。

10. 按风险的时间特征分类

按风险的时间特征可分为

短期风险：指存在时间较短的风险，如坠落、爆炸、物击、机械伤害、中毒、不安全行为、环境不良等发生过程短或存在时间不长的风险。

长期风险：指存在时间较长的风险，如隐患、缺陷、火灾、泄漏、水害、异常、不稳定等过程长或发展时间较长的风险。

11. 按风险引发事故的原因因素分类

按风险引发事故的原因因素可分为

人因风险：指风险成为引发事故的因素是人为因素的风险，如失误、三违、执行不力等。

物因风险：指风险成为引发事故的因素是设备、设施、工具、能量等物质因素的风险，如隐患、缺陷等。

环境风险：指风险成为引发事故的因素是环境条件因素的风险，如环境不良、异常等。

管理风险：指风险成为引发事故的因素是管理因素的风险，如制度缺失、责任不明确、规章不健全、监督不力、培训不到位、证照不全等；

12. 按风险的分析要素分类

按风险的分析要素可分为

设备风险：指针对设备分析的风险，如隐患、缺陷、故障、异常、危险源等。

工艺风险：指针对生产工艺分析的风险，如停电、失电、超压、失效、爆炸、火灾等。

岗位风险：指针对作业岗位分析的风险，如违章、差错、失误、坠落、物击、机械伤害、中毒等。

第二节　工业风险管理理论的发展

工业风险管理理论的核心内容是风险评价（也就是安全评价），所以风险管理理论的发展应该从风险评价的发展说起。

一、国外风险评价发展的历程

风险评价最先出现在20世纪30年代的保险行业。人类自产业革命以来，特别是第二次世界大战后，工业化过程加快，工业生产系统日趋大型化和复杂化，尤其是化学工业，在生产规模和产品种类迅速发展的同时，生产过程中的火灾、爆炸、有毒有害气体泄漏和扩散等重大事故不断发生，推动了对企业、装置、设施和环境等安全评价工作的开展。20世纪60年代开始了全面、系统地研究企业、装置和设施的安全评价原理和方法的历史阶段。1964年美国道（Dow）化学公司开创了化工生产危险度量安全评价的历史，该公司根据化工企业使用的原料的物理和化学性质、生产中的特殊危险性，考虑到具体工艺处理过程中的一般性和特殊性之间的差别以及物量等因素的影响，以火灾、爆炸指数形式定量地评价化工生产系统的危险程度，形成了经典性的道火灾爆炸指数评价方法。此后，又分别于1966年、1972年、1976年、1980年发表了第2、3、4、5版，1987年发表了第6版，1994年又发表了第7版。

道化学公司的火灾爆炸指数法在世界推出后，各国积极研究和开发，推动了该项技术的迅速发展，并在此基础上提出了一些独具特色的评价方法。如英国帝国（ICI）化学公司蒙德（MOND）分公司根据化学工业的特点，在吸取道化学公司评价方法的优点的基础上，于1976年提出了MOND公司火灾、爆炸、毒性指数评价方法，该方法在道火灾爆炸指数的基础上扩充了毒物危险因素，并对系

统中影响安全状态的其他部分因素若有关安全设施等防护措施予以考虑，以补偿系数的形式引入到评价模型的结构之中，比同期的道指数评价法从原理上更加完善。日本劳动省参照道化学爆炸指数评价法和蒙德指数评价法的思想，也在1976年开发出了“化学工厂六步骤安全评价法”，这种方法除对评价的程序、内容作了进一步的完善以外，其定量评价通过把装置分成工序，再分成单元，根据具体的情况给单元的危险指标赋以危险程度指数值，以其中最大危险程度作为本工序的危险程度；在分析阶段引入了系统工程的有关技术，使分析过程比以前的方法更全面、更系统。苏联提出了俄罗斯化工过程危险性评价法等。上述方法均为指数法，主要是针对化工企业评价而发展起来的，在评价原理上无质的变化，仍然遵循了道化学公司以及系统内危险和危险能量为评价对象的原则，而且这些方法仍然在不断的发展和完善之中。

随着航天、航空和核工业等高技术的迅速发展，20世纪60年代后期，以概率风险评价（PRA）为代表的系统安全评价技术得到了研究和开发。英国在20世纪60年代中期建立了故障数据库和可靠性服务咨询机构，对企业开展概率风险评价工作。1974年美国原子能委员会（AEC）完成了商用核电站危险状况的全面评价，并于1975年由麻省理工学院N. Rasmussen领导的研究小组发表了《Wash 1400：反应堆安全研究》（Wash 1400：The Reactor Safety Study），在科技界和工程界引起了震动。1976年，英国生产安全管理局（PAS）对Canvey岛以及Thurreck地区的工业设施进行了危险评价。1979年英国伦敦Cremer & Warner公司和德国法兰克福Battle公司对荷兰Rjnmuncl地区工业设施进行了评价。此后，这类评价法在工业发达国家的许多项目中得到了广泛的应用。学术界随之又开发出一系列以概率论为理论基础的有特色的安全评价方法。1984年设在印度博帕尔市的美国联合炭化物公司开办的一家农药厂发生的毒气泄漏事故（死亡2500人，中毒125000人）、1986年两起震惊世界的巨大事故（美国“挑战者”号航天飞机爆炸和前苏联切尔诺贝利核电站爆炸事故）等，使得人们对安全问题有了更加深入的认识，各国政府和研究机构更重视安全评价的研究。如英国的Technica有限公司、荷兰的应用科学研究院、欧洲的欧共体Lspra联合研究中心、意大利的STA公司等都对安全评价进行了深入且广泛的研究，并开发了相关软件，作为独立的产业形式出现的国外发达国家的安全评价发展正方兴未艾。

在特种设备安全领域，传统的监管和检验方式基本上实行基于时间的检验（定期检验）或基于条件的检验（抽检），这种方式往往造成两方面弊端，一方面由于风险分布不均匀，大部分设备无严重缺陷，使得有些设备检验过剩，造成了不必要的检验和停产损失；另一方面，一些具有较大潜在风险的设备需要更多的监控检验投入，如果采取平均对待的方法，就使得有些设备检验力度不足，从而带来安全隐患。基于风险的检验（Risk Based Inspection，RBI）则合理地解决了上述问题。RBI以风险评价分级为基础，通过获得设备（如储罐）原始数据，了解设备服役情况，并结合工艺参数、设计条件、历史检测和腐蚀状况等数据，运用失效分析技术对设备失效可能性和失效后果两方面进行综合评价，得出风险等级，并对设备群的风险进行排序，在当前可接受风险水平的条件下，区分设备群中的高风险项和低风险项，有针对性地提出合理的检验策略，使检验和管理行为更加有效，在降低成本的同时提高设备的安全性和可靠性。

二、我国风险管理的研究与应用概况

1981 年，我国原劳动人事部首次组织有关的科研机构和大专院校的研究人员开展了安全评价的研究工作。原冶金工业部开发并颁布了“冶金工厂危险程度分级方法”。化工、机电、航空以及交通等部门和行业同时开始了企业中实行安全评价的试点工作。1988 年，原机械电子工业部颁布了《机械工厂安全评价标准》，在 100 多家机械工厂进行了推广应用。1992 年，广东劳动保护研究所主持完成了工厂危险程度分级方法；同年，原化工部制定了《化工厂危险程度分析方法》。1995 年，原劳动部、北京理工大学合作完成了《易燃、易爆、有毒重大危险源的安全评价技术》的课题。同时，一些高等院校、研究单位和企业等相继开展了安全评价技术的研究和开发工作。特别是在 1994 年，我国相继发生了多起特大火灾事故后，安全评价受到了政府部门和社会的重视。1994 年、1995 年分别在太原、成都召开了全国各行业安全研究的研讨会，安全评价工作在各行业系统内逐步推广和展开。

在借鉴国际 OHSNS 职业安全健康管理体系模式的基础上，在石油行业我国 1997 年颁发了石油工业行业标准 SY/T 6276—1997《石油天然气工业职业安全卫生管理体系》，中国石油天然气集团公司从 1998 年开始在石油工业行业率先建立和实施 HSE 管理体系。同时，国家经贸委于 1999 年 10 月颁布了《职业安全卫生管理体系试行标准》（OHSMS），下发了关于开展 OHSMS 认证工作的通知。2001 年国家安全生产监督管理局发布《职业安全健康管理体系规范》，技术监督局发布《职业安全卫生管理体系标准》。职业安全健康管理体系的要素中，明确地提出了安全管理体系中风险辨识、风险评价和风险控制的重要作用。通过职业安全健康管理体系的推行，我国的风险管理水平又获得了较大发展。

2002 年我国《安全生产法》的颁布与实施，其中对生产经营单位保障安全生产的相关条款中，提出了安全生产评价和重大危险源管理的要求，这更将促进了我国危险源辨识和风险评价等工作的开展。

2004 年以来，国务院下发的《关于进一步加强安全生产工作的决定》国发〔2004〕2 号文，以及之后的《决定关于进一步加强企业安全生产工作的通知》国发〔2010〕23 号文，《国务院安委会关于深入开展企业安全生产标准化建设的指导意见》安委〔2011〕4 号，国家安全监管总局、中华全国总工会、共青团中央《关于深入开展企业安全生产标准化岗位达标工作的指导意见》安监总管四〔2011〕82 号等文件，提出了安全生产标准化建设的要求。并在 2010 年发布了

《企业安全生产标准化基本规范》(AQ/T 9006—2010)，其技术关键就是危险源辨识和风险评价，强调全员参与、过程控制、持续改进，要求充分体现隐患管理和事故预防思想。

在特种设备安全领域，2003年国务院《特种设备安全监察条例》的颁布实施规定了我国特种设备的定义和范围，2009年《条例》修订时，又对这一定义范围进行了调整，特种设备这一概念最终得以形成和统一。2006年5月国家质检总局颁发了关于开展《基于风险的检验(RBI)技术试点应用工作的通知》，对承担该试点工作的检验机构、试点企业等方面作出了明确的要求，标志着我国基于风险的检验技术的发展进入一个全新的阶段。特种设备与发达工业国家相比，我国对特种设备行业的风险管理研究还在起步阶段，目前对特种设备的管理主要还是基于事故失效的，传统经验型、规定型的一些管理手段，特种设备风险管理体系尚未建立和健全。一些单位和学者开展了对锅炉、压力容器和压力管道的风险评估技术和方法的研究，结合我国实情，在美国或英国的风险评估技术和方法的基础上完成修正和改进，并评价指标、评价方法和评价软件方面都取得了一些进展。近10年来，国外已经广泛应用RBI(Risk Based Inspection)技术对特种设备进行风险评估。RBI技术是一种基于风险的评估技术，该项技术是通过对设备或部件的风险分析，确定关键设备和部件的破坏机理和检查技术，优化设备检查计划和备件计划，为延长装置运转的周期、缩短检修工期提供了科学的决策支持。

自从风险管理理论和技术应运而生和全面发展之后，直至今日，风险管理已发展成为一门新兴学科，蓬勃发展，日益受到重视。

三、风险管理的作用及意义

早期风险管理的倡导者詹姆斯·奎斯提认为：“风险管理是企业或组织，由控制偶然损失的风险，以保全盈利的能力”。近代风险学者赫利克斯·克莱蒙认为，“风险管理的目标是保存其组织前进的能力，并对顾客提供产品与服务以保全公司的人力与物力，保护企业的盈利能力”。综合各方面的观点，笔者认为：风险管理的目标，首先是鉴别显露的和潜在的风险，处置并控制风险，以期预防损失；其次在损失发生后提供尽可能的补偿，减小损失的危害性，保障企业安全生产和各项活动的顺利进行。风险管理者有句格言：损失前的预防胜于损失后的补偿。由于风险的偶然性，风险管理是要做好两手准备的。

从狭义概念看，风险管理为企业发展、项目建设提供对待风险的整套科学依据，有助于全面识别、衡量、规避风险，用最小的代价将风险损失控制到最小，尽可能维护企业和项目投资的收益，成为企业和项目成功的有力保障。没有风险管理，企业和项目将暴露在诸多不确定因素之中，处于被动和消极接受的状态。制定和实施风险管理计划之后，企业、项目有了对各种情况的分析及其对应措施，就好像农田有了灌溉工程，有了农药，虽不能保证全面丰收，但至少可避免较大损失，化被动为主动。从广义观点看，风险管理再一次体现了人类的主观能动性。人类在不断地认识自然，适应自然，通过风险管理对社会环境的正确判断，不被各种社会随机因素所迷惑，希望在力所能及的范围内认清因素，承担其风险并减少可能造成的损失。

第三节　风险管理基础

风险管理是一门新兴的管理学科，越来越受到各国工业安全领域的重视，在企业安全管理中广泛而迅速地得到推广和应用。在西方发达国家，风险管理已普及到大中小企业。

风险是某一有害事故发生的可能性及其事故后果的总和。企业所面临的风险包括生产事故，自然事故和经济、法律、社会等方面的事件或事故。企业在生产、经营过程遇到的这些意外事件，其后果可能严重到足以把企业拖入困境甚至破产的境地。风险管理的任务就是通过风险分析，确定企业生产、经营中所存在的风险，制定风险控制管理措施，以降低损失。

工业企业在生产作业过程中面临着许多职业安全卫生方面的风险，这些风险可能来自从日常的生产活动到所使用的油气原料和石化产品、材料等方面。风险可能会伤害企业职工的生命与健康，损坏企业的设备及财产，使国家、企业和个人遭受名誉、生命、健康、经济的损害，这些都会影响到国家、企业或职工的利益。如何对生产作业中的风险进行管理，是一个工业企业保障安全生产的重要内容。风险管理的方法是现代企业管理，特别是建立职业安全健康管理体系的重要方法，也是一种实施预防为主的重要手段。

一、风险管理的概念

根据国际标准化组织的定义（ISO 13702—1999）：风险是某一有害事故发生的可能性与事故后果的组合。我们对于安全生产风险的定义是：安全生产不期望事件的发生或存在概率与可能发生事故后果的组合。这一概念既包含了风险的定性概念，也包含了风险的定量概念。

通俗地讲，风险的定性概念首先是指哪些人们活动过程中不期望的事件，如事故、隐患、缺陷、不符合、违章、违规等，这些都称作风险因子，是风险管理的对象或因素；定量的概念则表达了风险的度量是取决于不期望事件发生的概率与后果的乘积。

因此，风险分析就是去研究事件发生的可能性和它所产生的后果。严格地说，风险和危险是不同的。危险是客观的。常常表现为潜在的危害或可能的破坏性影响；风险则不仅意味着这种能量或客观性的存在，而且还包含破坏性影响可能性。风险的概念比危险要科学、全面。

在生产和生活实践中，技术的危险是客观存在的，但风险的水平是可控的，也就是“再客观的危险，但不一定要冒高的风险”，安全活动的意义就在于实现“高危低风险”。例如，人类要利用核能，就有可能存在核泄漏产生的辐射影响或破坏的危险，这种危险是客观固有的，但在核发电的实践中，人类采取各种措施使其应用中受辐射的风险最小化，使之控制在可接受的范围内，甚至绝对地与之相隔离，尽管它仍有受辐射的危险，但由于无发生的渠道，所以我们并没有受到辐射破坏或影响的风险。这里说明人们关心系统的危险是必要的，但归根结底应该注重的是“风险”，因为直接与系统或人员发生联系的是“风险”，而“危险”是事物客观的属性，是风险的一种前提表征。我们可以做到客观危险性很大，但实际承受的风险较小，即“固有危险性很大，但实现风险很低”。

这样，风险可表示为事件发生概率及其后果的函数：

$$风险\ R=f(p,l) \tag{3-6}$$

式中，p 为事件发生概率；l 为事件发生后果。对于事故风险来说，l 就是事故的损失（生命损失及财产损失）后果。

风险分为个体风险和整体风险。个体风险是一组观察人群中每一个体（个人）所承担的风险。总体风险是所观察的全体承担的风险。

在 Δt 时间内，涉及 N 个个体组成的一群人，其中每一个体所承担的风险可由下式确定：

$$R_{个体}=E(l)/N\Delta t[损失单位/个体数\times时间单位] \tag{3-7}$$

式中，$E(l)=\int l\mathrm{d}F(l)$；$l$ 表示危害程度或损失量；$F(l)$ 是 l 的分布函数（累积概率函数）。其中对于损失量 l 以死亡人次、受伤人次或经济价值等来表示。由于有：

$$\int l\mathrm{d}F(l)=\sum l_{\mathrm{k}}npl_i \tag{3-8}$$

式中，n 为损失事件总数；pl_i 为一组被观察的人中，一段时间内发生第 i 次事故的概率；l_{k} 为每次事件所产生同一种损失类型的损失量。因此式(3-8) 可写为：

$$R_{个体}=l_{\mathrm{k}}\frac{\sum ipl_i}{N\Delta t}=l_{\mathrm{k}}H_1 \tag{3-9}$$

式中，H_1 是单位时间内损失或伤亡事件的平均频率。

所以，个体风险的定义是：

$$个体风险=损失量\times损失或伤亡事件的平均频率 \tag{3-10}$$

如果在给定时间内，每个人只会发生一次损失事件，或者这样的事件发生频率很低，使得几种损失连续发生的可能性可忽略不计，则单位时间内每个人遭受损失或伤亡的平均频率等于事故发生概率 p_{k}。这样个体风险公式为：

$$R_{个体}=l_{\mathrm{k}}p_{\mathrm{k}} \tag{3-11}$$

上式表明：个体风险=损失量×事件概率。还应说明的是，$R_{个体}$ 是指所观察人群的平均个体风险；时间 Δt 是说明所研究的风险在人生活中的某一特定时间，比如是工作时实际暴露于危险区域的时间。

对于个体风险的推导和理解可见表 3-1 和表 3-2，从中对于发生 1 次事故（即 $n=1$）条件下的一人次事故经济损失均值是：

$\sum l_i np_i = \sum l_i p_i = 0.05\times0.91+0.3\times0.052+2.0\times0.022+8.0\times0.011+20\times0.0037=0.2671$（万元）

表 3-1　$n=1$ 时的一人次事故经济损失均值统计分析表

伤害类型	轻伤	局部失能伤害	严重失能伤害	全部失能	死亡
经济损失 l_i/万元	0.05	0.3	2.0	8.0	20.0
频率（概率）p_i	0.91	0.052	0.022	0.011	0.0037
发生人次	245	14	6	3	1
$l_i p_i$	0.0455	0.0156	0.044	0.088	0.074

表 3-2　$n=1$ 时的一人次事故伤害损失工日均值统计分析表

伤害类型	轻伤	局部失能伤害	严重失能伤害	全部失能	死亡
损失工日 l_i/日	2	250	500	2000	7500
频率（概率）p_i	0.91	0.052	0.022	0.011	0.0037
发生人次	245	14	6	3	1
$l_i p_i$	1.82	13	11	22	27.75

发生事故一人次的伤害损失工日均值是：

$\sum l_i np_i = \sum l_i p_i = 2\times0.91+250\times0.052+500\times0.022+2000\times0.011+7500\times0.0037=75.57$（日）

对于总体风险有：

$$R_{总体}=E(l)/\Delta t[损失单位/时间单位] \tag{3-12}$$

或

$$R_{总体}=NR_{个体} \tag{3-13}$$

即：总体风险=个体风险×观察范围内的总人数。

二、风险度的确定

从前面对风险的定义可看出，风险的物理意义是单位时间内损失或失败的均值。也就是说，人们以损失均值作为风险的估计值。但是，有的情况下，为了比较各种方案，为了综合地描述风险，常需要对整个区域（风险分布）的风险用一个数值来反映，这就引进了风险度的概念。

当使用均值作为某风险变量的估计值时，如以上对风险的定义，风险度定义为标准方差 $\sigma=\sqrt{D_x}$ 与均值 $E(x)$ 之比。即风险度 R_D 由下式决定：

$$R_D=\frac{\sigma}{E(x)} \tag{3-14}$$

在有的文献中也将风险度 R_D 称为变异系数（Coefficent of Variation）。

有的场合，由于某种原因并不采用均值作为风险变量的估计值，而用 x_0（与均值同一量纲的某一标准值）作为估计值，此时风险度的定义为：

$$R_D=\frac{\sigma-[E(x)-x_0]}{E(x)} \tag{3-15}$$

风险度愈大，就表示对将来的损失愈没有把握，或未来危险和危害存在和产生的可能性愈大，风险也就愈大。显然，风险度是决策时的一个重要考虑因素。

上面对风险及风险度论述的主要思想在于：事故具有风险的特点，一方面是它的客观性和不可避免性，另一方面是人类可尽其所能使之减少到最低的和可接受的水平。

三、风险管理与安全管理

风险管理是指企业通过识别风险、衡量风险、分析风险，从而有效控制风险，用最经济的方法来综合处理风险，以实现最佳安全生产保障的科学管理方法。由此定义表明：

(1) 所讲的风险不局限于静态风险，也包括动态风险。研究风险管理是以静态风险和动态风险为对象的全面风险管理。

(2) 风险管理的基本内容、方法和程序是共同构成风险管理的重要方面。

(3) 强调风险管理应体现成本和效益关系，要从最经济的角度来处理风险，在主客观条件允许的情况下，选择最低成本、最佳效益的方法，制定风险管理决策。

从图 3-1 中可以看出，隐患、风险、事故成单向线性关系，只要消除隐患和风险其中一个环节就可以阻止事故的发生。但由于很多隐患是客观存在的，是不以人的意志为转移的。例如，在野外施工时要穿越的一条湍急的河流，由于科学技术的局限性，设备的设计缺陷等都可能形成隐患，但我们不能消除它。因此，阻止事故发生的关键是对风险进行有效管理。

在实际工作中，安全工作人员一般将风险管理和安全管理视为同样的工作。其实，两者间关系虽然密切，但也有区别，主要体现在：

(1) 风险管理的内容较安全管理广泛。风险管理不仅包括预测和预防事故、灾害的发生，人机系统的管理等这些安全管理所包含的内容，而且还延伸到了保险、投资，甚至政治风险领域。

(2) 安全管理强调的是减少事故，甚至消除事故，是将安全生产与人机工程相结合，给劳动者以最佳工作环境。风险管理的目标是为了尽可能地减少风险的经济损失。由于两者的着重点不同，也就决定了它们控制方法的差异。

风险管理的产生和发展造成了对传统安全管理体制的冲击，促进了现代安全管理体制的建立；它对现有安全技术的成效作出评判并提示新的安全对策，促进了安全技术的发展。

与传统的安全管理相比，风险管理的主要特点还表现于：

(1) 确立了系统安全的观点。随着生产规模的扩大、生产技术的日趋复杂和连续化生产的实现，系统往往由许多子系统构成。为了保证系统的安全，就必须研究每一个子系统。另外，各个子系统之间的“接点”往往会被忽略而引发事故，因此“接点”的危险性不容忽视。风险评价是以整个系统安全为目标的，因此不能孤立地对子系统进行研究和分析，而要从全局的观点出发，才能寻求到最佳的、有效的防灾途径。

（2）开发了事故预测技术。传统的安全管理多为事后管理，即从已经发生的事故中吸取教训，这当然是必要的。但是有些事故的代价太大，必须预先采取相应的防范措施。风险管理的目的是预先发现、识别可能导致事故发生的危险因素，以便于在事故发生之前采取措施消除、控制这些因素，防止事故的发生。

在某种意义上说，风险管理是一种创新，但它毕竟是从传统的安全分析和安全管理的基础上发展起来的。因此，传统安全管理的宝贵经验和从过去事故中汲取的教训对于安全风险管理依然是十分重要的。

四、风险的分析内容及目的

一段时期以来，人类对事故的态度更偏颇于重视对其预测和预防，似乎认为对事故能够预测准确，误差很小，就能正确采取措施，从而消除事故。其实这种做法是不够全面的，是对事故风险缺乏应有的认识，是停留在对危险认识的水平上。我们认为，人类的劳动安全认识层次应是：事故-危险-风险。当前的安全科学技术更大程度上只认识了事故和危险这两个层次，而这里提出风险这一层次是基于如下理解的：

（1）风险是一种客观存在，人类要生产，要发展技术，就不可避免要有事故风险。

（2）人类生产和生活中的客观现象是：有一定的风险，可能造成事故损失，也可能带来更大利益。如果用“危险”一词，它不包含后一种意义，显然是不全面的。这一理解说明，我们在强调预防事故时，应以“危险”作为重要的对象。但站在全面、系统的高度认识问题时，“风险”才是更为客观和根本的研究对象。以风险作为研究的核心和目标，在处理实际问题时，如处理生产与安全的关系、安全与经济的关系时，才能抓住问题的本质，较好地解决问题。

（3）从经济学的角度探讨安全生产问题，需要建立风险的概念。因为人类在任何社会阶段，经济能力是有限的，安全的技术能力也是有限的，而生产的技术则在不断地发展。因此，不得不面临“风险的选择”。

综上所述，为了更好地做好安全生产工作，需要对风险进行分析研究。

第四节　风险管理理论体系和范畴

一、风险管理的理论体系

根据风险的定义可导出风险分析（Risk Analysis）的主要内容。所谓风险分析，就是在特定的系统中进行危险辨识、频率分析、后果分析的全过程，如图 3-2 所示。

危险辨识（Hazard Identification）：在特定的系统中，确定危险并定义其特

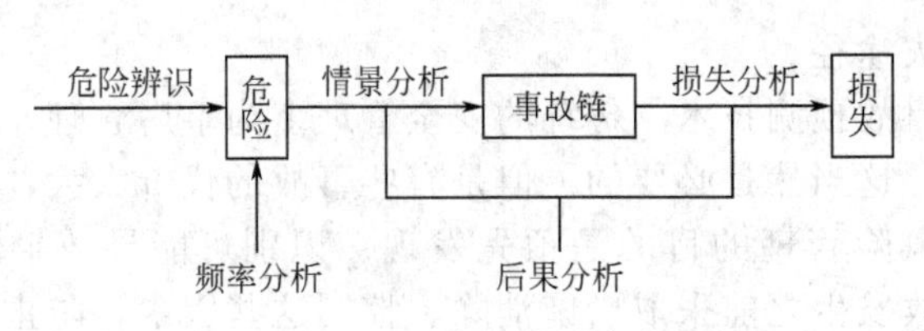

图 3-2　风险分析的内容

征的过程。

频率分析（Frequency Analysis）：分析特定危险发生的频率或概率。

后果分析（Consequence Analysis）：分析特定危险在环境因素下可能导致的各种事故后果及其可能造成的损失，包括情景分析和损失分析。

情景分析（Scenario Analysis）：分析特定危险在环境因素下可能导致的各种事故后果。

损失分析（Loss Analysis）：分析特定后果对其他事物的影响；并进一步得出其对某一部分的利益造成的损失，并进行定量化。

频率分析和后果分析合称风险估计（Risk Estimation）。

通过风险分析得到特定系统中所有危险的风险估计。在此基础上，需要根据相应的风险标准，判断系统的风险是否可被接受，是否需要采取进一步的安全措施，这就是风险评价（Risk Evaluation）。风险分析和风险评价合称风险评估（Risk Assessment）。

在风险评估的基础上，采取措施和对策降低风险的过程就是风险控制（对策）（Risk Control）。风险管理（Risk Management）是指包括风险评估和风险控制的全过程，它是一个以最低成本最大限度地降低系统风险的动态过程。

风险管理的内容及相互关系用图 3-3 说明。它是风险分析、风险评价和风险控制的整体。

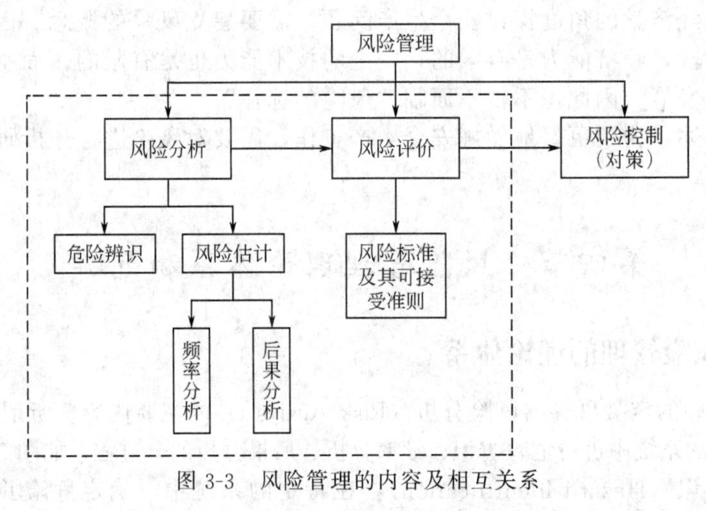

图 3-3　风险管理的内容及相互关系

二、风险管理范畴

风险管理的基础范畴包括：风险分析、风险评价和风险控制，简称风险管理三要素。

1. 风险分析

风险分析就是研究风险发生的可能性及其他所产生的后果和损失。现代管理对复杂系统未来功能的分析能力日益提高，使得风险预测成为可能，并且采取合适的防范措施可以把风险降低到可接受的水平。风险分析应该成为系统安全的重要组成部分，它既是系统安全的补充，又与系统安全有所区别，只是风险分析比系统安全的范围或许要稍广一些。例如，衡量安全程序的标准，在很大程度上是事件发生的可能性，还有后果或损失的期望值，这两者都属于“风险”的范围。

风险由以下要素构成。

风险原因：在人们有目的的活动过程中，由于存在或然性、不确定性，或因多种方案存在的差异性而导致活动结果的不确定性，因此不确定性和各种方案的差异性是风险形成的原因。不确定性包括物方面的不确定性（如设备故障），以及人方面的不确定性，如不安全行为。

风险事件：风险事件是风险原因综合作用的结果，是产生损失的原因。根据损失产生的原因不同，企业所面临的风险事件分为生产事故风险（技术风险）、自然灾害风险、企业社会风险、企业风险与法律、企业市场风险等。

(1) 生产事故。企业生产中发生的人身伤亡、财产损失、环境污染及环境破坏等事故。这是科学技术发展带来的副作用，它是目前安全科学研究的主要对象，目前人们对生产事故的发生规律已有所了解，在一定程度上对其进行了有效的管理和控制。

(2) 自然灾害事故。自然灾害事故是指人为失误引起自然力量造成一些损害的事故。如火灾、水灾、干旱、地震、气象灾害、火山爆发、山体滑坡等事件发生，加上人为失误（如没有或不准确的灾害预报，企业选址错误等）就会造成事故。自然灾害可以理解为自然力量和自然变故与现代技术交互影响而引起的社会生命财产损失的意外事件。这一思路引入了人为失误和管理不善等因素，给我们控制自然灾害提供了新的途径，即对于企业的“自然灾害”事故要预警预防的是它背后的人为失误和管理不善等因素。例如，正确选址，加强灾害预报，以及通过保险进行灾害风险的转嫁和分担。

(3) 企业社会意外事故。企业社会意外事故是指由于政治上的原因（如战争、罢工、政局变化等社会动荡）引起的突发事件而造成对企业的损害。企业对这种不可抗拒事件，其对策只能是尽可能避让或躲避。企业社会风险的处理注重信息的获取、评估，对不可抗拒事件正确避让或应用保险来转嫁社会风险中纯风险部分、利用社会风险中投机风险成分。

(4) 企业风险与法律。企业风险与法律是指与法律有关的企业风险，如企业内部和外部的经济罪犯以非法手段诈骗、窃取企业资金、财产（包括信息、技术），造成企业重大损失的事故。对于企业消除管理上的疏漏、监督制度上的疏漏和监督的缺乏等条件可以预防经济犯罪事故。

(5) 企业市场风险。企业市场风险是指市场突变给企业带来的风险。市场突变可能给企业带来损耗，也可能带来机会和风险利润。

风险损失：风险损失是由风险事件所导致的、非故意的和非预期的收益减少。风险损失包括直接损失（包括财产损失和生命损失）和间接损失。

风险分析的主要内容有：

(1) 危险辨识。主要分析和研究哪里（什么技术、什么作业、什么位置）有危险？后果（形式、种类）如何？有哪些参数特征？

(2) 风险估计。确定风险率多大？风险的概率大小分布？后果程度大小？

2. 风险评价

风险评价是分析和研究风险的边际值应是多少？风险-效益-成本分析结果怎样？如何处理和对待风险？

因为事故及其损失的性质是复杂的，所以风险评价的逻辑关系也是复杂的。

风险评价逻辑模型至少有 5 个因素：基本事件（低级的原始事件），初始事件（对系统正常功能的偏离，例如铁路运输风险评价时，列车出轨就是初始事件之一），后果（初始事件发生的瞬时结果），损失（描述死亡、伤害及环境破坏等的财产损失），费用（损失的价值）。

结合故障分析，低级的原始事件可看作故障树中的基本事件，初始事件则相当于故障树的一组顶上事件。对风险评价来说，必须考虑系统可能发生的一组顶上事件和总损失。

设每暴露单位费用为 Ct_n，其概率为 $P(\mathrm{Ct}_n)$，n 为损失类型，则每暴露单位的平均损失可用下式计算：

$$E(\mathrm{Ct}_p)=\sum_n P(\mathrm{Ct}_n)\mathrm{Ct}_n \tag{3-16}$$

总的风险可通过估算求所有暴露单位损失的期望值而获得，即：

$$\text{风险}=\sum_n E(\mathrm{Ct}_p) \tag{3-17}$$

从理论上讲，由上式即可计算出系统风险精确期望值。但一般这种计算相当困难，有时甚至是不可能的。而且风险的期望值也并非表示风险的最好形式，可以寻求更好的且简便易行的风险表示形式。

关于风险评价的范围，主要是对重要损失进行评价，即把主要精力放在研究少数较重大的意外事件上。例如，一个完全关闭的核电站就不必再研究其可能的故障和损失，其残留危险是否应当忽略，要根据具体情况而定。

关于后果和损失，如在核发电厂核芯熔化事故中，人员伤亡数将明显地随环境条件以及熔化性质和程度而变化。损失则包括死亡、伤害、放射病以及环境污染等方面内容。

风险是现代生产与生活实践中难以避免的。从安全管理与事故预防的角度分析，关键的问题是如何将风险控制在人们可以接受的水平之内。

3. 风险控制

在风险分析和风险评价的基础上，就可作出风险决策，即风险控制。对于风险分析研究，其目的一般分两类：一是主动地创造风险环境和状态，如现代工业社会就有风险产业、风险投资、风险基金之类的活动；二是对客观存在的风险作出正确的分析判断，以求控制、减弱乃至消除其影响和作用。显然，从系统安全和事故预防的角度讲，我们所分析研究的是后一种风险。

工业风险管理是指企业通过识别风险、衡量风险、分析风险，从而有效控制风险，用最经济的方法来综合处理风险，以实现最佳安全生产保障的科学管理方法。对此定义需要说明几点：

（1）所讲的风险不局限于静态风险，还包括动态风险。研究风险管理是以静态风险和动态风险为对象的全面风险管理。

（2）风险管理的基本内容、方法和程序是共同构成风险管理的重要方面。

（3）强调风险管理应体现成本和效益关系，要从最经济的角度来处理风险，在主客观条件允许的情况下，选择最低成本、最佳效益的方法制定风险管理决策。

三、风险管理的程序

风险管理的程序为4个阶段：

（1）风险的识别　风险的识别是对尚未发生的潜在的各种风险进行系统的归类和实施全面的识别。在这一阶段应强调识别的全面性。要对客观存在的、尚未发生的潜在风险加以识别，就需作周密系统的调查分析，综合归类，揭示潜在的风险及其性质等。应该强调识别风险对风险管理具有关键的作用，如果没有系统科学的方法来识别各种风险，就不会把握可能发生的风险及其程度如何，也就难以选择处置和控制风险的方法。风险识别的方法有：故障类型及影响分析（FMEA）、预先危险性分析（PHA）、危险及可操作性分析（HAZOP）、事件树分析（ETA）、故障树分析（FTA）、人的可靠性分析（HRA）等。

（2）风险的衡量　风险的衡量是对特定风险发生的可能性及损失的范围与程度进行估计和衡量。衡量风险可借助于现代计算技术。通常是运用概率论和数理统计方法以及电子计算机等计算工具，对大量发生的损失的频率和损失的严重程度的资料进行科学的风险分析。但完全精确的数量方法进行风险管理仍不完善，还需依靠风险管理人员的直觉判断和经验。

（3）风险管理对策的选择　风险管理对策主要分为两大类：即风险控制对策和风险财务处理对策。前者包括避免风险、损失控制、非保险转嫁等，是在损失发生前力图控制与消除损失的措施；后者包括自留风险和保险，是在损失发生后

的财务处理和经济补偿措施。

（4）执行与评估　实施风险管理决策和评价其后果，实质在于协调地配合采取风险管理的各种措施，不断地通过信息反馈检查风险管理决策及其实施情况，并视情形不断地进行调整和修正，使之更接近风险管理目标。

第五节　风险管理技术

一、风险管理的技术步骤

风险管理是研究风险发生规律和风险控制技术的一门管理学科，各经济单位通过风险分析和风险评价，在此基础上优化组合各种风险管理技术，对风险实施有效的控制和妥善处理风险所致的后果，期望达到以最少的成本获得最大安全保障的目的。

风险管理内容包括风险分析（危险辨识、风险估计）、风险评价和风险的控制管理（风险规划、风险控制、风险监督）。危险辨识、风险估测、风险评价、风险管理技术的选择和效果评价构成一个风险管理周期，如图 3-4 所示。

二、风险管理规划

1. 内容与任务

风险规划就是制定风险管理策略以及具体实施措施和手段的过程。这一阶段要考虑两个问题：第一，风险管理策略本身是否正确可行？风险分析的效果如何？风险管理要消耗多大的资源？第二，实施管理策略的措施和手段是否符合项目总目标？

把风险的后果尽量限制在可接受的水平上，是风险管理规划和实施阶段的基本任务。整体风险只要未超出整体评价的基础，就可以接受，对于个别风险，则可接受的水平因风险而异。

2. 风险规避的策略

规避风险可以从改变风险后果的性质、风险发生的概率或风险后果大小 3 个方面采取多种策略，如减轻、预防、转移、回避、自留和应急（或后备）措施等。

3. 风险管理计划

风险规划最后一步就是把前面完成的工作归纳成一份风险管理规划文件，如表 3-3 所示，其中应当包括项目风险形势估计、风险管理计划和风险规避计划。

三、风险识别与评估模式

风险管理最为重要的前提是对风险进行识别与评估。

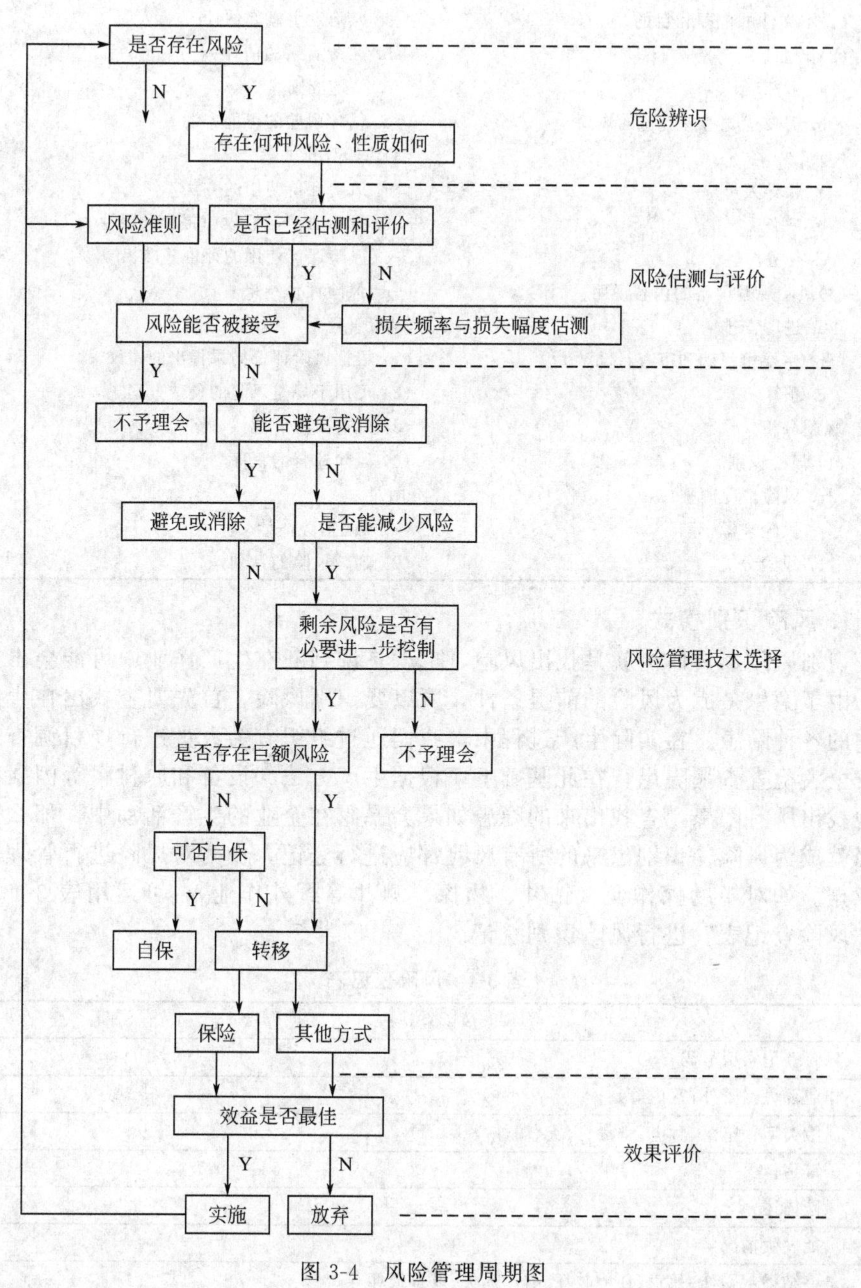
是否存在风险
N
Y
危险辨识
存在何种风险、性质如何
风险准则
是否已经估测和评价
Y
N
风险估测与评价
风险能否被接受
损失频率与损失幅度估测
Y
N
不予理会
能否避免或消除
Y
N
避免或消除
是否能减少风险
N
Y
剩余风险是否有必要进一步控制
风险管理技术选择
Y
N
是否存在巨额风险
不予理会
N
Y
可否自保
Y
N
自保
转移
保险
其他方式
效益是否最佳
效果评价
Y
N
实施
放弃

图 3-4　风险管理周期图

表 3-3 风险管理计划

1. 引言
 (1)本文件的范围和目的
 (2)概述
  a. 目标
  b. 需要优先考虑规避的风险
 (3)组织
  a. 领导人员
  b. 责任
  c. 任务
 (4)风险规避策略的内容说明
  a. 进度安排
  b. 主要里程碑和审查行动
  c. 预算
2. 风险分析
 (1) 风险识别
  a. 风险情况调查
   风险来源,等
  b. 风险分类
 (2)风险估计
  a. 风险发生概率估计
  b. 风险后果的估计
  c. 估计准则
  d. 估计误差的可能来源
 (3)风险评价
  a. 风险评价使用的方法
  b. 评价方法的假设前提和局限性
  c. 风险评价使用的评价基准
  d. 风险评价结果
3. 风险管理
 (1) 根据风险评价结果提出的建议
 (2) 可用于规避风险的备选方案
 (3) 规避风险的建议方案
 (4) 风险监督的程序
4. 附录
 (1)风险形势估计
 (2) 削减风险的计划

1. 风险识别模式

识别风险，具体讲就是找出风险，也就是说判断在生产作业中可能会出什么错。由于隐患是成为风险的前提条件，所以要识别风险，首先要查找出在生产作业中的各种隐患。在实际生产过程中，我们通过组织有关人员进行项目调查或开展安全大检查查找隐患，在此基础上，根据生产方法、设备和原材料等因素尽可能地找出所有隐患，查找出来的隐患如果会暴露在企业的生产活动中，那么这些隐患就成为风险。识别出来的所有风险都应进行登记，作为对风险进行管理的主要依据。如对于勘探作业（钻井、物探、测井等野外作业），可运用表 3-4 所示的“风险登记表”进行风险识别登记。

表 3-4 风险登记表

风险登记表
风险登记索引号码:NO
作业环境:(野外,室内等)
风险类型:(坠落、触电、中毒、火灾、爆炸、淹溺等)
关键字:
风险描述:
可能发生情况:
最终结果:(受伤、死亡、环境破坏、财产损失、设备损坏等)
登记人:
修改日期:

2. 风险分析模式

风险分析的内容实际上就是回答下列问题：①企业生产、经营活动到底有些什么风险？②这些风险造成损失的概率有多大？③若发生损失，需要付出多大的代价？④如果出现最不利情况，需要付出多大的代价？⑤如何才能减少或消除这些可能的损失？⑥如果改用其他方案，是否会带来新的风险？将上述问题进一步细化，可得到如图 3-5 所示的安全风险分析流程图。

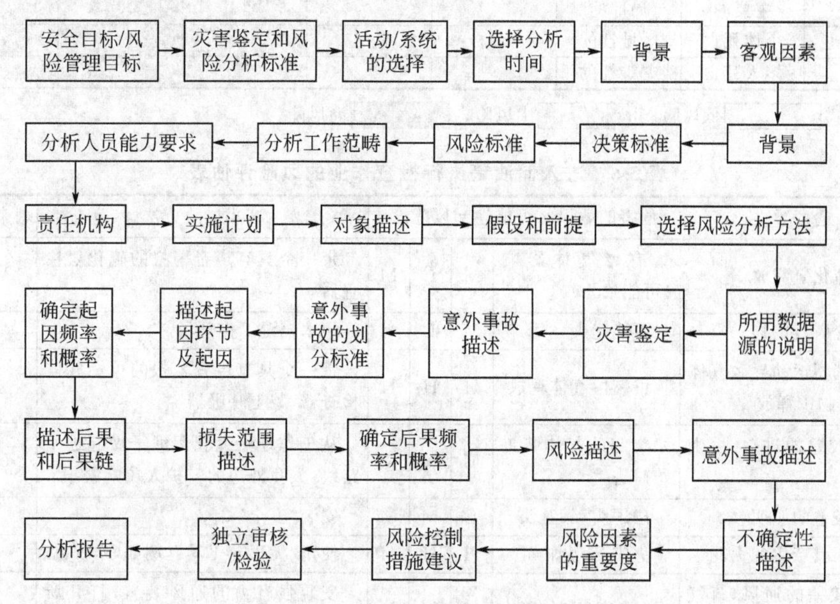

图 3-5　安全风险分析流程图

3. 风险评估模式

评估风险，就是判定风险发生的可能性和可能的后果。风险发生的可能性和可能的后果决定了风险的程度，风险程度分为高风险、中风险和低风险。对于低风险，我们通过作业（生产）程序进行管理，中风险需要坚决的管理，高风险是我们在生产作业中无法容忍的，必须在生产作业前采取措施降低它的风险程度。对风险进行评估可采取定量分析和定性分析两种方法。定量分析需要各类专业人员合作参加，一般过程复杂，适用于对重大风险进行准确评估。定性分析主要通过人的主观判断、人的习惯等进行评估，方法相对简单，适用于对各种风险进行定性评估。目前在国际上是通过“风险矩阵图”对风险进行定性评估的，如表 3-5 所示。如果评估出的风险程度是在“风险矩阵图”的高风险和中风险区域，那么这种风险是主要风险。我们必须采取风险降低措施降低这些风险的程度，使这些风险的程度在生产作业前至少要在“风险矩阵图”中的中风险区域。

在实际的风险管理过程中，我们要对第一种有风险的作业进行系统的风险评估。表 3-6 所示是石油行业进入储油罐进行检查作业的风险评估表。

表 3-5　风险矩阵图

项目	后果		可能性				
	人	损害	1 作业中没听说过	2 不太可能发生	3 可能发生	4 有多次发生的可能	5 普遍，周、日都有
A	可忽略的	可忽略的					
B	轻微的	轻微的					
C	主要的	局部的					
D	个体死亡	区域性的					
E	多人死亡	灾难性的					

注：［白框］低风险；［浅灰框］中风险；［深灰框］高风险。

表 3-6　进入储油罐进行检查作业的风险评估表

危害形式	危害的后果×可能性＝风险度				减小风险方法	剩余风险
1. 硫化氢释放	有毒气体影响(可能致死)	M	L	M	带一个具有声音警报的硫化氢检查器	L
2. 含磷残留物	可能起火	M	L	M	用水浇湿工作现场	L
3. 剧烈运动导致气体从残留物中释放	可燃性气体释放	H	H	H	带一个具有声音警报的可燃气体检查器，戴上呼吸器	L
4. 较差的进口/逃生口	突起的气体装置妨碍逃生	M	M	M	从工作地点入孔用绳子做起逃生路线，人孔外边的守护人拉响警报	L-M
5. 较差的照明	碰了头/脚趾头	L	M	M	安装“安全”灯	L
6. 工具产生的火花	火灾 / 爆炸	H	H	H	使用“无火花工具”，例如，木铁锹	L
7. 较差的通风，氧气不充分或者气体积聚	窒息麻醉气体释放	M	M	M	安装强有力的通风装置，打开所有的人孔/开口	L
8. 很滑的油污地板	身体受伤	M	M	M	难以阻止，两个值班人员和外边的守护人员相互配合拉响警报	M
评估结果：可以安全进行这项工作　总风险：L/M						

四、风险控制技术

1. 风险控制概述

风险辨识分析、风险评估是风险管理的基础，风险控制才是风险管理的最终目的。风险控制就是要在现有技术和管理水平上，以最少的消耗达到最优的安全水平。其具体控制目标包括降低事故发生频率、减少事故的严重程度和事故造成的经济损失程度。

风险控制技术有宏观控制技术和微观技术两大类。宏观控制技术以整个研究系统为控制对象，运用系统工程原理对风险进行有效控制。采用的技术手段主要有：法制手段（政策、法令、规章）、经济手段（奖、罚、惩、补）和教育手段（长期的、短期的、学校的、社会的）。微观控制技术以具体的危险源为控制对象，以系统工程原理为指导，对风险进行控制。所采用的手段主要是工程技术措施和管理措施，随着研究对象不同，方法措施也完全不同。宏观控制与微观控制互相依存，互相补充，互相制约，缺一不可。

2. 风险控制的基本原则

为了控制系统存在的风险，必须遵循以下基本原则：

（1）闭环控制原则　系统应包括输入输出，通过信息反馈进行决策并控制输入这样一个完整的闭环控制过程。显然，只有闭环控制才能达到系统优化的目的。搞好闭环控制，最重要的是必须要有信息反馈和控制措施。

（2）动态控制原则　充分认识系统的运动变化规律，适时正确地进行控制，才能收到预期的效果。

（3）分级控制原则　根据系统的组织结构和危险的分类规律，采取分级控制的原则，使得目标分解，责任分明，最终实现系统总控制。

（4）多层次控制原则　多层次控制可以增加系统的可靠程度。通常包括 6 个层次：根本的预防性控制、补充性控制、防止事故扩大的预防性控制、维护性能的控制、经常性控制以及紧急性控制。各层次控制采用的具体内容随事故危险性质的不同而不同。在实际应用中，是否采用 6 个层次以及究竟采用哪几个层次，则视具体危险的程度和严重性而定。表 3-7 是控制爆炸风险的多层次方案表。

表 3-7　控制爆炸风险的多层次方案表

顺序	1	2	3	4	5	6
目的	预防性	补充性	防止事故扩大	维护性能	经常性	紧急性
分类	根本性	耐负荷	缓冲、吸收	强度与性能	防误操作	紧急撤退人身防护
内容提要	不使产生爆炸事故	保持防爆强度、性能、抑制爆炸	使用安全防护装置	对性能作预测监视及测定	维持正常运转	撤离人员
具体内容	1)物质性质 a)燃烧 b)有毒 2)反应危险 3)起火、爆炸条件 4)固有危险及人为危险 5)危险状态改变 6)消除危险源 7)抑制失控 8)数据监测 9)其他	1)材料性能 2)缓冲材料 3)结构构造 4)整体强度 5)其他	1)距离 2)隔离 3)安全阀 4)安全装置的性能检查 5)材质蜕化否 6)防腐蚀管理	1)性能降低否 2)强度蜕化否 3)耐压 4)安全装置 5)材质蜕化否 6)防腐蚀管理	1)运行参数 2)工人技术教育 3)其他条件	1)危险报警 2)紧急停车 3)撤离人员 4)个体防护用具

3. 风险控制的策略性方法

风险控制就是对风险实施风险管理计划中预定的规避措施。风险控制的依据包括风险管理计划、实际发生了的风险事件和随时进行的风险识别结果。风险控制的手段除了风险管理计划中预定的规避措施外，还应有根据实际情况确定的权变措施。

（1）减轻风险　该措施就是降低风险发生的可能性或减少后果的不利影响。对于已知风险，在很大程度上企业可以动用现有资源加以控制；对于可预测或不可预测风险，企业必须进行深入细致的调查研究，减少其不确定性，并采取迂回策略。

（2）预防风险　包括：①工程技术法、教育法和程序法；②增加可供选用的行动方案。

（3）转移风险　借用合同或协议，在风险事故一旦发生时将损失的一部分转移到第三方的身上。转移风险的主要方式有：出售、发包、开脱责任合同、保险与担保。其中保险是企业和个人转移事故风险损失的重要手段和最常用的一种方法，是补偿事故经济损失的主要方式。无论是商业保险还是社会保险，与企业的安全问题都有着千丝万缕的联系。保险的介入对于控制事故经济损失，保证企业的生存发展，促进企业防灾防损工作和事故统计、分析，乃至管理决策过程的科学化、规范化都是相当重要的。近年来，深圳市乃至广东省大力推广和健全工伤保险机制，利用这一手段实施对企业安全的宏观调控并取得成效就是一个很好的范例。

（4）回避风险　回避是指当风险潜在威胁发生可能性太大，不利后果也太严重，又无其他规避策略可用，甚至保险公司亦认为风险太大而拒绝承保时，主动放弃或终止项目或活动，或改变目标的行动方案，从而规避风险的一种策略。

避免风险是一种最彻底的控制风险的方法，但与此同时，企业也失去了从风险源中获利的可能性。所以回避风险只有在企业对风险事件的存在与发生、对损失的严重性完全有把握的基础上才具有积极的意义。

（5）自留风险　即企业把风险事件的不利后果自愿接受下来。如在风险管理规划阶段对一些风险制定风险发生时的应急计划，或在风险事件造成的损失数额不大且不影响大局的情况下将损失列为企业的一种费用。自留风险是最省事的风险规避方法，在许多情况下也最省钱。当采取其他风险规避方法的费用超过风险事件造成的损失数额时，可采取自留风险的方法。

（6）后备措施　有些风险要求事先制定后备措施，一旦项目或活动的实际进展情况与计划不通，就动用后备措施。主要有费用、进度和技术后备措施。

4. 风险控制的技术性方法

风险控制是指采取风险控制方法降低风险程度，使风险的程度降到我们在生产作业中可以接受的程度，并对风险进行有效控制。风险控制方法主要分为以下 7 种：

（1）排除。排除风险就是消除作业中的隐患。如一个漏电的插座，在生产过程中我们要经常触摸，通过表 3-5 评估风险程度在 D4 区，为高风险，是我们无法忍受的。如果我们用一个绝缘良好的插座换掉这个漏电的插座，就消除了风险。

（2）替换。当隐患无法消除时，可采取替换的方法降低风险程度。替换，是指用无风险代替低风险，用低风险代替高风险的风险控制方法。如以无毒材料代替有毒材料、以低毒材料代替高毒材料降低有毒材料对人体伤害的方法，就是简单的替换方法。

（3）降低。降低是指采取工程设计等措施降低风险程度。如在木材加工厂工作的职工，每天都要在噪声值接近 90 分贝（A）的环境中工作，通过表 3-5 评估，风险程度在 C5 区是高风险，是我们无法忍受的。通过在木材加工机械上加装噪声消除设备，使吸声值降低到 60～70 分贝（A），再通过表 3-5 评估，风险程度降到了 B5 区，为中风险。

（4）隔离。隔离是指将人的生产作业活动与隐患隔开的风险控制方法。如在野外施工时，要穿越一条湍急的河流，用渡轮到达对岸的方法就是一个隔离的方法。

（5）程序控制。指针对风险制定工作程序，使企业的生产活动严格在工作（作业）程序的控制下。如地震作业小队在野外施工时，制定了车辆行驶控制程序 p，要求所有乘车人员必须系安全带，车辆行驶时速不得超过 60 公里/小时，降低了车辆行驶的风险程度。

（6）保护。是指对人员进行保护。如为职工配备劳保用品等。在前面我们提到的木材加工厂，如果再给职工配备防噪声耳罩，就可将风险降至 A5 区，为低风险。

（7）纪律。指加强劳动纪律，对违反劳动纪律的人员进行必要的处罚。如对串岗、睡岗和酒后驾车人员的纪律处罚。

图 3-6 说明了以上 7 种方法的控制效果。从图中我们可以看出，控制风险最好的方法是排除风险，不太好的方法是加强劳动纪律和进行纪律处罚。在对风险控制的过程中，根据企业的能力和效益，应尽可能地采取较高级的风险控制方法，并多级控制，在企业能力范围内将风险降至最低。对风险进行控制后，要对风险控制过程进行必要的报告，参考表 3-8 所示内容。

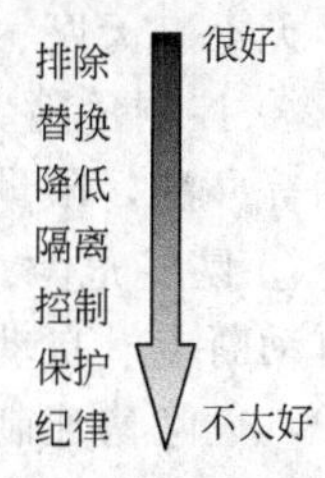

图 3-6　控制效果

表 3-8　风险控制报告

风险控制报告	
风险索引号：No.　（对应《风险登记表》内索引号）	
日期：	报告人：
类型：　人员 损害　环境治安	
输入风险水平：可能性　后果　风险程度　高　中　低	
控制：　消除　替换　降低　隔离 程序控制保护　纪律 具体描述：	
输出风险水平：可能性　后果　风险程度　高　中　低	

5. 固有危险控制技术

固有危险控制是指生产系统中客观存在的危险源的控制。它包括物质因素及部分环境因素的不安全状况及条件。

（1）固有危险源分类

① 化学危险源。包括引起火灾爆炸、工业毒害、大气污染、水质污染等危险因素。

② 电气危险源。引起触电、着火、电击、雷击等事故的危险源。

③ 机械危险源。以速度和加速度冲击、振动、旋转、切割、刺伤、坠落等形式造成的伤害。

④ 辐射危险源。有效射源、红外射线源、紫外射线源、无线电辐射源等伤害形式。

⑤ 其他危险源。主要有噪声、强光、高压气体、高温物体、温度、生物危害等形式的危险源。

（2）对固有危险源的控制方法　对上述固有危险源的控制，总的来说就是要求尽可能地做到工艺安全化。即要求尽可能地变有害为无害、有毒为无毒、事故为安全；要减少事故的发生频率，减轻事故的严重程度及降低经济损失率；要从技术、经济、人力等方面全面考虑，做到控制措施优化。从微观上讲，固有危险源的控制有以下 6 种办法：

① 消除危险。在新建、扩建、改建项目及产品设计之初，采用各种技术手段达到厂房、工艺、设备、设备部件等结构布置安全，机械产品安全，电能安全，无毒、无腐、无火灾爆炸物质安全，等等，从本质上根除潜在危险。

② 控制危险。采用诸如熔断器、安全阀、限速器、缓冲器、爆破膜、轻质顶棚等办法，限量或减轻危险源的危害程度。

③ 防护危险。从设备防护和人体防护两方面考虑。对危险设备和物质可采用自动断电、自动停气等自动防护措施，高压设备门与电气开关联锁动作的联锁防护，危险快速制动防护，遥控防护等措施。为保护人员的生命和健康，可采用安全带、安全鞋、护目镜、安全帽、面罩、呼吸护具等具体防护措施。

④ 隔离防护。对于危险性较大且又无法消除和控制的场合，可采用设置禁止入内标志、固定隔离设施、设定安全距离等具体办法，从空间上与危险源隔离开来。

⑤ 保留危险。对于预计到可能会发生事故的危险源，在技术上及经济上都不利于防护时，可保留其存在，但要有应急措施，使得“高危险”变“低风险”。

⑥ 转移危险。对于难以消除和控制的危险，在进行各种比较分析之后，可选取转移危险的方法，将危险的作用方向转移至损失小的部位和地方。

总之，对于任何事故隐患，我们都可以针对实际情况选取其中一种或多种方法进行控制，以达到预防事故及其安全生产的目的。

6. 人为失误控制

人为失误是导致事故的重要原因之一。控制人为失误率，对预防及减少事故发生有重要作用。

(1) 人为失误的表现有如下各种形式：操作失误；指挥错误；不正确的判断或缺乏判断；粗心大意；厌烦、懒散；嬉笑、打闹；酗酒、吸毒；疲劳、紧张；疾病或生理缺陷及其错误使用防护用品和防护装置等。

(2) 引起事故的主要原因有：先天生理方面的原因；管理方面原因以及教育培训方面的原因等。

(3) 减少或避免人为失误的措施有

① 人的安全化：合理选用工人；加强上岗前的教育；特殊工作环境要做专门培训；加强技能训练以及提高文化素质；加强法制教育和职业道德教育。

② 管理安全化：改善设备的安全性；改进工艺安全性；完善标准及规程；定期进行环境测定及评价；定期进行安全检查；培训班组长和安全骨干。

③ 操作安全化：研究作业性质和操作的运作规律；制定合理的操作内容、形式及频次；运用正确的信息流控制操作设计；合理操作力度及方法，以减少疲劳；利用形状、颜色、光线、声响、温度、压力等因素的特点，提高操作的准确性及可靠性。

第六节　特种设备安全风险监管体系

风险管理的基本程序是风险管理规划制定、风险辨识、风险分析、风险评价、风险处理和风险监控及风险管理绩效评估的周而复始过程。构建特种设备风险管理体系，就是应用风险理论实施特种设备分类监管，对系统性、广泛性和重大的事故风险实施监测预警，对特种设备重大危险源实施治理监控，对特种设备事故及时作出应急反应和妥善处置，科学实施特种设备事故调查处理，提高风险控制和事故预防的能力与水平。这就表明在特种设备事故发生前要进行风险监管和监测预警，在事故发生之时要进行应急救援，在事故结束之后要进行事故调查处理。因此，可将特种设备风险管理体系划分为风险监管体系、监测预警体系、应急管理体系和事后处置体系4个子体系，分别覆盖特种设备事故前、中、后3个阶段。

一、风险监管体系

特种设备风险监管就是对设备的风险进行辨识、分析、评估和控制管理，在满足一定条件时将风险导致的各种不利后果降至最低，是设备风险管理的起始阶段。风险监管就是在把握特种设备事故规律和风险管理基础理论的基础上，在风险监管组织部门的组织协调下，运用科学的风险管理技术对特种设备进行

管理。为保证风险监管的有效进行，在风险监管体系中，要加强风险信息平台和法规标准的建设。因此，风险监管基础理论、组织体系、技术体系、信息平台、法规建设是必不可少的5个部分，这5个部分要贯穿特种设备设计、制造、安装、改造、维修、使用、检验检测7个阶段。特种设备风险监管体系具体构成如图3-7所示。

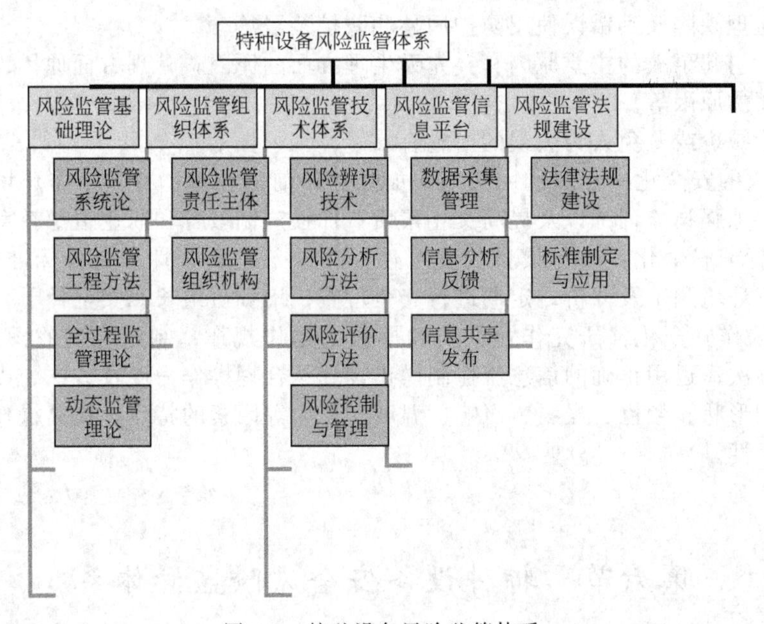

图3-7　特种设备风险监管体系

二、监测预警体系

监测预警就是通过对特种设备进行监测，及时发现可能出现的故障。通过对已有故障进行诊断或对潜在的可能导致事故的故障进行预测预警，一方面可以采用相应手段对潜在的事故进行控制，将事故消灭在萌芽阶段；另一方面在事故不可控制时，可以提前启动应急救援机制，为救援赢得宝贵时间。监测预警是一个动态过程，需要对设备数据库进行及时更新，实时了解设备的使用情况，把握设备的变化状况，降低设备事故发生的可能性，提高设备安全工作的能力。其具体构成如图3-8所示。

三、应急管理体系

特种设备应急管理体系指政府及相关部门为应对特种设备事故所实施的一系列应急管理行为的总和，其目标是预防和减少特种设备事故造成的灾害及损害。应急管理体系由应急准备阶段、发展过渡阶段，灾中应对阶段和灾后处置阶段4个阶段组成。事后处理是特种设备风险管理的重要组成部分，因而须将其离散开

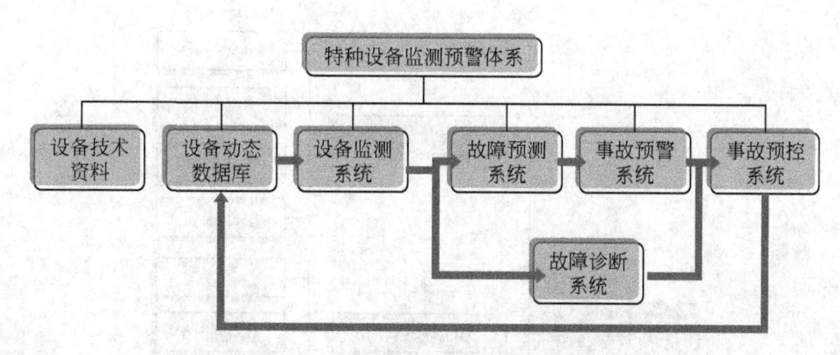

图 3-8　特种设备监测预警体系

来独成一体系。特种设备应急管理体系由应急管理机构、应急保障体系、应急救援行动 3 部分组成，体现了“一案三制”和“一网五库”的具体内容，其构成情况如图 3-9 所示。

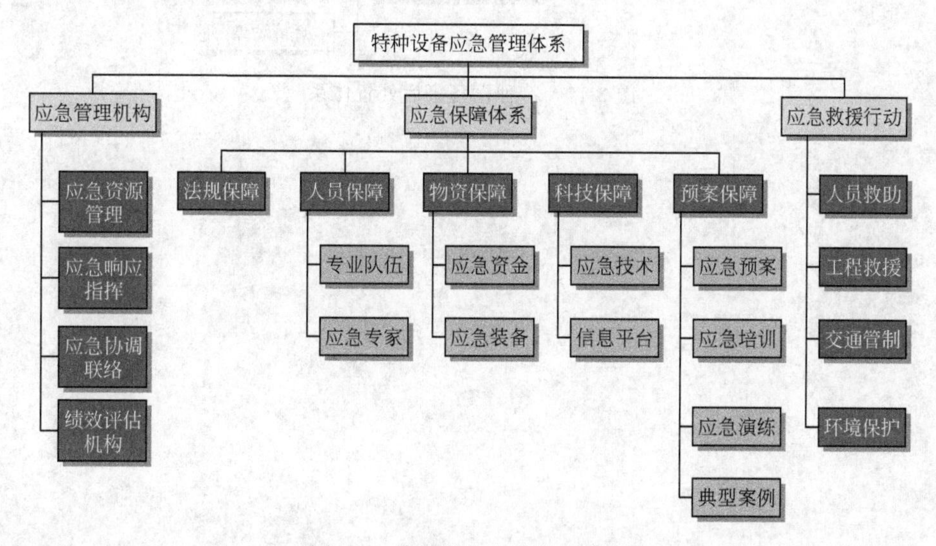

图 3-9　特种设备应急管理体系

四、事后处置体系

事后处置是特种设备风险管理的重要步骤，它包括事故调查、事后恢复、事后损失评估 3 个方面的内容，如图 3-10 所示。通过事故调查可以对特种设备事故规律有更新的认识，通过事后损失评估可以对事故风险进行量化分析，为设备事故数据库的建立积累资料，完善特种设备风险管理的内容和不足；事后恢复是设备下一个生命周期的起点，对其进行准确合理的风险评估事关设备下一周期安全工作的大局，意义重大。

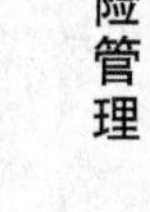

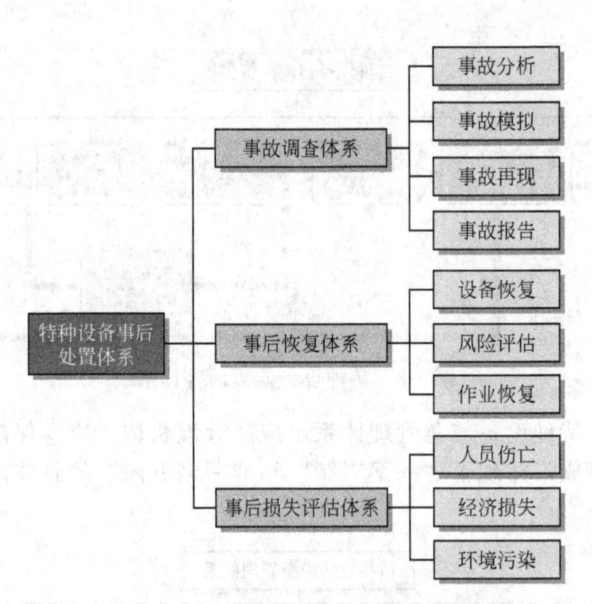

图 3-10　特种设备事后处置体系

第四章 风险辨识方法与技术

重要概念 重大危险源，危险源辨识，危险源分级。

重点提示 危险源管理既是一种新的预防型管理理论，又是一种现代的安全管理方法。如何辨识危险源？如何对危险源进行分析和评价？如何辨识重大危险源，甚至对危险源进行分级？这些是本章的重要内容。

问题注意 要区别一般危险源和重大危险源的含义；要把握重大隐患和重大危险源的区别；要把握第一类危险源和第二类危险源的概念。

根据新《安全生产法》，重大危险源是指长期地或者临时地生产、搬运、使用或者储存危险物品，且危险物品的数量等于或者超过临界量的单元（包括场所和设施）。

危险源是事故发生的前提，是事故发生过程中能量与物质释放的主体。因此，有效地管理和控制危险源，特别是重大危险源，对于确保安全生产与职业健康、保证生产经营单位的生产顺利进行具有十分重要的意义。

第一节 危险源的辨识

这一理论的基础是运用系统工程的方法辨识、消除或控制系统中的危险源，实现系统安全。其基本的内容包括系统危险源辨识、危险性评价、危险源控制等基本内容。危险源辨识、危险性评价、危险源控制也是现代职业安全卫生管理体系的核心。

一、危险源及其辨识的概念

1. 危险源的定义

参照第80届国际劳工大会通过的《预防重大工业事故公约》和我国的有关标准，将危险源定义为：长期或临时地生产、加工、搬运、使用或储存危险物

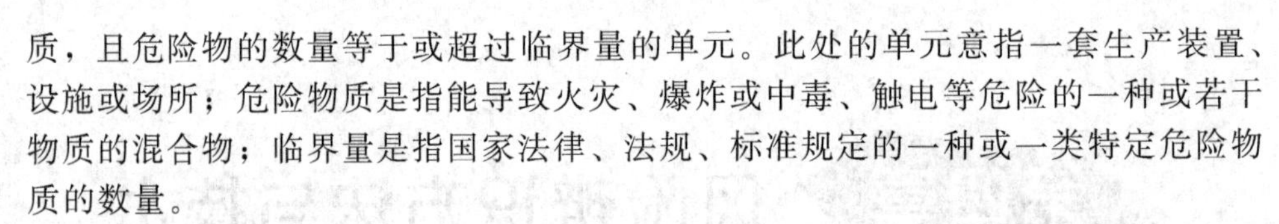
质，且危险物的数量等于或超过临界量的单元。此处的单元意指一套生产装置、设施或场所；危险物质是指能导致火灾、爆炸或中毒、触电等危险的一种或若干物质的混合物；临界量是指国家法律、法规、标准规定的一种或一类特定危险物质的数量。

2. 危险源的分类

依据我国安全生产领域的相关规定和结合行业的工艺特点，从可操作性出发，以重大危险源所处的场所或设备、设施进行分类，每类中可依据不同的特性进行有层次的展开。一般工业生产作业过程的危险源分为如下 5 类：

① 易燃、易爆和有毒有害物质危险源；

② 锅炉及压力容器设施类危险源；

③ 电气类设施危险源；

④ 高温作业区危险源；

⑤ 辐射类危害类危险源。

3. 危险源辨识

危险源辨识（Hazard Identification）是发现、识别系统中危险源的工作。这是一件非常重要的工作，它是危险源控制的基础，只有辨识了危险源之后才能有的放矢地考虑如何采取措施控制危险源。

以前，人们主要根据以往的事故经验进行危险源辨识工作。例如，美国的海因里希建议通过与操作者交谈或到现场检查、查阅以往的事故记录等方式发现危险源。由于危险源是“潜在的”不安全因素，比较隐蔽，所以危险源辨识是件非常困难的工作。在系统比较复杂的场合，危险源辨识工作更加困难，需要利用专门的方法，还需要许多知识和经验。进行危险源辨识所必须的知识和经验主要有：

(1) 关于对象系统的详细知识，诸如系统的构造，系统的性能，系统的运行条件，系统中能量、物质和信息的流动情况等；

(2) 与系统设计、运行、维护等有关的知识，经验和各种标准、规范、规程等；

(3) 关于对象系统中的危险源及其危害方面的知识。

危险源辨识方法可以粗略地分为对照法和系统安全分析法两大类。

(1) 对照法。与有关的标准、规范、规程或经验相对照来辨识危险源。有关的标准、规范、规程以及常用的安全检查表都是在大量实践经验的基础上编制而成的。因此，对照法是一种基于经验的方法，适用于有以往经验可供借鉴的情况。

20 世纪 60 年代以后，国外开始根据标准、规范、规程和安全检查表辨识危险源。例如，美国职业安全卫生局（OSHA）等安全机构制订、发行了各种安全检查表，用于危险源辨识。安全检查表是集合以往事故经验形成的，其优点是简单易行，其缺点是重点不突出，难免挂一漏万。对照法的最大缺点是，在没有可供参考的先例的新开发系统的场合没法应用，它很少被单独使用。

(2) 系统安全分析。系统安全分析是从安全角度进行的系统分析，通过揭示系统中可能导致系统故障或事故的各种因素及其相互关联来辨识系统中的危险源。系统安全分析方法经常被用来辨识可能带来严重事故后果的危险源，也可用于辨识没有事故经验的系统的危险源。例如，拉氏姆逊教授在没有核电站事故先例的情况下预测了核电站事故，辨识了危险源，并被以后发生的核电站事故所证实。系统越复杂，越需要利用系统安全分析方法来辨识危险源。

二、两类危险源理论

有专家学者按照危险源在事故发生、发展过程中的作用提出了两类危险源的概念及其理论。第一类危险源是指作用于人体的过量的能量或干扰人体与外界能量交换的危险物质。在实际生产中，往往把产生能量的能量源或拥有能量的能量载体以及产生、储存危险物质的设备、容器或场所看作第一类危险源。为保证第一类危险源的安全运转，必须采取措施约束、限制能量。但约束限制能量的措施可能失效，从而发生事故。把导致能量或危险物质的约束或限制措施破坏或失效的各种不安全因素称为第二类危险源。第一类危险源是事故发生的前提，它在发生事故时释放出的能量或危险物质是导致人员伤害或财物损失的能量主体，并决定事故后果的严重程度。第二类危险源是第一类危险源导致事故的必要条件，并决定事故发生可能性的大小。两类危险源的危险性决定了危险源的危险性。第一类危险源的危险性是固有的。两类危险源的危险性随着技术水平、管理水平及人员素质的不同而不同，是可变的。因此，可将第一类危险源的危险性称为系统一类危险性，将第二类危险源的危险性称为系统二类危险性，两者决定了系统危险性。

在下面的分析中，主要是研究和分析第一类危险源。

三、危险源控制概念

危险源控制（Hazard Control）是利用工程技术和管理手段消除、控制危险源，防止危险源导致事故、造成人员伤害和财物损失的工作。危险源控制的基本理论依据是能量意外释放论。

控制危险源主要通过工程技术手段来实现。危险源控制技术包括防止事故发生的安全技术和减少或避免事故损失的安全技术。前者在于约束、限制系统中的能量，防止发生意外的能量释放；后者在于避免或减轻意外释放的能量对人或物的作用。显然，在采取危险源控制措施时，我们应该着眼于前者，做到防患于未然。另外也应做好充分准备，一旦发生事故时防止事故扩大或引起其他事故（二次事故），把事故造成的损失限制在尽可能小的范围内。

管理也是危险源控制的重要手段。管理的基本功能是计划、组织、指挥、协调、控制。通过一系列有计划、有组织的系统安全管理活动，控制系统中人的因素、物的因素和环境因素，以有效地控制危险源。

四、系统危险性评价

危险性是指某种危险源导致事故、造成人员伤亡或财物损失的可能性。一般

来说，危险性包括危险源导致事故的可能性和一旦发生事故造成人员伤亡或财物损失的后果严重程度两个方面的问题。

系统危险性评价（System Risk Assessment）是对系统中危险源危险性的综合评价。危险源的危险性评价包括对危险源自身危险性的评价和对危险源控制措施效果的评价两方面的问题。

系统中危险源的存在是绝对的，任何工业生产系统中都存在着若干危险源。受实际的人力、物力等方面因素的限制，不可能完全消除或控制所有的危险源，只能集中有限的人力、物力资源消除、控制危险性较大的危险源。在危险性评价的基础上，按其危险性的大小把危险源分类排队，可以为确定采取控制措施的优先次序提供依据。

采取了危险源控制措施后进行的危险性评价，可以表明危险源控制措施的效果是否达到了预定的要求。如果采取控制措施后危险性仍然很高，则需要进一步研究对策，采取更有效的措施使危险性降低到预定的标准。当危险源的危险性很小时可以被忽略，则不必采取控制措施。危险性评价是辨识危险源的基础。

危险性评价方法有相对的评价法和概率的评价法两大类。

五、危险源辨识、评价与控制的实施

按一般意义上的理解，应该在危险源辨识的基础上进行危险源评价，根据危险源危险性评价的结果采取危险源控制措施。实际工作中，这 3 项工作并非严格地按这样的程序分阶段独立进行，而是相互交叉、相互重叠进行的（见图 4-1）。

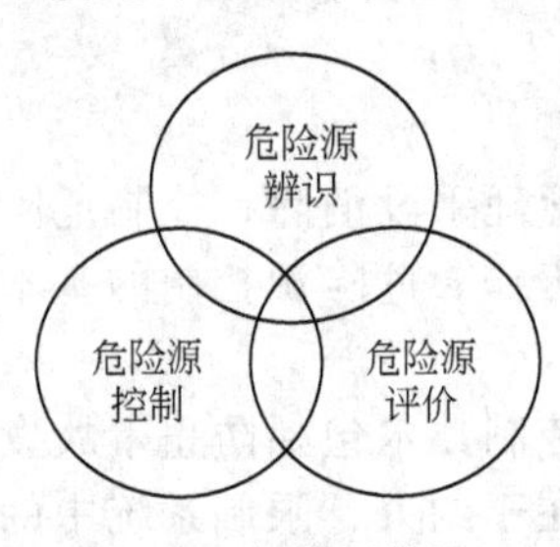

图 4-1　危险源辨识、控制和评价

如前所述，系统中存在着大量的不安全因素，按定义都可被看作是危险源。实际上受人力、物力等因素的制约，只能把其中一部分危险性达到一定程度的不安全因素当作危险源来处理，忽略危险性较小的不安全因素。因此，在辨识危险源的过程中也需要进行危险性评价，以判别被考察的对象是否是危险源（不可忽略的、必须控制的）。在选择控制措施控制危险源时，需要对控制措施的控制效果进行评价，通过评价选择最有效的控制措施。这种评价通常是通过对比控制前和控制后危险源的危险性进行的。在采取危险源控制措施时，虽然可以控制原有的危险源，但是危险源控制措施本身却又可能带来新的危险源和危险性。因此，在进行危险源控制时，仍然需要进行危险源辨识和评价工作。

在我国的危险源辨识标准中，将危险源定义为：长期或临时地生产、加工、搬运、使用或储存危险物质，且危险物质的数量等于或超过临界量的单元。此处的单元意指一套生产装置、设施或场所；危险物质是指能导致火灾、爆炸或中毒、触电等危险的一种或若干物质的混合物；临界量是指国家法律、法规、标准规定的一种或一类特定危险物质的数量。

这种定义只适于易燃、易爆、有毒类化学物质，对于核设施、矿业、石油钻井、水利工程、航天发射等领域并不合适。因此，重大危险源的广义定义为：具有潜在的重大事故隐患，可能造成重大人员伤亡、巨额财产损失或严重环境破坏或污染的作业区域、生产装置、设备设施，称为重大危险源。

第二节　危险源辨识技术

危险源在没有触发之前是潜在的，常不被人们所认识和重视，因此需要通过一定的方法进行辨识（分析界定）。

危险源辨识的目的就是通过对系统的分析界定出系统中的哪些部分、区域是危险源，其危险的性质、危害程度、存在状况、危险源能量与物质转化为事故的转化过程规律、转化的条件、触发因素等，以便有效地控制能量和物质的转化，使危险源不至于转化为事故。它是利用科学方法对生产过程中那些具有能量、物质的性质、类型、构成要素、触发因素或条件，以及后果进行分析与研究，作出科学判断，为控制事故发生提供必要的、可靠的依据。

危险源辨识的理论方法主要有系统危险分析、危险评价等方法与技术。具体理论方法可参考第五章所述的有关系统危险分析与安全评价方面的内容。

一、危险区域调查

危险通常是潜在的、隐含的。在某个生产企业内部是否存在危险源，需要通过一定的方法找到并确定下来。常用的方法有：根据国家、行业的有关规程和标准进行大检查；根据以往事故案例寻找线索；根据危险工艺、设备普查表确定。

危险辨识过程中，应对以下方面存在的危险因素与危害因素进行辨识与分析：

（1）环境条件。功能分区合理否，高温、有害物质、噪声、辐射、易燃、易爆、危险品设施布置，设施间的安全距离，安全防护隔离，工艺流程布置，发生事故时可用的抢救条件。

（2）生产工艺过程。物料（毒性、腐蚀性、燃爆性）温度、压力、速度、作业及控制条件、事故及失控状态。

（3）生产设备、装置。包括

① 化工设备、装置：高温、低温、腐蚀、高压、振动、关键部位的备用设备、控制、操作、检修和故障、失误时的紧急异常情况；

② 机械设备：运动零部件和工件、操作条件、检修作业、误运转和误操作；

③ 电气设备：断电、触电、火灾、爆炸、误运转和误操作、静电、雷电；

④ 危险性较大设备、高处作业设备；

⑤ 特殊单体设备、装置：锅炉房、乙炔站、氧气站、石油库、危险品库等。

（4）有害作业部位。粉尘、毒物、噪声、振动、辐射、高温、低温、塌方、

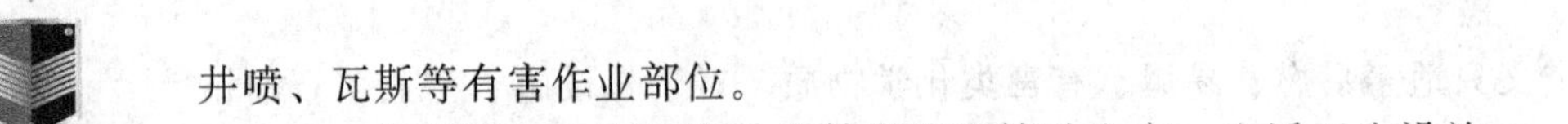

井喷、瓦斯等有害作业部位。

（5）管理设施，事故应急抢救设施和辅助生产、生活卫生设施。

二、危险源区域的划分原则

在危险源辨识中，首先应了解危险源所在系统，即危险源所在的区域和场所。在实际工作中，我们往往把产生能量或具有能量的物质，操作人员作业区域，产生聚集危险物质的设备、容器作为危险源区域。

1. 危险源区域的划分原则

（1）按设备、生产装置及设施划分。设备和装置是生产过程中的主体，也包括在功能上相互联系的机械、建筑物和构筑物等。如高炉、矿井卷扬系统等。

（2）按独立作业的单体设备划分。如机床等。

（3）按危险作业区域划分。危险作业区域是指完成一定作业过程的作业场所。如炉前、渣铁处理作业等。

2. 危险源所在作业区域的划分

① 有发生爆炸、火灾危险的场所；

② 有提升系统危险的场所；

③ 有被车辆伤害的场所；

④ 有触电危险的场所；

⑤ 有高处坠落危险的场所；

⑥ 有烧伤、烫伤危险的场所；

⑦ 有腐蚀、放射、辐射、中毒和窒息危险的场所；

⑧ 有落物、飞溅、滑坡、坍塌、压埋、淹溺危险的场所；

⑨ 有被物体辗、绞、挫、夹、刺和撞击危险的场所；

⑩ 其他容易致伤的场所。

三、危险源调查内容

当确定危险源所在系统后，应调查以下内容：

（1）设备名称、容积、温度、压力、设备性能；

（2）岗位日常维护范围；

（3）事故类别、危险等级，对友邻危害及措施；

（4）正常操作过程中的危险，操作失误存在的危险，生产工具存在的缺陷；

（5）设备本质安全化水平；

（6）工业设备的固有缺陷；

（7）工艺布局是否合理；

（8）工人接触危险的频度；

（9）有无安全防护措施，符合国标否，有无防护栏杆，符合国标否；

（10）安全通道是否符合国标；

（11）安全作业规程有何缺陷；

（12）危险场所有无安全标志；

（13）燃气、物料使用有无安全措施；

（14）故障处理措施；

（15）事故处理应急方法；

（16）过去事故状况。

对生产车间生产流程进行危险源辨识时，还必须注意系统的结构布局、工具配备等是否能够满足检修、维护、调整等作业对操作空间、通道等作业条件的要求。

危险源辨识每隔一定时间进行一次，以掌握危险源的动态变化。因此，应制定相应的表格，将辨识结果存档，以供随时调阅参考。

四、危险源辨识的组织程序及技术程序

危险源辨识的组织实施程序按图 4-2 所示进行。

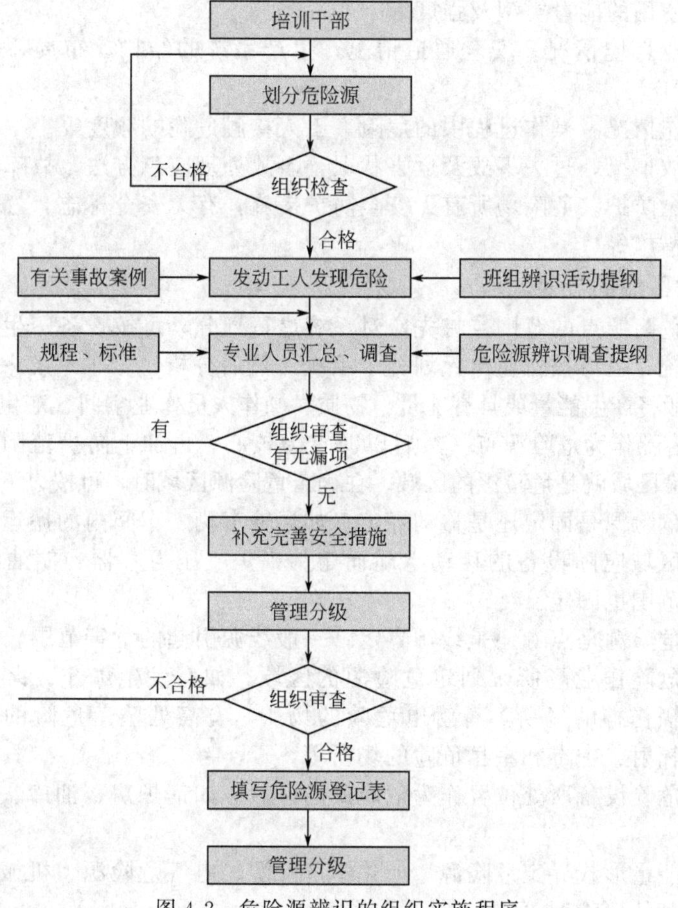

图 4-2　危险源辨识的组织实施程序

危险源辨识的技术程序如图 4-3 所示。

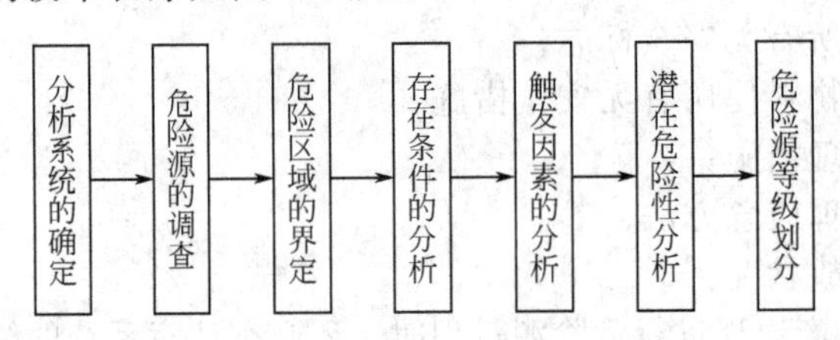

图 4-3　危险源辨识技术程序

1. 危险源的调查

在进行危险源调查之前，首先确定所要分析的系统。例如，是对整个企业还是某个车间或某个生产工艺过程，然后对所分析系统进行调查。调查的主要内容有：

(1) 生产工艺设备及材料情况。工艺布置，设备名称、容积、温度、压力，设备性能，设备本质安全化水平，工艺设备的固有缺陷，所使用的材料种类、性质、危害，使用的能量类型及强度等。

(2) 作业环境情况。安全通道情况，生产系统的结构、布局，作业空间布置等。

(3) 操作情况。操作过程中的危险，工人接触危险的频度等。

(4) 事故情况。过去事故及危害状况，事故处理应急方法，故障处理措施。

(5) 安全防护。危险场所有无安全防护措施，有无安全标志，燃气、物料使用有无安全措施等。

2. 危险区域的界定

即划定危险源点的范围。首先应对系统进行划分，可按设备、生产装置及设施划分子系统，也可按作业单元划分子系统。然后分析每个子系统中所存在的危险源点，一般将产生能量或具有能量、物质、操作人员作业空间、产生聚集危险物质的设备、容器作为危险源点。然后以源点为核心，再加上防护范围即为危险区域，这个危险区域就是危险源的区域。在确定危险源区域时，可按以下方法界定：

(1) 按危险源是固定还是移动界定。如运输车辆、车间内的搬运设备为移动式，其危险区域应随设备的移动空间而定。锅炉、压力容器、储油罐等是固定源，其区域范围也固定。

(2) 按危险源是点源还是线源界定。一般线源引起的危害范围较点源的大。

(3) 按危险作业场所来划定危险源的区域。如有发生爆炸、火灾危险的场所，有被车辆伤害的场所，有触电危险的场所，有高处坠落危险的场所，有腐蚀、放射、辐射、中毒和窒息危险的场所等。

(4) 按危险设备所处位置作为危险源的区域。如锅炉房、油库、氧气站、变配电站等。

(5) 按能量形式界定危险源。如化学危险源、电气危险源、机械危险源、辐射危险源和其他危险源等。

3. 存在条件及触发因素的分析

一定数量的危险物质或一定强度的能量，由于存在条件不同，所显现的危险性也不同，被触发转换为事故的可能性大小也不同，因此存在条件及触发因素的分析是危险源辨识的重要环节。存在条件分析包括：储存条件（如堆放方式、其他物品情况、通风等），物理状态参数（如温度、压力等），设备状况（如设备完好程度、设备缺陷、维修保养情况等），防护条件（如防护措施、故障处理措施、安全标志等），操作条件（如操作技术水平、操作失误率等），管理条件等。

触发因素可分为人为因素和自然因素。人为因素包括个人因素（如操作失误、不正确操作、粗心大意、漫不经心、心理因素等）和管理因素（如不正确管理、不正确的训练、指挥失误、判断决策失误、设计差错、错误安排等）。自然因素是指引起危险源转化的各种自然条件及其变化。如气候条件参数（气温、气压、湿度、大气风速）变化、雷电、雨雪、振动、地震等。

4. 潜在危险性分析

危险源转化为事故，其表现是能量和危险物质的释放，因此危险源的潜在危险性可用能量的强度和危险物质的量来衡量。能量包括电能、机械能、化学能、核能等。危险源的能量强度越大，表明其潜在危险性越大。危险物质主要包括燃烧爆炸危险物质和有毒有害危险物质两大类。前者泛指能够引起火灾或爆炸的物质，如可燃气体、可燃液体、易燃固体、可燃粉尘、易爆化合物、自燃性物质、混合危险性物质等。后者指直接加害于人体，造成人员中毒、致病、致畸、致癌等的化学物质，可根据使用的危险物质量来描述危险源的危险性。表 4-1 是国际劳工局建议用以鉴别重大危险装置的重点物质。

表 4-1　国际劳工局建议用以鉴别重大危险装置的重点物质

物质名称	数量(>)	物质名称	数量(>)
一般易燃物质		氨	500 吨
易燃气体	200 吨	氯	25 吨
高易燃液体	50000 吨	二氧化硫	250 吨
特种易燃物质		硫化氢	50 吨
氢	50 吨	氢氰酸	20 吨
环氧己烷	50 吨	二硫化碳	200 吨
特种炸药		氟化氢	50 吨
硝酸铵	2500 吨	氯化氢	250 吨
硝酸甘油	10 吨	三氧化硫	75 吨
三硝基甲苯	50 吨	特种剧毒物质	
特殊有毒物质		甲基异氰酸盐	150 千克
丙烯腈	200 吨	光气	750 千克

5. 危险源等级划分

危险源分级一般按危险源在触发因素作用下转化为事故的可能性大小与发生事故的后果的严重程度划分。危险源分级实质上是对危险源的评价。按事故出现

可能性大小可分为非常容易发生、容易发生、较容易发生、不容易发生、难以发生、极难发生。根据危害程度可分为可忽略、临界的、危险的、破坏性的等级别。也可按单项指标来划分等级。如高处作业根据高差指标将坠落事故危险源划分为4级（一级2～5米，二级5～15米，三级15～30米，特级30米以上）。按压力指标将压力容器划分为低压容器、中压容器、高压容器、超高压容器4级。

从控制管理角度，通常根据危险源的潜在危险性大小、控制难易程度、事故可能造成损失情况进行综合分级。表4-2是航空工业企事业单位危险源的划分方法。Ⅰ级危险源是指可能造成多人死亡，设备系统造成重大损失的生产场所；Ⅱ级危险源是指可能造成死亡或多人重伤，导致设备造成较大损失的生产场所；Ⅲ级危险源指可能造成重伤，导致设备造成损失的生产现场。不同行业与不同企业采取的划分方法不同，企业内部也可根据本企业的实际情况进行划分。划分的原则是突出重点，便于控制管理。

表4-2　航空工业企事业单位危险源的划分方法

典型Ⅰ级危险源	典型Ⅱ级危险源	典型Ⅲ级危险源
锅炉房	变配电站	冲床
氢(氧)气站	喷漆厂房	带锯
大中型油库	起重吊车	剪床
硝盐槽	试车(飞)台(站)	油封间
弹(炸)药库	小型油库	木工平刨
空压站	汽油洗涤间	制冷间
煤气站	爆炸成型场所	落压床
液化气站	各种金属熔炉	
乙炔站	剧毒品库	
厂内运输主要交叉道口	高处作业场所	
	气瓶库	

五、危险源辨识的途径

1. 危险源辨识的主要环节

在生产中，潜在危险源往往需要通过一定的方法进行分析和判断。判断危险源有很多方法，但任何一种方法都必须掌握以下几个环节。

① 危险源类型：即危险源所在的系统与类别；

② 可能发生的事故模式及后果预测：即由危险因素引起的事故发生的机理与事故发生后对系统及外系统的影响；

③ 事故发生的原因及条件分析：即寻求由危险因素转化为危险状态，由危险状态转化为事故的转化条件；

④ 设备的可靠性：即设备的安全状况；

⑤ 人机工程：即人机环境之间的匹配；

⑥ 安全措施：即控制危险源的手段与方法；

⑦ 应急措施：即事故或危险发生后，减少损失或伤害程度的措施。

在危险源辨识中，这7个环节必须予以充分考虑，才能发掘出潜在的危险因素。

2. 危险源辨识途径

(1) 在所确定的危险源区域内辨识具体的危险源，可以从两个方面入手：

① 根据系统内已发生过的某些事故，通过查找其触发因素（事故隐患），然后通过触发因素找出其现实的危险源；

② 模拟或预测系统内尚未发生的事故（有可能发生过险肇事故），追究可能引起其发生的原因，通过这些原因找出触发因素，再通过触发因素辨识出潜在的危险源。

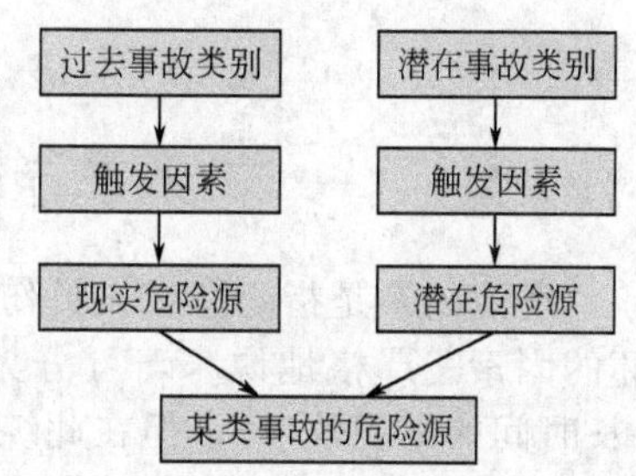

图 4-4　危险源辨识的方法

(2) 把通过各类事故查出的现实危险源与辨识出的潜在危险源综合汇总后，得出危险区域内的全部危险源。

(3) 将各危险区域内的所有危险源归纳到所研究系统内的所有危险源。

危险源辨识的方法见图4-4。

六、危险源数据采集的内容

因危险源管理、分级和预控、事故原因分析等的需要，应对危险源的基本情况、基本参数、维修情况、事故记录作跟踪记录。不同类型的危险源需要采集的内容也不同，下面简要地介绍几类危险源必须采集的数据。

1. 储罐区

储罐区的基本情况：名称、面积、个数等；

储罐情况：储罐形状、材质、容量、温度、压力、储存物质等16项；

进料管道和出料管道：分别含有直径、压力等7项指标。

2. 库区

库区名称，库房个数，危险品名称、状态、数量等。

3. 生产场所

名称、危险物质类别、数量、当班人数等。

4. 锅炉

包括设备概况，移装记录，事故记录，检修记录，锅炉的温度、压力、介质等。

5. 压力容器

包括容器的名称、容积、介质、安全状况等。

6. 电气

包括电气类型、电流、电压、功率等。

7. 高温作业区

如冶金行业的型钢厂、轧钢厂等的高温作业区，采集内容包括高温载体、温度、面积、工人人数等。

8. 建筑物

包括建筑物的竣工日期、设计使用年限、抗震烈度、是否超期服役等。

第三节 危险因素的分类

危险因素是指能造成人员伤亡、影响人的身体健康、对物造成急性或慢性损坏的因素。严格地说来，可分为危险因素（强调突发性和短时性）和危害因素（长时间的累积效应），但在此统称为危险因素。

危险因素的分类方法根据生产过程和伤亡事故的国家标准的不同，可有两种分类方法。

一、根据危害性质分类的方法

根据 GB/T 13861—2009《生产过程危险和危害因素分类与代码》的规定，将生产过程的危险因素和危害因素分为 6 大类。

1. 物理性危险因素与危害因素

① 设备、设施缺陷（强度不够、刚度不够、稳定性差、密封不良、应力集中、外形缺陷、外露运动件、制动器缺陷、控制器缺陷、设备设施其他缺陷）；

② 防护缺陷（无防护、防护装置和设施缺陷、防护不当、支撑不当、防护距离不够、其他防护缺陷）；

③ 电危害（带电部位裸露、漏电、雷电、静电、电火花、其他电危害）；

④ 噪声危害（机械性噪声、电磁性噪声、流体动力性噪声、其他噪声）；

⑤ 振动危害（机械性振动、电磁性振动、流体动力性振动、其他振动）；

⑥ 电磁辐射（电离辐射：X 射线、γ 射线、α 粒子、β 粒子、质子、中子、高能电子束等非电离辐射；紫外线、激光、射频辐射、超高压电场）；

⑦ 运动物危害（固体抛射物、液体飞溅物、反弹物、岩土滑动、堆料垛滑动、气流卷动、冲击地压、其他运动物危害）；

⑧ 明火；

⑨ 能造成灼伤的高温物质（高温气体、高温固体、高温液体、其他高温物质）；

⑩ 能造成冻伤的低温物质（低温气体、低温固体、低温液体、其他低温物质）；

⑪ 粉尘与气溶胶（不包括爆炸性、有毒性粉尘与气溶胶）；

⑫ 作业环境不良（作业环境不良、基础下沉、安全过道缺陷、采光照明不

良、有害光照、通风不良、缺氧、空气质量不良、给排水不良、涌水强迫体位、气温过高、气温过低、气压过高、气压过低、高温高湿、自然灾害、其他作业环境不良）；

⑬ 信号缺陷（无信号设施、信号选用不当、信号位置不当、信号不清、信号显示不准、其他信号缺陷）；

⑭ 标志缺陷（无标志、标志不清楚、标志不规范、标志选用不当、标志位置缺陷、其他标志缺陷）；

⑮ 其他物理性危险因素与危害因素。

2. 化学性危险因素与危害因素

① 易燃易爆性物质（易燃易爆性气体、易燃易爆性液体、易燃易爆性固体、易燃易爆性粉尘与气溶胶、其他易燃易爆性物质）；

② 自燃性物质；

③ 有毒物质（有毒气体、有毒液体、有毒固体、有毒粉尘与气溶胶、其他有毒物质）；

④ 腐蚀性物质（腐蚀性气体、腐蚀性液体、腐蚀性固体、其他腐蚀性物质）；

⑤ 其他化学性危险因素与危害因素。

3. 生物性危险因素与危害因素

① 致病微生物（细菌、病毒、其他致病微生物）；

② 传染病媒介物；

③ 致害动物；

④ 致害植物；

⑤ 其他生物性危险因素与危害因素。

4. 心理、生理性危险因素与危害因素

① 负荷超限（体力负荷超限、听力负荷超限、视力负荷超限、其他负荷超限）；

② 健康状况异常；

③ 从事禁忌作业；

④ 心理异常（情绪异常、冒险心理、过度紧张、其他心理异常）；

⑤ 辨识功能缺陷（感知延迟、辨识错误、其他辨识功能缺陷）；

⑥ 其他心理、生理性危险因素与危害因素。

5. 行为性危险因素与危害因素

① 指挥错误（指挥失误、违章指挥、其他指挥错误）；

② 操作失误（误操作、违章作业、其他操作失误）；

③ 监护失误；

④ 其他错误；

⑤ 其他行为性危险因素与危害因素。

6. 其他危险和有害因素

不属于上述危险和有害因素的。

二、根据事故形式分类的方法

参照《企业伤亡事故分类》(GB 6441—86)，综合考虑起因物、引起事故的先发的诱导性原因、致害物、伤害方式等，将危险因素分为以下20类：

(1) 物体打击，是指物体在重力或其他外力的作用下产生运动，打击人体造成人身伤亡事故，不包括因机械设备、车辆、起重机械、坍塌等引发的物体打击。

(2) 车辆伤害，是指企业机动车辆在行驶中引起的人体坠落和物体倒塌、飞落、挤压伤亡事故，不包括起重设备提升、牵引车辆和车辆停驶时发生的事故。

(3) 机械伤害，是指机械设备运动（静止）部件、工具、加工件直接与人体接触引起的夹击、碰撞、剪切、卷入、绞、碾、割、刺等伤害，不包括车辆、起重机械引起的机械伤害。

(4) 起重伤害，是指各种起重作业（包括起重机安装、检修、试验）中发生的挤压、坠落、(吊具、吊重) 物体打击和触电。

(5) 触电，包括雷击伤亡事故。

(6) 淹溺，包括高处坠落淹溺，不包括矿山、井下透水淹溺。

(7) 灼烫，是指火焰烧伤、高温物体烫伤、化学灼伤（酸、碱、盐、有矾物引起的体内外灼伤)、物理灼伤（光、放射性物质引起的体内外灼伤)，不包括电灼伤和火灾引起的烧伤。

(8) 火灾。

(9) 高处坠落，是指在高处作业中发生坠落造成的伤亡事故，不包括触电坠落事故。

(10) 坍塌，是指物体在外力或重力作用下，超过自身的强度极限或因结构稳定性破坏而造成的事故。如挖沟时的土石塌方、脚手架坍塌、堆置物倒塌等，不适用于矿山冒顶片帮和车辆、起重机械、爆破引起的坍塌。

(11) 冒顶片帮，指矿山巷道或采矿现场的顶岩坍塌及石块崩塌事故。

(12) 透水，指矿山井下水害淹井事故。

(13) 瓦斯爆炸，指煤矿由于瓦斯超限导致的爆炸事故。

(14) 放炮，是指爆破作业中发生的伤亡事故。

(15) 火药爆炸，是指火药、炸药及其制品在生产加工、运输、储存中发生的爆炸事故。

(16) 化学性爆炸，是指可燃性气体、粉尘等与空气混合形成爆炸性混合物，接触引爆能源时发生的爆炸事故（包括气体分解、喷雾爆炸)。

(17) 锅炉爆炸。

(18) 其他爆炸，指容器超压爆炸、轮胎爆炸等。

(19) 中毒和窒息，包括中毒、缺氧窒息、中毒性窒息。

(20) 其他伤害，是指除上述以外的危险因素，如摔、扭、挫、擦、刺、割伤和非机动车碰撞、轧伤等（矿山、井下、坑道作业，还有冒顶片帮、透水、瓦斯爆炸等危险因素)。

三、根据职业健康影响危害性质分类的方法

参照卫生部、原劳动部、总工会等颁发的《职业病范围和职业病患者处理办法的规定》，将危害因素分为生产性粉尘、毒物、噪声与振动、高温、低温、辐射（电离辐射、非电离辐射）、其他危害因素7类。

电磁辐射：电离辐射，如X射线、γ射线、α粒子、β粒子、质子、中子、高能电子束等非电离辐射；紫外线、激光、射频辐射、超高压电场。

高温伤害：由高温气体、高温固体、高温液体、其他高温物质引起的火焰烧伤、高温物体烫伤、化学灼伤（酸、碱、盐、有机物引起的体内外灼伤）、物理灼伤（光、放射性物质引起的体内外灼伤），不包括电灼伤和火灾引起的烧伤；

低温伤害：低温气体、低温固体、低温液体、其他低温物质；

腐蚀伤害：腐蚀性气体、腐蚀性液体、腐蚀性固体、其他腐蚀性物质；

中毒与窒息：包括中毒、缺氧窒息、中毒性窒息；

噪声伤害：机械性噪声、电磁性噪声、流体动力性噪声、其他噪声；

粉尘伤害：由于粉尘的存在而对人体造成的急性或慢性伤害。

在某一作业场所，可能存在多种危险因素，可一并组合列出。

第四节　危险源的分类

根据上述的危险源定义，我们知道危险源是指一个系统中具有潜在能量和物质释放危险的、在一定的触发因素作用下可转化为事故的部位、区域、场所、空间、岗位、设备的位置。也就是说，危险源是能量、危险物质集中的核心，是能量从哪里传出来或爆发的地方。危险源存在于确定的系统中，不同的系统范围，危险源的区域也不同。例如，从全国范围来说，对于危险行业（如石油、化工等)，具体的一个企业（如炼油厂）就是一个危险源。从一个企业系统来说，可能某个车间、仓库就是危险源，一个车间系统可能是某台设备的危险源。因此，分析危险源应按系统的不同层次来进行。

依据上述认识，危险源应由3个要素构成：潜在危险性、存在条件和触发因素。危险源的潜在危险性是指一旦触发事故可能带来的危害程度或损失大小，或者说危险源可能释放的能量强度或危险物质量的大小。危险源的存在条件是指危险源所处的物理、化学状态和约束条件状态。例如，物质的压力、温度、化学稳定性，盛装容器的坚固性，周围环境障碍物等情况。触发因素虽然不属于危险源的固有属性，但它是危险源转化为事故的外因，而且每一类型的危险源都有相应的敏感触发因素。如易燃易爆物质，热能是其敏感的触发因素；又如压力容器，压力升高是其敏感的触发因素。因此，一定的危险源总是与相应的触发因素相关

联。在触发因素的作用下，危险源转化为危险状态，继而转化为事故。

危险源是可能导致事故发生的潜在的不安全因素。实际上，生产过程中的危险源，即不安全因素种类繁多、非常复杂，它们在导致事故发生、造成人员伤害和财产损失方面所起的作用很不相同。相应地，控制它们的原则、方法也很不相同。根据危险源在事故发生、发展中的作用，把危险源划分为两大类，即第一类危险源和第二类危险源。

一、第一类危险源分析

现实世界中充满了能量，既充满了危险源，也充满了发生事故的危险。根据能量意外释放论，事故是能量或危险物质的意外释放，作用于人体的过量的能量或干扰人体与外界能量交换的危险物质是造成人员伤害的直接原因。于是，把系统中存在的、可能发生意外释放的能量或危险物质称作第一类危险源。

一般地，能量被解释为物体做功的本领。做功的本领是无形的，只有在做功时才显现出来。因此，实际工作中往往把产生能量的能量源或拥有能量的能量载体看作第一类危险源来处理。例如，带电的导体、奔驰的车辆等。

1. 常见的第一类危险源

可以列举工业生产过程中常见的第一类危险源，表 4-3 列出了可能导致各类伤亡事故的第一类危险源。

表 4-3　伤害事故类型与第一类危险源

事故类型	能量源或危险物的产生、储存	能量载体或危险物
物体打击	产生物体落下、抛出、破裂、飞散的设备、场所、操作	落下、抛出、破裂、飞散的物体
车辆伤害	车辆，使车辆移动的牵引设备、坡道	运动的车辆
机械伤害	机械的驱动装置	机械的运动部分、人体
起重伤害	起重、提升机械	被吊起的重物
触电	电源装置	带电体、高跨步电压区域
灼烫	热源设备、加热设备、炉、灶、发热体	高温物体、高温物质
火灾	可燃物	火焰、烟气
高处坠落	高差大的场所、人员藉以升降的设备、装置	人体
坍塌	土石方工程的边坡、料堆、料仓、建筑物、构筑物	边坡土(岩)体、物料、建筑物、构筑物、载荷
冒顶片帮	矿山采掘空间的围岩体	顶板、两帮围岩
放炮、火药爆炸	炸药	
瓦斯爆炸	可燃性气体、可燃性粉尘	
锅炉爆炸	锅炉	蒸汽
压力容器爆炸	压力容器	内容物
淹溺	江、河、湖、海、池塘、洪水、储水容器	水
中毒窒息	产生、储存、聚积有毒有害物质的装置、容器、场所	有毒有害物质

（1）产生、供给人们生产、生活活动能量的装置、设备是典型的能量源。例如，变电所、供热锅炉等，它们运转时供给或产生很高的能量。

（2）使人体或物体具有较高势能的装置、设备、场所相当于能量源。例如，起重、提升机械、高差较大的场所等，使人体或物体具有较高的势能。

（3）拥有能量的人或物。例如，运动中的车辆、机械的运动部件、带电的导体等，本身具有较大能量。

（4）一旦失控可能产生巨大能量的装置、设备、场所。正常情况下按人们的意图进行能量的转换和做功，在意外情况下可能产生巨大能量。例如，强烈放热反应的化工装置，充满爆炸性气体的空间等。

（5）一旦失控可能发生能量蓄积或突然释放的装置、设备、场所。正常情况下，多余的能量被泄放而处于安全状态，一旦失控时发生能量的大量蓄积，其结果可能导致大量能量的意外释放。例如，各种压力容器、受压设备，容易发生静电蓄积的装置、场所等。

（6）危险物质。除了干扰人体与外界能量交换的有害物质外，还有着具有化学能的危险物质。具有化学能的危险物质分为可燃烧爆炸危险物质和有毒、有害危险物质两类。前者指能够引起火灾、爆炸的物质，按其物理化学性质分为可燃气体、可燃液体、易燃固体、可燃粉尘、易爆化合物、自燃性物质、忌水性物质和混合危险物质8类；后者指直接加害于人体，造成人员中毒、致病、致畸、致癌等的化学物质。

（7）生产、加工、储存危险物质的装置、设备、场所。这些装置、设备、场所在意外情况下可能引起其中的危险物质起火、爆炸或泄漏。例如，炸药的生产、加工、储存设施，化工、石油化工生产装置等。

（8）人体一旦与之接触将导致人体能量意外释放的物体。物体的棱角、工件的毛刺、锋利的刃等，一旦运动的人体与之接触，人体的动能意外释放，从而遭受伤害。

2. 第一类危险源危害后果的影响因素

第一类危险源的危险性主要表现为导致事故造成后果的严重程度方面。第一类危险源危险性的大小主要取决于以下几方面情况：

（1）能量或危险物质的量。第一类危险源导致事故的后果严重程度主要取决于事故时意外释放的能量或危险物质的多少。一般地，第一类危险源拥有的能量或危险物质越多，则事故时可能意外释放的量也多。当然，有时也会有例外的情况，有些第一类危险源拥有的能量或危险物质只能部分地意外释放。

（2）能量或危险物质意外释放的强度。能量或危险物质意外释放的强度是指事故发生时单位时间内释放的量。在意外释放的能量或危险物质的总量相同的情况下，释放强度越大，能量或危险物质对人员或物体的作用越强烈，造成的后果也越严重。

（3）能量的种类和危险物质的危险性质。不同种类的能量造成人员伤害、财物

破坏的机理不同，其后果也很不相同。危险物质的危险性主要取决于自身的物理、化学性质。燃烧爆炸性物质的物理、化学性质决定其导致火灾、爆炸事故的难易程度及事故后果的严重程度。工业毒物的危险性主要取决于其自身的毒性大小。

（4）意外释放的能量或危险物质的影响范围。事故发生时，意外释放的能量或危险物质的影响范围越大，可能遭受其作用的人或物越多，事故造成的损失越大。例如，有毒有害气体泄漏时可能影响到下风侧的很大范围。

二、第二类危险源分析

在生产、生活中，为了利用能量，让能量按照人们的意图在生产过程中流动、转换和做功，就必须采取屏蔽措施约束、限制能量，即必须控制危险源。约束、限制能量的屏蔽应该能够可靠地控制能量，防止能量意外地释放。然而，实际生产过程中，绝对可靠的屏蔽措施并不存在。在许多因素的复杂作用下，约束、限制能量的屏蔽措施可能失效，甚至可能被破坏从而发生事故。导致约束、限制能量屏蔽措施失效或破坏的各种不安全因素称作第二类危险源，它包括人、物、环境 3 个方面的问题。

在安全工作中涉及人的因素问题时，采用的术语有“不安全行为（Unsafe Act）”和“人失误（Human Error）”。不安全行为一般指明显违反安全操作规程的行为，这种行为往往直接导致事故发生。例如，不断开电源就带电修理电气线路等，从而发生触电等危险事故。人失误是指人的行为的结果偏离了预定的标准。例如，合错了开关使检修中的线路带电；误开阀门使有害气体泄放等。人的不安全行为、人失误可能直接破坏对第一类危险源的控制，造成能量或危险物质的意外释放；也可能造成物的因素问题，物的因素问题进而导致事故。例如，超载起吊重物造成钢丝绳断裂，从而发生重物坠落事故。

物的因素问题可以概括为物的不安全状态（Unsafe Condition）和物的故障（或失效）（Failure or Fault）。物的不安全状态是指机械设备、物质等明显地不符合安全要求的状态。例如，没有防护装置的传动齿轮、裸露的带电体等。在我国的安全管理实践中，往往把物的不安全状态称作“隐患”。物的故障（或失效）是指机械设备、零部件等由于性能低下而不能实现预定功能的现象。物的不安全状态和物的故障（或失效）可能直接使约束、限制能量或危险物质的措施失效，从而发生事故。例如，电线绝缘损坏发生漏电，管路破裂使其中的有毒有害介质泄漏等。有时一种物的故障可能导致另一种物的故障，最终造成能量或危险物质的意外释放。例如，压力容器的泄压装置故障，使容器内部介质压力上升，最终导致容器破裂。物的因素问题有时会诱发人的因素问题，人的因素问题有时会造成物的因素问题，实际情况比较复杂。

环境因素主要指系统运行的环境，包括温度、湿度、照明、粉尘、通风换气、噪声和振动等物理环境，以及企业和社会的软环境。不良的物理环境会引起物的因素问题或人的因素问题。例如，潮湿的环境会加速金属腐蚀，从而降低结构或容器的强度；工作场所强烈的噪声影响人的情绪，分散人的注意力，从而发生人失误。企业的管理制度、人际关系或社会环境影响人的心理，可能造成人的不安全行为或人失误。

第二类危险源往往是一些围绕第一类危险源随机发生的现象，它们出现的情况决定事故发生的可能性。第二类危险源出现得越频繁，发生事故的可能性越大。

三、危险源与事故发生的关联性

一起事故的发生是两类危险源共同起作用的结果。一方面，第一类危险源的存在是事故发生的前提，没有第一类危险源就谈不上能量或危险物质的意外释放，也就无所谓事故。另一方面，如果没有第二类危险源破坏对第一类危险源的控制，也就不会发生能量或危险物质的意外释放。第二类危险源的出现是第一类危险源导致事故的必要条件。

在事故的发生、发展过程中，两类危险源相互依存、相辅相成。第一类危险源在事故时释放出的能量是导致人员伤害或财物损坏的能量主体，决定事故后果的严重程度；第二类危险源出现的难易决定事故发生的可能性的大小。两类危险源共同决定危险源的危险性。

第二类危险源的控制应该在第一类危险源控制的基础上进行。与第一类危险源的控制相比，第二类危险源是一些围绕第一类危险源随机发生的现象，它们的控制更困难。

第五节　危险源分级方法

一、易燃易爆、有毒有害物质危险源辨识分级

对于危险化学品的重大危险源辨识，可依据《危险化学品重大危险源辨识》（GB 18218—2009）。

GB 18218—2009 中，危险化学品重大危险源的辨识分几种情形进行：对于单一的化学品，其基本原则是按物质固有危险性确定，在辨识是否重大危险源时，按临界量确认即可；若一种化学品具有多种危险性的，按其中最低的临界量确定；对于是多种（n 种）物质同时存放或使用的场所，则根据下式确定：

$$a=\frac{q_1}{Q_1}+\frac{q_2}{Q_2}+\cdots+\frac{q_n}{Q_n}\geqslant 1 \tag{4-1}$$

式中，q_1，q_2，…，q_n 是每种物质的实际储存量；Q_1，Q_2，…，Q_n 是各危险物质对应的生产场所或储存区的临界量。

在实际安全管理工作中，达到重大危险级的危险源的企业是少数，多数涉及

的是较小的危险源。因此，在危险源的监控管理工作中，需要建立危险源分级的概念。分级方法为用 a 值折半的方法将危险源降级，比如按表 4-4 分级：

表 4-4　简单辨识分级表

$a \geqslant 1$	A 级危险源	$0.5 \leqslant a < 1$	B 级危险源	$0.25 \leqslant a < 0.5$	C 级危险源

二、压力容器危险源的辨识分级

1. 辨识依据

根据国家颁发的《压力容器安全监察规程》规定实行国家监察的容器必须同时具备下列 3 个条件：

最高工作压力（p_W）≥0.098 兆帕（1 公斤力/平方厘米），但不包括液体静压力；

容积（V）>25 升；

介质为气体和最高工作温度高于标准沸点（指在 1 个大气压的沸点）的液体。

2. 锅炉的辨识方法

锅炉是利用燃料燃烧放出的热量或工业生产中的余热产生蒸汽或热水的设备。常压下水要变成蒸汽，体积要膨胀 1670 倍，锅炉中的蒸汽因封闭在锅筒或汽包内，因此就产生了较大的蒸汽压力。

(1) 锅炉辨识依据。符合下列条件的必须进行危险评价：

额定蒸汽压力≥2.45 兆帕；

额定出口水温≥120℃，且额定功率≥14 兆瓦的热水锅炉。

(2) 锅炉实时辨识。

(3) 事故严重度 S。锅炉事故的严重度主要考虑到锅炉内蕴藏的总能量，再考虑锅炉周围人员和设施的情况。因为锅炉内的总能量决定了锅炉一旦发生爆炸时它所能伤及的范围，即总能量决定了锅炉爆炸后以锅炉为中心的死亡半径、重伤半径、轻伤半径的大小。

在实际评估时，锅炉的总能量为：

$$Q=VC \tag{4-2}$$

式中，Q 为锅炉爆炸时的总能量；V 为锅炉容积，立方米；C 为锅炉中单位体积饱和水及饱和蒸汽爆炸能量。常用压力下的饱和水容器爆破能量系数见表 4-5。

表 4-5　常用压力下的饱和水容器爆破能量系数

表压力/兆帕	0.3	0.5	0.8	1.3	2.5	3.0
能量系数/（$\times 10^4$ 千焦/立方米）	2.38	3.25	4.56	6.35	9.56	10.6

然后将锅炉总能量转化为 TNT 炸药相当的对应值，引用如下的公式：

$$W_{TNT}=\frac{Q}{Q_{TNT}} \tag{4-3}$$

式中，Q 为爆源总能量，千焦；Q_{TNT} 为 TNT 爆热，可取 $Q_{TNT}=4520$ 千焦/千克。然后，即可算出死亡半径 $R_{0.5}$。

$$R_{0.5}=13.6\left(\frac{W_{TNT}}{1000}\right)^{0.37} \tag{4-4}$$

重伤区和轻伤区采用如下的计算模型：

$$\Delta p=\begin{cases}1+0.1567Z^{-3} & (\Delta p>5)\\ 0.137Z^{-3}+0.119Z^{-2}+0.269Z^{-1}-0.019 & (1<\Delta p<10)\end{cases} \tag{4-5}$$

其中：

$$Z=R\left(\frac{p_0}{Q}\right)^{1/3} \tag{4-6}$$

式中，R 为目标到爆源的水平距离，米；p_0 为环境压力，帕。

其中重伤区峰值超压为 44000 帕，轻伤区峰值超压为 17000 帕。

死亡人数的计算：

假定死亡半径为 $R_{0.5}$（米），则死亡人数 N_1（人）可按下式估算：

$$N_1=3.14\rho_1(R_{0.5}^2-R_0^2) \tag{4-7}$$

式中，R_0 为无人区半径，米；对池火灾模型，R_0 等于池半径；对其他模型，R_0 取零；ρ_1 为死亡区平均人员密度，人/平方米。

死亡半径 $R_{0.5}$ 以及重伤半径 $Rd_{0.5}$、轻伤半径 $Rd_{0.01}$ 等的计算在前面已有介绍。

重伤人数的计算：

重伤人数 N_2（人）可按下式估计：

$$N_2=3.14\rho_2(Rd_{0.5}^2-R_{0.5}^2) \tag{4-8}$$

式中，ρ_2 为死亡区平均人员密度，人/平方米。

轻伤人数的计算：

轻伤人数 N_3（人）可按下式估计：

$$N_3=3.14\rho_3(Rd_{0.01}^2-Rd_{0.5}^2) \tag{4-9}$$

财产损失的计算：

假定财产损失半径为 R_4（米），则事故直接经济损失（万元）可按下式计算：

$$C=3.14R_4^2\rho_4 \tag{4-10}$$

式中，ρ_4 为死亡区平均人员密度，万元/平方米。

锅炉事故的总损失：

$$S=C+20\left(N_1+\frac{N_2}{2}+\frac{105}{6000}N_3\right) \tag{4-11}$$

(4) 锅炉事故后果分级。根据式(4-11) 计算的 S 值，取对数后，按表 4-6 查出对应的分级。

表 4-6 国家级危险源分级标准

项目	一级	二级	三级	四级
国家级	≥3.5	2.5～3.5	1.5～2.5	<1.5

第六节 危险源的控制管理

一、危险源控制途径

危险源的控制可从3方面进行，即技术控制、人行为控制和管理控制。

1. 技术控制

即采用技术措施对固有危险源进行控制，主要技术有消除、控制、防护、隔离、监控、保留和转移等。技术控制的具体内容请参看第三章和第四章的有关内容。

2. 人行为控制

即控制人为失误，减少人的不正确行为对危险源的触发作用。人为失误的主要表现形式有：操作失误，指挥错误，不正确的判断或缺乏判断，粗心大意，厌烦，懒散，疲劳，紧张，疾病或生理缺陷，错误使用防护用品和防护装置等。人行为的控制首先是加强教育培训，做到人的安全化；其次应做到操作安全化。

（1）加强教育培训，做到人的安全化。危险源控制的各项措施能否得到贯彻执行，执行质量的高低，很大程度上取决于各级领导和作业人员的安全意识和对危险源控制的认识程度及有关的安全知识和操作技能的掌握程度，因此必须对涉及危险源控制的有关领导和人员进行专门的安全教育和培训。培训内容应包括：危险源控制管理的意义，本单位（岗位）的主要危险类型，产生危险的主要原因，控制事故发生的主要方法及日常的安全操作要求，应急措施和各种具体的管理要求，通过教育培训使他们提高实行危险源控制管理的自觉性，掌握进行控制管理的方法和技术。

对作业人员的要求是：首先要合理选用工人，由于危险源多为重要岗位，有的操作管理技术比较复杂，对作业人员的要求较高，因此应选拔那些认真负责、技术高、能力强的人来从事危险源的作业。其次应严格培训考核，加强上岗前的教育，从事危险源岗位工作的人员要作专门培训，加强技能训练以及提高文化素质，加强法制教育和职业道德教育等。

（2）操作安全化。研究作业性质和操作的运作规律；制定合理的操作内容、形式及频次；运用正确的信息流控制操作设计；合理操作力度及方法，以减少疲劳；利用形状、颜色、光线、声响、温度、压力等因素的特点，提高操作的准确性及可靠性。

3. 管理控制

可采取以下管理措施对危险源实行控制。

（1）建立健全的危险源管理的规章制度。危险源确定后，在对危险源进行系统危险性分析的基础上建立健全的各项规章制度，包括岗位安全生产责任制、危险源重点控制实施细则、安全操作规程、操作人员培训考核制度、日常管理制度、交接班制度、检查制度、信息反馈制度、危险作业审批制度、异常情况应急措施、考核奖惩制度等。

（2）明确责任、定期检查。应根据各危险源的等级分别确定各级的负责人，并明确他们应负的具体责任。特别是要明确各级危险源的定期检查责任。除了作业人员必须每天自查外，还要规定各级领导定期参加检查。对于重点危险源，应做到公司总经理（厂长、所长等）半年一查，分厂厂长月查，车间主任（室主任）周查，工段、班组长日查。对于低级别的危险源也应制定出详细的检查安排计划。

对危险源的检查要对照检查表逐条逐项地按规定的方法和标准进行检查，并作记录。如发现隐患，则应按信息反馈制度及时反馈，促使其及时得到消除。凡未按要求履行检查职责而导致事故者，要依法追究其责任。规定各级领导人参加定期检查，有助于增强他们的安全责任感，体现管生产必须管安全的原则，同时也有助于重大事故隐患的及时发现和得到解决。

专职安全技术人员要对各级人员实行检查的情况定期检查、监督并严格进行考评，以实现管理的封闭。

（3）加强危险源的日常管理。要严格要求作业人员贯彻执行有关危险源日常管理的规章制度，搞好安全值班、交接班，按安全操作规程进行操作，按安全检查表进行日常安全检查，危险作业经过审批，等等。所有活动均应按要求认真作好记录。领导和安技部门定期进行严格检查考核，发现问题，及时给以指导教育，根据检查考核情况进行奖惩。

（4）抓好信息反馈，及时整改隐患。要建立健全危险源信息反馈系统，制定信息反馈制度并严格贯彻实施。对检查发现的事故隐患，应根据其性质和严重程度，按照规定分级实行信息反馈和整改，作好记录，发现重大隐患应立即向安全技术部门和行政第一领导报告。信息反馈和整改的责任应落实到人。对信息反馈和隐患整改的情况，各级领导和安全技术部门要进行定期考核和奖惩。安全技术部门要定期收集、处理信息，及时提供给各级领导研究决策，不断改进危险源的控制管理工作。

（5）搞好危险源控制管理的基础建设工作。危险源控制管理的基础工作除建立健全各项规章制度外，还应建立健全危险源的安全档案和设置安全标志牌。应按安全档案管理的有关内容要求建立危险源的档案，并指定人专门保管，定期整理。应在危险源的显著位置悬挂安全标志牌，标明危险等级，注明负责人员，按照国家标准的安全标志标明主要危险，并扼要注明防范措施。

（6）搞好危险源控制管理的考核评价和奖惩。应对危险源控制管理的各方面工作制定考核标准，并力求量化，划分等级。定期严格考核评价，给予奖惩并与班组升级和评先进结合起来，逐年提高要求，促使危险源控制管理的水平不断提高。

二、危险源的分级管理

自20世纪80年代以来，我国许多企业推行危险源点分级管理，收到了良好的效果。增强了各级领导的安全责任感，提高了作业人员的安全意识、安全知识水平和预防事故的能力，加强了企业安全管理的基础工作，提高了危险源点的整体控制水平。

所谓危险源点，是指包含第一类危险源的生产设备、设施、生产岗位、作业单元等。在安全管理方面，危险源点分级管理注重对这些危险源"点"的管理。

危险源点分级管理是系统安全工程中危险辨识、控制与评价在生产现场安全管理中的具体应用，体现了现代安全管理的特征。与传统的安全管理相比较，危险源点分级管理有以下特点：

(1) 体现"预防为主"。危险源点分级管理的基础是危险源辨识和评价，它以系统安全分析和危险性评价作为基本手段，对隐含在危险源点中的潜在不安全因素进行识别、分析、评价，找出危险源控制方面需要特别加强的地方，提前采取措施把不安全因素消灭在萌芽阶段，从而大大提高了安全管理的主动性、科学性和有效性。

(2) 全面系统的管理。危险源点分级管理是把整个危险源点作为一个完整的系统，它通过对有关的人员、设备、环境，信息等诸要素的综合管理，取得危险源点控制的最佳效果。对系统整体安全目标的追求，势必导致对各管理要素提出更高的要求，从而有助于实现安全管理的标准化、规范化和科学化。

(3) 突出重点的管理。企业中存在着大量的危险源，每个危险源点都有发生事故的可能性，但是，不同的危险源、不同的危险源点发生事故的危险性是不同的。安全管理工作应该把管理、控制重点放到发生事故频率高、事故后果严重的危险源点上。

根据危险源点危险性大小对危险源点进行分级管理，可以突出安全管理的重点，把有限的人、财、物力集中起来解决最关键的安全问题。抓住了重点也可以带动一般，推动企业安全管理水平的普遍提高。

第五章　风险评价方法

重要概念 风险辨识，风险评价，风险控制，危险性评价。

重点提示 风险评价不是目的，而是提高风险防范的手段。因此，本章的内容是风险管理的基础。从方法学角度，风险评价有定性的方法、半定量的方法和定量的方法；从评价对象的角度，风险评价的方法有不同的适用性，如有的方法通用的，有的方法仅用于化工或矿山行业；从评价的作用出发，有预评价、现状评价等。

问题注意 区别安全评价与风险评价的关系；掌握风险评价的定量方法、半定量方法和定性方法；基于风险评价的风险管控原理和技术。

第一节　风险评价综述

一、风险评价的作用及意义

风险评价也称安全评价。风险评价以实现系统安全为目的，运用安全系统工程原理和方法，对系统中存在的风险因素进行辨识与分析，判断系统发生事故和职业危害的可能性及其严重程度，从而为制定防范措施和管理决策提供科学依据。

我国的《职业病防治法》对建设项目和建设单位提出了严格的危害预评价的要求。新《安全生产法》第二十九条指出："矿山、金属冶炼建设项目和用于生产、储存、装卸危险物品的建设项目，应当按照国家有关规定进行安全评价。"作为预测、预防职业病和事故重要手段的安全评价，在贯彻安全生产方针中发挥着重要作用。

安全预评价是根据建设项目可行性研究报告的内容，分析和预测该建设项目存在的危险、有害因素的种类和程度，提出合理可行的安全技术设计和安全管理的建议；安全验收评价是在建设项目竣工、试生产运行正常后，通过对建设项目的设施、设备、装置实际运行状况的检测、考察，查找该建设项目的设施投产后可能存在的危险、有害因素，从而提出合理可行的安全技术调整方案和安全管理

对策；安全现状综合评价是针对某一个生产经营单位总体或局部的生产经营活动安全现状进行的全面评价；专项安全评价是针对某一项活动或场所，以及一个特定的行业、产品、生产方式、生产工艺或生产装置等存在的危险和有害因素进行的专项安全评价。

建设项目设计之前的安全预评价报告将作为初步设计编制劳动安全专篇的依据，从而有效地提高安全设计的质量和投产后的安全可靠程度，以帮助安全设施与主体工程同时设计、同时施工、同时投入生产和使用。投产时的安全验收评价将根据国家有关技术标准、规范对设备、设施和系统进行符合性评价。安全验收评价的结果将作为安全设施验收的依据，其目的是保证安全设施与主体工程同时设计、同时施工、同时投入生产和使用。系统运转阶段的安全技术、安全管理、安全教育等方面的安全现状综合评价，以及对系统运转过程中的某一设备、某一部分或某一环节进行检验、测试、分析、实验等确定其安全状况的专项安全评价，分别客观地反映对企业整体或某一部分的安全水平，就其运转现状与现行法律法规之间的符合性作出结论。

因此，无论是安全预评价、安全验收评价，还是安全现状综合评价和专项安全评价，在提出安全措施和作出结论时，最基本的依据都是现行的法律法规，都是为了使企业能够符合我国安全生产法律法规体系的要求。

安全评价对于生产经营单位安全生产方面的作用表现在以下几方面：

1. 全过程和全方位安全控制

安全评价可以帮助企业对生产设施系统地从计划、设计、制造、运行、储运和维修等全过程进行安全控制。

安全预评价是根据建设项目可行性研究报告进行评价，位于初步设计之前。通过安全预评价可以避免选用不安全的工艺流程和危险的原材料，以及不合适的设备、设施，当必须采用时，可以提出降低或消除危险的有效方法。

安全验收评价是在建设项目竣工、试生产运行正常后进行评价，其所需的技术文件是详细设计文件和现场情况。通过安全验收评价可以查出设计中的缺陷和不足，及早采取改进和预防措施，提高生产项目的安全水平。

安全现状综合评价和专项安全评价所处阶段一般是建成后的正式运行阶段。安全现状综合评价所需的技术文件是详细设计、修改设计和现场情况，专项安全评价所需的技术文件是详细设计和专项资料。它们的目的是了解系统的现实危险性，为进一步采取措施降低危险性提供依据。

此外，在这些评价的过程中，评价范围不仅仅包括主要生产装置，还包括所有受正常生产生活活动影响或影响正常生产生活活动的系统，如辅助生产系统、管理系统等。

因此，通过安全评价可以找出生产过程中潜在的危险有害因素，特别是可以查找出未曾预料到的被忽视的危险因素和职业危害，识别系统中存在的薄弱环节和可能导致事故和职业危害的发生的条件，针对这些环节和条件提出相应的对策措施，预防、控制事故和职业危害的发生，尽可能做到即使发生误操作或设备故障，系统存在的危险因素也不会导致事故和职业危害的发生，实现生产过程的本质安全化。对于无法完全消除危险的情况，在安全评价中还可以进一步对一些后果比较严重的主要危险因素和职业危害采用定量分析方法，预测事故和职业危害发生的可能性后果的严重性，并制定减少和控制事故后果蔓延的对策措施，从而最终实现全过程、全方位对安全生产进行控制。

2. 提高生产经营单位的安全管理水平

首先，安全评价可以使企业安全管理变事后处理为事先预防。传统安全管理方法的特点是凭经验进行管理，即事故发生后再处理的"事后过程"。通过安全评价，可以预告辨识系统的危险性，分析企业的安全状况，全面地评价系统及各部分的危险程度和安全管理状况，促使企业达到规定的安全要求。

其次，安全评价可以使企业安全管理变纵向单一管理为全面系统管理。现代工业的特点是规模大，连续化和自动化，其生产过程日趋复杂，各个环节和工序间相互联系、相互作用、相互制约。安全评价不是孤立地、就事论事地去解决生产系统中的安全问题，而是通过系统分析、评价，全面地、系统地、有机地、预防性地处理生产系统中的安全管理，这样使企业所有部门都能按照要求认真评价本系统的安全状况，将安全管理范围扩大到企业各个部门、各个环节，使企业的安全管理实现全员、全方位、全过程、全天候的系统化管理。

最后，安全评价可以使企业安全管理变经验管理为目标管理。安全评价可以使各部门、全体职工明确各自的安全指标要求，在明确的目标下，统一步调，分头进行，使安全管理工作做到科学化、统一化、标准化，从而改变仅凭经验、主观意志和思想意识进行安全管理，没有统一的标准、目标的状况。

3. 合理控制安全成本

保障安全生产需要一定的安全投入，安全费用是生产成本的一部分。虽然从原则上讲，当安全投入与经济效益发生矛盾时，应优先考虑安全投入，然而考虑到企业自身的经济、技术水平，按照过高的安全指标提出安全投资将使企业的生产成本大大增加，甚至陷入困境。因此，安全投入应是经济、技术、安全的合理统一，而要实现这个目标则要依靠安全评价。安全评价不仅能确定系统的危险性，还能考虑危险性发展为事故的可能性及事故造成损失的严重程度，进而计算出风险的大小，以此说明系统可能出现负效益的大小，然后以安全法规、标准和指标为依据，结合企业的经济、技术状况，选择出适合企业安全投资的最佳方案，合理地选择控制、消除事故的措施，使安全投资和可能出现的负效益达到合理的平衡，从而实现用最少投资得到最佳的安全效果，大幅度地减少人员伤亡和设备损坏事故。

二、安全评价通则

国家发布的行业标准《安全评价通则》（AQ 8001—2007）对企业的一般安

全评价作出了如下规范：

1. 安全评价的定义

安全评价是以实现安全为目的，应用安全系统工程原理和方法，辨识与分析工程、系统、生产经营行为和社会活动中的危险、有害因素，预测发生事故或造成职业危害的可能性和严重程度，提出科学、合理、可行的安全风险管理对策措施建议。安全评价可针对一个相对独立的对象，也可针对一定区域范围进行。安全评价按照实施阶段不同分为3类：安全预评价，安全验收评价和安全现状评价。

2. 安全预评价

在建设项目可行性研究阶段、工业园区域规划阶段或生产经营活动组织实施之前，根据相关的基础资料，辨识与分析建设项目、工业园区、生产经营活动潜在的危险、有害因素，确定其与安全生产法律法规、规章、标准、规范的符合性，预测其发生事故的可能性和严重程度，提出科学、合理、可行的安全对策措施建议，作出安全预评价结论的活动。

3. 安全验收评价

在建设项目竣工、试生产运行正常或工业园区建设完成后，检查建设项目或工业园区内的安全设施、设备、装置已与主体工程同时设计、同时施工、同时投入生产和使用的情况，安全生产管理措施到位情况，安全生产规章制度健全情况，事故应急救援预案建立情况；审查确定主体工程建设、工业园区建设满足安全生产法律法规、规章、标准、规范的符合性，从建设项目、工业园区的运行状况和安全管理情况作出安全验收评价结论的活动。

4. 安全现状评价

针对生产经营活动中、工业园区内的事故风险、安全管理等情况，辨识与分析其存在的危险、有害因素，审查确定其与安全生产法律法规、规章、标准、规范的符合性，预测发生事故或造成职业危害的可能性和严重程度，提出科学、合理、可行的安全对策措施建议，作出安全现状评价结论的活动。

5. 安全评价程序

安全评价程序主要包括：前期准备；辨识与分析危险、有害因素；划分评价单元、定性定量评价；提出安全对策措施；作出评价结论；编制安全评价报告。

准备阶段：明确被评价对象和范围，收集国内外相关法律法规，技术标准及工程、系统的技术资料。

危险、有害因素辨识与分析：根据被评价的工程、系统的情况，辨识和分析危险、有害因素，确定危险、有害因素存在的部位、存在的方式、事故发生的途径及其变化的规律。

划分单元及定性、定量评价：在危险、有害因素辨识和分析的基础上划分评价单元，选择合理的评价方法，对工程、系统发生事故的可能性和严重程度进行定性、定量评价。

提出安全对策措施：根据定性、定量评价结果，提出消除或减弱危险、有害因素的技术和管理措施及建议。

作出评价结论：简要地列出主要危险、有害因素的评价结果，指出工程、系统应重点防范的重大危险因素，明确生产经营者应重视的重要安全措施。

编制安全评价报告：根据安全评价的结果编制相应的安全评价报告。

三、安全验收评价导则

根据《安全验收评价导则》（AQ 8002—2007）对安全验收评价作出如下规范。

1. 安全验收评价程序

安全验收评价程序分为：前期准备工作；辨识与分析危险、有害因素；划分评价单元；选择评价方法；定性、定量评价；提出安全对策措施及建议；作出安全验收评价结论；编制安全验收评价报告等。

2. 安全验收评价的内容

安全验收评价包括：危险、有害因素的辨识与分析；符合性和危险危害程度的评价；安全对策措施建议；安全验收评价结论等内容。

安全验收评价主要从以下方面进行评价：评价对象前期（安全预评价、可行性研究报告、初步设计中安全卫生专篇等）对安全生产保障等内容的实施情况和相关对策措施建议的落实情况；评价对象的安全对策措施的具体设计、安装施工情况等有效保障制度；评价对象的安全措施在试投产中的合理有效性和安全措施的实际运行情况；评价对象的安全管理制度和事故应急救援预案的建立与实际开展和演练有效性。

前期准备包括：明确评价对象及其评价范围；组建评价组；明确评价对象及其评价范围，收集国内外相关法律法规、标准、规章、规范；安全预评价报告、初步设计文件、施工图、工程监理报告、工业园区规划设计文件，各项安全设施、设备、装置检测报告、交工报告、现场勘察记录、检测记录、查验特种设备使用、特殊作业、典型事故案例、事故应急预案及演练报告、安全管理制度台账、各级各类从业人员安全培训落实情况等实地调查收集到的基础资料。

评价单元可按以下内容划分：法律法规等方面的符合性；设施、设备、装置及工艺方面的安全性；物料、产品安全性能；公用工程、辅助设施配套性；周边环境适应性和应急救援有效性；人员管理和安全培训方面充分性等。评价单元的划分应能够保证安全验收评价的顺利实施。

依据建设项目或工业园区建设的实际情况选择适用的评价方法。

符合性评价：检查各类安全生产相关证照是否齐全，审查、确认主体工程建设、工业园区建设是否满足安全生产法律法规、标准、行政规章、规范的要求，检查安全设施、设备、装置是否已与主体工程同时设计、同时施工、同时投入生产和使用，检查安全预评价各项安全对策措施建议的落实情况，检查安全生产管理措施是否到位，检查安全生产规章制度是否健全，检查是否建立了事故应急救

援预案。

安全对策措施建议：根据评价结果，依照国家有关安全生产的法律法规、标准、行政规章、规范的要求，提出安全对策措施建议。安全对策措施建议应具有针对性、可操作性和经济合理性。

安全验收评价结论：包括符合性评价的综合结果；评价对象运行后存在的危险、有害因素及其危险危害程度；明确给出评价对象是否具备安全验收的条件。对达不到安全验收要求的评价对象明确提出整改措施建议。

3. 安全验收评价报告

总体要求：安全验收评价应全面、概括地反映验收评价的全部工作。安全验收评价报告应文字简洁、准确，可同时采用图表和照片，以使评价过程和结论清楚、明确，利于阅读和审查，符合性评价的数据、资料和预测性计算过程等可编入附录。安全验收评价报告应根据评价对象的特点及要求，选择下列全部或部分内容进行编制。

（1）结合评价对象的特点，阐述编制安全验收评价报告的目的。

（2）列出有关的法律法规、标准、行政规章、规范；评价对象初步设施、变更设计或工业园区规划设计文件；安全验收评价报告；相关的批复文件等评价依据。

（3）介绍评价对象的选址、总图及平面布置、生产规模、工艺流程、功能分布、主要设施、设备、装置、主要原材料、产品（中间产品）、经济技术指标、公用工程及辅助设施、人流、物流；工业园区规划等概况。

（4）危险、有害因素的辨识与分析。列出辨识与分析危险、有害因素的依据，阐述辨识与分析危险、有害因素的过程。明确在安全运行中实际存在和潜在的危险、有害因素。

（5）阐述划分评价单元的原则、分析过程等。

（6）选择适当的评价方法并作简单介绍。描述符合性评价过程、事故发生可能性及其严重程度分析计算。对得出的评价结果进行分析。

（7）列出安全对策措施建议的依据、原则、内容。

（8）列出评价对象存在的危险、有害因素及其危害程度。说明评价对象是否具备安全验收评价的条件。对达不到安全验收要求的评价对象，明确提出整改建议。明确评价结论。

安全验收评价报告的格式：安全验收评价报告的格式应符合《安全评价通则》中规定的要求。

四、安全预评价导则

《安全生产与评价导则》（AQ 8003—2007）对安全预评价作出如下规范。

1. 安全预评价的目的

安全预评价的目的是贯彻“安全第一、预防为主”方针，为建设项目初步设计提供科学依据，以利于提高建设项目本质安全程度。

2. 安全预评价程序

安全预评价程序为：前期准备；辨识与分析危险、有害因素；划分评价单元；定性、定量评价；提出安全对策措施建议；作出评价结论；编制安全预评价报告等。

3. 安全预评价内容

（1）前期准备工作应包括：明确评价对象和评价范围；组建评价组；收集国内相关法律法规、标准、规章、规范；收集并分析评价对象的基础资料、相关事故案例；对类比工程进行实地调查等内容。

（2）辨识和分析评价对象可能存在的各种危险、有害因素；分析危险、有害因素发生作用的途径及其变化规律。

（3）评价单元划分应考虑安全预评价的特点，以自然条件，基本工艺条件，危险、有害因素分布及状况，便于实施评价为原则进行。

（4）根据评价的目的、要求和评价对象的特点、工艺、功能或活动分布，选择科学、合理、适用的定性、定量评价方法对危险、有害因素导致事故发笺可能性及其严重程度进行评价。对于不同的评价单元，可根据评价的需要和单元特征选择不同的评价方法。

（5）为保障评价对象建成或实施后能安全运行，应从评价对象的总图布置、功能分布、工艺流程、设施、设备、装置等方面提出安全技术对策措施，从保证评价对象安全运行的需要提出其他安全对策措施。

（6）评价结论。应概括评价结果，给出评价对象在评价时的条件下与国家有关法律法规、标准、规章、规范的符合性结论，给出危险、有害因素引发各类事故的可能性及其严重程度的预测性结论，明确评价对象建成或实施后能否安全运行的结论。

4. 安全预评价报告

（1）安全预评价报告的总体要求。安全预评价报告是安全预评价工作过程的具体体现，是评价对象在建设过程中或实施过程中的安全技术指导文件。安全预评价报告文字应简洁、准确，可同时采用图表和照片，以使评价过程和结论清楚、明确，利于阅读和审查。

（2）安全预评价报告的基本内容

① 结合评价对象的特点，阐述编制安全预评价报告的目的。

② 列出有关的法律法规、标准、规章、规范和评价对象被批准设立的相关文件及其他有关参考资料等安全预评价的依据。

③ 介绍评价对象的选址、总图及平面布置、水文情况、地质条件、工业园区规划、生产规模、工艺流程、功能分布、主要设施、设备、装置、主要原材料、产品（中间产品）、经济技术指标、公用工程及辅助设施、人流、物流等概况。

④ 列出辨识与分析危险、有害因素的依据，阐述辨识与分析危险、有害因素的过程。

⑤ 阐述划分评价单元的原则、分析过程等。

⑥ 列出选定的评价方法，并作简单介绍，阐述选定此方法的原因。详细列出定性、定量评价过程。明确重大危险源的分布、监控情况以及预防事故扩大的应急预案内容。给出相关的评价结果，并对得出的评价结果进行分析。

⑦ 列出安全对策措施建议的依据、原则、内容。

⑧ 作出评价结论。

安全预评价结论应简要列出主要危险、有害因素评价结果，指出评价对象应重点防范的重大危险、有害因素，明确应重视的安全对策措施建议，明确评价对象潜在的危险、有害因素在采取安全对策措施后，能否得到控制以及受控的程度如何。给出评价对象从安全生产角度是否符合国家有关法律法规、标准、规章、规范的要求。

安全预评价报告的格式应符合《安全评价通则》中规定的要求。

五、风险评价与安全评价

风险评价与安全评价是一个事物的两个方面，具有互补性。在安全管理活动中，安全评价与风险评价具有同质性。安全评价突出宏观、综合、定性的评价过程和方法，风险评价突出微观、具体、定量的评价。甚至在一定意义上，两者是一回事。

安全评价是以实现工程、系统安全为目的，应用安全系统工程原理和方法，对工程、系统中存在的危险、有害因素进行辨识与分析，判断工程、系统发生事故和职业危害的可能性及其严重程度，从而为制定防范措施和管理决策提供科学依据。

风险评价强调分析风险因素的概率及后果严重性的定量分析，实现风险的分级，为风险的预警、预控提供定量依据和科学根据。

安全评价与风险评价都有其共同的目的：就是辨识、分析和预测工程、系统或管理对象存在的危险、危害、危险源、隐患、可能事故等因素及风险程度，提出合理可行的安全对策措施，指导风险控制和事故预防，以达到风险最小化、事故或风险可接受水平，以及最小损失和最优的安全对策及效益。

安全评价的分类有：根据工程、系统生命周期和评价的目的，安全评价分为安全预评价、安全验收评价、安全现状综合评价、专项安全评价。

风险评价分类有：定性评价、半定量评价、定量评价。

第二节　风险评价原理

风险评价就是对生产过程和作业的风险源，包括危险危害因素、危险源、隐患、故障、事故等进行辨识和评估。风险源是指可能导致事故的潜在的、显现的不安全因素，风险源也称危险源，即广义的危险源。风险源的危险性评价包括对危险源自身危险性的评价及对危险源危害程度的评价两个方面，风险源的危害程度与对风险源的控制效果有关。对风险源自身危险性的评价包括确认风险源和来自风险源的危险性。

罗韦（W. D. Rowe）在《危险性分析》中为危险性评价所下的定义如图 5-1 所示。危险性评价包括确认危险性和评价危险程度两个方面。危险性确认在于辨识危险源和量化来自危险源的危险性。虽然定性辨识只能概略地区别危险源的危险程度，但这也是必要的。要更为精确地明确事故发生概率的大小及后果严重程度，则需要进行定量辨识。借助于一些数学方法，可以将定性辨识转变为定量辨识，从而提高定性辨识的精确度。确认系统的危险性需对危险性进行反复校核，以确认是否存在新的危险。将反复校核过的危险性定量结果与允许界限进行比较，以确认危险程度。对采取控制措施后仍然存在的危险源的危险性再进行评价，以确认危险是否可以接受。

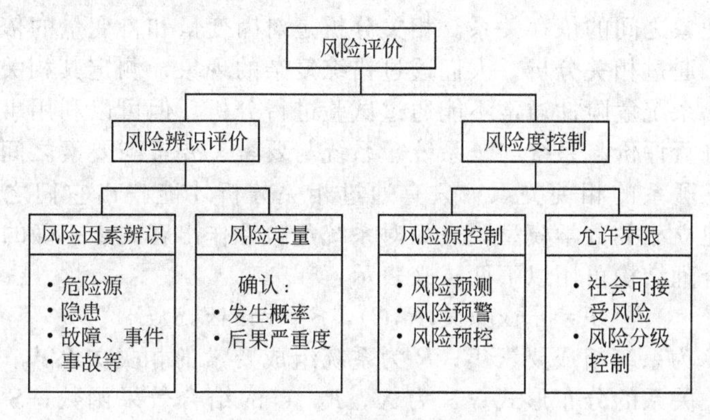

图 5-1　风险分析评价

目前，应用较广泛的风险评价方法可分为定性评价方法、指数评价方法、概率风险评价方法和半定量评价方法 3 大类：

（1）定性评价方法。定性评价方法主要是根据作业人员的经验和判断能力对生产系统的工艺、设备、人员、环境、管理等方面的状况进行定性的评价。这类评价方法有安全检查表、故障类型和影响分析、预先危险性分析以及危险可操作性研究等方法。这类方法在企业安全管理工作中被广泛使用，主要是因为其简单、便于操作，评价过程及结果直观。但是这类方法含有相当高的主观和经验成分，带有一定的局限性，对系统危险性的描述缺乏深度。

（2）指数评价方法。美国道化学公司的火灾、爆炸指数法，英国帝国化学公司蒙德工厂的蒙德评价法，日本的六阶段风险评价法和我国化工厂的危险程度分级方法等，均为指数评价方法。指数的采用使一些系统结构复杂、用概率难以描述其风险性的研究对象的安全评价有了一个可行的方法。这类方法操作简单，是目前应用较广泛的评价方法之一。风险评价要考虑事故发生频率和事故后果严重度两个方面的因素，通常情况下不容易确定数值，但是指数的采用就避免了事故

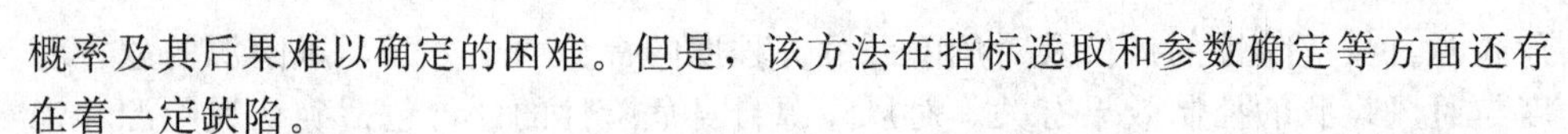

概率及其后果难以确定的困难。但是，该方法在指标选取和参数确定等方面还存在着一定缺陷。

（3）概率风险评价方法。概率风险评价方法是根据子系统或零部件的事故发生概率来求取整个系统的事故发生概率。一方面，这种方法对于结构简单、清晰、基础数据完整的相同元件的系统效果较好，如在航天、航空、核能等领域得到了广泛应用。另一方面，该方法要求数据充分、准确，分析过程完整，判断和假设合理。但是这种方法也存在一定的局限性，使用概率风险评价方法要以人机系统可靠性分析为基础，取得子系统和各零部件发生故障的概率数据，对于系统相对复杂、不确定性因素较多的评估对象，失误概率的估计十分困难。因此，这种评价方法一般情况下会耗费大量的人力、物力。

1. 相关原理

生产技术系统结构的特征和事故的因果关系是相关原理的基础。相关是两种或多种客观现象之间的依存关系。相关分析是对因变量和自变量的依存关系密切程度的分析。通过相关分析，人们透过错综复杂的现象，测定其相关程度，提示其内在联系。系统危险性通常不能通过试验进行分析，但可以利用事故发展过程中的相关性进行评价。系统与子系统、系统与要素、要素与要素之间都存在着相互制约、相互联系的相关关系。只有通过相关分析才能找出它们之间的相关关系，正确地建立相关数学模型，进而对系统危险性作出客观、正确的评价。

系统的合理结构可用以下两式来表示：

$$E=\max F(X,R,C),\quad S_{\mathrm{opt}}=\max\{S|E\}$$

式中，X 为系统组成要素集；R 为系统组成要素的相关关系集；C 为系统组成要素的相关关系的分布形式；F 为 X，R，C 的结合效果函数；S 为系统结构的各个阶层。

对于系统危险性评价来说，就是寻求 X，R，C 的最合理结合形式，即具有最优结合效果 E 的系统结构形式及在条件下保证安全的最佳系统。

相关原理对于深入研究评价对象与相关事物的关系、对评价对象所处环境进行全面分析具有指导意义，它是因果评价方法的基础。

2. 类推和概率推断评价原理

类推评价是指已知两个不同事件间的相互联系规律，则可利用先导事件的发展规律来评价迟发事件的发展趋势。其前提条件是寻找类似事件。如果两种事件有些基本相似时，就可以揭示两种事件的其他相似性，并认为两种事件是相似的。如果一种事件发生时经常伴随着另一事件，则可认识这两种事件之间存在着某些联系，即相似关系。

3. 概率推断原理

系统事故的发生是一个随机事件，任何随机事件的发生都有着特定的规律，其发生概率是一客观存在的定值。所以，可以用概率来预测现在和未来系统发生事故的可能性大小，以此来评价系统的危险性。

4. 惯性原理

任何系统的发展变化都与其历史行为密切相关。历史行为不仅影响现在，而且还会影响到将来，即系统的发展具有延续性，该特性称为惯性。惯性表现为趋势外推，即以趋势外延推测其未来状态。惯性还表现为延续性。利用系统发展具有惯性这一特征进行评价，通常要以系统的稳定性为前提。但由于系统的复杂性，绝对稳定的系统是不存在的。

第三节　风险评价的程序与分级方法

我国的风险评价工作虽然起步较晚，即起源于20世纪80年代，但至今已渗入到石油、化工、冶金、地质、机电、航空、煤炭、保险等行业中。除了对现有的危险源定期评价外，新建的环境项目、工程项目更是都要经过风险评价，以考察是否对环境、居民造成危险与不利影响之后才准施工。

一、风险评价的程序

风险评价程序流程见图5-2。风险评价各步骤的主要内容为：

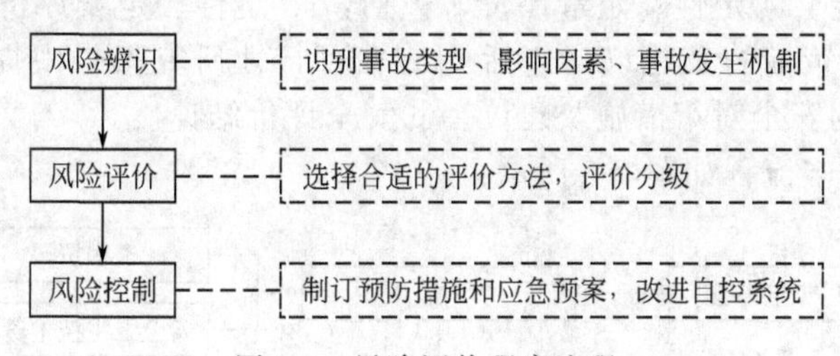

图5-2　风险评价程序流程

(1) 准备阶段。明确被评价对象和范围，进行现场调查和收集国内外相关法律法规、技术标准及建设项目资料。

(2) 资料收集。明确评价的对象和范围，查看国内外的相关法律和标准，了解同类设备或工艺的生产和事故状况等。

(3) 危险、有害因素辨识与分析。根据建设项目周边环境、生产工艺流程或场所的特点，识别和分析其潜在的危险、有害因素。确定安全评价单元是在危险、有害因素识别和分析基础上，根据评价的需要，将建设项目分成若干个评价单元。划分评价单元的一般性原则是按生产工艺功能、生产设施设备相对空间位置、危险有害因素类别及事故范围划分评价单元，使评价单元相对独立，具有明显的特征界限。

(4) 确定评价方法。根据被评价对象的特点，选择科学、合理、适用的定性、定量评价方法。常用的安全评价方法有：事故致因因素安全评价方法；能够

提供危险度分级的安全评价方法；可以提供事故后果的安全评价方法。

（5）定性、定量评价。根据选择的评价方法，对危险、有害因素导致事故发生的可能性和严重程度进行定性、定量评价，以确定事故可能发生的部位、频次、严重程度的等级及相关结果，为制定安全对策措施提供科学依据。

（6）安全对策措施及建议。根据定性、定量评价结果，提出消除或减弱危险、有害因素的技术和管理措施及建议。安全对策措施应包括：总图布置和建筑方面安全措施；工艺和设备、装置方面安全措施；安全工程设计方面对策措施；安全管理方面对策措施；应采取的其他综合措施。

（7）安全评价结论。简要列出主要危险、有害因素评价结果，指出建设项目应重点防范的重大危险、有害因素，明确应重视的重要安全对策措施，给出建设项目从安全生产角度是否符合国家有关法律法规、技术标准的结论。

（8）编制安全评价报告。安全评价报告应当包括以下重点内容。①概述，包括：a. 安全评价依据，有关安全评价的法律法规及技术标准，建设项目可行性研究报告等建设项目相关文件，安全评价参考的其他资料；b. 建设单位简介；c. 建设项目概况、建设项目选址、总图及平面布置、生产规模、工艺流程、主要设备、主要原材料、中间体、产品、经济技术指标、公用工程及辅助设施等。②生产工艺简介。③安全评价方法和评价单元，包括：a. 安全评价方法简介；b. 评价单元确定。④定性、定量评价，包括：a. 定性、定量评价；b. 评价结果分析。⑤安全对策措施及建议，包括：a. 在可行性研究报告中提出的安全对策措施；b. 补充的安全对策措施及建议。⑥安全评价结论。

风险评价基本流程如图 5-3 所示：

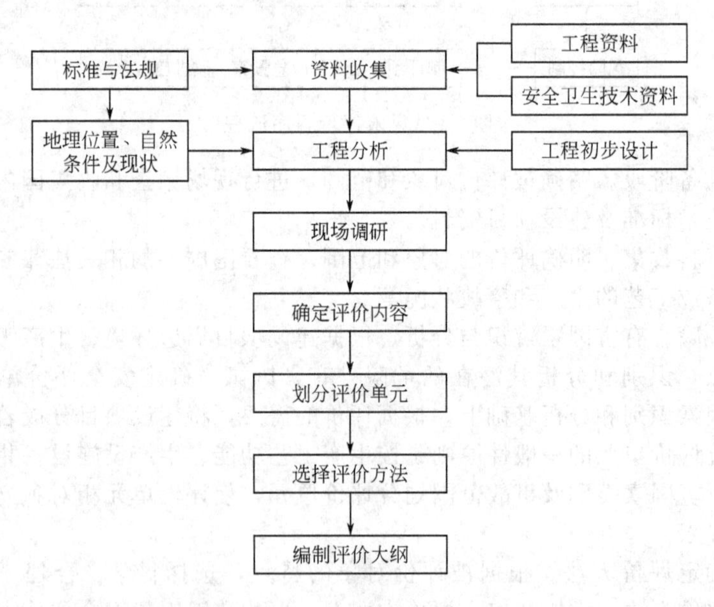

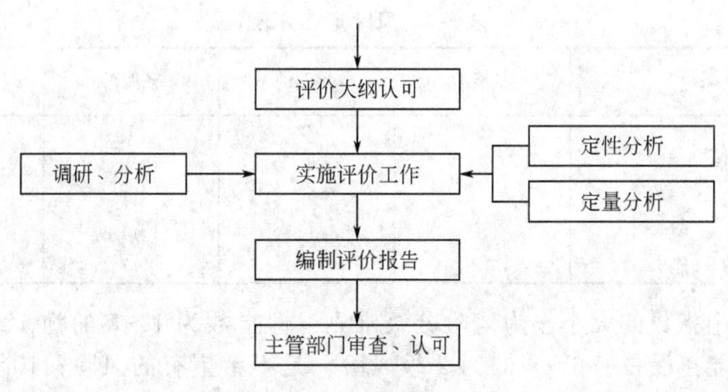

图 5-3　风险评价基本流程

二、风险分级方法

风险分级的基本思想是基于风险理论的数学关系：风险程度＝危险概率×危险严重度。如果能够定量计算出风险程度，则可根据风险程度水平来进行风险分级。但是，在实际的风险管理过程中，很难进行精确和定量的风险计算，因此常常用定性或半定量的方法进行风险定量。

目前最广泛采用的具有代表性的一种方法是美国军用标准（MIL-STD-882）中提供的定性分级方法。该分级分别规定了危险严重性等级以及危险概率的定性等级，通过不同的等级组合进行风险水平分级。危险严重性等级和危险概率等级分别如表 5-1 和表 5-2 所示。

表 5-1　危险严重等级（MIL-STD-882）

分类等级	危险性	破坏	伤害
一	灾难性的(Catastrophic)	系统报废	死亡
二	危险性的(Dangerous)	主要系统损坏	严重伤害、严重职业病
三	临界的(Marginal)	次要系统损坏	轻伤、轻度职业病
四	安全的(Safe)	系统无损坏	无伤害、无职业病

表 5-2　危险概率等级（MIL-STD-882）

分类等级	特征	项目说明	发生情况
一	频繁	几乎经常出现	连续发生
二	容易	在一个项目使用寿命期中将出现若干次	经常发生
三	偶然	在一个项目使用寿命期中可能出现	有时发生
四	很少	不能认为不可能发生	可能发生
五	不易	出现的概率接近于零	可以假设不发生
六	不能	不可能出现	不可能发生

危险严重性等级和危险概率等级的组合，用半定量打分法的思想构成风险评价指数矩阵表，见表 5-3。应用表 5-3 的数值即可进行风险分级。这种方法称作风险评价指数矩阵法，是一种评价风险水平和确定风险的简单方法。

表 5-3 风险定性分级

可能性＼严重性	灾难的	严重的	轻度的	轻微的
频繁	1	2	7	13
很可能	2	5	9	16
有时	4	6	11	18
极少	8	10	14	19
几乎不可能	12	15	17	20

用矩阵中指数的大小作为风险分级准则。即指数为1～5的为1级风险，是用人单位不能接受的；6～9的为2级风险，是不希望有的风险；10～17的是3级风险，是有条件接受的风险；18～20的是4级风险，是完全可以接受的风险。

第四节 风险分析方法

风险分析方法包括定性分析方法与定量分析方法。其中，定性分析方法包括风险可接受准则、安全检查表法、风险矩阵等。定量分析法包括预先危险性分析(PHA)、故障模式及影响分析（FMEA)、故障树分析（FTA)、可操作性研究(OS)、致命度分析（CA)、危险和可操作性研究（HAZOP)。

一、风险可接受准则

对于风险分析和风险评价的结果，人们往往认为风险越小越好。实际上这是一个错误的概念。减少风险是要付出代价的，无论减少危险发生的概率还是采取防范措施使造成的损失降到最小，都要投入资金、技术和劳务。通常的做法是将风险限定在一个合理的、可接受的水平上，根据影响风险的因素，经过优化寻求最佳的投资方案。"风险与利益间要取得平衡"、"不要接受不必须的风险"、"接受合理的风险"——这些都是风险接受的原则。

基于何种原则对风险可接受进行研究，将对相关标准的确定产生重大影响。目前国外主要根据以下风险可接受原则（RAPs，Risk Acceptance Principles）制定标准，见表5-4。

表 5-4 风险可接受原则

原则	概念
最低合理可接受原则 ALARP(As Low As Reasonably Practicable)	采用最低的成本将风险降低至合理可接受的范围
最低合理可实现原则 ALARA(As Low As Reasonably Achievable)	采取所有合理可实现的方法使得有毒物质辐射剂量和化学释放量最小化
风险总体一致原则 GAMAB(Globalement Au Mons Aussi Bon)	新系统的风险应当至少在总体上与现有系统保持相同

续表

原则	概念
最小内源性死亡率原则 MEM(Minimum Endogenous Mortality)	新系统不应该增加任何年龄段个体由于技术系统导致的死亡率
安全水准等效原则 MGS(Mindestens Gleiche Sicherheit)	允许对现有技术规则的实施过程中存在偏差，但需要至少等效于上述规则的安全水准，并且需要通过具体的安全案例加以证明
可忍受上限原则 NMAU(Nicht Mehr Als Unvermeidbar)	在日常设施和装置的操作过程中，任何人的风险不能超过可忍受的上限
土地利用规划原则 LUP(Land Use Planning)	在实施规划时应当使危险设施不强加任何风险于周围的人和环境

1. ALARP 原则的含义

ALARP（As Low As Reasonably Practicable，最低合理可行）原则，如图 5-4 所示。在公共安全管理实践中，理论上可以采取无限的措施来降低事故风险，绝对保障公共安全和安全生产，但无限的措施意味着无限的成本和资源。但是，客观现实是安全监管资源有限、安全科技和管理能力有限。因此，科学、有效的安全监管需要应用于 ALARP 原理。

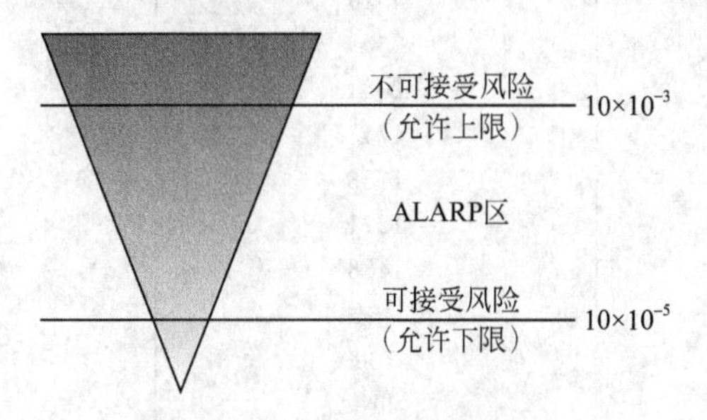

图 5-4　ALARP 原则及框架图

2. 风险管理的“ALARP 原则”

“ALARP 原则”其内涵包括：

对工业系统进行定量风险评估，如果所评估出的风险指标在不可容忍线之上，则落入不可容忍区。此时，除特殊情况外，该风险是无论如何不能被接受的。

如果所评出的风险指标在可忽略线之下，则落入可忽略区。此时，该风险是可以被接受的，无需再采取安全改进措施。

如果所评出的风险指标在可忽略线和不可容忍线之间，则落入“可容忍区”，此时的风险水平符合“ALARP 原则”。此时，需要进行安全措施投资成本-风险分析（Cost-Risk Analysis）。如果分析成果能够证明：进一步增加安全措施投资对工业系统的风险水平降低贡献不大，则风险是“可容忍的”，即可以允许该风险的存在，以节省一定的成本。

3. 个人风险“ALARP 原则”的含义

下面以个人风险为例说明“ALARP 原则”的含义。有关专家曾经对个人的死亡风险作过调查，表 5-5 和表 5-6 分别是英国和美国的个人风险统计表。通过这些数据可以将个人风险上限设为 10^{-3}，下限设为 10^{-6}。

表 5-5　英国各行业的个人风险统计表

人员类别	风险模式	适用时期	个人风险/(死亡次数/年)
海上工作人员	海上死亡风险	1980～1998	0.88×10^{-3}
深海渔业人员	在注册的船上死亡风险	1990	1.34×10^{-3}
煤矿工人	采煤时死亡风险	1986.7～1990.1	0.14×10^{-3}
英国国民	由于各种事故的死亡风险	1989	0.24×10^{-3}
英国国民	由于车祸的死亡风险	1989	0.10×10^{-3}

表 5-6　美国各种原因引起的个人风险统计表

事故类别	1979 年死亡总人数	每年人身早期死亡风险概率
汽车	55791	3×10^{-4}
坠落	17827	9×10^{-5}
火灾与烫伤	7451	4×10^{-5}
淹溺	6181	2×10^{-5}
中毒	4516	3×10^{-5}
枪击	2309	1×10^{-5}
机械事故(1968)	2054	1×10^{-5}
航运	1743	9×10^{-6}
航空	1788	9×10^{-6}
落物击伤	1271	6×10^{-6}
触电	1488	6×10^{-6}
铁道	884	4×10^{-6}
雷击	160	5×10^{-7}
飓风	118	4×10^{-7}
旋风	90	4×10^{-7}
其余	8695	4×10^{-5}
全部事故	115000	6×10^{-4}
核事故(100 座反应堆)	—	2×10^{-10}

根据统计得出的个人风险上限和风险下限，我们可以得到个人风险的 ALARP 原则，如图 5-5 所示。

如果风险水平超过上限（如图 5-5 中的年个人风险 10^{-3}），则落入“不可容忍区”；此时，除特殊情况外，该风险是无论如何不能被接受的。

如果风险水平低于下限（如图 5-5 中的年个人风险 10^{-6}），则落入“可忽略区”；此时，该风险是可以被接受的，无需再采取安全改进措施。

如果风险水平在上限与下限之间，则落入“可容忍区”；此时的风险水平符合最低合理可行原则，是“可容忍的”，即可以允许该风险的存在，以节省一定成本。而且，工作人员在心理上愿意承受该风险，并具有控制该风险的信心。但

不可容忍区	风险水平（每年的个人风险） 风险不能证明是合理的 $>10^{-3}$
可容忍区 （“ALARP原则”）	只有当证明：进一步降低风险的成本与所得的收益极不相称时，风险才是可容忍的
可忽略区	$<10^{-6}$ 风险可以接受，无需再论证或采取措施

图 5-5 个人风险 ALARP 原则

是，“可容忍的”并不等同于“可忽略的”，工作人员必须认真全面地研究“可容忍的”风险，找出其作用规律，做到心中有数，这一点可以通过风险评价做到。

风险可接受程度对于不同行业，根据系统、装置的具体条件有着不同的准则。由于风险管理具有跨学科的特点，学科间新技术相互渗透还存在不少问题。在基础研究、方法和模型的建立，可信度和特殊化学物质数据库的建立等都是目前各国竞相开发的领域。特别值得提及的是风险规范、标准的制订，这是大势所趋，无疑地应该引起重视。

风险评价标准是为管理决策服务的，风险管理政策包括与效应相关的政策和与危害相关的政策。各种环境保护和卫生标准及相应的政策属于与效应相关的政策。

风险评价标准的制定必须是科学、实用的，即在技术上是可行的，在应用中有较强的可操作性。标准的制定，首先要反映公众的价值观以及对灾害的承受能力。不同的地域、人群，由于受价值取向、文化素质、心理状态、道德观念、宗教习俗等诸多因素影响，承灾力差异很大。例如，人们对煤电站已经习以为常，但大量的科学数据表明，煤电站的危害比核电站要高两个数量级以上。其次，风险评价标准必须考虑社会的经济能力。标准过严，社会经济能力无法承担，就会阻碍经济发展。因此必须进行费用-效益分析，寻找平衡点，优化标准，从而制定风险评价标准——最大可接受水平。

二、安全检查表分析法

安全检查表分析法是在对危险源系统进行充分分析的基础上，分成若干个单元或层次，列出所有的危险因素，确定检查项目，然后编制成表，按此表进行检查，检查表中的回答一般都是“是/否”。这种方法的突出优点是简单明了，现场操作人员和管理人员都易于理解与使用。编制表格的控制指标主要是根据有关标准、规范、法律条款，控制措施主要根据专家的经验。另外，该表在使用过程中发现有遗漏之处，也可容易地加入进去，易于抓住控制危险源安全的主要因素。缺点是只能进行定性的分析。安全检查表分析法如图 5-6 所示。

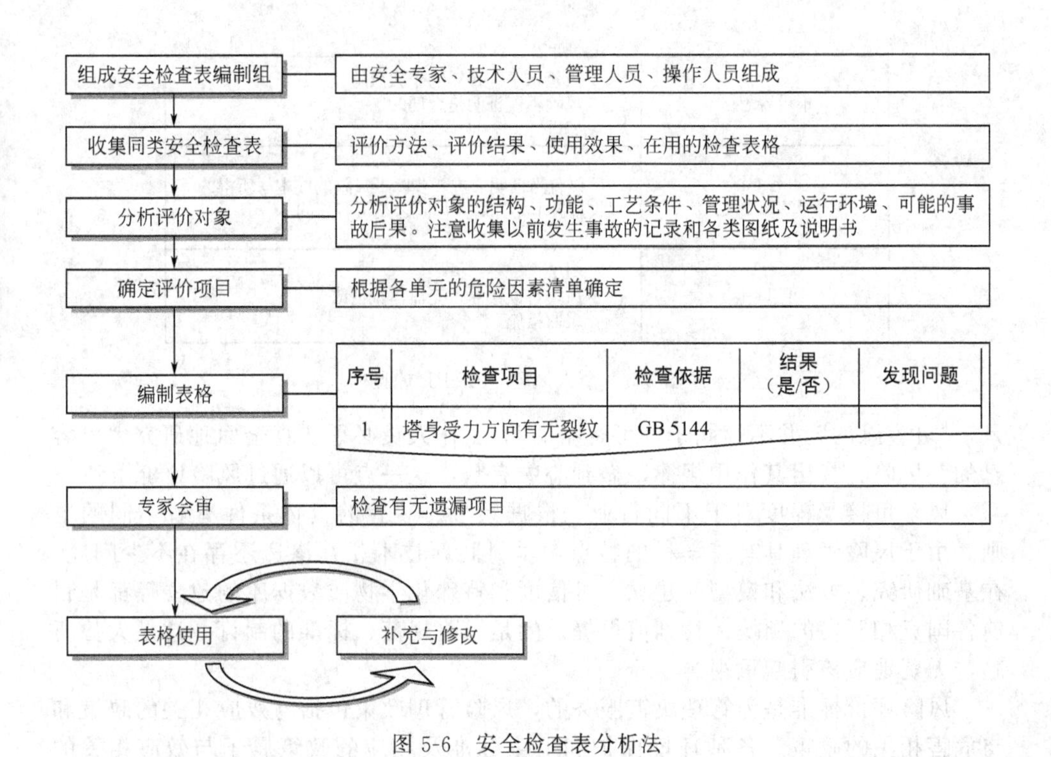

图 5-6 安全检查表分析法

三、风险矩阵分析法

风险矩阵是在项目管理过程中识别风险（风险集）重要性的一种结构性方法，并且还是对项目风险（风险集）潜在影响进行评估的一套方法论。我国将风险矩阵的理论引入了安全评价，并用于安全等级的划分。此处应用时分为 4 级，如表 5-7。

表 5-7 设备单体风险评价分级模型方案

<table>
<tr><td colspan="5">后果严重度 L</td><td colspan="5">概率(可能性)P</td></tr>
<tr><td rowspan="5">等级</td><td colspan="4" rowspan="4">后果定义：特种设备可能发生事故造成的人员伤亡、经济损失、环境危害、社会影响等后果的严重程度</td><td>级别</td><td>1</td><td>2</td><td>3</td><td>4</td></tr>
<tr><td>技术因素</td><td rowspan="4">可能性较小</td><td rowspan="4">可能性一般</td><td rowspan="4">可能性较大</td><td rowspan="4">可能性特大</td></tr>
<tr><td>管理因素</td></tr>
<tr><td>操作运行</td></tr>
<tr><td>人员伤亡</td><td>财产损失</td><td>环境危害</td><td>社会影响</td><td rowspan="5">概率定义：影响设备事故发生可能性相关的因素或变量</td></tr>
<tr><td>1</td><td>一般</td><td>一般</td><td>一般</td><td>一般</td><td>1×1</td><td>1×2</td><td>1×3</td><td>1×4</td></tr>
<tr><td>2</td><td>较大</td><td>较大</td><td>较重</td><td>较重</td><td>2×1</td><td>2×2</td><td>2×3</td><td>2×4</td></tr>
<tr><td>3</td><td>重大</td><td>重大</td><td>严重</td><td>严重</td><td>3×1</td><td>3×2</td><td>3×3</td><td>3×4</td></tr>
<tr><td>4</td><td>特大</td><td>特大</td><td>特大</td><td>特大</td><td>4×1</td><td>4×2</td><td>4×3</td><td>4×4</td></tr>
</table>

四、预先危险性分析（PHA）

预先危险性分析（Preliminary Hazard Analysis）是在设计、施工、生产等活动之前，预先对系统可能存在的危险类别的分析。对事故出现的条件以及导致的后果进行概略的分析，从而避免采用不安全的技术路线，使用危险性物质、工艺和设备，防止由于考虑不周而造成损失。其评价过程如图 5-7 所示。

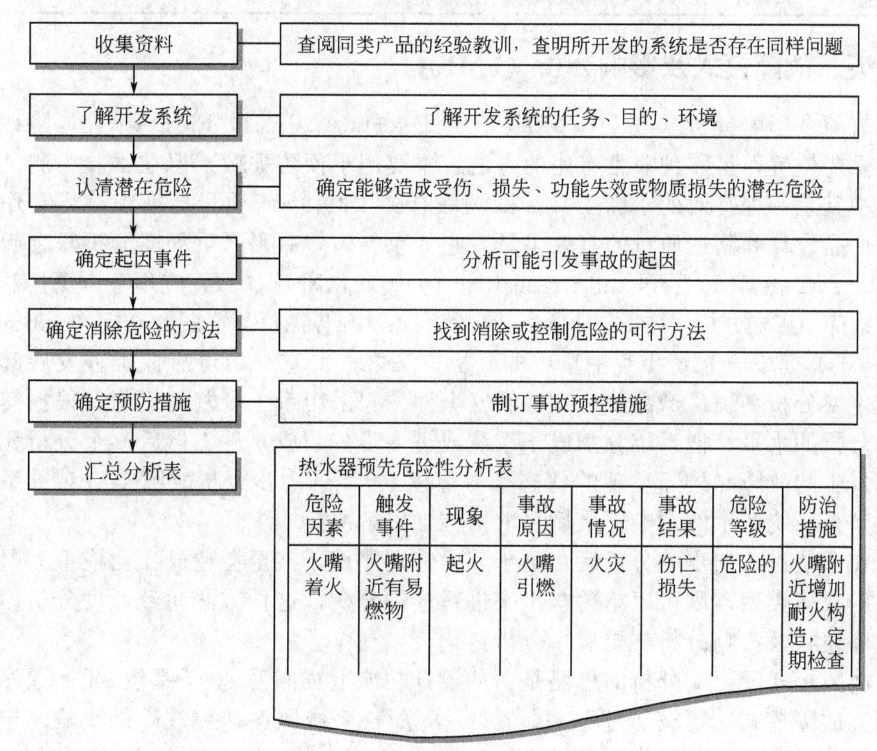

危险因素	触发事件	现象	事故原因	事故情况	事故结果	危险等级	防治措施
火嘴着火	火嘴附近有易燃物	起火	火嘴引燃	火灾	伤亡损失	危险的	火嘴附近增加耐火构造，定期检查

图 5-7　预先危险性分析法

预先危险性分析方法的突出优点有：①由于系统开发时就作危险性分析，从而使得关键和薄弱环节得到加强，使得设计更加合理，系统更加紧固；②在产品加工时采取更加有针对性的控制措施，使得危险部位的质量得到有效控制，最大限度地降低因产品质量造成危险的可能性和严重度；③通过预先危险性分析，对于实际不能完全控制的风险，还可以提出消除危险或将其减少到可接受水平的安全措施或替代方案。

预先危险性分析是一种应用范围较广的定性评价方法。它需要由具有丰富知识和实践经验的工程技术人员、操作人员和安全管理人员经过分析、讨论实施。必要时，可以设计相关检查表，指明查找危险性的范围。危险性查出后，按照其严重性进行分级。分级的标准列于表 5-8 中。

表 5-8　危险性的分级标准

分级	说　明
1 级	安全的
2 级	临界的，处于事故的边缘状态，暂时还不会造成人员伤亡或系统损坏，应予以排除或采取控制措施
3 级	危险状态，会造成人员伤亡或系统破坏，要立即采取措施
4 级	破坏性的，会造成灾难事故，必须予以排除

五、故障模式及影响分析（FMEA）

故障及影响分析（Failure Modes and Effects Analysis，FMEA）在风险评价中占重要位置，是一种非常有用的方法，主要用于预防失效。但在试验、测试和使用中又是一种有效的诊断工具。欧洲联合体 ISO 9004 质量标准中，将它作为保证产品设计和制造质量的有效工具。它如果与失效后果严重程度分析联合起来（Failure Modes，Effects and Criticality Analysis，FMECA），应用范围更广泛。

故障及影响分析（Failure Modes and Effects Analysis）及致命度分析（Criticality Analysis）是安全系统工程中重要的分析方法之一。它是由可靠性工程发展起来的，主要分析系统、产品的可靠性和安全性。它采用系统分割的概念，根据实际需要分析的水平，把系统分割成子系统或进一步分割成元件。然后逐个分析元件可能发生的故障和故障呈现的状态（故障模式），进一步分析故障类型对子系统乃至整个系统产生的影响，最后采取措施加以解决。

在系统进行初步的分析后，对于其中特别严重，甚至会造成死亡或重大财物损失的故障类型，则可以单独拿出来进行详细分析，这种方法叫致命度分析。它是故障模式及影响分析的扩展，分析量化。

故障模式及影响分析的思路是：从设计功能上按照系统-子系统-元件顺序分解研究故障模式，再按逆过程，即元件-子系统-系统顺序研究故障的影响，选择对策，改进设计，其分解步骤见图 5-8。

这种分析方法的特点是从元件的故障开始逐次分析其原因、影响及应采取的对策措施。FMEA 可用在整个系统的任何一级（从航天飞机到设备的零部件），常用于分析某些复杂的关键设备。

六、事件树分析（ETA）

事件树分析（Event Tree Analysis，ETA）是一种从原因推论结果的（归纳的）系统安全分析方法。它在给定一个初因事件的前提下，分析此事件可能导致的后续事件的结果。整个事件序列成树状。

事件树分析法着眼于事故的起因，即初因事件。当初因事件进入系统时，与其相关连的系统各部分和各运行阶段机能的不良状态会对后续的一系列机能维护的成败造成影响，并确定维护机能所采取的动作，根据这一动作把系统分成在安

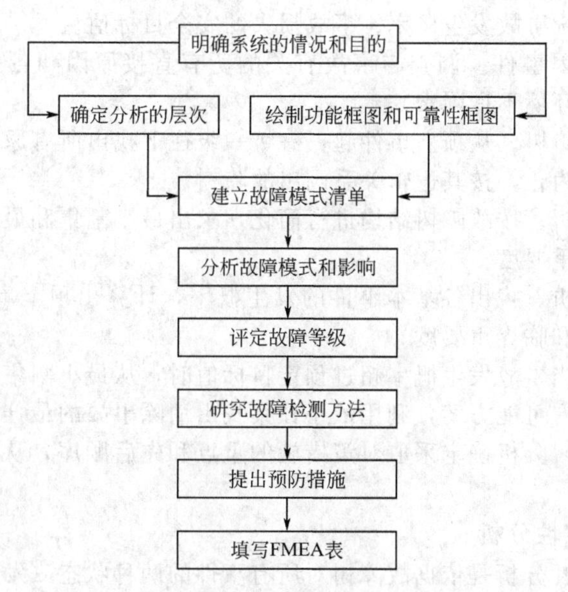

图 5-8 故障模式及影响分析程序框图

全机能方面的成功与失败，并逐渐展开成树枝状。在失败的各分支上，假定发生的故障、事故的种类，分别确定它们的发生概率，并由此求出最终的事故种类和发生概率。其分析步骤大致如下：

① 确定初始事件；

② 判定安全功能；

③ 发展事件树和简化事件树；

④ 分析事件树；

⑤ 事件树的定量分析。

事件树分析适用于多环节事件或多重保护系统的风险分析和评价，既可用于定性分析，也可用于定量分析。

七、故障树分析（FTA）

1. 方法简介

故障树分析（Fault Tree Analysis，FTA）是一种演绎的系统安全分析方法。它是从要分析的特定事故或故障开始，层层分析其发生原因，一直分析到不能再分解为止；将特定的事故和各层原因之间用逻辑门符号连接起来，得到形象、简洁地表达其逻辑关系的逻辑树图形，即故障树。通过对故障树简化、计算达到分析、评价的目的。

2. 故障树分析的基本步骤

（1）确定分析对象系统和要分析的各对象事件（顶上事件）。

（2）确定系统事故发生概率、事故损失的安全目标值。

（3）调查原因事件。调查与事故有关的所有直接原因和各种因素（设备故障、人员失误和环境不良因素）。

（4）编制故障树。从顶上事件起，一级一级往下找出所有原因事件，直到最基本的原因事件为止，按其逻辑关系画出故障树。

（5）定性分析。按故障树结构进行简化，求出最小割集和最小径集，确定各基本事件的结构重要度。

（6）定量分析。找出各基本事件的发生概率，计算出顶上事件的发生概率，求出概率重要度和临界重要度。

（7）结论。当事故发生概率超过预定目标值时，从最小割集着手研究降低事故发生概率的所有可能方案，利用最小径集找出消除事故的最佳方案，通过重要度（重要度系数）分析确定采取对策措施的重点和先后顺序，从而得出分析、评价的结论。

3. 故障树定性分析

故障树的定性分析是依据故障树对所有事件的两种状态（发生与不发生）进行分析的方法，其目的在于根据故障树的结构查明顶上事件的发生途径，确定顶上事件的发生模式、起因及影响程度，为改善系统安全提供可选择的措施。

故障树的定性分析包括确定其最小割集，了解事故发生的可能性；确定其最小径集，从而提出控制事故发生的措施。在此基础上，定性了解各基本事件的结构重要度。

确定最小割集：对于简单的故障树可以直接观察出它的最小割集，一般的故障树则需要借助于具体的方法来求出最小割集。最小割集的求取方法有布尔代数化简法、行列法、结构法、素数法及矩阵法。

确定最小径集：在故障树定性分析和定量分析中，除最小割集外，经常应用的还有最小径集这一概念。其作用与最小割集一样重要。在某些具体条件下，应用最小径集进行故障树分析更为方便。最小径集的求法也有很多种，常用的是根据故障树求其对偶的成功树。成功树的最小径集即为故障树的最小径集。另一种方法是根据布尔函数的和取标准式来求最小径集。

结构重要度分析：一个基本事件或最小割集对顶上事件发生的贡献率称为重要度。重要度分析是从故障树结构上分析各个基本事件的重要程度，即在不考虑各基本事件的发生概率或在各基本事件发生概率都相等的情况下，分析各基本事件的发生对顶上事件的发生所产生影响的大小，是为人们修改系统提供信息的重要手段。结构重要度分析的方法有如下两种方法：一种是求结构重要度系数，根据系数大小排出各基本事件的结构重要度顺序；另一种是利用最小割集或最小径集判断结构重要度系数的大小，并排出结构重要度顺序。第一种方法精确度更高，但如果基本事件较多时，则计算工作量会非常大；第二种精确度稍微差一些，但是操作简单，是目前常用的计算方法。

4. 故障树定量分析

故障树定量分析的任务是在求出各基本事件发生概率的情况下，计算或估算系统顶上事件发生的概率以及系统的有关可靠性特性，并以此为据，综合考虑事故（顶上事件）的损失严重度，并与预定的目标进行比较。如果得到的结果超过了允许目标，则必须采取相应的改进措施，使其降至允许值以下。

在进行定量分析时，应满足如下几个条件：

各基本事件的故障参数或故障率已知，并且数据可靠，否则计算结果误差大；

在故障树中应完全包括主要故障模式；

对全部事件用布尔代数作出正确的描述。

此外，一般还要作 3 点假设：

基本事件之间是相互独立的；

基本事件和顶上事件都只有两种状态：发生或不发生（正常或故障）；

一般情况下，故障分布都假设为指数分布。

进行定量分析的方法很多，这里只介绍几种常用的方法，不在数学上作过多的证明。

(1) 结构函数。结构函数的定义：若故障树有 n 个互不相同的基本事件，每个基本事件只有发生和不发生两种状态，且分别用数值 1 和 0 表示。因此，基本事件 i 的状态可记为：

$$x_i=\begin{cases}1 & \text{基本事件发生}\\0 & \text{基本事件不发生}\end{cases}\qquad i=(1,2,\cdots,n)$$

若故障树有 n 个相互独立的基本事件，则各个基本事件相互组合具有 2^n 种状态。各基本事件状态的不同组合，又构成顶上事件的不同状态。用变量 Φ 表示，则有：

$$\Phi(x)=\begin{cases}1 & \text{顶上事件发生}\\0 & \text{顶上事件不发生}\end{cases}$$

因为顶上事件的状态 Φ 完全取决于基本事件 i 的状态变量 $x_i(i=1,2,\cdots,n)$，所以 Φ 是 x 的函数，即 $\Phi=\Phi(x)$。

结构函数的性质：结构函数 $\Phi(x)$ 具有如下性质：

当事故中的基本事件都发生时，顶上事件必然发生；当所有基本事件都不发生时，顶上事件必然不发生。

当除基本事件 i 以外的其他基本事件固定为某一状态，基本事件 i 由不发生转变为发生时，顶上事件可能维持不发生状态，也可能由不发生转变为发生状态。

由任意故障树描述的系统状态可以用全部基本事件做成“或”结合的故障树表示系统的最劣状态（顶上事件最容易发生），也可以用全部基本事件做成“与”结合的故障树表示系统的最佳状态（顶上事件最难发生）。

(2) 基本事件发生概率。为了计算顶上事件的发生概率，首先是确定各个基本事件的发生概率，这样才可以根据所取得的结果与预定的目标值进行比较。其

次，合理确定基本事件的发生概率既是故障树定量分析的基础工作，也是决定定量分析成败的关键工作。基本事件的发生概率可分为两大类：机械或设备的元件故障概率与人的失误率。

元件故障概率即机械或设备单元的故障概率，可通过其故障概率进行计算。

对一般可修复系统，元件或单元的故障概率为：

$$q=\frac{\lambda}{\lambda+\mu}$$

式中，μ 为可维修度，是反映单元维修难易程度的数量标度。λ 为元件或单元的故障率，是单位时间或周期内故障发生的概率，也是元件平均故障间隔期间（或称平均无故障时间，MTBF）的倒数，即

$$\lambda=\frac{1}{\mathrm{MTBF}}$$

一般，MTBF 由生产厂家给出或通过实验得出。它是元件到故障发生时运行时间 t_i 的算术平均值，即

$$\mathrm{MTBF}=\frac{\sum_{i=1}^{n}t_i}{n}$$

n 为所测元件的个数。元件在实验室条件下测出的故障率为 λ_0，即故障率数据库储存的数据。为准确开展故障树的定量分析，科学地进行定量安全评价，应积累并建立故障率数据库，用计算机进行存储和检索。许多工业发达的国家都建立了故障率数据库，我国也有少数行业开始进行建库工作，但数据还相当缺乏，对此还要进行长期的工作研究。

（3）基本事件的概率重要度和临界重要度分析。故障树的基本事件的重要度，仅仅以结构重要度评价是不够的。因为结构重要度只分析了各基本事件的重要程度，因而它是在忽略了各基本事件发生概率不同影响的情况下，分析各基本事件的重要程度的。在分析各基本事件重要度时，必须考虑各基本事件发生概率的变化对顶上事件发生概率的影响，即对故障树进行定量的概率重要度分析。

利用顶上事件发生概率函数是一个关于基本事件发生概率的多重线性函数这一特性，只要对自变量 q_i 求一次偏导，就可以得到该基本事件的概率重要度系数，即顶上事件发生概率对基本事件 i 发生概率的变化率。

$$I_g(i)=\frac{\partial g}{\partial q_i}$$

式中，I_g 为第 i 个基本事件的概率重要度系数。

基本事件的概率重要度系数只反映了基本事件发生概率改变 Δq 与顶上事件发生变化 Δg 之间的关系，并没有反映基本事件本身的发生概率对顶上事件发生概率的影响。当各基本事件的发生概率不等时，如果将各基本事件发生概率都改变 Δq，则对发生概率大的事件进行这样的改变就比发生概率小的事件来得容易。因此，用基本事件发生概率的变化率（$\Delta q_i/q_i$）与顶上事件发生概率的变化率（$\Delta q_i/g$）比值

来确定事件 i 的重要程度更有实际意义。这个比值称为临界重要度系数，即

$$I_G(i)=\frac{\partial \ln g}{\partial \ln q_i}=\frac{\partial g}{g}/\frac{\partial q_i}{q_i}=\frac{q_i}{g}I_g(i)$$

式中，$I_G(i)$ 表示第 i 个基本事件的临界重要度系数。

5. 故障树分析的特点

故障树分析方法可用于复杂系统和广泛范围的各类系统的可靠性及安全性分析、各种生产实践的安全管理可靠性分析和伤亡事故分析。故障树分析方法能详细查明系统各种固有、潜在的危险因素或事故原因，为改进安全设计、制定安全技术对策、采取安全管理措施和事故分析提供依据。它不仅可以用于定性分析，也可用于定量分析，从数量上说明是否满足预定目标值的要求，从而明确采取对策措施的重点和轻重缓急顺序。

八、因果分析（FTA-ETA）

上两节分别介绍了故障树分析和事件树分析，两者是截然不同的两种分析方法。前者逻辑上称为演绎分析法，是一种静态的微观分析法；后者逻辑上称为归纳分析法，是一种动态的宏观分析法。两者各有优点，也都存在不足之处。为了充分发挥各自之长，尽量弥补各自之短，从而提出了两者结合的分析方法——因果分析。

1. 因果图

因果分析的第一步是从某一初因事件起作出事件树图。第二步是将事件树的初因事件和失败的环节事件作为故障树的顶上事件，分别作出故障树图。第三步是根据需要和取得的数据进行定性或定量的分析，进而得到对整个系统的安全性评价。第一、二步所完成的图形称为因果图，图 5-9 就是以某工厂电动机过热为初因事件的因果图。

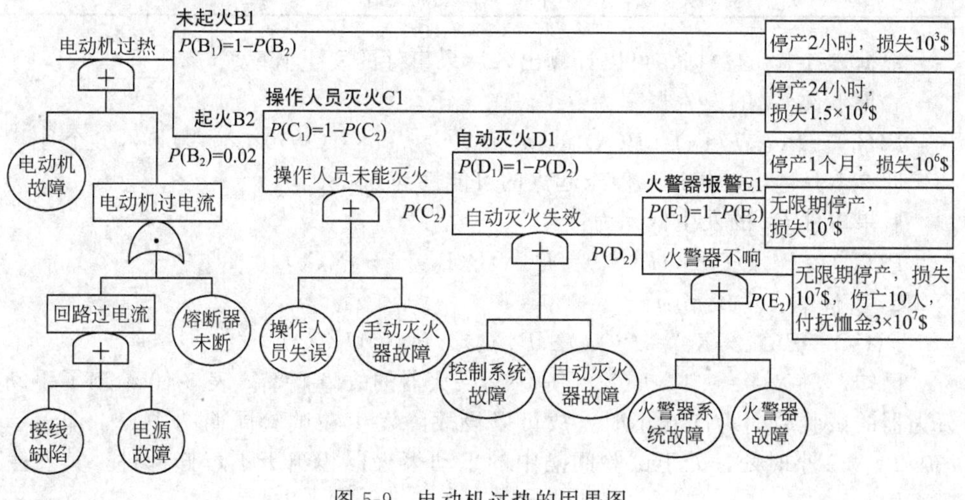

图 5-9 电动机过热的因果图

第五章 风险评价方法

2. 因果分析与评价

电动机过热经分析可能引起5种后果（$G_1 \sim G_5$），这5种后果在图5-9右侧矩形方框内中作了说明。关于各种后果的损失，经分析如表5-9所示。

表5-9　电动机过热各种后果的损失　　单位：美元

后果	直接损失①	停工损失②	总损失 S_i
G_1	10^3	2×10^3	3×10^3
G_2	1.5×10^4	24×10^3	3.9×10^4
G_3	10^6	744×10^3	1.744×10^6
G_4	10^7	10^7	2×10^7
G_5	4×10^7	10^7	5×10^7

① 直接损失是指直接烧坏及损坏造成的财产损失。而对于G_5，则包括人员伤亡的抚恤费。

② 停工损失是指每停工1小时估计损失1000美元，G_1停工2小时；G_2停工1天；G_3停工1个月，按31天算；G_4、G_5均无限期停工，其损失约为10^7美元。

为计算初因事件和各失败的环节事件的发生概率，给出下列有关参数（见表5-10）。

表5-10　各事件的有关参数

事件	有关参数
A	A发生概率 $P(A)=0.088/6$ 个月（电动机大修周期＝6个月）
B_2	起火概率 $P(B_2)=0.02$（过热条件下）
C_2	操作人员失误概率 $P(X_5)=0.1$
	手动灭火器故障 X_6，$\lambda_6=10^{-4}$/小时，$T_6=730$ 小时（T_6 为手动灭火器的试验周期）
D_2	自动灭火控制系统故障 X_7，$\lambda_7=10^{-5}$/小时，$T_7=4380$ 小时
	自动灭火器故障 X_8，$\lambda_8=10^{-5}$/小时，$T_8=4380$ 小时
E_2	火警器控制系统故障 X_9，$\lambda_9=5\times10^{-5}$/小时，$T_9=2190$ 小时
	火警器故障 X_{10}，$\lambda_{10}=10^{-5}$/小时，$T_{10}=2190$ 小时

根据表5-10的数据，可以计算出各后果事件的发生概率。

后果事件G_1的发生概率为：

$$P(G_1)=P(A)P(B_1)=P(A)[1-P(B_2)]=0.088\times(1-0.02)=0.086/6\text{ 个月}$$

即6个月内电动机过热但未起火的可能性为0.086。

后果事件G_2的发生概率为：

$$P(G_2)=P(A)P(B_2)P(C_1)=P(A)P(B_2)[1-P(C_2)]$$

C_2事件的发生概率为：

$$P(C_2)=P(X_5+X_6)=P(X_5)+P(X_6)-P(X_5)P(X_6)$$

已知，$P(X_5)=0.1$，$P(X_6)$是手动灭火器的故障概率。表5-10给出了手动灭火器的试验周期为730小时，故可以设故障发生在试验周期的中点，即$t_6=730/2=365$小时处，处于试验间隔中的手动灭火器相当于不可修部件，其发生概率为：

$P(G_6)=\lambda_6 t_6=10^{-4}\times 365=365\times 10^{-4}$

$P(C_2)=P(X_5)+P(X_6)-P(X_5)P(X_6)=0.1+365\times 10^{-4}-0.1\times 365\times 10^{-4}$
$=0.13285$

$P(G_2)=P(A)P(B_2)[1-P(C_2)]=0.088\times 0.02\times(1-0.13285)$
$=0.001526184/6$ 个月

后果事件 G_3 的发生概率为：

$P(G_3)=P(A)P(B_2)P(C_2)P(D_1)=P(A)P(B_2)P(C_2)[1-P(D_2)]$

D_2 事件发生概率 $P(D_2)$ 可以仿照上述 $P(C_2)$ 的处理方法。

自动灭火控制系统工作时间 $t_7=T_7/2=4380/2=2190$ 小时

自动灭火控制系统故障概率

$P(X_7)=\lambda_7 t_7=10^{-5}\times 2190=0.0219$

$P(X_7)=P(X_8)=0.0219$

$P(D_2)=P(X_7)+P(X_8)-P(X_7)P(X_8)=0.0219+0.0219-0.0219\times 0.0219$
$=0.04332039$

$P(G_3)=P(A)P(B_2)P(C_2)[1-P(D_2)]$
$=0.088\times 0.02\times 0.13285\times(1-0.04332039)=0.000223686/6$ 个月

后果事件 G_4 的发生概率为

$P(G_4)=P(A)P(B_2)P(C_2)P(D_2)P(E_1)$
$=P(A)P(B_2)P(C_2)P(D_2)[1-P(E_2)]$

同样 $P(E_2)=P(X_9)+P(X_{10})-P(X_9)P(X_{10})$

$P(X_9)=\lambda_9 t_9=\lambda_9 T_9/2=5\times 10^{-5}\times 2190/2=0.05475$

$P(X_{10})=\lambda_{10} t_{10}=\lambda_{10} T_{10}/2=10^{-5}\times 2190/2=0.01095$

$P(E_2)=P(X_9)+P(X_{10})-P(X_9)P(X_{10})$
$=0.05475+0.01095-0.05475\times 0.01095$
$=0.065100488$

$P(G_4)=P(A)P(B_2)P(C_2)P(D_2)[1-P(E_2)]$
$=0.088\times 0.02\times 0.13285\times 0.04332039\times(1-0.065100488)$
$=0.000009469/6$ 个月

$P(G_5)=P(A)P(B_2)P(C_2)P(D_2)P(E_2)$
$=0.088\times 0.02\times 0.13285\times 0.04332039\times 0.065100488)$
$=0.000000659/6$ 个月

各种后果事件的发生概率和损失大小均已知道，便可求 i 后果事件的风险率（或称损失率）：

$$R_i=P_i S_i$$

于是，可得到各种后果事件的发生概率、损失大小（严重）和风险率表。见表 5-11。

按表 5-11 中数据可画出电动机过热各种后果的风险评价图，见图 5-10。

表 5-11 各种后果事件的发生概率、损失大小和风险率

后果事件 G_i	损失大小 S_i/美元	发生概率 P_i/(1/6 个月)	风险率 R_i/(美元/6 个月)
G_1	3×10^3	0.086	258
G_2	3.9×10^4	0.001526184	59.52
G_3	1.744×10^6	0.000223686	390.11
G_4	2×10^7	0.000009469	189.38
G_5	5×10^7	0.000000659	32.95
累计			29.96 美元/6 个月＝1859.92 美元/年

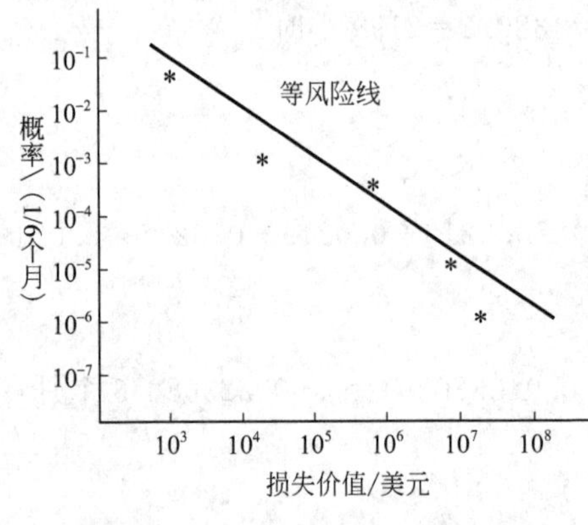

图 5-10 电机过热的风险评价曲线

这是英国教授法默（Farmer）最早提出的，因此这个图又称为法默风险评价图。图中斜线表示风险率为 300 美元/6 个月的等风险线。如果设计要求所有后果事件均不得超过这个风险率，那么这个系统除 G_3 以外都达到了安全要求，不需再调整。对于 G_3，则应对有关安全设施或系统本身重新进行安全性可靠性分析，提出相应措施，使其降至 300 美元/6 个月以下。如果从整体考虑，各后果事件的风险率总和不超过 1000 美元/6 个月为允许的风险率的话，亦可认为此系统及其安全设施是可以接受的，或称其为安全的。

九、可操作性研究（OS）

1. 可操作性研究概念

1974 年，英国帝国化学工业公司（ICI）开发的可操作性研究（Operability Study，简称 OS）方法是在设计开始和定型阶段发现潜在危险性和操作难点的一种方法，在许多化工厂实践后，证明有效。

在设计过程中，如果从开始就注意消除系统的危险性，无疑能提高工厂生产后的安全性和可靠性。但是仅靠设计人员的经验和相应的法规标准，很难达到完全消除危险性的目的。特别是对于操作条件严格、工艺过程复杂的工厂，需要寻求新的方法，在设计开始时能对建议的工艺流程在安全方面进行预审定，在设计终了时能对工艺详细图纸进行详细的有关安全的校核。

2. 可操作性研究分析方法

可操作性研究的含义就是“对危险性的严格检查”，其理论依据就是“工艺流程的状态参数（温度、压力、流量等）一旦与设计规定的条件发生偏离就会出现问题或出现危险性”。可操作性研究就是从中间过程分析事故原因和结果的方法。

用这种方法对工艺过程进行全面考察，对其中的每一部分提出问题，了解该处在运转时会出现哪些参数和设计规定要求不一致，即所谓发生了偏差。进一步追问它的出现是由于什么原因？会产生什么结果？怎样着手从中间过程分析呢？当然不能漫无边际地提问题，而是要有一个提纲，这个提纲要能简明地概括中间状态的全部内容。由此提出了表示状态的“关键字”概念。表5-12中所列的几个关键字，基本上能概括所有出现偏差的情况。

表5-12　OS分析方法的关键字及其意义和说明

关键字	意　义	说　明
否(NO或NOT)	完全实现不了设计规定的要求	该部分未发生设计所要求的事件。例如,设计中管内应有流体流动,但实际上管内没有流体流动
多(MORE)	比设计规定的标准增加了	在量的方面有所增加,如比设计规定过高的温度、压力、流量等
少(LESS)	比设计规定的标准减少了	在量的方面有所减少,如比设计规定过低的温度、压力、流量等
以及(AS WELL AS)	质的变化	虽然可达到设计和运转的要求,但在质的方面有所变化,如出现其他的组分或不希望的相(phase)
部分(PART OF)	数量和质量均有下降的变化	仅能达到设计和运转的部分要求,例如组分标准下降
反向(REVERSE)	出现与设计和运转要求相反的情况	如发生逆流、逆反应等
其他(OTHER)	出现了不同的事件	发生了不同的事件,完全不能达到设计和运转标准的要求

十、致命度分析（CA）

对于特别危险的故障模式，如故障等级等于Ⅰ级的故障模式，有可能导致人命伤亡或系统损坏，因此对这类元件要特别注意，可采用称为致命度的分析方法（CA）进一步分析。

美国汽车工程师学会（SAE）把故障致命度分成表5-13中的4个等级。

表5-13　致命度等级与内容

等级	内容	等级	内容
Ⅰ	有可能丧失生命的危险	Ⅲ	涉及运行推迟和损失的危险
Ⅱ	有可能使系统损坏的危险	Ⅳ	造成计划外维修的可能

致命度分析一般都和故障模式影响分析合用。使用下式计算出致命度指数C_r，它表示元件运行10^6小时（次）发生故障的次数。

$$C_r=\sum_{i=1}^{n}(10^6\alpha\beta k_A k_B \lambda_G t)$$

式中，C_r为致命度指数，表示相应系统元件每100万次或100万件产品中运行造成系统故障的次数；n为元件的致命性故障模式总数，$n=1,2,\cdots,j$；j为致命性故障模式的第j个序号；λ_G为元件单位时间或周期的故障率；k_A为元件λ_G

的测定与实际运行条件强度修正系数；k_B 为元件 λ_G 的测定与实际行动条件环境修正系数；t 为完成一项任务，元件运行的小时数或周期数；α 为致命性故障模式与故障模式之比，即致命性故障模式所占比例；β 为致命性故障模式发生并产生实际影响的条件概率。

单位调整系数将 C_r 值由每工作一次的损失率换算为每工作次的损失换算系数，经此换算后 $C_r>1$。致命度分析基本方法见表 5-14。

表 5-14 致命度分析表格

系统——致命度分析　　　　日期——

制表——

子系统　　　　主管——

项目编号	致命故障			致命度计算									
	故障类型	运行阶段	故障影响	项目数	k_A	k_B	λ_G	故障率数据来源	运转时间或周期	可靠性指数	α	β	C_r

十一、危险和可操作性研究（HAZOP）

Hazop 中文可以称之为危险与可操作性研究，最早由 ICI（Imperial Chemical Industries）于 20 世纪 60 年代发展起来。Hazop 由 Hazop 研究小组来执行。Hazop 的基本步骤就是对要研究的系统作一个全面的描述，然后用引导词作为提示，系统对每一个工艺过程进行提问，以识别出与设计意图不符的偏差。当识别出偏差以后，就要对偏差进行评价，以判断出这些偏差及其后果是否会对工厂的安全和操作效率有负面作用，然后采取相应的补救行动。

Hazop 研究的主要工具是引导词，它和具体的工艺参数相结合，开发出偏差：

$$引导词+工艺参数=偏差$$

1. Hazop 引导词

Hazop 是一种系统地提出问题和分析问题的研究方法，其一个本质的特征就是使用引导词，用引导词把 Hazop 小组成员的注意力都集中起来，使小组成员致力寻找到偏差和可能引起偏差的原因。

表 5-15 列出了一些最基本的引导词。

表 5-15 引导词

引导词	含　义	备　注
不或没有(No/none)	跟设计意图完全相反	任何意图都实现不了，但孔洞有任何事情发生
更多(More)	一些指标数量上的增加，比如温度增加	主要指数量+适当的物理量(如流量、温度以及“加热”和“反应”)
更少(Less)	一些指标数量上的减少	
以及(As well as)	定性增加	所有的设计与操作意图均与其他的活动一起获得
部分(Part of)	定性减少	仅仅有一部分意图能够实现，一些不能

续表

引导词	含义	备注
反向(Reverse)	与原来意图逻辑上相反	多数用于活动,例如相反的流量或反应,也可以用于物质
除了(Other than)	完全替代	没有任何原来的意图可以实现

引导词通常与一系列的工艺参数结合起来一起用，每个引导词都有适用的范围，并不是每个引导词都适用于所有的过程，它与工艺参数的结合必须有一定的意义，即可判断出过程偏差。

各引导词适用的工艺参数见表 5-16。

表 5-16 引导词适用的工艺参数

引导词	工艺参数	引导词	工艺参数
No/none	流量、容量、水平	Part of	信号、浓度
More	流量、压力、温度、黏度	Reverse	流量
Less	流量、压力、温度、黏度	Other than	浓度、信号
As well as	信号、浓度		

比如说，考虑的过程变量是温度的话，只有引导词 more 或 less 与温度结合才有可能判断出过程偏差。

2. 进行 Hazop 研究

从前面各节对 Hazop 的描述中可以看出，Hazop 主要是 Hazop 小组利用引导词作为提示，和工艺参数相结合，从而判断出与设计意图不吻合的各种偏差。

引导词保证作为一个系统整体的各个工厂部分都要研究到，并且要考虑到与设计意图相违背的各种可能的偏差。

下面 7 个步骤是在 Hazop 研究中反复进行的，直到 Hazop 研究完成。

① 应用一个引导词；

② 开发偏差；

③ 列出可能引发偏差的原因；

④ 列出偏差可能引起的后果；

⑤ 考虑危险或可操作性的问题；

⑥ 定义要采取的行动；

⑦ 对所进行的讨论和所做的决定作记录。

3. Hazop 结果的记录

Hazop 研究的结果应由 Hazop 记录员精确地记录下来。有两种记录方法：选择性记录和完全记录。在 Hazop 研究方法的早期，主要用的记录方法是选择性记录，这种记录方法的原则是只记录那些比较显著的危险和操作性后果的偏差，而不是所有被讨论的主题。这是因为在早期，这些记录资料主要是在公司内部使用，而且早期记录主要是手工记录，这种记录方法也提高了记录的效率，节省了时间。

完全记录就是记录下 Hazop 会议中所有被讨论的议题，即使是那些小组认为无关紧要的问题。完全记录可以向公司以外的第三方说明公司已经进行了严格的 Hazop 研究。现在由于有了计算机，利用软件可以实时地记录下 Hazop 会议小组所讨论的各种问题，以前手工时代所顾虑的时间和效率问题都得到了解决，也使得完全记录变得实际可行。Hazop 小组必须按照图 5-11 所给顺序来进行 Hazop。

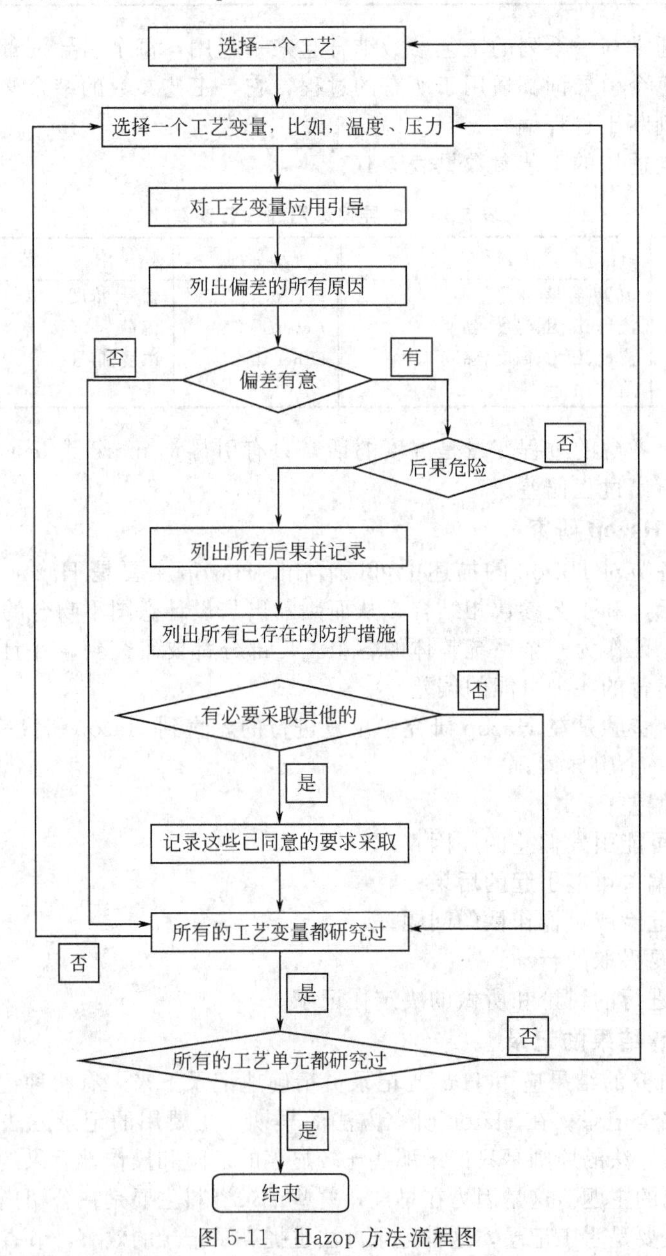

图 5-11 Hazop 方法流程图

第五节　风险评价方法

一、风险评价方法概述

根据系统的复杂程度，可以采用定性、定量或半定量的评价方法。具体采用哪种评价方法，还要根据行业特点以及其他因素进行确定。但无论采用哪种方法，都有相当大的主观因素，都难免存在一定的偏差和遗漏。各种风险评价方法都有它的特点和适用范围。

1. 定性评价方法

定性评价方法主要是根据经验和判断对生产系统的工艺、设备、环境、人员、管理等方面的状况进行定性的评价。比如安全检查表、预先危险性分析、失效模式和后果分析、危险可操作性研究、事件树分析法、故障树分析法、人的可靠性分析方法等都属于此类。这类方法在企业安全管理工作中被广泛使用，主要是因为其简单、便于操作，评价过程及结果直观。但是这类方法含有相当高的主观和经验成分，带有一定的局限性，对系统危险性的描述缺乏深度。

2. 半定量评价法

半定量评价法包括概率风险评价方法（LEC）、打分的检查表法、MES 法等。这种方法大都建立在实际经验的基础上，合理打分，根据最后的分值或概率风险与严重度的乘积进行分级。由于其可操作性强，且还能依据分值有一个明确的级别，因而也广泛用于地质、冶金、电力等领域。因化工、煤矿、航天等行业的系统复杂，不确定性因素太多，对于人员失误的概率估计困难，故难以应用。

打分的检查表法的操作顺序同前面所述的检查表法，但在评价结果时不是用“是/否”，而是根据标准的严与宽给出标准分，根据实际的满足情况打出具体分，即安全检查表的结果一栏被分成两栏，一栏是标准分，另一栏是实得分。由于有了具体数值，因此就可以实现半定量评价。

这种评价计分法是把安全检查表所有的评价项目，根据实际检查结果，分别给予“优”、“良”、“可”、“差”等定性等级的评定，同时赋予相应的权重（如4、3、2、1），累计求和，从而得出实际评价值，即：

$$S=\sum_{I=1}^{n} f_I g_I$$

式中，f_I 为评价等级的权重系数；g_I 为在总 N 项中取得某一评价等级的项数和；n 为评价等级数。

依据实际要求，在最高目标值（N 项都为“优”时的 S 值 S_{max}）与最低目标值（N 项都为“差”时的 S 值 S_{min}）之间分成若干等级，根据实际的 S 值所属的等级来确定系统的实际安全等级。

3. 定量评价方法

定量评价方法是根据一定的算法和规则对生产过程中的各个因素及相互作用的关系进行赋值，从而算出一个确定值的方法。若规则明确、算法合理，且无难以确定的因素，则此方法的精度较高且不同类型评价对象间有一定的可比性。

美国道（DOW）化学公司的火灾、爆炸指数法，英国帝国化学公司蒙德工厂的蒙德评价法，日本的六阶段风险评价方法和我国化工厂危险程度分级方法，我国易燃、易爆、有毒危险源评价方法均属此类。

二、LEC评价法

这是一种评价具有潜在危险性环境中作业时的危险性半定量评价方法。它是用与系统风险率有关的 3 种因素指标值之积来评价系统人员伤亡风险大小的，这 3 种因素是：L——发生事故的可能性大小；E——人体暴露在这种危险环境中的频繁程度；C——一旦发生事故会造成的损失后果。但是，要取得这 3 种因素的科学准确的数据，却是相当繁琐的过程。为了简化评价过程，采取半定量计值法，给 3 种因素的不同等级分别确定不同的分值，再以 3 个分值的乘积 D 来评价危险性的大小。即：$D=LEC$。

D 值大，说明该系统危险性大，需要增加安全措施，或改变发生事故的可能性，或减少人体暴露于危险环境中的频繁程度，或减轻事故损失，直至调整到允许范围。

L——发生事故的可能性大小。事故或危险事件发生的可能性大小，当用概率来表示时，绝对不可能的事件发生的概率为 0，必然发生的事件的概率为 1。然而，在作系统安全考虑时，绝不发生事故是不可能的，所以人为地将“发生事故可能性极小”的分数定为 0.1，将必然要发生的事件的分数定为 10，介于这两种情况之间的情况指定了若干个中间值，如图 5-12 所示。

E——暴露于危险环境的频繁程度。人员出现在危险环境中的时间越多，则危险性越大。规定经常出现在危险环境的情况定为 10，非常罕见地出现在危险环境中定为 0.5。同样，将介于两者之间的各种情况规定若干个中间值，如图 5-12 所示。

C——发生事故产生的后果。事故造成的人身伤害变化范围很大，对伤亡事故来说，可从极小的轻伤到多人死亡的严重结果。由于范围广阔，所以规定分数值为 1～100，把需要救护的轻微伤害规定分数为 1，把造成多人死亡的可能性分数规定为 100，其他情况的数值均在 1 与 100 之间，如图 5-12 所示。

D——危险性分值。根据公式就可以计算作业的危险程度，但关键是如何确定各个分值和总分的评价。根据经验，总分在 20 以下是被认为低危险的，这样的危险比日常生活中骑自行车去上班还要安全些；如果危险分值到达 70～160，那就有显著的危险性，需要及时整改；如果危险分值在 160～320，那么这是一种必须立即采取措施进行整改的高度危险环境；分值在 320 以上的高分值表示环境非常危险，应立即停止生产直到环境得到改善为止。危险等级的划分是凭经验判断进行的，难免带有局限性，所以不能认为是普遍适用的，应用时需要根据实际情况予以修正。危险等级划分如图 5-12 所示。

$D=LEC$

分数值	事故发生的可能性(L)	分数值	人员暴露于危险环境的频繁程度(E)
10	完全可以预料到	10	连续暴露
6	相当可能	6	每天工作时间暴露
3	可能，但不经常	3	每周一次，或偶然暴露
1	可能性小，完全意外	2	每月一次暴露
0.5	很不可能，可以设想	1	每年几次暴露
0.2	极不可能	0.5	非常罕见的暴露
0.1	实际不可能		

分数值	事故严重度/万元	发生事故可能造成的后果(C)
100	>500	大灾难，许多人死亡，或造成重大财产损失
40	100	灾难，数人死亡，或造成很大财产损失
15	30	非常严重，1人死亡，或造成一定的财产损失
7	20	严重，重伤，或较小的财产损失
3	10	重大，致残，或很小的财产损失
1	1	引人注目，不利于基本的安全卫生要求

危险性分级依据

危险源级别	D值	危险程度
一级	>320	极其危险，不能继续作业
二级	160～320	高度危险，需要立即整改
三级	70～160	显著危险，需要整改
四级	20～70	一般危险，需要注意
五级	<20	稍有危险，可以接受

图 5-12　LEC 分级法

评价实例

某涤纶化纤厂在生产短丝过程中有一道组件清洗工序，为了评价这一操作条件的危险度，确定每种因素的分数值如下。

事故发生的可能性（L）：组件清洗所使用的三甘醇属四级可燃液体，如加热至沸点时，其蒸气爆炸极限范围为 0.9%～9.2%，属一级可燃蒸气。组件清洗时，需将三甘醇加热后使用，致使三甘醇蒸气容易扩散的空间，如室内通风设备不良，具有一定的潜在危险，属“可能，但不经常”，其分数值 $L=3$。

暴露于危险环境的频繁程度（E）：清洗人员每天在此环境中工作，取 $L=6$。

发生事故产生的后果（C）：如果发生燃烧爆炸事故，后果将是非常严重的，

可能造成人员的伤亡，取 $C=15$。则有：

$$D=LEC=3\times6\times15=270$$

评价结论：270 分处于 160～320。危险等级属“高度危险，需立即整改”的范畴。

三、MES 评价法

MES 分级方法如图 5-13 所示。

$R=MES$

分数值	控制措施的状态 (M)	分数值	人员暴露于危险环境的频繁程度(E)
5	无控制措施	10	连续暴露
3	有减轻后果的应急措施，包括警报系统	6	每天工作时间暴露
1	有预防措施，如机器防护装置等	3	每周一次，或偶然暴露
		2	每月一次暴露
		1	每年几次暴露
		0.5	非常罕见的暴露

事故后果 (S)

分数	伤害	职业相关病症	设备财产损失	环境影响
10	有多人死亡		>1亿元	有重大环境影响的不可控排放
8	有一人死亡	职业病（多人）	1千万～1亿	有中等环境影响的不可控排放
4	永久失能	职业病（一人）	100万～1000万	有较轻环境影响的不可控排放
2	需医院治疗，缺工	职业性多发病	10万～100万	有局部环境影响的可控排放
1	轻微，仅需急救	身体不适	<3万	无环境影响

分级依据: $R=MES$

分级	有人身伤害的事故(R)	单纯财产损失事故(R)
一级	>180	30～50
二级	90～150	20～24
三级	50～80	8～12
四级	20～48	4～6
五级	<18	<3

图 5-13 MES 分级法

该方法将风险程度（R）表示为：$R=LS$。其中，L 表示事故发生的可能性；S 表示事故后果。人身伤害事故发生的可能性主要取决于人体暴露于危险环境的概率 E 和控制措施的状态 M。对于单纯的财产损失事故，不必考虑暴露问题，只考虑控制措施的状态 M 即可。

MES 的适用范围很广，不受专业的限制，可以看作是它对 LEC 评价方法的改进。

四、MLS 评价法

该法由中国地质大学马孝春博士设计，是对 MES 和 LEC 评价方法的进一步改进。经过与 LEC、MES 法对比，该方法的评价结果更贴近于真实情况。该方法的评价方程式为：

$$R=\sum_{i=1}^{n}M_iL_i(S_{i1}+S_{i2}+S_{i3}+S_{i4})$$

式中，R 为危险源的评价结果，即风险，无量纲；n 为危险因素的个数；M_i 为对第 i 个危险因素的控制与监测措；L_i 为作业区域的第 i 种危险因素发生事故的频率；S_{i1} 为由第 i 种危险因素发生事故所造成的可能的一次性人员伤亡损失；S_{i2} 为由于第 i 种危险因素的存在，所带来的职业病损失（S_{i2} 即使在不发生事故时也存在，按一年内用于该职业病的治疗费来计算）；S_{i3} 为由第 i 种危险因素诱发的事故造成的财产损失；S_{i4} 为由第 i 种危险因素诱发的环境累积污染及一次性事故的环境破坏所造成的损失。

MLS 评价方法充分考虑了待评价的各种危险因素及由其所造成的事故严重度。在考虑了危险源固有危险性外，还有反映对事故是否有监测与控制措施的指标。对事故的严重度的计算考虑了由于事故所造成的人员伤亡、财产损失、职业病、环境破坏的总影响，客观再现了风险产生的真实后果：一次性的直接事故后果及长期累积的事故后果。MLS 法比 LEC 法和 MES 法更加贴近实际，更加易于操作，在实际评价中也取得了较好效果，值得在实践中推广。

五、道化学火灾、爆炸危险指数评价法

该方法是对工艺装置及所含物料的潜在火灾、爆炸和反应性危险逐步推算和客观评价，其定量依据是以往事故的统计资料、物质的潜在能量和现行安全防灾措施状况。

评价方法及流程如图 5-14 所示。

在进行风险分析时，需准备的资料包括：准确的装置设计方案、工艺流程图。

道化学火灾、爆炸指数评价法包括以下表格：

（1）道化学火灾、爆炸指数计算表。该表对一般工艺、特殊工艺中的危险物质指定了危险系数范围，可参照选取。

（2）安全措施补偿系数表。对工艺控制安全补偿系数、物质隔离安全补偿系

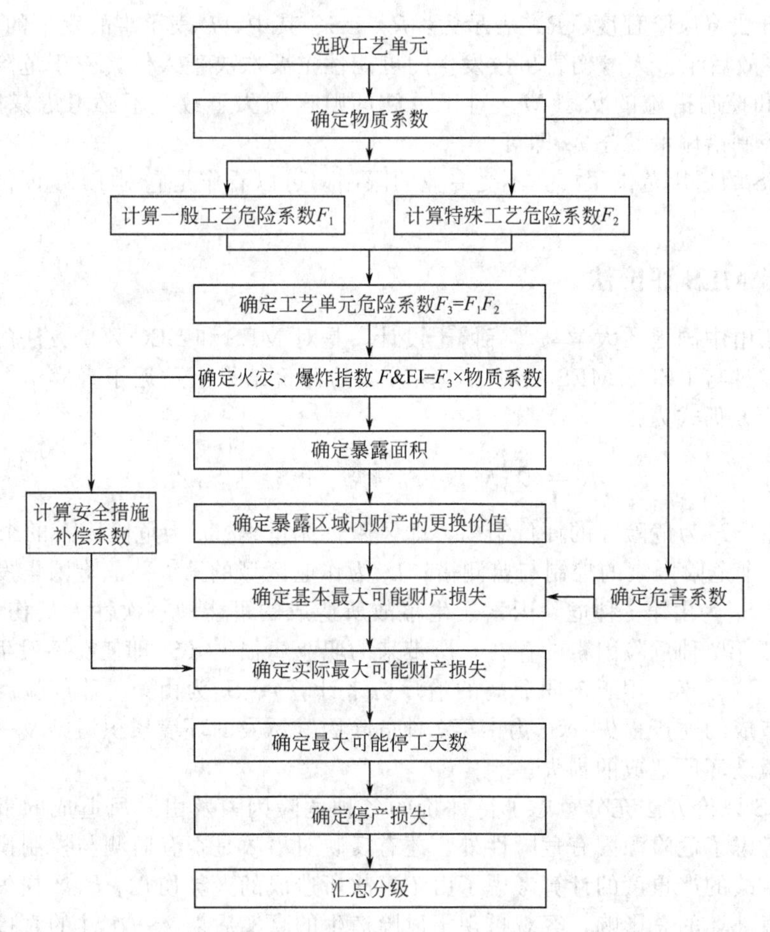

图 5-14　道化学火灾、爆炸危险指数评价法

数、防火设施安全补偿系数的补偿范围给出了参考值。总的补偿系数为以上 3 者之积。

(3) 工艺单元风险分析汇总表。在此表中须填写工艺单元内的火灾与爆炸指数、暴露半径、暴露面积、暴露区内财产价值、危害系数、基本最大可能财产损失、安全措施补偿系数、实际最大可能财产损失、最大可能停工天数、停产损失。

(4) 生产装置风险分析汇总表。对各工艺单元的风险损失进行汇总。

(5) 工艺设备及安装成本表。道化学火灾、爆炸指数评价法是较为成熟、使用面最广的评价方法。基本上所有的国家都有企业采用这种方法进行化学品的危险性评价。另外，我国的易燃、易爆、有毒类危险源的评价方法也是在充分吸收道化学评价法的优点上，考虑到中国国情而改造的一种评价方法。

由于道化学评价方法融合了化学专业的多种理论、跨国企业的成功经验，所以能客观地量化潜在的火灾、爆炸和反应性事故的预期损失，能确定可能引起事故的设备，具有较高权威性。该方法特别适于管理到位、资料充分、系统复杂的大型化工企业。目前，中国的许多中小型化工企业还没有完全采取这种方法，其中一个原因是该方法在评价时较为繁锁、评价周期太长，另外的一个重要原因是许多企业不注重数据采集与设备档案管理工作，不能充分提供所要求的数据。

六、帝国化学公司蒙德部火灾、爆炸、毒性指数评价法

帝国化学公司蒙德部火灾、爆炸、毒性指数评价法又称蒙德法，是在道化学火灾、爆炸危险指数评价法基础上补充发展的评价方法。其应用范围也是化工行业。其评价程序如图 5-15。

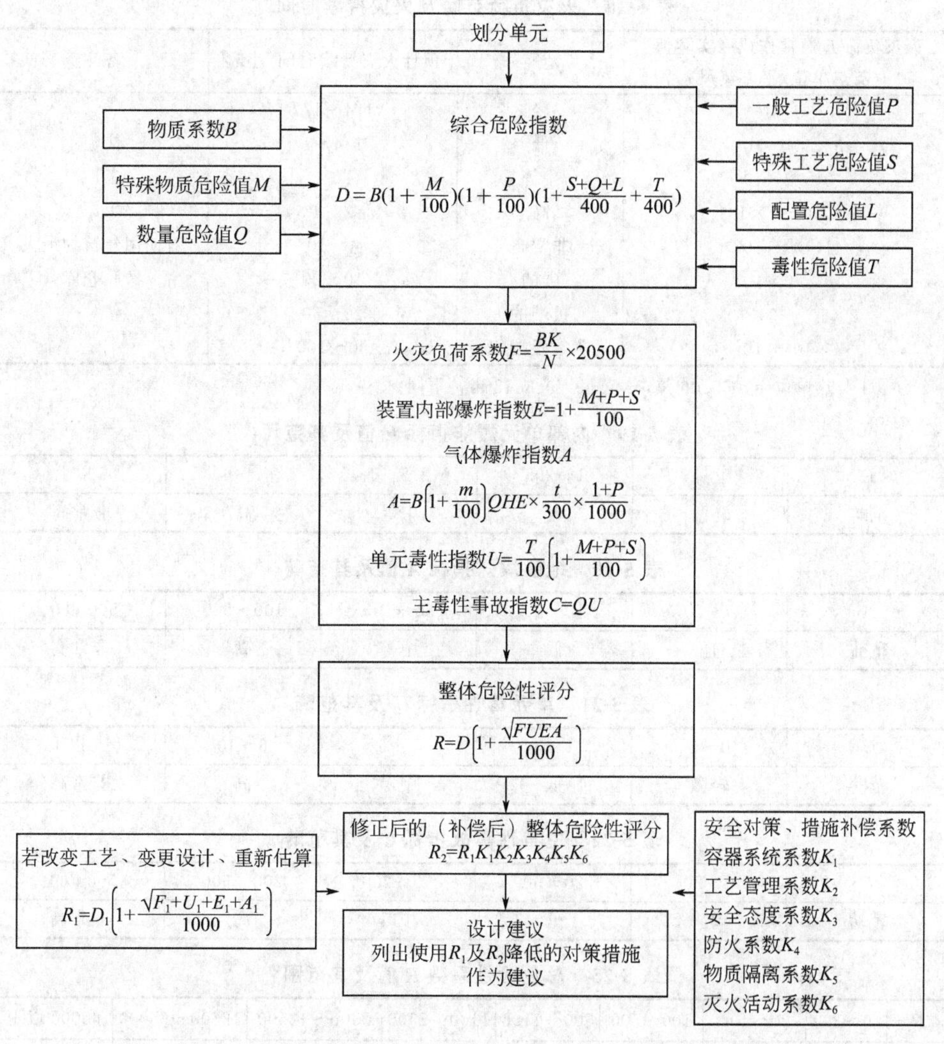

图 5-15　帝国化学公司蒙德部火灾、爆炸、毒性指数评价

帝国化学公司蒙德火灾、爆炸、毒性指数法计算的指标包括：DOW/ICI 总指标、火灾潜在性的评价、爆炸潜在性的评价（包括内部单元爆炸指标、地区爆炸指标）、毒性危险性评价及总危险性系数。各指标值及其范畴分别见表 5-17～表 5-23。

表 5-17　DOW/ICI 总指标的范围及危险性程度

D 值范围	0～20	20～40	40～60	60～75	75～90	90～115	115～150	150～200	＞200
全体危险性程度	缓和的	轻度的	中等的	稍重的	重的	极端的	非常极端的	潜在灾难性的	高度灾难性的

表 5-18　火灾负荷范畴及火灾持续时间

火灾负荷 *F* 通常作业区实际值/（英热单位/平方英尺）	范畴	预计火灾持续时间/小时	备注
$0\sim5\times10^4$	轻	1/4～1/2	
$5\times10^4\sim10^5$	低	1/4～1	住宅
$10^5\sim2\times10^5$	中等	1～2	工厂
$2\times10^5\sim4\times10^5$	高	2～4	工厂
$4\times10^5\sim10^6$	非常高	4～10	对使用建筑物最大
$10^6\sim2\times10^6$	强的	10～20	橡胶仓库
$2\times10^6\sim5\times10^6$	极端的	20～50	
$5\times10^6\sim10^7$	非常极端的	50～100	

注：1 英热单位＝1055.06 焦，1 英尺＝0.3048 米，下同。

表 5-19　内部单元爆炸指标 *E* 值及其范畴

E	0～1	1～2.5	2.5～4	4～6	6 以上
范畴	轻微	低	中等	高	非常高

表 5-20　地区爆炸指标 A 值及其范畴

A	0～10	10～30	30～100	100～500	500 以上
范畴	轻	低	中等	高	非常高

表 5-21　单元毒性指标 *U* 及其范畴

U	0～1	1～3	3～6	6～10	10 以上
范畴	轻微	低	中等	高	非常高

表 5-22　主毒性事故指标 *C* 及其范畴

C	0～20	20～50	50～200	200～500	500 以上
范畴	轻	低	中等	高	非常高

表 5-23　总危险性系数 *R* 值及其范围

R	0～20	20～100	100～500	500～1100	1100～2500	2500～12500	12500～65000	65000 以上
范围	缓和	低	中等	高(1)类	高(2)类	非常高	极端	非常极端

该评价方法由物质、工艺、毒性、布置危险计算采取措施前后的火灾、爆炸、毒性和整体危险性指数，评定各类危险性等级。该评价方法要求评价人员熟练掌握方法、熟悉系统、有丰富的专业知识和良好的判断能力。

七、危险性与可操作性研究

危险性与可操作性研究是英国帝国化学工业公司（ICI）于1974年开发的系统安全分析方法。它通过系统分析新设计或工厂已有的生产工艺流程和工艺功能来评价设备、装置的个别部位因误操作或机械故障而引起的潜在的危险，并评价其对整个工厂的影响。特别适合于化学工业系统的风险评价。

危险性与可操作性研究具体工作程序见图5-16。

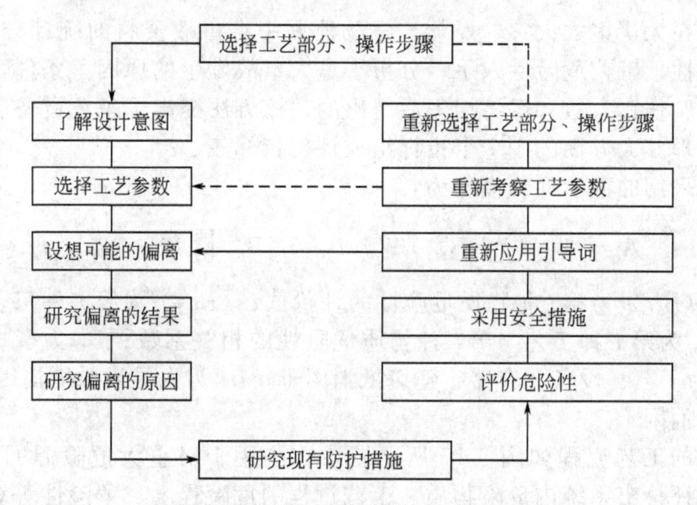

图5-16　危险性与可操作性研究程序图

危险性与可操作性研究需要由一组包括相关领域专家的专家组来实施、进行创造性的工作。开展危险性与可操作性研究时，要全面审查工艺过程，对各个部分进行系统的分析，发现可能出现的偏离设计意图的情况，分析其产生的原因及后果，并针对其产生原因采取恰当的控制措施。

危险性与可操作性研究以关键词为引导，找出系统工艺过程或状态的变化，然后再继续分析造成偏差的原因、后果及可以采取的对策。如果需要，可利用故障树对主要危害继续分析，因此它又是确定故障树“顶上事件”的一种方法，可以与故障树配合使用。可操作性研究既适用于设计阶段，也适用于生产过程，但它需要有操作经验和管理经验的人共同参加。

需要注意的是，这里的关键词不是普通意义上的关键词，而是针对各单元操作时可能出现的偏差进行设定的，如表5-24所示。

危险性与可操作性研究适用于化工系统和热力水力系统，它要求分析评价人员熟悉系统，有丰富的专业知识和实践经验。

表 5-24 危险与可操作性分析的关键词及其意义

关键词	意 义
空白	设计所要求的事故完全没有发生
过量	与标准值相比，数量增加
减量	与标准值相比，数量减少
部分	只完成功能的一部分
伴随	在完成预定功能的同时，伴随多余事件发生
相逆	出现与设计相反操作的事件
异常	出现与设计要求不相干的事件

八、易燃、易爆、有毒重大危险源评价法

该方法在大量重大火灾、爆炸、毒物泄漏中毒事故资料的统计分析基础上，从物质危险性、工艺危险性入手，分析了重大事故发生的原因、条件，评价事故的影响范围、伤亡人数和经济损失后得出的。该方法提出了工艺设备、人员素质以及安全管理 3 大方面的 107 个指标组成评价指标集。

该方法采用的数学评价模型为：

$$A=\left\{\sum_{i=1}^{n}\sum_{j=1}^{m}(B_{111})_i W_{ij}(B_{112})_j\right\}B_{12}\prod_{k=1}^{3}(1-B_{2k})$$

式中，$(B_{111})_i$ 为第 i 种物质危险性的评价值；$(B_{112})_j$ 为第 j 种工艺危险性的评价值；W_{ij} 为第 j 种工艺与第 i 种物质危险性的相关系数；B_{12} 为事故严重度评价值；B_{21} 为工艺、设备、容器、建筑抵消因子；B_{22} 为人员素质抵消因子；B_{23} 为安全管理抵消因子。

该方法的工艺流程如图 5-17 所示。该方法用于对重大危险源的风险评价，能较准确地评价出系统内危险物质、工艺过程的危险程度、危险性等级，较精确地计算出事故后果的严重程度。

九、基于 BP 神经网络的风险评价法

这种方法的评价模型如图 5-18 所示。

BP 神经网络在系统风险评价中的应用实现：

(1) 确定网络的拓扑结构，包括中间隐层的层数、输入层、输出层和隐层的节点数。

(2) 确定被评价系统的指标体系，包括特征参数和状态参数。运用神经网络进行风险评价时，首先必须确定评价系统的内部构成和外部环境，确定能够正确反映被评价对象安全状态的主要特征参数（输入节点数，各节点实际含义及其表达形式等），以及这些参数下系统的状态（输出节点数，各节点实际含义及其表达方式等）。

(3) 选择学习样本，供神经网络学习。选取多组对应系统不同状态参数值时的特征参数值作为学习样本，供网络系统学习。这些样本应尽可能地反映各种安

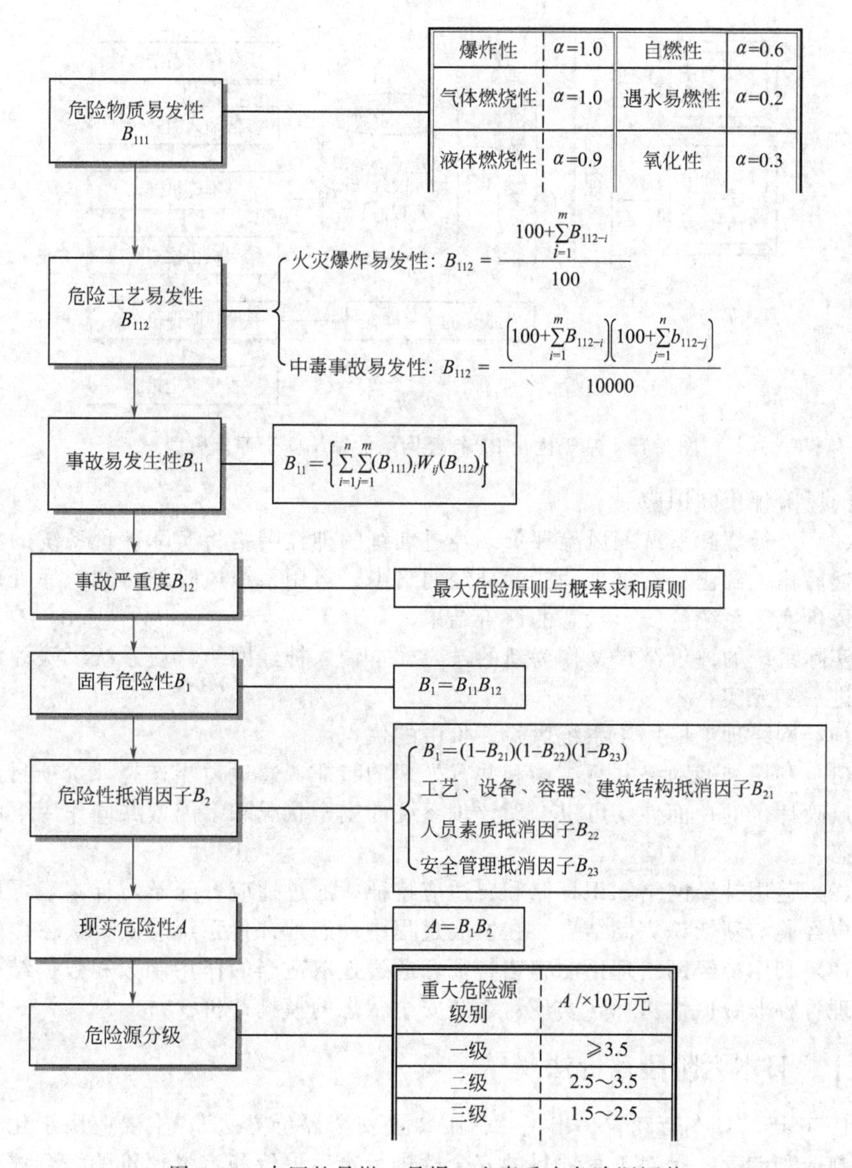

图 5-17　中国的易燃、易爆、有毒重大危险源评价

全状态。其中，对系统特征参数进行（$-\infty$，$+\infty$）区间的预处理，对系统参数应进行（0,1）区间的预处理。神经网络的学习过程即根据样本确定网络的连接权值和误差反复修正的过程。

（4）确定作用函数。通常选择非线形 S 型函数。

（5）建立系统风险评价知识库。通过网络学习确认的网络结构包括：输入、输出和隐节点数以及反映其间关联度的网络权值的组合；具有推理机制的被评价

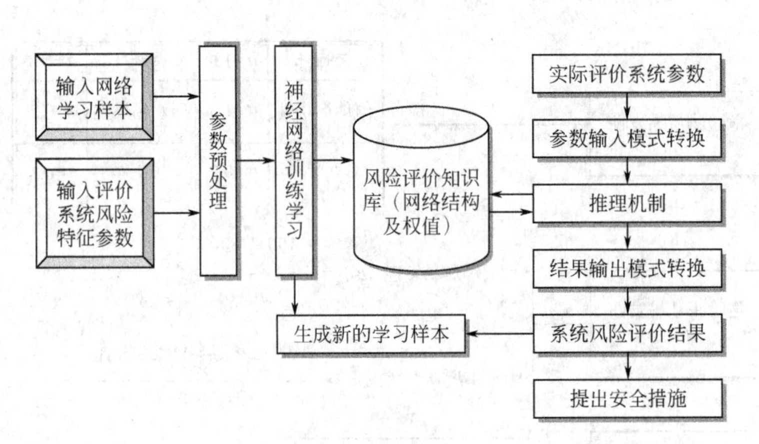

图 5-18　基于优化 BP 神经网络的系统安全评价模型

系统的风险评价知识库。

(6) 进行实际系统的风险评价。经过训练的神经网络将实际评价系统的特征值转换后输入到已具有推理功能的神经网络中，运用系统风险评价知识库处理后得到评价实际系统的安全状态的评价结果。

实际系统的评价结果又作为新的学习样本输入神经网络，使系统风险评价知识库进一步充实。

神经网络理论应用于系统风险评价中的优点：

(1) 利用神经网络并行结构和并行处理的特征，通过适当选择评价项目，能克服风险评价的片面性，可以全面评价系统的安全状况和多因素共同作用下的安全状态。

(2) 运用神经网络知识存储和自适应特征，通过适应补充学习样本，可以实现历史经验与新知识完满结合，在发展过程中动态地评价系统的安全状态。

(3) 利用神经网络理论的容错特征，通过选取适当的作用函数和数据结构可以处理各种非数值性指标，实现对系统安全状态的模糊评价。

十、日本六阶段评价法

1976 年，日本劳动省提出了“化工装置安全评价方法”。主要应用于化工产品的制造和储存，是对工程项目的安全性进行定性评价和定量评价的综合评价方法，也是一种考虑较为周到的评价方法。

其评价的步骤如下：

(1) 有关资料的整理和讨论。为了进行事先评价，应将有关资料整理并加以讨论。资料包括建厂条件、物质理化特性、工程系统图、各种设备和操作要领、人员配备、安全教育计划等。

(2) 定性评价。对设计和运转的各个项目进行定性评价。前者有 29 项，后者有 34 项。

(3) 定量评价。把装置分成几个工序，再把工序中各单元的危险度定量，以其中最大的危险度作为本工序的危险度。单元的危险度由物质、容量、温度、压力和操作5个项目确定，其危险度分别按10点、5点、2点、0点计分，然后按点数之和分成3级。

对单元的各项按方法规定的表格赋分，最后按照这些分值点数之和来评定该单元的危险程度等级。

{物质 E}+{容量 F}+{温度 G} +{压力 H} +{操作 I}={危险性 R}

0～10　　0～10　　0～10　　0～10　　0～10

$R\geqslant 16$ 点为1级，属高度危险；

$11\leqslant R\leqslant 15$ 点为2级，属中度危险，需同周围情况和其他设备联系起来进行评价；

$1\leqslant R\leqslant 10$ 点为3级，属低度危险。

(4) 安全措施。根据工序评价出的危险度等级，在设备上和管理上采取相应的措施。设备方面的措施有11种安全装置和防灾装置，管理措施有人员安排、教育训练、维护检修等。

(5) 由事故案例进行再评价。按照第4步讨论了安全措施之后，再参照同类装置以往的事故案例评价其安全性，必要的话，反过来再讨论安全措施。属于第2、3级危险度的装置，到此步便认为是评价完毕。

(6) 用故障树 (FTA) 进行再评价。属于第1级危险度的情况，希望进一步用FTA再评价。

通过安全性的再评价，发现需要改进的地方，采取相应措施后再开始建设。

十一、系统综合安全评价技术

1. 安全模糊综合评价

模糊综合评价是指对多种模糊因素所影响的事物或现象进行总的评价，又称模糊综合评判。安全模糊综合评价就是应用模糊综合评价方法对系统安全、危害程度等进行定量分析评价。所谓模糊是指边界不清晰，中间函数不分明，既在质上没有确切的含义，也在量上没有明确的界限。根据事故致因理论，大多数事故是由于人的不安全行为与物的不安全状态在相同的时间和空间相遇而发生的，少数事故是由于人员处在不安全环境中而发生的，还有少数事故是由于自身有危险的物质暴露在不安全环境中而发生的。为了说明问题并简便起见，将某系统的安全状况影响因素从大的范围定为人的行为、物的状态和环境状况，故因素集为：

U={人行为 (u_1)，物状态 (u_2)，环境状况 (u_3)}

评价集定为：V={很好 (v_1)，好 (v_2)，可以 (v_3)，不好 (v_4)}

实际评价过程中，人的不安全行为、物的不安全状态及环境不安全状况是由许多因素决定的，必须采用多级模糊综合评价方法来分析。所谓多级模糊综合评价是在模糊综合评价的基础上再进行综合评价，并且根据具体情况可以多次这样

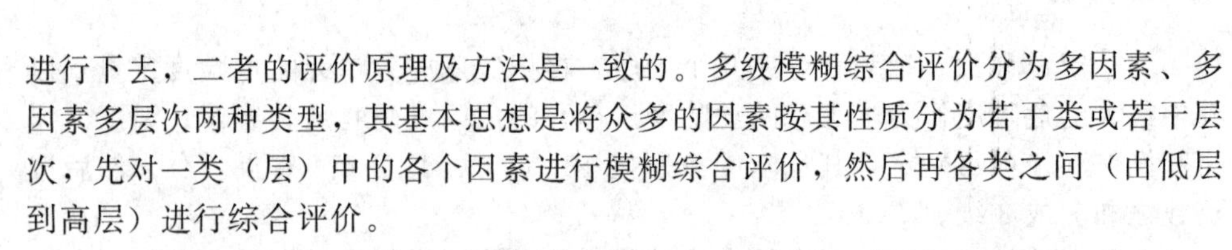

进行下去，二者的评价原理及方法是一致的。多级模糊综合评价分为多因素、多因素多层次两种类型，其基本思想是将众多的因素按其性质分为若干类或若干层次，先对一类（层）中的各个因素进行模糊综合评价，然后再各类之间（由低层到高层）进行综合评价。

2. 安全状况的灰色系统评价

灰色系统理论在系统安全状况评价中也得到了应用。应用灰色关联分析法判断安全评价各指标（要素）的权重系数就是典型的应用实例。系统安全管理往往都是在信息不很清楚的情况下开展的，安全评价与决策也都是在信息部分已知、部分未知的情况下作出的，可以把系统安全（或系统事故）看为灰色系统，利用建模和关联分析使灰色系统“白化”，从而对系统安全进行有效的评价、预测和决策。在系统安全中，许多事故的发生都起源于各种偶然因素和不确定因素，事故系统显然是灰色系统。应用灰色预测理论对各种事故发生频次、人员伤亡指标、经济损失等进行预测评价是可行的。

3. 系统危险性分类法

危险与安全是相互对立的概念。导致人员伤害、疾病或死亡，设备或财产损失和破坏，以及环境危害的非计划事件称为意外事件。危险性就是可能导致意外事件的一种已存在的或潜在的状态。当危险受到某种“激发”时，它将会从潜在的状态转化为引起系统损害的事故。

根据危险可能会对人员、设备及环境造成的伤害，一般将其严重程度划分为4个等级。

第1级（1类）：灾难性的。由于人为失误、设计误差、设备缺陷等导致严重降低系统性能，进而造成系统损失，或者造成人员死亡或严重伤害。

第2级（2类）：危险的。由于人为失误、设计缺陷或设备故障造成人员伤害或严重的设计破坏，需要立即采取措施来控制。

第3级（3类）：临界的。由于人为失误、设计缺陷或设备故障使系统性能降低，或设备出现故障，但能控制住严重危险的产生，或者说还没有产生有效的破坏。

第4级（4类）：安全的。人为失误、设计缺陷、设备故障不会导致人员伤害和设备损坏。

表5-25归纳了上述4种危险等级，表中区分了人员伤害和设备损坏（含环境危害），只要根据人员伤亡或设备损坏任意一项内容就可确定危险等级。

表5-25　危险分级表

分类等级	危险性	人员伤害	设备损坏
1	灾难性的	严重伤害或死亡	系统损坏
2	危险的	暂时性重伤或轻伤	主要系统损坏
3	临界的	轻微的可恢复性的伤害	较少系统损坏
4	安全的	无	无

4. 危险概率评价法

概率评价法是较精确的系统危险定量评价方法，它通过评价某种伤亡事故发生的概率来评价系统的危险性。系统安全分析中的故障树分析法对顶上事件发生概率的计算方法有详细介绍，在此将重点讨论如何通过所得的概率来进行系统危险评价，问题的关键是确定危险性评价指标。

(1) 安全指数法。日本的中村林二郎以伤亡事故概率与伤害严重度之积来表示危险性，即：

$$D=\sum H_i P_i$$

式中，D 为危险性；H_i 为某种伤害严重度；P_i 为发生严重度 H_i 的事故概率。

从统计的观点出发，对于大量的伤害事故，伤害严重度是从没有伤害直到许多人死亡的连续变量。假设最小的伤害严重度为 h_0，最严重的伤害为∞，则伤害严重度在 $h_0 \sim \infty$ 连续变化。对于这样的连续随机变量，其概率密度函数为 $p(h)$，则伤害严重度 $h \sim h+d_h$ 之间事故发生的概率为 $p(h)d_h$。

(2) 死亡事故发生概率。直接定量地描述人员遭受伤害的严重程度往往是非常困难的，甚至是不可能的。在伤亡事故统计中，通过损失工作日来间接地定量伤害严重程度，有时与实际伤害程度有很大偏差，不能正确反映真实情况。最严重的伤害——“死亡”，概念界限十分明确，统计数据也最可靠。于是，往往把死亡这种严重事故的发生概率作为评价系统的指标。

十二、*R*=*FEMSL* 评价法

该方法是用于可操作性较强的半定量评价法。该评价方法由于考虑了 5 个主要评价因素 FEMSL，即：F——危险源单元中可能的危险因素；E——人体暴露于危险场所的频率；M——控制与预测的状态；S——事故的可能后果；L 发生事故的可能性大小。因此这种评价方法称作 $R=FEMSL$ 评价法。

1. 评价因素取值

(1) 潜在的危险因素 F。危险因素是指能使造成人员伤亡、影响人的身体健康、对物造成急性或慢性损坏的因素。

参照 GB/T 13861—2009《生产过程危险和有害因素分类与代码》的规定及 GB 6441—86《企业伤亡事故分类》的有关规定，以及卫生部、原劳动部、总工会等颁发的《职业病范围和职业病患者处理办法的规定》，再参照评价单位或企业的实际情况，综合的危险因素见表表 6-2。

具体评价时，可选多项，每项计 1 分。如农药制药车间存在的危险因素有：触电、灼伤、机械伤害、火灾、中毒 5 种危险因素，则 $F=5$。

(2) 人体暴露于危险场所的频率 E。按表 5-26 的分级水平取值。

如 8 小时不离开工作岗位的作业，则算连续暴露；8 小时内暴露一至几次的，算每天工作时间内暴露。

表 5-26　人体暴露于危险场所的频率

分数值	暴露于危险环境的频率	分数值	暴露于危险环境的频率
10	连续暴露	2	每月一次暴露
6	每天工作时间内暴露	1	每年几次暴露
3	每周一次，或偶然暴露	0.5	更少的暴露

(3) 控制与可监测状态 M。按表 5-27 的分级水平取值。

表 5-27　控制与可监测状态的分级水平取值

分数值	监测措施(M_1)	控制措施(M_2)
5	无监测措施或被监测到的概率<10%	无控制措施
3	有高于 50%的事故可被监测到	有减轻后果的应急措施，包括警报系统
1	肯定能被监测到	有行之有效的预防措施

$$M=M_1+M_2$$

(4) 事故的可能后果：严重度 S。按表 5-28 的分级水平取值。

表 5-28　严重度 S 的分级水平取值

分数值	人员伤亡损失(S_1)	职业病损失(S_2)	财产损失(S_3)	环境治理费(S_4)
10	有多人死亡		>200 万元	有重大环境影响的不可控排放
8	有 1 人死亡	职业病(多人)	100 万～200 万	有中等环境影响的不可控排放
4	永久失能	职业病(1 人)	10 万～100 万	有较轻环境影响的不可控排放
2	需医院治疗，缺工	职业性多发病	5 万～10 万	有局部环境影响的可控排放
1	轻微，仅需急救	身体不适	<5 万	无环境影响

2. 分级

在上述各项因素有明确取值后，代入如下公式：

$$R=R_{人}+R_{物}+R_{环境}=[FE(S_1+S_2)+S_3+S_4]M$$

则可根据表 5-29 分值水平进行分级。

表 5-29　分级表

分数值	人员伤亡损失(S_1)	分数值	人员伤亡损失(S_1)
>360	一级危险源	60～120	四级危险源
240～360	二级危险源	<60	五级危险源
120～240	三级危险源		

十三、模糊评价法

1. 模糊理论概述

模糊理论起源于 1965 年美国加利福尼亚大学控制论专家扎德（L. A. Zadeh）教授在《Information and Control》杂志上的一篇文章“Fuzzy Sets”。模糊数学自 1976 年传入我国后，在我国得到了迅速发展，现在它的应用已遍及各个行业。

由于安全与危险都是相对模糊的概念，在很多情况下都有不可量化的确切指标。但对危险源的管理中，又确切需要对危险源的复杂因素综合起来，给出一个明确的级别，如一级危险源、二级危险源、三级危险源等，并据此分配人力、财力和物力。这就需要将诸多模糊的概念定量化、数字化。在此情况下，应用模糊数字将是一个较好的选择方案之一。

经典数学是以精确性为特征的，然而与精确性相悖的模糊性并不完全是消极的、没有价值的。模糊数学也不是将数学变成模模糊糊的东西，它只是将模糊性的输入条件经过严密的推理得到一个明确的精确解，把数学的应用领域从一个必然领域扩大到偶然应用领域。

模糊理论在工程领域的应用主要包括：模糊聚类分析、模糊模型识别、模糊控制。模糊聚类与模糊模型识别具有相似性，只不过模糊模型识别是一种有模型的分类问题，模糊聚类分析是一种无模型的分类问题。模糊聚类分析应用在如人工杂交水稻的归属问题、大夫给病人看病过程的模糊诊断等。模糊控制已被广泛应用于智能家电的模糊条件控制。

所谓模糊模型识别，是指在模型识别中，模型是模糊的。也就是说，标准模型库中提供的模型是模糊的。如一级危险源，由于企业内部危险源的种类不同，人、机、环境、工艺参数也不同，对一级危险源的指派无法用精确的数值内涵来描述，其本身就是一个模糊的概念。

模糊集的常规表达为：$\underset{\sim}{A}$，但由于在 Winword 2000/XP 下默认的公式编辑器 3.0 中没有此格式（只有专业版的数学公式 MathType 软件才有更多数学符号），因此书写起来需自定义调整，十分不便，在此用符号 $\widetilde{A}$ 代替之。有些专业期刊中也引用这种调整法。

2. 模糊模型识别的原则

为了确定危险源级别的划定问题，首先应了解某一危险源本身的各项综合指标状况最贴近于哪一个标准，即隶属程度与贴近程度问题。常用以下标准进行划分：

(1) 最大隶属原则。最大隶属原则有两种表述方式，可任选其一。经大量实践验证，虽计算方法不同，结果也不同，但归属结果一致。

最大隶属原则Ⅰ

设论域 $U=\{x_1,x_2,\cdots,x_n\}$ 上有 m 个模糊子集 $\widetilde{A}_1,\widetilde{A}_2,\cdots,\widetilde{A}_m$（即 m 个模型），构成了一个标准模型库，若对任一 $x_0\in U$，有 $i_0\in\{1,2,\cdots,m\}$，使得：

$$\widetilde{A}_{i0}(x_0)=\bigvee_{k=1}^{m}\widetilde{A}_k(x_0)$$

则认为 x_0 相对隶属于 $\widetilde{A}_{i0}$。

最大隶属原则Ⅱ

设论域 $U=\{x_1,x_2,\cdots,x_n\}$ 上有一个标准模型 $\widetilde{A}$，待识别的对象有 n 个，$x_1,x_2,\cdots,x_n\in U$，如果有某个 x_k 满足

$$\widetilde{A}(x_k)=\bigvee_{i=1}^{n}\widetilde{A}(x_i)$$

则应优先录取 x_k。

(2) 择近原则。设论域 U 上有 m 个模糊子集 $\widetilde{A}_1,\widetilde{A}_2,\cdots,\widetilde{A}_m$，构成一个标准模型库 $\{\widetilde{A}_1,\widetilde{A}_2,\cdots,\widetilde{A}_m\}$，$B\in F(U)$ 为待识别的模型。若存在 $i_0\in\{1,2,\cdots,m\}$，使得

$$\sigma_0(\widetilde{A}_{i0},\widetilde{B})=\bigvee_{k=1}^{m}\sigma_0(\widetilde{A}_k,\widetilde{B})$$

则称 $\widetilde{B}$ 与 $\widetilde{A}_{i0}$ 最贴近，或者说把 $\widetilde{B}$ 归到 $\widetilde{A}_{i0}$ 类。

上式中的 $\sigma_0(\widetilde{A}_{i0},\widetilde{B})$ 为 $\widetilde{A}_{i0}$ 与 $\widetilde{B}$ 的格贴近度。另外还有多个特性的择近原则以及贴进度的改进。

十四、各种风险评价方法的比较

各种风险评价方法都有各自的特点和适用范围，在选用时应根据评价的特点、具体条件和需要，针对评价对象的实际情况、特点和评价目标，分析、比较、慎重选用。必要时，针对评价对象的实际情况选用几种评价方法对同一评价对象进行评价，互相补充、分析综合、相互验证，以提高评价结果的准确性。

为了便于评价方法的选用，在表 5-30 中大致归纳了一些评价方法的评价目标、方法特点、适用范围、使用条件、优缺点。

表 5-30　风险评价方法比较表

评价方法	评价目标	定性定量	方法特点	适用范围	应用条件	优缺点
安全检查表(SCL)	危险有害因素分析安全等级	定性半定量	按事先编制的有标准要求的检查表逐项检查，按规定赋分、标准赋分评定安全等级	各类系统的设计、验收、运行、管理、事故调查	有事先编制的各类检查表，有赋分、评级标准	简便、易于掌握，编制检查表难度及工作量大
预先危险性分析(PHA)	危险、有害因素分析，危险性等级	定性	讨论分析系统存在的危险、有害因素、触发条件、事故类型，评定危险性等级	各类系统设计、施工、生产、维修前的概略分析和评价	分析评价人员熟悉系统，有丰富的知识和实践经验	简便易行，受分析评价人员主观因素影响
故障类型和影响分析(EMEA)	故障(事故)原因影响等级	定性	列表、分析系统(单元、元件)故障类型、故障原因、故障影响，评定影响程度等级	机械电气系统、局部工艺过程，事故分析	分析评价人员熟悉系统，有丰富的知识和实践经验 有根据分析要求编制的表格	较复杂、详尽，受分析评价人员主观因素影响

续表

评价方法	评价目标	定性定量	方法特点	适用范围	应用条件	优缺点
事件树（ETA）	事故原因，触发条件，事故概率	定性定量	归纳法，由初始事件判断系统事故原因及条件，由事件概率计算系统事故概率	各类局部工艺	熟悉系统、元素间的因果关系，有各事件发生概率	简便易行，受分析评价人员主观因素影响
故障树（FTA）	事故原因，事故概率	定性定量	演绎法，由事故和基本事件逻辑推断事故原因，由基本事件概率计算事故概率	宇航、核电、工艺设备等复杂系统事故分析	熟练掌握方法和事故、基本事件间的联系，有基本事件概率	复杂，精确，工作量大，故障树编制有误，容易失真
LEC法	危险性等级	定性半定量	按规定对系统的事故发生可能性、人员暴露情况、危险程序赋分，计算后评定危险性等级	各类生产作业条件	赋分人员熟悉系统，对安全生产有丰富知识和实践经验	简便实用，受分析评价人员主观因素影响
道化学指数法	火灾爆炸危险性等级，事故损失	定量	根据物质、工艺危险性计算火灾爆炸指数，判定采取措施前后的系统整体危险性，由影响范围、单元破坏系数计算系统整体经济、停产损失	生产、储存、处理燃、爆、化学活泼性、有毒物质的工艺过程及其他有关工艺系统	熟练掌握方法、熟悉系统、有丰富知识和良好的判断能力，须有各类企业、装置经济损失目标值	大量使用图表、简洁明了、参数取值宽、因人而异，只能对系统整体宏观评价
蒙德法	火灾、爆炸、毒物及系统整体危险性等级	定量	由物质、工艺、毒性、布置危险计算采取措施前后的火灾、爆炸、毒性和整体危险性指数，评定各类危险性等级	生产、储存、处理燃、爆、化学活泼性、有毒物质的工艺过程及其他有关工艺系统	熟练掌握方法、熟悉系统、有丰富知识和良好的判断能力	大量使用图表、简洁明了、参数取值宽、因人而异，只能对系统整体宏观评价
六阶段法	危险性等级	定性定量	检查表法定性评价，基准局法定量评价，采取措施，用类比资料复评，一级危险性装置用ETA、FTA等方法再评价	化工厂和有关装置	熟悉系统、掌握有关方法、具有相关知识和经验，有类比资料	综合应用几种方法反复评价，准确性高、工作量大

续表

评价方法	评价目标	定性定量	方法特点	适用范围	应用条件	优缺点
危险性与可操作性研究	偏离及其原因、后果对系统的影响	定性	通过讨论分析系统可能出现的偏离、偏离原因、偏离后果及对整个系统的影响	化工系统、热力水力系统的安全分析	分析评价人员熟悉系统，有丰富的知识和实践经验	简便易行，受分析评价人员主观因素影响
MES法	危险性等级	定性 半定量	按规定对系统的控制措施、人员暴露情况、事故后果赋分，计算后评定危险性等级	各类生产作业条件	赋分人员熟悉系统，对安全生产有丰富知识和实践经验	简便实用，受分析评价人员主观因素影响
MLS法	危险性等级	定性 半定量	在考虑了危险源固有危险外，还综合考虑了监测与控制措施，综合计算后评定危险性等级	各类生产作业条件	评价人员熟悉系统，对安全生产有丰富知识和实践经验	简便实用，受分析评价人员主观因素影响
易燃、易爆、有毒重大危险源评价法	危险性等级	定性 半定量	从物质危险性、工艺危险性入手，分析重大事故发生的原因、条件，评价事故的影响范围和损失，并提出预防、控制措施	储运、加工、生产大量易燃、易爆、有毒物质工艺系统	熟悉系统、掌握有关方法、具有相关知识和经验，需要有关数据	较为准确，但是计算量较大

第六章 重大危险源评价实例分析

重要概念 危险源，重大危险源，危险源辨识，危险源监控等。

重点提示 对于物质、仓储类的风险的分析辨识及其评价，由于具有国家标准的指导，因此较为容易。但是，对于设施、设备、作业类和工艺类风险源的辨识和评价，以及要实现对其风险的评价分级，如一级危险源（重大危险源）、二级危险源（较大危险源）和三级危险源（一般危险源），则需要较复杂的方法。本章实例对上述困难复杂的评价分级问题也有所涉及，可作为实际工作中的参考。

问题注意 主要危险源评价方法的应用领域；LEC、MES、MLS评价的原理与方法；两类情况下的模式评价方法及应用。

第一节 冶金高温作业区风险评价

本实例是针对炼钢厂高温作业区的安全评价。

由于目前还没有特别合适的针对冶金高温区域进行综合评价的权威评价方法，在此我们采用了普遍适用的LEC作业危险性评价法。根据LEC评价原理和方法，其参数选取及评价结果如表6-1所示。

表6-1 冶金高温作业区危险分级表

危险源编号	危险源名称	危险因素	可能性 L	频繁性 E	严重性 C	D 值	评价结果
B-53	转炉厂炉前、后平台	灼伤	1	6	40	240	二级
C-0105	1＃转炉炉坑	坠落、灼伤	1	6	40	240	二级
C-0106	2＃转炉炉坑	坠落、灼伤	1	6	40	240	二级
C-0107	3＃转炉炉坑	坠落、灼伤	1	6	40	240	二级
C-0111	露天渣场	渣包爆炸	1	6	15	90	三级
C-1108	渣场	灼伤	1	6	15	90	三级

第二节　农药包装车间的评价

本实例是对某化工企业的安全评价。

在实际评价中，我们发现上述评价方法对危险因素的个数并没有考虑。由于不同危险因素的事故后果不同，因此在计算事故严重度时往往需要折中考虑，这在某种程度上降低了评价方法的准确性，增大了模糊成分和操作难度。对此，我们对个别危险源采用了新的评价方法：$R=MLS$ 法，该法是对 MES 和 LEC 评价方法的进一步改进。经过与 LEC、MES 法对比，厂方认为该方法的评价结果更贴近于真实情况，值得继续观察与对比试验。

评价方程式：

$$R=\sum_{i=1}^{n}M_iL_i(S_{i1}+S_{i2}+S_{i3}+S_{i4}) \tag{6-1}$$

式中，R 为危险源的评价结果，无量纲；n 为危险因素的个数；M_i 为指对第 i 个危险因素的控制与监测措施；L_i 为指作业区域的第 i 种危险因素发生事故的频率；S_{i1} 为由第 i 种危险因素发生事故所造成的可能的一次性人员伤亡损失；S_{i2} 为由于第 i 种危险因素的存在所带来的职业病损失（S_{i2} 即使在不发生事故时也存在，按一年内用于该职业病的治疗费来计算）；S_{i3} 为由第 i 种危险因素诱发的事故造成的财产损失；S_{i4} 为代表由第 i 种危险因素诱发的环境累积污染及一次性事故的环境破坏所造成的损失。

1. 各项取值

（1）潜在的危险因素个数 n。危险因素是指能使造成人员伤亡、影响人的身体健康、对物造成急性或慢性损坏的因素。

参照 GB/T 13816—2009《生产过程危险和危害因素分类与代码》的规定及 GB 6441—86（企业伤亡事故分类）有关规定，以及卫生部、原劳动部、总工会等颁发的《职业病范围和职业病患者处理办法的规定》，以及参照现场情况，综合为以下的危险因素（表 6-2）。

表 6-2　危险因素分类表

序	危险因素	说　明
1	物体打击	是指物体在重力或其他外力的作用下产生运动，打击人体造成人身伤亡事故，不包括因机械设备、车辆、起重机械、坍塌等引发的物体打击
2	车辆伤害	是指企业机动车辆在行驶中引起的人体坠落和物体倒塌、飞落、挤压伤亡事故，不包括起重设备提升、牵引车辆和车辆停驶时发生的事故
3	机械伤害	是指机械设备运动(静止)部件、工具、加工件直接与人体接触引起的夹击、碰撞、剪切、卷入、绞、碾、割、刺等伤害，不包括车辆、起重机械引起的机械伤害
4	高处坠落	是指在高处作业中发生坠落造成的伤亡事故，不包括触电坠落事故

续表

序	危险因素	说　明
5	坍塌	是指物体在外力或重力作用下，超过自身的强度极限或因结构稳定性破坏而造成的事故，如挖沟时的土石塌方、脚手架坍塌、堆置物倒塌等
6	电磁辐射、电离辐射	X射线、γ射线、α粒子、β粒子、质子、中子、高能电子束等非电离辐射；紫外线、激光、射频辐射、超高压电场
7	运动物伤害	固体抛射物、液体飞溅物、反弹物、岩土滑动、堆料垛滑动、气流卷动、冲击地压、其他运动物危害
8	高温伤害	由高温气体、高温固体、高温液体、其他高温物质引起的火焰烧伤、高温物体烫伤、化学灼伤(酸、碱、盐、有机物引起的体内外灼伤)、物理灼伤(光、放射性物质引起的体内外灼伤)，不包括电灼伤和火灾引起的烧伤
9	低温伤害	低温气体、低温固体、低温液体、其他低温物质
10	燃烧	易燃性气体、易燃性液体、易燃性固体、易燃性粉尘与气溶胶、其他易燃物
11	腐蚀伤害	腐蚀性气体、腐蚀性液体、腐蚀性固体、其他腐蚀性物质
12	物理性爆炸	包括锅炉爆炸、容器超压爆炸、轮胎爆炸等
13	化学性爆炸	是指可燃性气体、粉尘等与空气混合形成爆炸性混合物，接触引爆能源时，发生的爆炸事故(包括气体分解、喷雾爆炸)
14	有毒与窒息	包括中毒、缺氧窒息、中毒性窒息
15	电伤害	由带电部位裸露、漏电、雷电、静电、电火花、其他电危害引起的触电、灼伤等伤害
16	噪声伤害	机械性噪声、电磁性噪声、流体动力性噪声、其他噪声
17	粉尘伤害	由于粉尘的存在而对人体造成的急性或慢性伤害
18	淹溺	存在局部水患威胁
19	其他	根据行业特点，可追加更多的危险因素。如采煤业可加入瓦斯爆炸、冒顶片帮、透水等因素

(2) 事故发生频率 L。如表6-3。

表6-3　事故发生频率 L

分数值	暴露于危险环境的频率	分数值	暴露于危险环境的频率
365	约每天发生一次	2	约半年发生一次
52	约每周发生一次	1	约一年发生一次
12	约一月发生一次	$1/n$	n年发生一次

实际上，该值可以取不属表中的值，其算法是：

$$L=\frac{365}{\text{事故平均发生间隔(天)}} \tag{6-2}$$

(3) 控制与可监测状态 M。如表6-4。

表6-4　控制与可监测状态 M

分数值	监测措施(M_1)	控制措施(M_2)
5	无监测措施或被监测到的概率＜10%	无控制措施
3	有高于50%的事故可被监测到	有减轻后果的应急措施，包括警报系统
1	肯定能被监测到	有行之有效的控制措施

$$M=M_1+M_2$$

（4）事故的可能后果：严重度 S。

$$S=\frac{\text{所有损失(万元)}}{\text{10 万元}}=\frac{S_1+S_2+S_3+S_4}{10} \tag{6-3}$$

即 10 万元为一个单位进行折算。

式中，S_1 为发生事故时的人员伤亡损失，根据我国的工伤事故赔偿法，死亡一人按 20 万元计算，重伤一人按 10 万元计算，轻伤一人按 3500 元计算，再少时按实际损失计算；S_2 为指不管发生事故与否，工作在评价单元内的人员因职业病所造成的一年内经济花费的总和；S_3 为发生事故后造成的财产实际损失；S_4 为用于环境治理的费用，包括一次性环境破坏事故的损失＋一年内累计的环境污染治理费。

可以看出，这种方法对因素的变动相当敏感，特别是在事故发生概率和事故损失项，不再像 LEC 或 MES 方法限定最高最低值，因此评价结果动态性更好，危险源档次也能够拉得开，易于辨别。

2. 分级

在上述各项有明确取值后，代入公式(6-1)，得表 6-5。

表 6-5　MLS 评价分级

分数值	分级	分数值	分级	分数值	分级
$R>30$	一级危险源	$R>15$	二级危险源	$R>5$	三级危险源

注：此表中的分级阈值可根据企业规模、行业危险性调整，在此仅供参考。

示例：化工公司农药包装车间的评价

农药包装车间的工作内容是：将二甲苯从高位储罐 Re103、Re104 中把液体产品放入盛料桶中，用特殊物料泵进行供料、计量，然后就可开动自动包装机进行包装。

危险因素：有毒、燃烧、灼伤、机械伤害、触电。

有毒：二甲苯是合成聚酯纤维、树脂、涂料、染料和农药等的原料，可通过吸入、食入、经皮吸收进入人体。二甲苯对眼及上呼吸道有刺激作用，高浓度时对中枢神经系统有麻醉作用。短期内吸入较高浓度本品可出现眼及上呼吸道明显的刺激症状、眼结膜及咽充血、头晕、头痛、恶心、呕吐、胸闷、四肢无力、意识模糊、步态蹒跚。重者可有躁动、抽搐或昏迷，有的有癔病样发作。慢性影响：长期接触有神经衰弱综合征，女士有月经异常，工人常发生皮肤干燥、皲裂、皮炎。

爆炸：闪点 25℃，爆炸下限 1.1%，引燃温度 525℃；爆炸上限 1.1%，最大爆炸压力 0.764 兆帕。其蒸气与空气可形成爆炸性混合物。遇明火、高热能引起燃烧爆炸。与氧化剂能发生强烈反应。流速过快，容易产生和积聚静电。其蒸气比空气重，能在较低处扩散到相当远的地方，遇明火会引着回燃。

机械伤害：自动包装机的链条可卷入毛发，造成人员机械伤害。包装机的切刀可能切断肢体部位。

触电：本设备在操作过程中，存在裸露器件，可能发生触电事故。

灼伤：当薄膜经热封时，必须牵引，牵引时有可能被热封烫伤。

MLS 评价分析实例见表 6-6。

表 6-6　MLS 评价分析实例

因素	事故频率(L)	监测措施(M_1)	控制措施(M_2)	人员伤亡(S_1)	职业病(S_2)	财产损失(S_3)	环境－破坏(S_4)	分值 R
有毒	约每年发生一次	中毒后可被及时察觉	有应急措施但不可避免	约 1 万元	每年约五万元	0	可忽略	$R=1\times(1+3)\times(0.1+0.5+0+0)=2.4$
	1	1	3	0.1	0.5	0	0	2.4
爆炸	约 10 年一次	由静电或电打火引起，被监测到的概率较小	一旦打火引爆，难以控制	约 40 万元		设备损坏及原料损失约 200 万元	环境治理费约 10 万元	$R=0.1\times(5+5)\times(4+0+20+1)=25$
	0.1	5	5	4	0	20	1	25
触电	约 5 年一次	车间内有两人工作，一人触电后，可被立即发现	有控制事故后果的措施	按较严重情况考虑，约 10 万元				$R=0.2\times(1+4)\times(1+0+0+0)=1$
	0.2	1	3	1	0	0	0	1
灼伤	每月都有发生	烫伤后立即被感知	去医院治，上药	医疗及误工约 500 元				$R=12\times(1+3)\times(0.05+0+0+0)=2.4$
	12	1	3	0.05	0	0	0	2.4
合计								$R=30.8$，定为一级危险源

第三节　煤气作业区风险评价

在冶金、化工等行业，煤气系统是常见和高危的行业。

本实例是针对冶金转炉煤气作业区进行了安全评价，采用了我国的易燃、易爆、有毒类危险源的评价方法。

1. 转炉煤气的储量

A-02 号危险源物质基本情况见表 6-7。

表 6-7　A-02 号危险源危险物质基本情况

作业区危险物质名称	煤气
最大量/立方米	20000

2. 转炉煤气的物化特性

转炉煤气的气体组成成分见表 6-8。转炉煤气的物化特性见表 6-9。

表 6-8　转炉煤气的气体组成

种类＼成分	CO/%	CO_2/%	H_2/%	N_2/%	O_2/%	CH_4/%	C_mH_n/%
转炉煤气	60～70	15～20	<1.5	10～20	<2	—	—

表 6-9　转炉煤气的物化特性

种类	热值/(千焦/立方米)	着火温度/℃	爆炸极限/%	理论燃烧温度/℃
转炉煤气	7117～8373	530	18～83	2000

注：若已知危险物质的成分，则其物化特性可从《工业安全卫生基本数据手册》及其他相关的书籍中查出对应的值。

3. A-02 号危险源危险物质事故易发性评价

A-02 号危险源危险物质事故易发性评价见表 6-10。

表 6-10　A-02 号危险源危险物质事故易发性评价

	性质	焦炉煤气现有值	分级等级	得分
气体燃烧性	爆炸极限/%	18～83	$H \geqslant 20$	20
	最小点燃电流/安	0.6	0.45～0.8	15
	最小点燃能量/毫焦	0.019	0.1～0.3	17
	引燃温度/℃	530	>450	5
总分 G_1				57
易发性系数 α_1	气体		1.0	1.0
危险系数 $\alpha_1 G_1$				57
毒性	物质毒性系数	Ⅱ	30	30
	物质密度修正系数	1.5	15	15
	物质气味修正系数	气味轻	气味轻	5
	物质状态修正系数	气体	气体	15
	毒性部分合计 G_2			65
毒性易发性系数 α_2	毒性气体		1.0	1.0
危险系数 $\alpha_2 G_2$				65

4. A-02 号危险源工艺过程事故易发性评价

A-02 号危险源工艺过程事故易发性评价见表 6-11。

表 6-11　A-02 号危险源工艺过程事故易发性评价

	性质	现在状态	分级等级	得分	$(W_{ij})B_{112}$
火灾爆炸危险系数	物料处理系数 B_{112-3}	混合危险	指工艺中两种或两种以上物质混合或相互接触时能引起火灾、爆炸或急剧反应的危险	30	0.9
	粉尘系数 B_{112-6}	故障性烟雾	发生故障时，装置内外可能形成爆炸性粉尘或烟雾	100	0.2
	高温系数 B_{112-8}	高温工作	操作温度≈熔点，B_{112-8} 取 15	10	0.7
	高压系数 B_{112-10}	工作压力：2 兆帕	75	70×1.3=91	0.9
	泄漏系数 B_{112-13}	操作时可能使可燃气体逸出	20	20	0.9
	设备系数 B_{112-14}	临近设备寿命周期和超过寿命周期	75	75	0.9
	密闭单元系数 B_{112-15}	在密闭单元 B_{112-15} 取 40		40	0.9
	工艺布置系数 B_{112-16}	单元高度为 5～10 米时		20	0.9
	明火系数 B_{112-17}	有明火		80	0.9
$\sum B_{112-i}$				466	
毒物系数	腐蚀系数 b_{112-1}	腐蚀速率＜0.5 毫米/年时		10	
	输送系数 b_{112-6}	气体压送		60	
$\sum B_{112-i}$				70	

事故易发性 B_{11} 计算：

$$
\begin{aligned}
B_{11} &= \sum_{i=1}^{n}\sum_{j=1}^{m} B_{111} W_{ij} (B_{112})_j \\
&= 57\times(30\times0.9+100\times0.2+10\times0.7+91\times0.9+20\times0.9+75\times0.9+ \\
&\quad 40\times0.9+20\times0.9+80\times0.9)+65\times(10+60) \\
&= 24351.8
\end{aligned}
\tag{6-4}
$$

5. 煤气伤害模型及重伤半径

煤气燃烧爆炸选用蒸气云爆炸模型（VCM）。

20000 立方米煤气对应的 TNT 当量：

爆源总能量：

$$E=20000(\text{立方米})\times7745(\text{千焦/立方米})=154900000(\text{千焦}) \tag{6-5}$$

$$W_{TNT}=\alpha W_f Q_f/W_{TNT}=0.02\times20000(\text{立方米})\times 7745(\text{千焦/立方米})/4520(\text{千焦/千克})=685.4(\text{千克}) \tag{6-6}$$

式中，α 为蒸气云当量系数，取标准值，0.02。

因此，死亡半径 R_1 为：$R_1=13.6(W_{TNT}/1000)^{0.37}=11.8$ 米　(6-7)

重伤半径 R_2 由下式确定：

$$\begin{cases}\Delta p_s=44000/p_0=44000/101289=0.4344\\ \Delta p_s=0.137Z^{-3}+0.119Z^{-2}+0.269Z^{-1}-0.019\\ Z=R_2\left(\dfrac{p_0}{E}\right)^{1/3}=\left(\dfrac{101289}{154900000}\right)^{1/3}R_2=0.0868R_2\end{cases}\quad(6\text{-}8)$$

从上式解得：$R_2=14.3$（米）　(6-9)

轻伤半径：

$$\begin{cases}\Delta p_s=17000/p_0=17000/101289=0.16878\\ \Delta p_s=0.137Z^{-3}+0.119Z^{-2}+0.269Z^{-1}-0.019\\ Z=R_3\left(\dfrac{p_0}{E}\right)^{1/3}=\left(\dfrac{101289}{154900000}\right)^{1/3}R_3=0.0868R_3\end{cases}\quad(6\text{-}10)$$

解之，得：$R_3=22.5$（米）　(6-11)

对于爆炸破坏，财产破坏半径为：

$$R_{财}=\frac{K_{\mathrm{II}}W_{TNT}^{1/3}}{\left[1+\left(\dfrac{3175}{W_{TNT}}\right)^2\right]^{1/6}}=\frac{5.6\times685.4^{1/3}}{\left[1+\left(\dfrac{3175}{685.4}\right)^2\right]^{1/6}}=\frac{5.6\times8.817}{1.68}=29.4\quad(6\text{-}12)$$

上式中的 K_{II} 为财产的二级破坏系数，取为5.6。

计算结果见表6-12。

表 6-12　煤气爆炸时的伤亡半径

死亡半径/米	重伤半径/米	轻伤半径/米	财产损失半径/米
11.8	14.3	22.5	29.4

6. 事故严重度的计算

事故严重度包括财产损失和人员伤亡折算来的损失：

$$B_{12}=C+20(N_1+0.5N_2+105N_3/6000)\quad(6\text{-}13)$$

式中，B_{12} 为事故严重度；C 为财产损失半径内的财产损失；N_1 为死亡半径内的人员死亡个数；N_2 为重伤半径内的重伤人数；N_3 为轻伤半径内的受轻伤人数。这些参数依据相应半径内的正常工作人数和财产总价值估计出来。

经估算，29.4米以内的财产价值约为500万，死亡人数1人，重伤3人，轻伤5人，则总损失为：

$$B_{12}=500+20(1+0.5\times3+105\times5/6000)=551.75(\text{万元})\quad(6\text{-}14)$$

7. 固有危险性分级

$$B_1=B_{11}B_{12}=24351.8\times551.75=13436105.65\quad(6\text{-}15)$$

危险性等级为：

$$A=\lg(B_1/10^5)=\lg(13436105.65/10^5)=2.12\quad(6\text{-}16)$$

根据冶金公司危险源分级标准（表 6-13），应将其归入第一类中，即属于一级危险源。

表 6-13　危险源分级标准

项目	一级	二级	三级	四级
国家级	≥3.5	2.5～3.5	1.5～2.5	＜1.5
公司级(暂定)	≥2	1～2	＜1	

第四节　电力输配电企业典型风险分级评价

电力输配电企业中，冰雪灾害、高温和断电风险由于其影响因素的复杂性及动态的特点，需要用特殊专门的评价方法进行分级评价。

一、电力系统冰雪灾害风险评价分级法

1. 定义

冰雪灾害风险：指由于天气变化形成的冰雪不期望事件。冰雪灾害风险的程度取决于发生概率与危害严重度的组合。冰雪灾害作业人员风险：指冰雪灾害对电力作业人员生产过程的生命安全和健康的影响风险。冰雪灾害设施设备风险：是指冰雪灾害对电力设备设施正常生产运行的影响风险。冰雪灾害风险分级：是指冰雪灾害对电力生产作业人员生命安全和健康影响，以及对电力设备设施正常生产影响的程度水平的度量。

适用范围：针对冰雪灾害对电力生产作业人员及对电力设备设施造成的影响，分别设计了不同的风险评价分级法。

数学模型：风险值

$$D = \prod C_i \tag{6-17}$$

2. 冰雪灾害作业人员风险评价分级法

分级数学模型：用式（6-17）。

影响因素取值：冰雪灾害对作业人员的风险影响因素包括冰雪、风力、雾、气温、天气实况、作业地点、作业高度、人员危害、电力生产影响，其风险等级分级取值的标准见表 6-14。

表 6-14　冰雪灾害作业人员风险因素分值表

项目	风险因素 C_i	内　容	风险因素分值 C_i
P	冰雪天气预报 C_1	大雪	10.0
		中雪	7.0
		小雪	3.0
		无雪	1.0

续表

项目	风险因素 C_i	内 容	风险因素分值 C_i
P	风力天气预报 C_2	6级以上风力	5.0
		6级以下风力	1.5
		常规天气	1.0
	雾天气预报 C_3	浓雾	3.0
		大雾	2.0
		轻雾	1.5
		无雾	1.0
	气温天气预报 C_4	≤−5℃	2.0
		0～−5℃	1.5
		>0℃	1.0
	天气实况 C_5	已经持续10天以上冰雪气候	8.0
		已经持续数天(3～9天)冰雪气候	5.0
		已经持续1～3天冰雪气候	3.0
		之前没有冰雪气候	1.0
	作业地点 C_6	在山区作业	2.0
		平原作业	1.0
	作业高度 C_7	10米以上高度作业	5.0
		5米到10米高度作业	2.0
		2米到5米高度作业	1.5
		2米以下高度作业	1.0
L	人员危害 C_8	可能造成10人以上伤亡(10人以上同时作业)	5.0
		可能造成3～9人伤亡	3.0
		可能造成1～3人伤亡	2.0
	电力生产影响 C_9	对电力生产有影响	2.0
		对电力生产无影响	1.0

注：1. 天气实况：指近期形成的天气实际现状；2. 电力生产影响：指因为人员伤亡未完成任务，或是作业不当造成系统短路、断路等对电力生产系统造成的影响。

分级标准（表6-15）：

表6-15 冰雪气候作业人员风险D值分级表

风险指数值 D	风险等级 R	风险对策
$D>20$	Ⅰ(高)	不可接受风险：停止作业，启动高级别预控，全面行动，直至风险消除后才能恢复生产
$10\leqslant D\leqslant 20$	Ⅱ(中)	不期望风险：全面限制作业，启动中级别预控，局部行动，在风险降低后恢复生产
$3\leqslant D<10$	Ⅲ(较低)	有限接受风险：部分限制作业，低级别预控，选择性行动，在控制措施下生产
$D<3$	Ⅳ(低)	警告风险；常规作业，常规预控，现场应对，警惕和关注条件下生产

评价分级步骤

第一步：参照表 6-14，分别查出冰雪灾害作业人员风险影响因素对应的分数值 C_i。

第二步：根据公式 $D=\prod C_i$，计算出冰雪灾害作业人员的危险性分值 D。

第三步：参照表 6-15，查出冰雪灾害作业人员风险指数 D 所对应的风险等级。

评价应用举例

例子：某电力公司派遣一个由 3 人组成的抢修队，到山上抢修一个倒塌的电线杆。

说明：天气情况：小雪，3 级风力，－2℃，冰雪气候已经持续一周，无雾；电线杆倒塌的原因：冰雪压塌。

实例评价过程

第一步：根据表 6-14，查出冰雪灾害作业人员风险影响因素对应分值，结果如下：

风险因素 C_i	内　　容	风险因素分值 C_i
冰雪天气预报 C_1	小雪	3.0
风力天气预报 C_2	6 级以下风力	1.5
雾天气预报 C_3	无雾	1.0
气温天气预报 C_4	0～－5℃	1.5
天气实况 C_5	已经持续数天(3～9 天)冰雪气候	5.0
作业地点 C_6	在山区作业	2.0
作业高度 C_7	5 米到 10 米高度作业	2.0
人员危害 C_8	可能造成 1～3 人伤亡	2.0
电力生产影响 C_9	对电力生产有影响	2.0

由此可知：$C_1=3.0$；$C_2=1.5$；$C_3=1.0$；$C_4=1.5$；$C_5=5.0$；$C_6=2.0$；$C_7=2.0$；$C_8=2.0$；$C_9=2.0$。

第二步：根据公式 $D=\prod C_i$，计算 C_i 出冰雪灾害作业人员的危险性分值 D。根据 C_i 的值，计算 D 值。

$$D=3.0\times1.5\times1.0\times1.5\times5.0\times2.0\times2.0\times2.0=270$$

第三步：参照表 6-15，$D=270$，可以知道这个作业对于作业人员是Ⅰ级风险，即不可接受风险。应停止作业，采取相应的对策。

3. 冰雪灾害设备设施风险评价分级法

数学模型：用式（6-17）。

影响因素取值：冰雪灾害对设备设施的风险影响因素包括冰雪、风力、风及情况、天气实况、设备设施属性、设备设施老化情况、财产损失情况、电力生产影响、系统服务对象，其风险等级分级取值的标准见表 6-16。

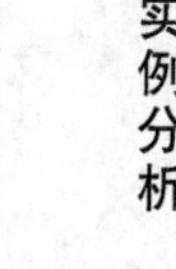

表 6-16　冰雪灾害设备设施风险因素取值表

项目	风险因素	内　容	风险因素分值 C_i
灾害因子	冰雪天气预报 C_1	大雪	10.0
		中雪	7.0
		小雪	3.0
		无雪	1.0
	气温天气预报 C_2	≤−5℃	3.0
		0～−5℃	1.5
		>0℃	1.0
应急与预防	风力天气预报 C_3	6 级以上风力且设备设施处于风及站点	2.0
		6 级以下风力且设备设施处于风及站点	1.5
		其他	1.0
	天气实况 C_4	已经持续 10 天以上冰雪气候	8.0
		已经持续数天(3～9 天)冰雪气候	5.0
		已经持续 1～3 天冰雪气候	3.0
		之前没有冰雪气候	1.0
	设施设备属性 C_5	非耐寒型	3.0
		耐寒型	1.0
	设备设施老化情况 C_6	设备可能老化，$\frac{\text{已使用时间}}{\text{设计寿命}}>3/4$	3.0
		基本健康，$1/2<\frac{\text{已使用时间}}{\text{设计寿命}}\leqslant 3/4$	2.0
		设备健康，$\frac{\text{已使用时间}}{\text{设计寿命}}\leqslant 1/2$	1.0
后果影响	资产损失影响 C_7	造成严重程度财产损失(数千万元)	5.0
		造成相当程度财产损失(数百万元)	3.0
		造成一定程度财产损失(数十万元)	2.0
		造成较小程度财产损失(数万元)	1.5
	对电力生产影响 C_8	系统整体影响	2.0
		子系统局部影响	1.5
	系统服务对象 C_9	政府，机关，医院等重要公共的服务机构	3.0
		一般的居民区	1.5

分级标准（表 6-17）：

表 6-17　冰雪灾害设备设施风险等级分级对照表

风险指数值 D	风险等级 R	风险指数值 D	风险等级 R
$D\geqslant 24$	Ⅰ(高)	$6\leqslant D<10$	Ⅲ(较低)
$10\leqslant D<24$	Ⅱ(中)	$D<6$	Ⅳ(低)

评价分级步骤

第一步：参照表 6-16，分别查出冰雪灾害设备设施风险影响因素对应的分数值 C_i。

第二步：根据公式 $D=\prod C_i$，计算出冰雪灾害设备设施风险的危险性分

值 D。

第三步：参照表 6-17，查出冰雪灾害设备设施风险指数 D 所对应的风险等级。

评价应用举例

例子：线路被冰雪包裹。

说明：天气情况：小雪，3 级风力，－3℃，持续 3 天冰雪天气；线路情况：非抗寒性电线，刚超过使用年限的一半，给农村用户供电，线路处于山上风口处。

实例评价过程

第一步：参照表 6-16，分别查出冰雪灾害设备设施风险影响因素对应的分数值 C_i，结果如下：

风险因素 C_i	内　容	风险因素分值 C_i
冰雪天气预报 C_1	小雪	3.0
气温天气预报 C_2	0～－5℃	1.5
风力天气预报 C_3	6 级以下风力且设备设施处于风及站点	1.5
天气实况 C_4	已经持续 1～3 天冰雪气候	3.0
设施设备属性 C_5	非耐寒型	3.0
设备设施老化情况 C_6	基本健康，$1/2<\frac{\text{已使用时间}}{\text{设计寿命}}\leqslant 3/4$	2.0
资产损失影响 C_7	造成较小程度财产损失(数万元)	1.5
对电力生产影响 C_8	子系统局部影响	1.5
系统服务对象 C_9	一般的居民区	1.5

由此可知：$C_1=3.0$；$C_2=1.5$；$C_3=1.5$；$C_4=5.0$；$C_5=3.0$；$C_6=2.0$；$C_7=1.5$；$C_8=1.5$；$C_9=1.5$。

第二步：根据公式 $D=\prod C_i$，计算出冰雪灾害设备设施风险的危险性分值 D。

$$D=3.0\times1.5\times1.5\times5.0\times3.0\times2.0\times1.5\times1.5\times1.5=410$$

第三步：参照表 6-17，$D=410$，可以判断这个线路处于一级风险状态下，需要采取一定的措施降低次风险。

二、电力断电风险分级评价法

定义：电力断电是指由于供电不足、线路破坏等引起的系统断电。

适用范围：电力断电风险的评价。

数学模型：风险分值用正式计算：

$$D=\sum C_i \tag{6-18}$$

量化方式（表 6-18）：

表 6-18 电力断电风险因素评点数参考表

风险因素 C_i	内容	风险因素分值 C_i
供电上游单位情况 C_1	供电火电厂存煤量低于 1 天	10.0
	供电火电厂存煤量低于 2 天	7.0
	供电火电厂存煤量低于 7 天	5.0
设施设备情况 C_2	重要的发电厂、变电站、输变电线路遭受打击或破坏，减负荷可能达到事故前的 10%	7.0
	重要的发电厂、变电站、输变电线路遭受打击或破坏，减负荷可能达到事故前的 2%	3.0
	设施、设备的破坏对系统无重大影响	1.0
电量需求度 C_3	用电高峰期（如夏季）	3.0
	非用电高峰期	0.0
对重要用电单位影响（包括机关，科研）C_4	对重要用电单位造成 50%面积以上停电	10.0
	对重要用电单位造成 30%～50%面积停电	9.0
	对重要用电单位造成 30%面积以下停电	7.0
对居民生活影响 C_5	可能造成居民区 50%面积以上停电	9.0
	可能造成居民区 30%～50%面积停电	7.0
	可能造成居民区 30%面积以下停电	5.0

分级标准（表 6-19）：

表 6-19 电力断电风险等级分级对照表

风险指数值 D	风险等级 R	风险指数值 D	风险等级 R
$D \geqslant 10$	Ⅰ（高）	$3 < D \leqslant 7$	Ⅲ（较低）
$7 < D < 10$	Ⅱ（中）	$D \leqslant 3$	Ⅳ（低）

评价分级步骤

第一步：参照表 6-18，分别查出电力断电风险影响因素对应的分数值 C_i。

第二步：根据公式 $D = \sum C_i$，计算出电力断电风险的危险性分值 D。

第三步：参照表 6-19，查出电力断电风险指数 D 所对应的风险等级。

三、电力电缆工作票（变电、线路通用）风险分级评价法

适用范围：电力电缆第一种工作票、电力电缆第二种工作票的风险评价。

数学模型：风险值

$$D = \sum C_i \tag{6-19}$$

风险因素取值：电力电缆工作票的风险影响因素包括作业人员、电缆情况、工作地点、作业过程、环境。其中，作业人员、电缆情况、作业地点、作业过程这 4 个因素是可以在工作票上读到的数据段；环境可以根据实时的天气情况进行判断。其风险等级分级取值的标准见表 6-20。

表 6-20　电力电缆工作票风险因素分值表

项目	风险因素	内容	风险因素分值
作业人员	作业人员数量	10 人及以上	10.0
		3～9 人	5.0
		1～3 人	3.0
电缆情况	电压等级	500 千伏	10.0
		220 千伏	8.0
		110 千伏	6.0
		35 千伏	5.0
		10 千伏	3.0
	电缆带电情况	需要电力电缆停电	10.0
		不需要电力电缆停电	0.0
工作地点	距离带电体距离	可触电范围内	3.0
		不可触电范围内	0.0
	作业地理环境	山区	3.0
		平原	0.0
作业过程	作业种类	预试	5.0
		更换	5.0
		检修	5.0
环境	冰雪天气预报	大雪	10.0
		中雪	7.0
		小雪	3.0
	风力天气预报	6 级以上风力	5.0
		4～6 级以下风力	1.5
	雾天气预报	浓雾	3.0
		大雾	2.0
		轻雾	1.5
	气温天气预报	≤－5℃	2.0
		0～－5℃	1.5
	天气实况	已经持续 10 天以上冰雪气候	8.0
		已经持续数天(3～9 天)冰雪气候	5.0
		已经持续 1～3 天冰雪气候	3.0
	高温情况	≥39℃	10.0
		35℃$\leqslant D<$39℃	7.0
		30℃$\leqslant D<$35℃	3.0

分级标准（表 6-21）：

表 6-21　电力电缆工作票风险等级分级对照表

风险指数值 D	风险等级 R	风险指数值 D	风险等级 R
$D\geqslant 10$	Ⅰ(高)	$3<D\leqslant 7$	Ⅲ(较低)
$7<D<10$	Ⅱ(中)	$D\leqslant 3$	Ⅳ(低)

评价分级步骤

第一步：参照表 6-20，分别查出电力电缆第一种、第二种工作票风险影响因

素对应的分数值 C_i。

第二步：根据公式（6-19），计算出电力电缆第一种、第二种工作票风险的风险值 D。

第三步：参照表 6-21，查出电力电缆第一种、第二种工作票风险指数 D 所对应的风险等级。

第七章 事故预防原理与风险控制

重要概念 事故致因，事故倾向，事故频发，事故概率，事故因果，管理失误，人为事故，安全决策，安全策略，事故预测，事故预防。

重点提示 事故致因理论的发展；系统安全工程的理论和方法；事故学理论，如事故倾向论，事故联锁理论，事故轨迹交叉理论；事故预测方法，如事故趋势外推预测法，事故的宏观综合预防对策，人为事故的预防理论，设备导致事故的预防理论，环境因素导致事故的预防理论，时间因素导致事故的预防理论等。

问题注意 从事故偶然性与必然性的关系，以及事故因果性、规律性与复杂性的关系中，认识事故的可预防性本质。不同事故类型具有不同的事故表征、事故要素和特点，因此预防事故要有针对性，要与生产工艺特点相联系，要在实践中探索有效的理论和方法。生产事故的发展与发生过程是复杂的，表现形式随时间和空间而变，但最本质的因素是“能量的不正常作用”。事故预测的目的不是对未来事故发生量的确定或判定，而是指导安全管理科学决策的依据和基础。预防事故的手段是多方面的，如工程技术的手段、管理的手段、教育的手段等，但归根结底要做到使生产单元的作业是安全可靠的。

第一节 事故致因理论

几个世纪以来，人类主要是在发生事故后凭主观推断事故的原因，即根据事故发生后残留的关于事故的信息来分析、推论事故发生的原因及其过程。由于事故发生的随机性质，以及人们知识、经验的局限性，使得对事故发生机理的认识变得十分困难。

随着社会的发展，科学技术的进步，特别是工业革命以后，工业事故频繁发生，人们在与各种工业事故斗争的实践中不断总结经验，探索事故发生的规律，相继提出了阐明事故为什么会发生，事故是怎样发生的，以及如何防止事故发生

的理论。由于这些理论着重解释事故发生的原因，以及针对事故致因因素如何采取措施防止事故，所以被称作事故致因理论。事故致因理论是指导事故预防工作的基本理论。

事故致因理论是生产力发展到一定阶段的产物。在生产力发展的不同阶段，生产过程中出现的安全问题有所不同，特别是随着生产方式的变化，人在生产过程中所处的地位的变化，引起人们安全观念的变化，从而产生了反映安全观念变化的不同的事故致因理论。

一、早期的事故致因理论

早期的事故致因理论一般认为事故的发生仅与一个原因或几个原因因素有关。20 世纪初期，资本主义工业的飞速发展，使得蒸汽动力和电力驱动的机械取代了手工作坊中的手工工具，这些机械的使用大大提高了劳动生产率，但也增加了事故发生率。因为当时设计的机械很少或者根本不考虑操作的安全和方便，几乎没有什么安全防护装置。工人没有受过培训，操作不熟练，加上长时间的疲劳作业，伤亡事故自然频繁发生。

1919 年，英国的格林伍德（M. Greenwood）和伍慈（H. H. Woods）对许多工厂里的伤亡事故数据中的事故发生次数按不同的统计分布进行了统计检验。结果发现，工人中的某些人较其他人更容易发生事故。从这种现象出发，后来法默（Farmer）等人提出了事故频发倾向的概念。所谓事故频发是指个别人容易发生事故的、稳定的、个人的内在倾向。根据这种理论，工厂中少数工人具有事故频发倾向，是事故频发倾向者，他们的存在是工业事故发生的主要原因。如果企业里减少了事故频发倾向者，就可以减少工业事故。因此，防止企业中事故频发倾向者是预防事故的基本措施：一方面通过严格的生理、心理检验等，从众多的求职者中选择身体、智力、性格特征及动作特征等方面优秀的人才就业；另一方面，一旦发现事故频发倾向者则将其解雇。显然，由优秀的人员组成的工厂是比较安全的。

海因里希的事故法则：美国安全工程师海因里希（Heinrich）在 50 多年前统计了 55 万件机械事故，其中死亡、重伤事故 1666 件，轻伤 48334 件，其余则为无伤害事故。从而得出一个重要结论，即在机械事故中，死亡、重伤、轻伤和无伤害事故的比例为 1∶29∶300，国际上把这一法则叫事故法则。这个法则说明，在机械生产过程中，每发生 330 起意外事件，有 300 件未产生人员伤害，29 件造成人员轻伤，1 件导致重伤或死亡。对于不同的生产过程和不同类型的事故，上述比例关系不一定完全相同，但这个统计规律说明了在进行同一项活动中，无数次意外事件必然导致重大伤亡事故的发生。要防止重大事故的发生，就必须减少和消除无伤害事故，要重视事故的苗子和未遂事故，否则终会酿成大祸。例如，某机械师企图用手把皮带挂到正在旋转的皮带轮上，因未使用拨皮带的杆，且站在摇晃的梯板上，又穿了一件宽大长袖的工作服，结果被皮带轮绞入碾死。事故调查结果表明，他这种上皮带的方法每天使用已有数年之久。查阅4年病志（急救上药记录），发现他有33次手臂擦伤后治疗处理，他手下工人均佩服他手段高明，结果还是导致死亡。这一事例说明，重伤和死亡事故虽有偶然性，但是不安全因素或动作在事故发生之前已暴露过许多次，如果在事故发生之前，抓住时机及时消除不安全因素，那么许多重大伤亡事故是完全可以避免的。

海因里希的工业安全理论是该时期的代表性理论。海因里希认为，人的不安全行为、物的不安全状态是事故的直接原因，企业事故预防工作的中心就是消除人的不安全行为和物的不安全状态。

海因里希的研究说明大多数的工业伤害事故都是由于工人的不安全行为引起的。即使一些工业伤害事故是由于物的不安全状态引起的，则物的不安全状态的产生也是由于工人的缺点、错误造成的。因而，海因里希理论也和事故频发倾向论一样，把工业事故的责任归因于工人。从这一认识出发，海因里希进一步追究事故发生的根本原因，认为人的缺点来源于遗传因素和人员成长的社会环境。

二、系统安全工程理论

系统安全工程创始于美国，并且首先使用于军事工业方面。20世纪50年代末，科学技术进步的一个显著特征是设备、工艺和产品越来越复杂。战略武器的研制、宇宙开发和核电站建设等使得作为现代先进科学技术标志的复杂巨系统相继问世。这些复杂巨系统往往由数以千万计的元件、部件组成，元件、部件之间以非常复杂的关系相连接。在它们被研制和被利用的过程中，常常涉及到高能量。系统中的微小的差错就可能引起大量的能量向外释放，从而导致灾难性的事故。这些复杂巨系统的安全性问题受到了人们的关注。

在开发研制、使用和维护这些复杂巨系统的过程中，逐渐萌发了系统安全的基本思想。作为现代事故预防理论和方法体系的系统安全产生于美国研制民兵式洲际导弹的过程中。

系统安全是人们为预防复杂巨系统事故而开发、研究出来的安全理论、方法体系。所谓系统安全，是在系统寿命期间内应用系统安全工程和管理方法辨识系统中的危险源，并采取控制措施使其危险性最小，从而使系统在规定的性能、时间和成本范围内达到最佳的安全程度。

系统安全在许多方面发展了事故致因理论。系统安全认为，系统中存在的危险源是事故发生的原因。不同的危险源可能有不同的危险性。危险性是指某种危险源导致事故，造成人员伤害、财物损坏或环境污染的可能性。由于不能彻底地消除所有的危险源，也就不存在绝对的安全。所谓的安全，只不过是没有超过允许限度的危险。因此，系统安全的目标不是事故为零，而是最佳的安全程度。

系统安全认为：意外释放的能量是事故发生的根本原因，对能量控制的失效是事故发生的直接原因。这涉及能量控制措施的可靠性问题。在系统安全研究中，不可靠被认为是不安全的原因。可靠性工程是系统安全工程的基础之一。

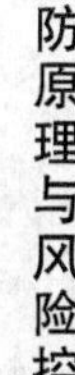

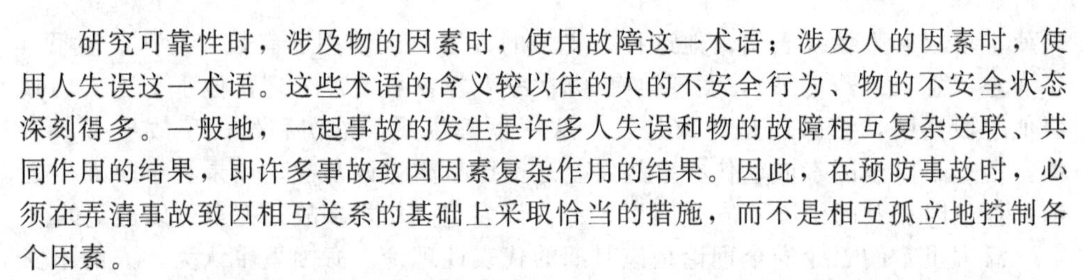
研究可靠性时，涉及物的因素时，使用故障这一术语；涉及人的因素时，使用人失误这一术语。这些术语的含义较以往的人的不安全行为、物的不安全状态深刻得多。一般地，一起事故的发生是许多人失误和物的故障相互复杂关联、共同作用的结果，即许多事故致因因素复杂作用的结果。因此，在预防事故时，必须在弄清事故致因相互关系的基础上采取恰当的措施，而不是相互孤立地控制各个因素。

系统安全注重整个系统寿命期间的事故预防，尤其强调在新系统的开发、设计阶段采取措施消除、控制危险源。对于正在运行的系统，如工业生产系统，管理方面的疏忽和失误是事故的主要原因。约翰逊等人很早就注意了这个问题，创立了系统安全管理的理论和方法体系 MORT（Managment Oversight and Risk Tree，管理疏忽与危险树），它把能量意外释放论、变化的观点、人失误理论等引入其中，又包括了工业事故预防中的许多行之有效的管理方法，如事故判定技术、标准化作业、职业安全分析等。它的基本思想和方法对现代工业安全管理产生了深刻的影响。

三、事故频发倾向论

事故频发倾向论是阐述企业工人中存在着个别人容易发生事故的、稳定的、个人的内在倾向的一种理论。1919 年，格林伍德和伍慈对许多工厂里伤害事故发生次数资料按如下 3 种统计分布进行另外统计检验。

(1) 泊松分布。当员工发生事故的概率不存在个体差异时，即不存在事故频发倾向者时，一定时间内事故发生次数服从泊松分布。在这种情况下，事故的发生是由于工厂里的生产条件、机械设备方面的问题，以及一些其他偶然因素引起的。

(2) 偏倚分布。一些工人由于存在着精神或心理方面的毛病，如果在生产操作过程中发生过一次事故，则会造成胆怯或神经过敏，当再继续操作时，就有重复发生第二次、第三次事故的倾向。造成这种统计分布的是人员中存在少数有精神或心理缺陷的人。

(3) 非均等分布。当工厂中存在许多特别容易发生事故的人时，发生不同次数事故的人数服从非均等分布，即每个人发生事故的概率不相同。在这种情况下，事故的发生主要是由于人的因素引起的。

为了检验事故频发倾向的稳定性，他们还计算了被调查工厂中同一个人在前 3 个月和后 3 个月里发生事故次数的相关系数。结果发现，工厂中存在着事故频发倾向者，并且前后 3 个月事故次数的相关系数变化为 0.37±0.12～0.72±0.07，皆为正相关。

1926 年，纽鲍尔德研究大量工厂中事故发生次数分布，证明事故发生次数服从发生概率极小，且每个人发生事故概率不等的统计分布。他计算了一些工厂中前 5 个月和后 5 个月事故次数的相关系数，其结果为 0.04±0.009～0.71±0.06。这也充分证明了存在着事故频发倾向者。

1939年，法默和查姆勃明确提出了事故频发倾向的概念，认为事故频发倾向者的存在是工业事故发生的主要原因。

对于发生事故次数较多、可能是事故频发倾向者的人，可以通过一系列的心理学测试来判别。例如，日本曾采用内田·克雷贝林测验测试人员大脑工作状态曲线，采用YG测验测试工人的性格来判别事故频发倾向者。另外，也可以通过对日常工人行为的观察来发现事故频发倾向者。一般来说，具有事故频发倾向的人在进行生产操作时往往精神动摇，注意力不能经常集中在操作上，因而不能适应迅速变化的外界条件。

据国外文献介绍，事故频发倾向者往往有如下的性格特征：①感情冲动，容易兴奋；②脾气暴躁；③厌倦工作、没有耐心；④慌慌张张，不沉着；⑤动作生硬而工作效率低；⑥喜怒无常，感情多变；⑦理解能力低，判断和思考能力差；⑧极度喜悦和悲伤；⑨缺乏自制力；⑩处理问题轻率、冒失；⑪运动神经迟钝，动作不灵活。日本的丰原恒男发现容易冲动的人、不协调的人、不守规矩的人、缺乏同情心的人和心理不平衡的人发生事故次数较多（见表7-1）。

表 7-1　事故频发者的特征

性格特征	事故频发者/%	其他人/%
容易冲动	38.9	21.9
不协调	42.0	26.0
不守规矩	34.6	26.8
缺乏同情心	30.7	0
心理不平衡	52.5	25.7

四、事故遭遇倾向论

许多研究结果表明，前后不同时期里事故发生次数的相关系数与作业条件有关。罗奇（Roche）曾调查发现，工厂规模不同，生产作业条件也不同，大工厂的场合相关系数大约在0.6，小工厂则或高或低，表现出劳动条件的影响。高勃（P. W. Gobb）考察了6年和12年间两个时期事故频发倾向的稳定性，结果发现前后两段时间内事故发生次数的相关系数与职业有关，变化在−0.08到0.72的范围之内。当从事规则的、重复性作业时，事故频发倾向较为明显。

事故遭遇倾向论是阐述企业工人中某些人员在某些生产作业条件下存在着容易发生事故的倾向的一种理论。明兹和布卢姆建议用事故遭遇倾向理论取代事故频发倾向理论的概念，认为事故的发生不仅与个人因素有关。而且与生产条件有关，根据这一见解，克尔调查了53个电子工厂中40项个人因素及生产作业条件因素与事故发生频度和伤害严重度之间的关系，发现影响事故发生频度的主要因素有搬运距离短、噪声严重、临时工多、工人自觉性差等；与事故后果严重度有关的主要因素是工人的“男子汉”作风，其次是缺乏自觉性、缺乏指导、老年职工多、不连续出勤等，证明事故发生情况与生产作业条件有着密切关系。

一些研究表明，事故的发生与工人的年龄有关。青年人和老年人容易发生事故。此外，与工人的工作经验、熟练程度有关。米勤等人的研究表明，对于一些危险性高的职业，工人要有一个适应期间，在此期间内，新工人容易发生事故。内田和大内田对东京都出租汽车司机的年平均事故件数进行了统计，发现平均事故数与参加工作后的一年内的事故数无关，与进入公司后工作时间长短有关。司机们在刚参加工作的头3个月里，事故数相当于每年5次，之后的3年里事故数急剧减少，在第5年里则稳定在每年一次左右，这符合经过练习而减少失误的心理学规律，表明熟练可以大大减少事故。

自格林伍德的研究起，迄今有无数的研究者对事故频发倾向理论的科学性问题进行了专门的研究探讨，关于事故频发倾向者存在与否的问题一直有争议。实际上，事故遭遇倾向就是事故频发倾向理论的修正。

许多研究结果证明，事故频发倾向者并不存在。

（1）当每个人发生事故的概率相等且概率极小时，一定时期内发生事故次数服从泊松分布。根据泊松分布，大部分工人发生事故，少数工人只发生一次，只有极少数工人发生两次以上事故。大量的事故统计资料是服从泊松分布的。例如，摩尔（D. L. Morth）等人研究了海上石油钻井工人连续两年时间内伤害事故情况，得到了受伤次数多的工人数没有超出泊松分布范围的结论。

（2）许多研究结果表明，某一段时间里发生事故次数多的人，在以后的时间里往往发生事故次数少了，并非永远是事故频发倾向者。通过数十年的实验及临床研究，很难找出事故频发者的稳定的个人特性。换言之，许多人发生事故是由于他们行为的某种瞬时特征引起的。

（3）根据事故频发倾向理论，防止事故的重要措施是人员选择。但是许多研究表明，把事故发生次数多的工人调离后，企业的事故发生率并没有降低。例如，韦勒（Waller）对司机的调查，伯纳基（Bernacki）对铁路调车员的调查，都证实了调离或解雇发生事故多的工人并没有减少伤亡事故发生率。

对于我国的广大安全专业人员来说，事故频发倾向的概念可能十分陌生。然而，企业职工队伍中存在少数容易发生事故的人这一现象并不罕见。例如，某钢铁公司把容易出事故的人称作“危险人物”，把这些“危险人物”调离原工作岗位后，企业的伤亡事故明显减少；某运输公司把出事故多的司机定为“危险人物”，规定这些司机不能担任长途运输任务，也取得了较好的预防事故效果。

其实，工业生产中的许多操作对操作者的素质都有一定的要求。或者说，人员有一定的职业适合性。当人员的素质不符合生产操作要求时，人在生产操作中就会发生失误或不安全行为，从而导致事故发生。危险性较高的、重要的操作，特别要求人的素质较高。例如，特种作业的场合，操作者要经过专门的培训、严格的考核，获得特种作业资格后才能从事。因此，尽管事故频发倾向论把工业事故的原因归因于少数事故频发倾向者的观点是错误的，然而从职业适合性的角度来看，关于事故频发倾向的认识也有一定的可取之处。

五、多米诺骨牌理论

骨牌理论也称作多米诺骨牌理论。该理论认为，一种可防止的伤亡事故的发生是量一系列事件顺序发生的结果。它引用了多米诺效应的基本含义，认为事故的发生就好像量一连串垂直放置的骨牌，前一个倒下，引起后面的一个个倒下。当最后一个倒下，就意味着伤害结果发生，其原理如图 7-1 所示。

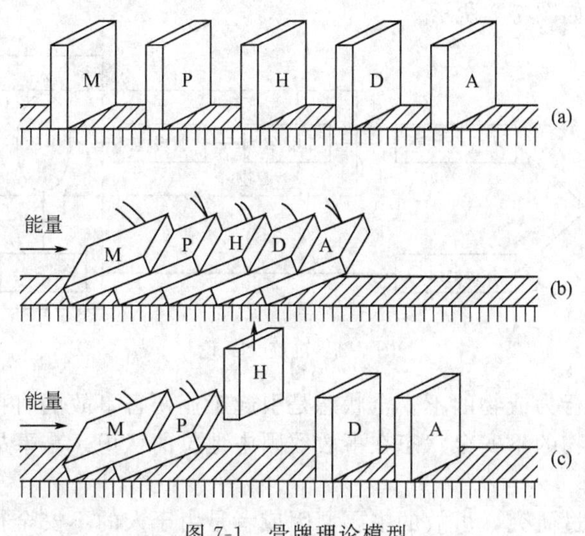

图 7-1　骨牌理论模型

最初，海因里希（Heinrich）认为，事故是沿着如下顺序发生、发展的：人体本身→按人的意志进行动作→潜在的危险→发生事故→伤害。这个顺序表明：事故发生的最初原因是人的本身素质，即生理、心理上的缺陷或知识、意识、技能方面的问题等，按这种人的意志进行动作，即出现设计、制造、操作、维护错误；潜在危险，则是由个人的动作引起的设备不安全状态和人的不安全行为；发生事故，则是在一定条件下，这种潜在危险就会引起事故发生；伤害，则是事故发生的后果。

后来，我国有关专家对此又作了一些修改，变为：社会环境和管理欠缺、人为过失→不安全行为和不安全状态→意外事件→伤亡。也就是说，事故发生的基础原因是社会环境和管理的欠缺，是这种原因造就了人。这里强调了社会和管理的作用，但却忽略了人本身的先天素质和后天素质、生理素质和心理素质。其余的内容与原来的几乎没有区别，只是更具体、更明确了。

根据骨牌理论提出的防止事故措施是：从骨牌顺序中移走某一个中间骨牌。例如，尽一切可能消除人的不安全行为和物的不安全状态，则伤害就不会发生了。当前，我国正在兴起的安全文化，其目的在于消除事故发生的背景原因，也就是要造就一个人人重视安全的社会环境和企业环境，从提高人的素质方面来解

决安全问题。这样，无论从管理上、技术上都不会发生人为失误，从而以上 3 个环节都不存在问题，也就从根本上解决了事故发生的问题。

六、轨迹交叉论

轨迹交叉论认为，在一个系统中，人的不安全行为和物的不安全状态的形成过程中一旦发生时间和空间的运动轨迹交叉，就会造成事故。按照轨迹交叉论，描绘的事故模型如图 7-2 所示。

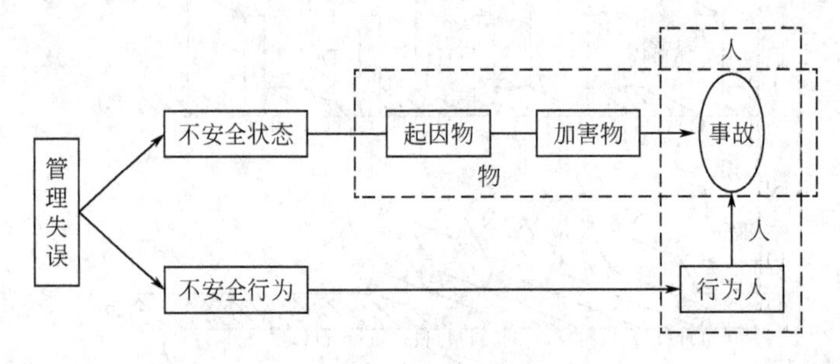

图 7-2　轨迹交叉论

人的不安全行为或物的不安全状态是引起工业伤害事故的直接原因。关于人的不安全行为和物的不安全状态在事故致因中地位的认识，是事故致因理论中的一个重要问题。

海因里希作过研究，事故的主要原因或者是由于人的不安全行为，或者是由于物的不安全状态，没有一起事故是由于人的不安全行为及物的不安全状态共同引起的（见图 7-3）。于是，他得出的结论是，几乎所有的工业伤害事故都是由于人的不安全行为造成的。

后来，海因里希的这种观点受到了许多研究者的批判。根据日本的统计资料，1969 年机械制造业的休工 10 天以上的伤害事故中，96%的事故与人的不安全行为有关，91%的事故与物的不安全状态有关；1977 年机械制造业的休工 4 天以上的 104638 件伤害事故中，与人的不安全行为无关的只占 5.5%，与物的不安全状态无关的只占 16.5%。这些统计数字表明，大多数工业伤害事故的发生，既由于人的不安全行为，也由于物的不安全状态。

随着事故致因理论的逐步深入，越来越多的人认识到，一起工业事故之所以能够发生，除了人的不安全行为之外，一定存在着某种不安全条件。斯奇巴（Skiba）指出，生产操作人员与机械设备两种因素都对事故的发生有影响，并且机械设备的危险状态对事故的发生作用更大些。他认为，只有当两种因素同时出现时，才能发生事故。实践证明，消除生产作业中物的不安全状态，可以大幅度地减少伤害事故的发生。例如，美国铁路车辆安装自动连接器之前，每年都有数百名铁路工人死于车辆连接作业事故中。铁路部门的负责人把事故的责任归因于工人的错误或不注意。后来，根据政府法令的要求，把所有铁路车辆都装上了自

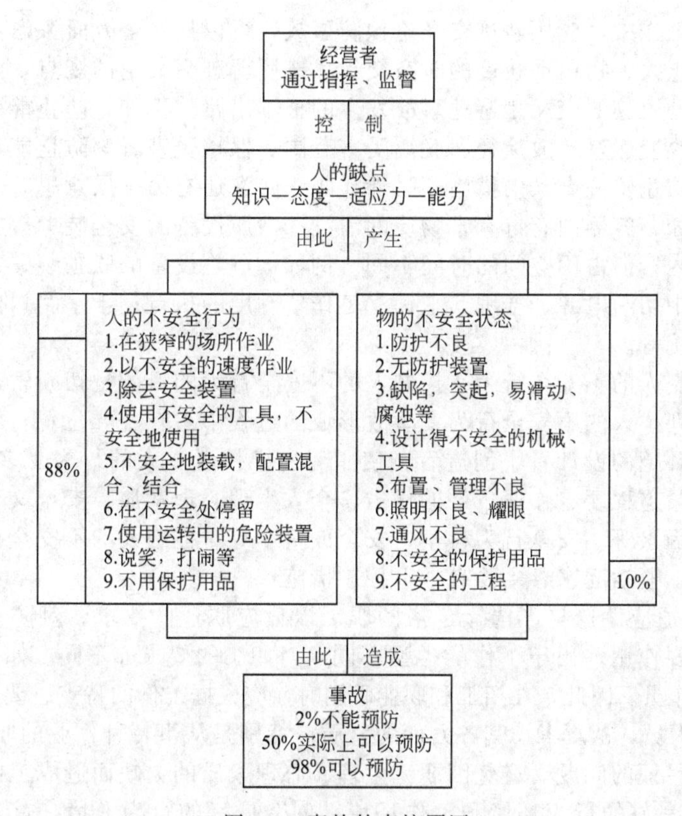

图 7-3 事故的直接原因

动连接器，结果车辆连接作业中的死亡事故大大地减少了。

根据轨迹交叉论的观点，消除人的不安全行为可以避免事故。但是应该注意到，人与机械设备不同，机器在人们规定的约束条件下运转，自由度较少；人的行为受各自思想的支配，有较大的行为自由性。这种行为自由性一方面使人具有搞好安全生产的能动性，另一方面也可能使人的行为偏离预定的目标，发生不安全行为。由于人的行为受到许多因素的影响，控制人的行为是一件十分困难的工作。消除物的不安全状态也可以避免事故。通过改进生产工艺，设置有效安全防护装置，根除生产过程中的危险条件，使得即使人员产生了不安全行为也不致酿成事故。在安全工程中，把机械设备、物理环境等生产条件的安全称作本质安全。在所有的安全措施中，首先应该考虑的就是实现生产过程、生产条件的本质安全。但是，受实际的技术、经济条件等客观条件的限制，完全地根绝生产过程中的危险因素几乎是不可能的，我们只能努力减少、控制不安全因素，使事故不容易发生。

即使在采取了工程技术措施，减少、控制了不安全因素的情况下，仍然要通过教育、训练和规章制度来规范人的行为，避免不安全行为的发生。

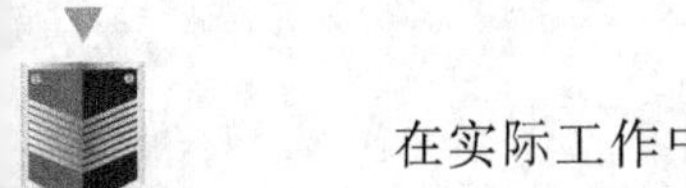

在实际工作中，应用轨迹交叉论预防事故，可以从3个方面考虑：

（1）防止人、物运动轨迹的时空交叉。按照轨迹交叉论的观点，防止和避免人和物的运动轨迹的交叉是避免事故发生的根本出路。例如，防止能量逸散、隔离、屏蔽、改变能量释放途径、脱离受害范围、保护受害者等防止能量转移的措施，同样是防止轨迹交叉的措施。另外，防止交叉还有另一层意思，就是防止时间交叉。例如，容器内有毒有害物质的清洗；冲压设备的安全装置等。人和物都在同一范围内，但占用空间的时间不同。例如，危险设备的联锁装置；电气维修或电气作业中切断电源、挂牌、上锁、工作票制度的执行；十字路口的车辆、行人指挥灯系统等。

（2）控制人的不安全行为。控制人的不安全行为的目的是切断轨迹交叉中行为的形成系列。人的不安全行为在事故形成的过程中占有主导位置，因为人是机械、设备、环境的设计者、创造者、使用者、维护者。人的行为受多方面影响，如作业时间紧迫程度、作业条件的优劣、个人生理心理素质、安全文化素质、家庭社会影响因素等。安全行为科学、安全人机学等对控制人的不安全行为都有较深入的研究。概括起来，主要有如下控制措施：

① 职业适应性选择。选择合格的职工以适应职业的要求，对防止不安全行为发生有重要作用。出于工作的类型不同，对职工的要求亦不同。如搬运工和中央控制室操作员。因此，在招工和职业聘用时，应根据工作的特点、要求，选择适合该职业的人员，认真考虑其各方面的素质。特别是从事特种作业的职工的选择，以及职业禁忌证的问题。避免因职工生理、心理素质的欠缺而造成工作失误。

② 创造良好的行为环境和工作环境。创造良好的行为环境，首先是良好的人际关系，积极向上的集体精神。融洽和谐的同事关系、上下级关系，能使工作集体具有凝聚力，职工工作才能心情舒畅、积极主动地配合；实行民主管理、职工参与管理，能调动其积极性、创造性；关心职工生活，解决实际困难。做好家属工作，可以促进良好的、安全的环境气氛、社会气氛。创造良好的工作环境，就是尽一切努力消除工作环境中的有害因素。使机械、设备、环境适合人的工作，也使人容易适应工作环境。使工作环境真正达到安全、舒适、卫生的要求，从而减少人失误的可能性。

③ 加强培训、教育，提高职工的安全素质。包括3方面内容：文化素质、专业知识和技能、安全知识和技能。事故的发生与这3种素质密切相关。因此，企业安全管理除对职工的安全素质提高以外，还应注重文化知识的提高、专业知识技能的提高，密切注视文化层次低、专业技能差的人群，坚持一切行之有效的安全教育制度、形式和方法。如三级教育、全员教育、特殊工种教育等制度；利用影视、广播、图片宣传等形式；知识竞赛、无事故活动、事故处理坚持“三不放过”等方法。

④ 严格管理。建立健全管理组织、机构，按国家要求配备安全人员，完善管理制度。贯彻执行国家安全生产方针和各项法规、标准，制订、落实企业安全

生产长期规划和年度计划。坚持第一把手负责，实行全面、全员、全过程的安全管理。使企业形成人人管安全的气氛，才能有效防止“三违现象”的发生。

（3）控制物的不安全状态。控制物的不安全状态的目的是切断轨迹交叉中物的形成系列。最根本的解决办法是创造本质安全条件，使系统在人发生失误的情况下也不会发生事故。在条件不允许的情况下，应尽量消除不安全因素，或采取防护措施，以削弱不安全状态的影响程度。这就要求，在系统的设计、制造、使用等阶段，采取严格的措施，使危险被控制在允许的范围之内。

七、管理失误论

在早期的事故因果联锁中，海因里希把遗传和社会环境看作事故的根本原因，表现出了它的时代局限性。尽管遗传因素和人员成长的社会环境对人员的行为有一定的影响，却不是影响人员行为的主要因素。在企业中，如果管理者能够充分发挥管理机能中的控制机能，则可以有效地控制人的不安全行为、物的不安全状态。

1. 博德的事故因果联锁

博德在海因里希事故因果联锁的基础上，提出了反映现代安全观点的事故因果联琐（如图 7-4 所示）。

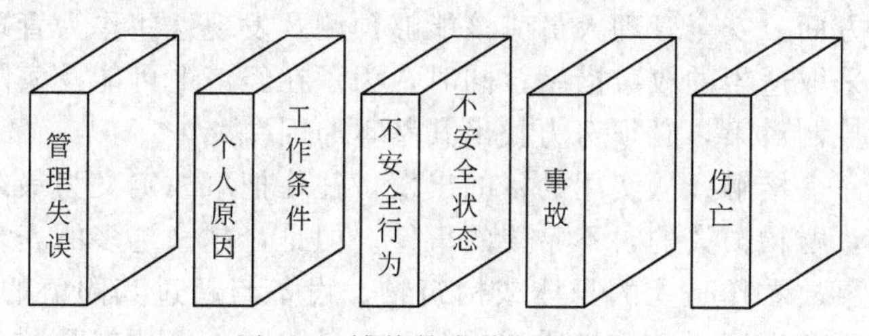

图 7-4　博德的事故因果联锁

（1）控制不足——管理。事故因果联锁中一个最重要的因素是安全管理。安全管理人员应该充分理解，他们的工作要以得到广泛承认的企业管理原则为基础。即安全管理者应该懂得管理的基本理论和原则。控制是管理机能（计划、组织、指导协调及控制）中的一种机能。安全管理中的控制是指损失控制，包括对人的不安全行为、物的不安全状态的控制。它是安全管理工作的核心。

大多数正在生产的工业企业中，由于各种原因，完全依靠工程技术上的改进来预防事故既不经济也不现实。只能通过专门的安全管理工作，经过较长期间的努力，才能防止事故的发生。管理者必须认识到，只要生产没有实现高度安全化，就有发生事故及伤害的可能性，因而他们的安全活动中必须包含有针对事故联锁中所有要因的控制对策。

在安全管理中，企业领导者的安全方针、政策及决策占有十分重要的位置。它包括生产及安全的目标；职员的配备；资料的利用；责任及职权范围的划分；职工的选择、训练、安排、指导及监督；信息传递；设备、器材及装置的采购、

维修及设计；正常时及异常时的操作规程；设备的维修保养等。

管理系统是随着生产的发展而不断变化、完善的，十全十美的管理系统并不存在。由于管理上的缺欠，使得能够导致事故的基本原因出现。

(2) 基本原因——起源论。为了从根本上预防事故，必须查明事故的基本原因，并针对查明的基本原因采取对策。

基本原因包括个人原因及与工作有关的原因。个人原因包括缺乏知识或技能，动机不正确，身体上或精神上的问题。工作方面的原因包括操作规程不合适，设备、材料不合格，通常的磨损及异常的使用方法等，以及温度、压力、湿度、粉尘、有毒有害气体、蒸汽；通风、噪声、照明、周围的状况（容易滑倒的地面、障碍物、不可靠的支持物、有危险的物体）等环境因素。只有找出这些基本原因，才能有效地控制事故的发生。

所谓起源论，是在于找出问题的基本的、背后的原因，而不仅停留在表面的现象上。只有这样，才能实现有效地控制。

(3) 直接原因——征兆。不安全行为或不安全状态是事故的直接原因。这一直是最重要的，必须加以追究的原因。但是，直接原因不过是像基本原因那样的深层原因的征兆。一方面是表面的现象。在实际工作中，如果只抓住了作为表面现象的直接原因而不追究其背后隐藏的深层原因，就永远不能从根本上杜绝事故的发生。另一方面，安全管理人员应该能够预测及发现这些作为管理缺欠的征兆的直接原因，采取适当的改善措施；同时，为了在经济上可能及实际可能的情况下采取长期的控制对策，必须努力找出其基本原因。

(4) 事故——接触。从实用的目的出发，往往把事故定义为最终导致人员肉体损伤、死亡，财物损失的，不希望的事件。但是，越来越多的安全专业人员从能量的观点把事故看作是人的身体或构筑物、设备与超过其阈值的能量的接触，或人体与妨碍正常生理活动的物质的接触。于是，防止事故就是防止接触。为了防止接触，可以通过改进装置、材料及设施防止能量释放，通过训练提高工人识别危险的能力，佩戴个人保护用品等来实现。

(5) 伤害-损坏——损失。博德的模型中的伤害包括了工伤、职业病，以及对人员精神方面、神经方面或全身性的不利影响。人员伤害及财物损坏统称为损失。

在许多情况下，可以采取恰当的措施使事故造成的损失最大限度地减少。例如，对受伤人员的迅速抢救，对设备进行抢修以及平日对人员进行应急训练等。

2. 亚当斯的事故因果联锁

亚当斯（Edward Adaams）提出了与博德的事故因果联锁论类似的事故因果联锁模型（见表 7-2)。

在该因果联锁理论中，第 4、5 个因素基本上与博德的理论相似。这里把事故的直接原因，人的不安全行为及物的不安全状态称作现场失误。本来，不安全行为和不安全状态是操作者在生产过程中的错误行为及生产条件方面的问题，采用现场失误这一术语，其主要目的在于提醒人们注意不安全行为及不安全状态的性质。

表 7-2 亚当斯基于管理失误的因果联锁理论

管理体制	管理失误		现场失误	事故	伤害或损坏
目标	领导者在下述方面决策错误或没做决策 政策	安技人员在下述方面管理失误或疏忽 行为	不安全行为		伤害
组织	目标 权威 责任	责任 权威 规则	不安全状态	事故	损坏
机能	职责 注意范围 权限授予	指导 主动性 积极性 业务活动			

该理论的核心在于对现场失误的背后原因进行了深入的研究。操作者的不安全行为及生产作业中的不安全状态等现场失误，是由于企业领导者及事故预防工作人员的管理失误造成的。管理人员在管理工作中的差错或疏忽，企业领导人决策错误或没有作出决策等失误，对企业经营管理及事故预防工作具有决定性的影响。管理失误反映企业管理系统中的问题，它涉及到管理体制，即如仍有组织地进行管理工作，确定怎样的管理目标，如何计划、实现确定的目标等方面的问题。管理体制反映作为决策中心的领导人的信念、目标及规范，它决定各级管理人员安排工作的轻重缓急、工作基准及指导方针等重大问题。

八、北川彻三的事故因果联锁理论

日本的北川彻三认为，工业伤害事故发生的原因是很复杂的，企业是社会的一部分，一个国家、一个地区的政治、经济、文化、科技发展水平等诸多社会因素，对企业内部伤害事故的发生和预防有着重要的影响。

在日本，北川彻三的事故因果联锁理论被用作指导事故预防工作的基本理论。北川彻三从 4 个方面探讨事故发生的间接原因：

(1) 技术原因。机检、装置、建筑物等的设计、建造、维护等技术方面的缺陷。

(2) 教育原因。由于缺乏安全知识及操作经验，不知道、轻视操作过程中的危险性和安全操作方法，或操作不熟练、习惯操作等。

(3) 身体原因。身体状态不佳，如头痛、昏迷、癫痫等疾病，或近视、耳聋等生理缺陷，或疲劳、睡眠不足等。

(4) 精神原因。消极、抵触、不满等不良态度，焦躁、紧张、恐怖等精神不安定，狭隘、顽固等不良性格，白痴等智力缺陷。

在工业伤害事故的上述 4 个方面的原因中，前两种原因经常出现，后两种原因相对地较少出现。

北川彻三认为，事故的基本原因包括下述 3 个方面的原因：

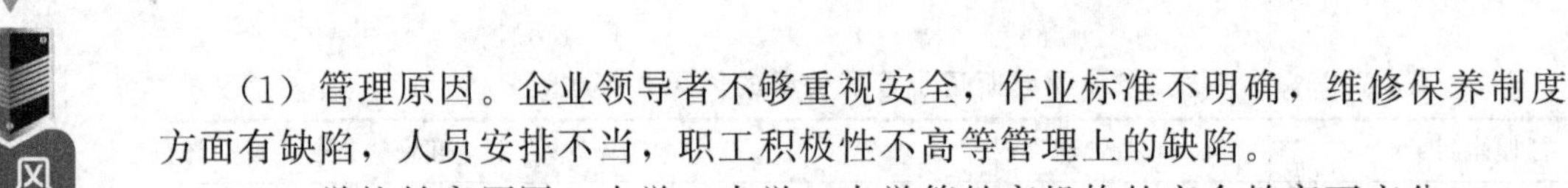

（1）管理原因。企业领导者不够重视安全，作业标准不明确，维修保养制度方面有缺陷，人员安排不当，职工积极性不高等管理上的缺陷。

（2）学校教育原因。小学、中学、大学等教育机构的安全教育不充分。

（3）社会或历史原因。社会安全观念落后，工业发展的一定历史阶段，安全法规或安全管理、监督机构不完备等。

在上述原因中，管理原因可以由企业内部解决，后两种原因则需要全社会的努力才能解决。

九、能量转移理论

事故能量转移理论是美国的安全专家哈登（Haddon）于1966年提出的一种事故控制论。其理论依据是对事故的本质定义，即哈登把事故的本质定义为：

事故是能量的不正常转移。这样，研究事故的控制的理论则从事故的能量作用类型出发，即研究机械能（动能、势能）、电能、化学能、热能、声能、辐射能的转移规律；研究能量转移作用的规律，即从能级的控制技术研究能转移的时间和空间规律；预防事故的本质是能量控制，可通过对系统能量的消除、限值、疏导、屏蔽、隔离、转移、距离控制、时间控制、局部弱化、局部强化、系统闭锁等技术措施来控制能量的不正常转移。

1. 能量在事故致因中的地位

能量在人类的生产、生活中是不可缺少的，人类利用各种形式的能量做功以实现预定的目的。生产、生活中利用能量的例子随处可见，如机械设备在能量的驱动下运转，把原料加工成产品；热能把水煮沸等。人类在利用能量的时候必须采取措施控制能量，使能量按照人们的意图产生、转换和做功。从能量在系统中流动的角度，应该控制能量按照人们规定的能量流通渠道流动。如果由于某种原因失去了对能量的控制，就会发生能量违背人的意愿的意外释放或逸出，使进行中的活动中止而发生事故。如果事故时意外释放的能量作用于人体，并且能量的作用超过人体的承受能力，则将造成人员伤害；如果意外释放的能量作用于设备、建筑物、物体等，并且能量的作用超过它们的抵抗能力，则将造成设备、建筑物、物体的损坏。生产、生活活动中经常遇到各种形式的能量，如机械能、热能、电能、化学能、电离及非电离辐射、声能、生物能等，它们的意外释放都可能造成伤害或损坏。

麦克法兰特（McFartand）在解释事故造成的人身伤害或财物损坏的机理时说：所有的伤害事故（或损坏事故）都是因为：①接触了超过机体组织（或结构）抵抗力的某种形式的过量的能量；②有机体与周围环境的正常能量交换受到了干扰（如窒息、淹溺等）。因而，各种形式的能量构成伤害的直接原因。

人体自身也是个能量系统。人的新陈代谢过程是个吸收、转换、消耗能量，与外界进行能量交换的过程；人进行生产、生活活动时消耗能量，当人体与外界的能量交换受到干扰时，即人体不能进行正常的新陈代谢时，人员将受到伤害，甚至死亡。表7-3为人体受到超过其承受能力的各种形式能量作用时受伤害的情况；表7-4为人体与外界的能量交换受到干扰而发生伤害的情况。

表7-3 能量类型与伤害

能量类型	产生的伤害	事故类型
机械能	刺伤、割伤、撕裂、挤压皮肤和肌肉、骨折、内部器官损伤	物体打击、车辆伤害、机械伤害、起重伤害、高处坠落、坍塌、冒顶片帮、放炮、火药爆炸、瓦斯爆炸、锅炉爆炸、压力容器爆炸
热能	皮肤发炎、烧伤、烧焦、焚化、伤及全身	灼烫、火灾
电能	干扰神经-肌肉功能、电伤	触电
化学能	化学性皮炎、化学性烧伤、致癌、致遗传突变、致畸胎、急性中毒、窒息	中毒和窒息、火灾

表7-4 干扰能量交换与伤害

影响能量交换类型	产生的伤害	事故类型
氧的利用	局部或全身生理损害	中毒和窒息
其他	局部或全身生理损害（冻伤、冻死）、热痉挛、热衰竭、热昏迷	

事故发生时，在意外释放的能量作用下，人体（或结构）能否受到伤害（或损坏），以及伤害（或损坏）的严重程度如何，取决于作用于人体（或结构）的能量的大小、能量的集中程度、人体（或结构）接触能量的部位、能量作用的时间和频率等。显然，作用于人体的能量越大、越集中，造成的伤害越严重；人的头部或心脏受到过量的能量作用时会有生命危险；能量作用的时间越长，造成的伤害越严重。

从能量转移论出发，预防伤害事故就是防止能量或危险物质的意外转移，防止人体与过量的能量或危险物质接触。我们把约束、限制能量，防止人体与能量接触的措施叫作屏蔽，这是一种广义的屏蔽。在工业生产中，经常采用的防止能量转移的屏蔽措施主要有以下几种：

（1）用安全的能源代替不安全的能源。有时被利用的能源具有的危险性较高，这时可考虑用较安全的能源取代。例如，在容易发生触电的作业场所，用压缩空气动力代替电力，可以防止发生触电事故。但是应该注意，绝对安全的事物是没有的，以压缩空气作动力虽然避免了触电事故，但压缩空气管路破裂、脱落的软管抽打等都带来了新的危害。

（2）限制能量。在生产工艺中尽量采用低能量的工艺或设备，这样即使发生了意外的能量释放，也不致发生严重伤害。例如，利用低电压设备防止电击；限制设备运转速度以防止机械伤害；限制露天爆破装药量以防止个别飞石伤人等。

（3）防止能量蓄积。能量的大量蓄积会导致能量突然释放，因此要及时泄放多余的能量防止能量蓄积。例如，通过接地消除静电蓄积；利用避雷针放电保护

重要设施等。

(4) 缓慢地转移能量。缓慢地释放能量可以降低单位时间内转移的能量，减轻能量对人体的作用。例如，各种减振装置可以吸收冲击能量，防止人员受到伤害。

(5) 设置屏蔽设施。屏蔽设施是一些防止人员与能量接触的物理实体，即狭义的屏蔽。屏蔽设施可以被设置在能源上。例如，安装在机械转动部分外面的防护罩，也可以被设置在人员与能源之间；安全围栏、人员佩戴的个体防护用品等，可被看作是设置在人员身上的屏蔽设施。

(6) 在时间或空间上把能量与人隔离。在生产过程中，也有两种或两种以上的能量相互作用引起事故的情况。例如，一台吊车移动的机械能作用于化工装置，使化工装置破裂，有毒物质泄漏，引起人员中毒。针对两种能量相互作用的情况，我们应该考虑设置两组屏蔽设施：一组设置于两种能量之间，防止能量间的相互作用；另一组设置于能量与人之间，防止能量达及人体。

(7) 信息形式的屏蔽。各种警告措施等信息形式的屏蔽，可以阻止人员的不安全行为或避免发生行为失误，防止人员接触能量。

根据可能发生的意外释放的能量的大小，可以设置单一屏蔽或多重屏蔽，并且应该尽早设置屏蔽，做到防患于未然。

从能量的观点出发，按能量与被害者之间的关系，可以把伤害事故分为 3 种类型。相应地，应该采取不同的预防伤害的措施。

(1) 能量在人们规定的能量流通渠道中流动，人员意外地进入能量流通渠道而受到伤害。设置防护装置之类屏蔽设施防止人员进入，可避免此类事故。警告、劝阻等信息形式的屏蔽可以约束人的行为。

(2) 在与被害者无关的情况下，能量意外地从原来的渠道里逸脱出来，开辟新的流通渠道使人员受害。按事故发生时间与伤害发生时间之间的关系，又可分为两种情况：①事故发生的瞬间人员即受到伤害，甚至受害者尚不知发生了什么就遭受了伤害，这种情况下，人员没有时间采取措施避免伤害，为了防止伤害，必须全力以赴地控制能量，避免事故的发生；②事故发生后，人员有时间躲避能量的作用，可以采取恰当的对策防止受到伤害。例如，发生火灾、有毒有害物质泄漏事故的场合，远离事故现场的人们可以恰当地采取隔离、撤退或避难等行动避免遭受伤害。这种情况下，人员行为正确与否往往决定他们的生死存亡。

(3) 能量意外地越过原有的屏蔽而开辟新的流通渠道；同时被害者误进入新开通的能量渠道而受到伤害。实际上，这种情况较少。

2. 能量观点的事故因果联锁

调查伤亡事故原因发现，大多数伤亡事故都是因为过量的能量，或干扰人体与外界正常能量交换的危险物质的意外释放引起的，并且几乎毫无例外地，这种过量能量或危险物质的释放都是由于人的不安全行为或物的不安全状态造成的。即人的不安全行为或物的不安全状态使得能量或危险物质失去了控制，是能量或危险物质释放的导火线。

美国矿山局的札别塔基斯（Micllael Zabetakis）依据能量转移理论建立了新的事故因果联锁模型。

（1）事故。事故是能量或危险物质的意外释放，是伤害的直接原因。为防止事故的发生，可以通过技术改进来防止能量意外释放，通过教育训练提高职工识别危险的能力，佩戴个体防护用品来避免伤害。

（2）不安全行为和不安全状态。人的不安全行为和物的不安全状态是导致能量意外释放的直接原因，它们是管理缺欠、控制不力、缺乏知识、对存在的危险估计错误，或其他个人因素等基本原因的征兆。

（3）基本原因。基本原因包括 3 个方面的问题：

① 企业领导者的安全政策及决策。它涉及生产及安全目标；职员的配置；信息利用；责任及职权范围，职工的选择，教育训练、安排、指导和监督；信息传递，设备、装置及器材的采购、维修；正常时和异常时的操作规程；设备的维修保养等。

② 个人因素。能力、知识、训练；动机、行为；身体及精神状态；反应时间；个人兴趣等。

③ 环境因素。为了从根本上预防事故，必须查明事故的基本原因，并针对查明的基本原因采取对策。

十、瑟利人因系统理论方法

系统理论方法的焦点集中于人与其工作任务间相互关系的细节。要说明在这种相互作用中的心理逻辑过程，最重要的是与感觉、记忆、理解、决策有关的过程，并要辨识事故将要发生时的状态特性。

对于一个事故，瑟利（Surry，1969）的模式考虑两组问题，每组包含 3 个心理学的成分：对事件的感知、对事件的理解（认识活动）、行为响应。第一组关注危险的构成，第二组关注于危险放出。在此期间，如果不能避免危险，将产生损坏或伤害，如图 7-5 所示。

3 个心理学成分共有 6 个问题，按感觉→认识→行为响应的顺序排列。如果前面对任何一个问题的处理失败，都立即导致不希望的形势（危险迫近、造成伤害或物质损坏）出现；如果每步都处理成功，则最后导致无危险或无损坏（伤害）。在第一组中如处理成功，使危险不能构成，就不存在第二组的问题（危险放出）。当危险构成部分（第一组）处理失败之后，在危险放出期间倘能处理成功，也不会导致人受伤害或物质受损坏。

海尔（Hale，1970）认为，当人们在对付事情的真实状况时失效，或者说对事情的真实状况不能作出适当的响应时，事故就会发生。像瑟利一样，海尔模式也集中于“进行中”的系统运行，集中于操作者与运行系统间的相互作用。这一点通过把模式描述成一个闭环就可清楚地显示出来。他们的反馈环考虑了以下的

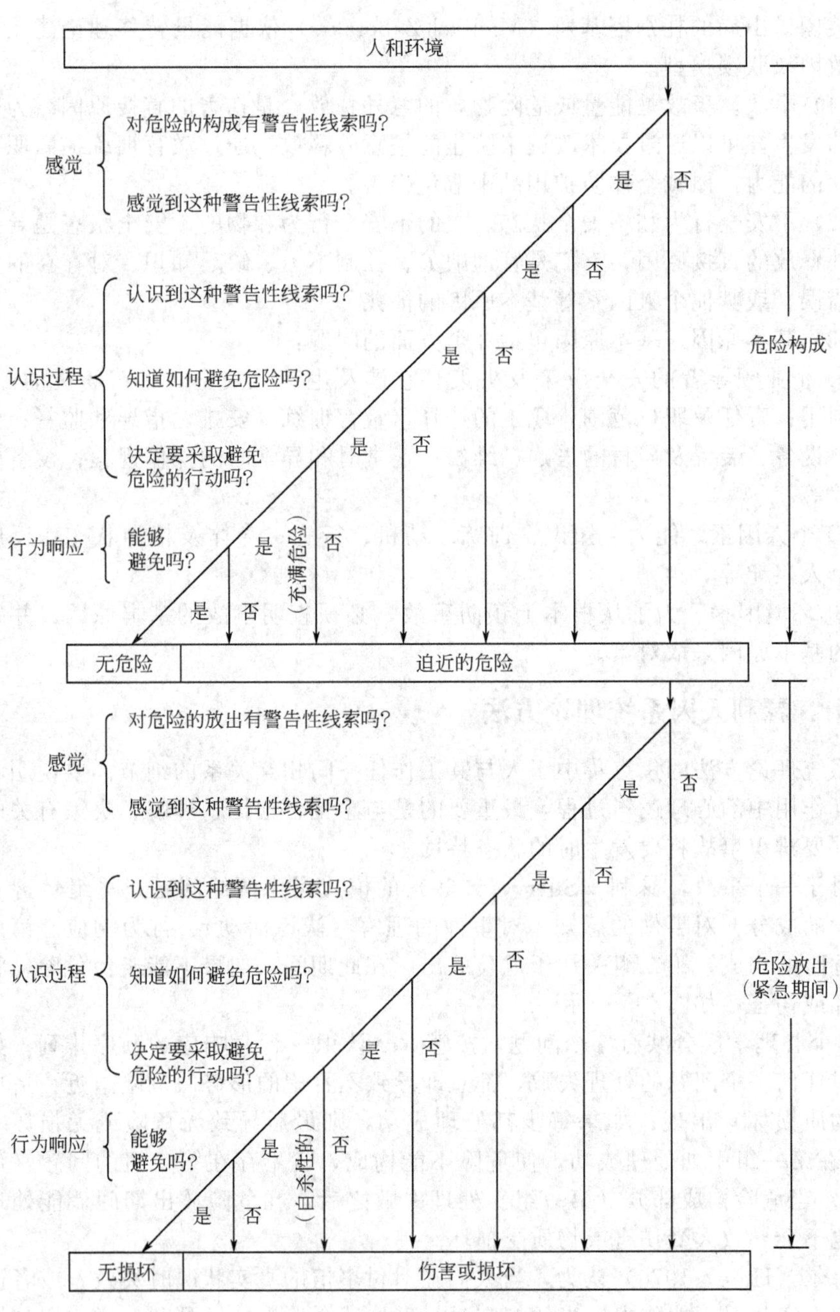
人和环境
感觉
对危险的构成有警告性线索吗?
感觉到这种警告性线索吗?
认识过程
认识到这种警告性线索吗?
知道如何避免危险吗?
决定要采取避免危险的行动吗?
行为响应
能够避免吗?
是
否
(充满危险)
无危险
迫近的危险
危险构成
感觉
对危险的放出有警告性线索吗?
感觉到这种警告性线索吗?
认识过程
认识到这种警告性线索吗?
知道如何避免危险吗?
决定要采取避免危险的行动吗?
行为响应
能够避免吗?
(自杀性的)
无损坏
伤害或损坏
危险放出
(紧急期间)

图 7-5 瑟利模式示意图

部分：①情况被察觉；②信息被处理；③操作者采取行动以改变形势；④新的察觉、处理、响应。

把人因系统理论方式成功地引向调查方法论的是法国国家安全研究所的Monteau和美国事件分析公司的Bellner。表7-5给出了几种致因理论对事故调查和预防方面的指导。

表7-5 几种致因理论对事故调查和预防的指导意义

致因理论	对调查的指导	对预防的指导
单因素理论	目标：鉴定单个原因或主要原因 调查只需很少时间	对受伤害的原因加以简单的预防措施(个体防护与危险机械的防护需要注意的提示)
违章论	着重于查责任者，查违章和错误很少涉及产生失误的条件	预防措施通常是提醒规章的要求
线性理论(Demino模型)	鉴定"危险条件"和"危险行动"的时间接序性 经常使用检查表 调查结果很大程度上取决于调查者的经验 预防的成分弱	结论通常与危险行动有关
多因素理论	费力地研究以收集事实 (环境、当事人、媒介等) 着重于每个事故的偶然特性 在收集事实方面没有相应的标准 需要复杂的统计处理	对各个案例的判断分析作用不大，更适用于统计(趋向、表、图等)

十一、事故原因树

事故原因树是由法国国家安全研究所Monteau教授及其同事开发的，已在欧洲很多国家得到实际应用，并成为不少国家大学安全专业的教材。原因树的突出优点是：适合于各种文化层次的人，只需要清晰的逻辑分析，不需要专门的数学计算。像故障树分析（FTA）那样，把直接原因与管理原因自然地联系起来，能够借以找到适当的预防措施。

(1) 信息收集——两种前导事件。造成伤害或损坏的前导事件有两种：惯常性前导事件和非正常性（改变或变化）前导事件。惯常性前导事件是通过非正常性质前导事件或与其相结合，在事故发生过程中起了重要作用。例如，如果有操作者进入危险区域去处理某故障（非正常前导事件），则机械防护不充分（惯常性前导事件）可以成为引发事故的因素。

事故发生后应尽快在事故发生现场收集信息，最好由懂得操作的人或认真负责且与事故无关的人去收集信息，对操作者、受伤害者、现场目击者、一线管理监督人员进行询问，必要时进行技术调查、聘请外部专家，从伤害的发生开始追溯一层层的可导事件。

(2) 构造原因树。构造原因树就是描绘出造成伤害或损坏的所有前导事件的逻辑关系和时间关系的网络，“重现”事故发生的真实图景。从诸事件的结束点——伤害或损坏开始，系统地反向追溯原因。对每个前导事件 Y，都要提出下列问题：①前导事件 Y 是哪个前导事件 X 直接导致的？②对 Y 的发生，X 是充分的吗？③如否，对 Y 的发生，还有其他的前导事件（$X_1, X_2, \cdots, X_n$）也是必要的。这组问题可以揭示出前导事件之间的 3 类逻辑联系，见表 7-6。图 7-6 是一原因树实例。

表 7-6　原因树中的逻辑关系

项目	链　式	分　离	结　合
意义	一个前导事件(Y)只有一个直接起因(X)	两个或几个前导事件(Y_1,Y_2)有一个共同的直接起因(X)	一个前导事件(Y)有几个直接起因(X_1,X_2)
图示例	(X)→(Y) 对单独一个操作者，工作方法困难　前臂放在机器下面	需要协作者 (X)→(Y_1)、(Y_2) 单独工作　工作方法困难	无协作者 (X_1)、(X_2)→(Y) 工作任务紧急　单独工作
特点	对 Y 的发生,X 是必要且充分的	对 Y_1,Y_2 的发生,X 是必要的	对 Y 的发生,X_1,X_2 都是必要的,但任何一个都不充分,两者结合才是充分的

(3) 选择预防措施并追查潜在因素。通过综合比较造成伤害的所有前导事件，找出那些具有决定意义的前导事件，提出修正或预防措施。选择中要注意：对靠近伤害点的措施消除危险状态的影响，而在伤害“上游”的措施则消除危险状态本身。如图 7-6 所示的原因树，所选择采取措施的前导事件及相应的措施是：①现场有已损坏的吊具：把损坏的吊具存于适当处，禁止使用损坏的吊具；②单独工作：列出需工人完成的工作任务，根据任务安排人力；③任务紧急：确定工作中的轻重缓急。

应当了解，所发现的事故因素是更一般的一个因素的一个表现形式，它还可能以别的形式在其他地方出现。这个更一般的因素称为“潜在事故因素”。例如，上述①、②、③的潜在事故因素分别是：现场有已损坏的工具；不适当的工作组织；没有工作计划。

然后，在一个范围内（如车间、工地）追查所有这 3 种潜在因素的表现，或者分别针对潜在事故因素，追查它在所有地方的表现形式，然后采取改进措施，达到“事先”预防的目的。

十二、变化-失误联锁理论

约翰逊（Johnson）很早就注意了变化在事故发生、发展中的作用。他把事故定义为一起不希望的或意外的能量释放，其发生是由于管理者的计划错误或操

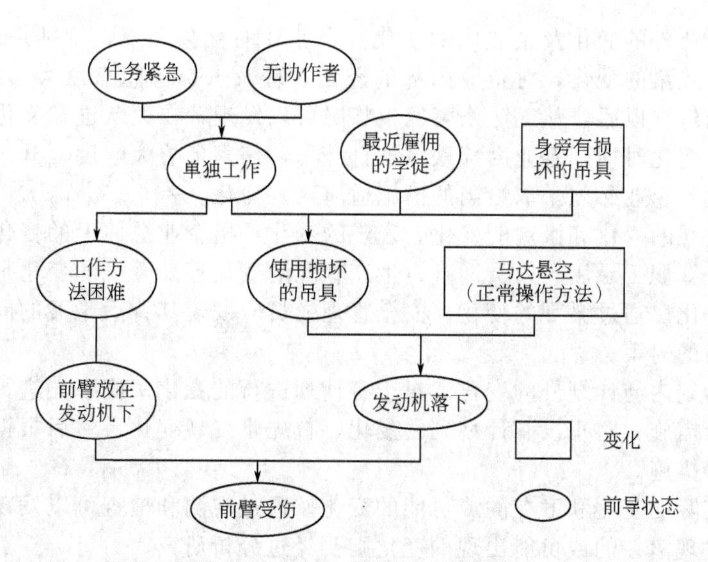

图 7-6　某机械学徒工在车里重新安装发动机时受伤的原因树

作者的行为失误没有适应生产过程中物的因素或人的因素的变化，从而导致不安全行为或不安全状态破坏了对能量的屏蔽或控制，在生产过程中造成人员伤亡或财产损失。图 7-7 为约翰逊的事故因果联锁模型。

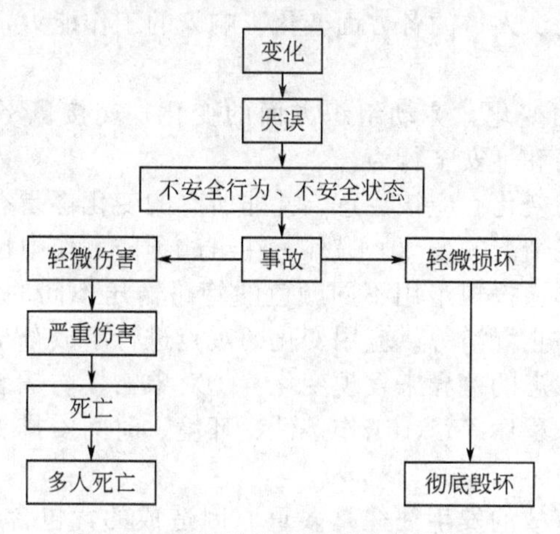

图 7-7　约翰逊的事故因果联锁模型

在系统安全研究中，人们注重作为事故致因的人失误和物的故障。按照变化的观点，人失误和物的故障的发生都与变化有关。例如，新设备经过长时间的运转，即时间的变化，逐渐磨损、老化，从而发生故障；正常运转的设备由于运转条件突然变化而发生故障等。

在安全管理工作中，变化被看作是一种潜在的事故致因，应该被尽早地发现并采取相应的措施。作为安全管理人员，应该注意下述的一些变化：

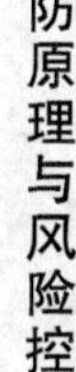

（1）企业外的变化及企业内的变化。企业外的社会环境，特别是国家政治、经济方针、政策的变化，对企业内部的经营管理及人员思想有巨大影响。例如，纵观新中国建立以后，从工业伤害发生状况可以发现，在大跃进和文化大革命两次大的社会变化时期，企业内部秩序被打乱了，伤害事故大幅度上升。针对企业外部的变化，企业必须采取恰当的措施适应这些变化。

（2）宏观的变化和微观的变化。宏观的变化是指企业总体上的变化，如领导人的更换、新职工录用、人员调整、生产状况的变化等。微观的变化是指一些具体事物的变化。通过微观的变化，安全管理人员应发现其背后隐藏的问题，并及时采取恰当的对策。

（3）计划内与计划外的变化。对于有计划进行的变化，应事先进行危害分析并采取安全措施；对于没有计划到的变化，首先是发现变化，然后根据发现的变化采取改善措施。

（4）实际的变化和潜在的或可能的变化。通过观测和检查可以发现实际存在的变化；发现潜在的或可能出现的变化则要经过分析研究。

（5）时间的变化。随时间的流逝，性能低下或劣化，并与其他方面的变化相互作用。

（6）技术上的变化。采用新工艺、新技术或开始新的工程项目，人们因不熟悉而发生失误。

（7）人员的变化。人员的各方面变化影响人的工作能力，从而引起操作失误及不安全行为。

（8）劳动组织的变化。劳动组织方面的变化，交接班不好造成工作的不衔接，进而导致人失误和不安全行为。

（9）操作规程的变化。应该注意，并非所有的变化都是有害的，关键在于人们是否能够适应客观情况的变化。另外，在事故预防工作中也经常利用变化来防止发生人失误。例如，按规定用不同颜色的管路输送不同的气体；把操作手柄、按钮做成不同形状防止混淆等。应用变化的观点进行事故分析时，可由下列因素的现在状态与以前状态的差异来发现变化：①对象物、防护装置、能量等；②人员；③任务、目标、程序等；④工作条件、环境、时间安排等；⑤管理工作、监督检查等。

约翰逊认为，事故的发生往往是多重原因造成的，包含着一系列的变化-失误联锁。例如，企业领导者的失误、计划人员的失误、监督者的失误及操作者的失误等（如图 7-8 所示）。

例如，某化工装置事故发生经过如下：

变化前—装置安全地运转了多年；

变化 1：用一套更新型的装置取代；

变化 2：拆下的旧装置被解体；

变化 3：新装置因故未能按预期目标进行生产；

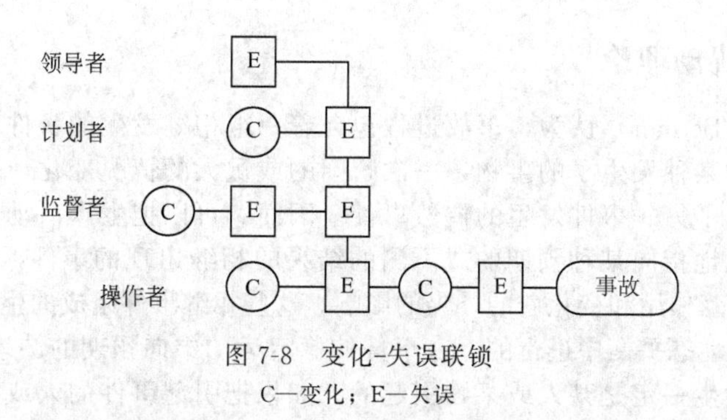

图 7-8　变化-失误联锁

C—变化；E—失误

变化 4：对产品的需求猛增；

变化 5：把旧装置重新投产；

变化 6：为尽快投产恢复必要的操作控制器；

失误：没有进行认真检查和没有检查操作的准备工作；

变化 7：一些冗余的安全控制器没起作用；

变化 8：装置爆炸，6 人死亡。

图 7-9 为煤气管路破裂而失火，造成事故的变化-失误分析。由图可以看出，从焊接缺陷开始，一系列变化和失误相继发生的结果，导致了煤气管路失火事故。

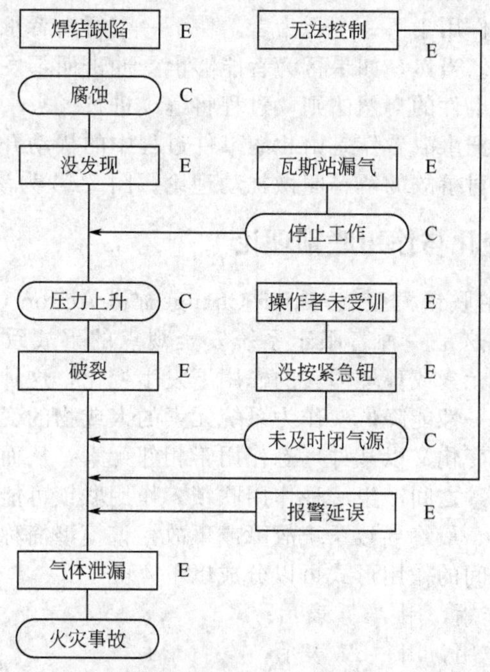

图 7-9　煤气管路破裂而失火的变化-失误分析

C—变化；E—失误

十三、扰动理论

本尼尔（Benner）认为，事故过程包含着一组相继发生的事件。所谓事件是指生产活动中某种发生了的事物，一次瞬间的或重大的情况变化，一次已经避免了或已经导致了另一事件发生的偶然事件。因而，可以把生产活动看作是一组自觉地或不自觉地指向某种预期的或不测的结果的相继出现的事件，它包含生产系统元素间的相互作用和变化着的外界的影响。这些相继事件组成的生产活动是在一种自动调节的动态平衡中进行的，在事件的稳定运动中向预期的结果方向发展。

事件的发生一定是某人或某物引起的，如果把引起事件的人或物称为“行为者”，则可以用行为者和行为者的行为来描述一个事件。在生产活动中，如果行为者的行为得当，则可以维持事件过程稳定地进行；否则，可能中断生产，甚至造成伤害事故。

生产系统的外界影响是经常变化的，可能偏离正常的或预期的情况。这里称外界影响的变化为扰动（Perturbation），扰动将作用于行为者。

当行为者能够适应不超过其承受能力的扰动时，生产活动可以维持动态平衡而不发生事故。如果其中的一个行为者不能适应这种扰动，则自动动态平衡过程被破坏，开始一个新的事件过程，即事故过程。该事件过程可能使某一行为者承受不了过量的能量而发生伤害或损坏；这些伤害或损坏事件可能依次引起其他变化或能量释放，进而作用于下一个行为者，使下一个行为者承受过量的能量，发生串联的伤害或损坏。当然，如果行为者能够承受冲击而不发生伤害或损坏，则依据行为者的条件、事件的自然法则，过程将继续进行。

综上所述，可以把事故看作是由相继事件过程中的扰动开始，以伤害或损坏为结束的过程。这种对事故的解释叫做扰动理论。图 7-10 为该理论的示意图。

十四、作用-变化与作用联锁理论

作用-变化与作用联锁模型（Action-Change and Action Chain Model）是日本佐藤吉倍提出的，这是一种着眼于系统安全观点的事故致因理论。该理论认为，系统元素在其他元素或环境因素的作用下发生变化，这种变化主要表现为元素的功能发生变化——性能降低。作为系统元素的人或物的变化可能是人失误或物的故障。该元素的变化又以某种形态作用于相邻元素，从而引起相邻元素的变化。于是，在系统元素之间产生一种作用联锁。作用联锁可能会造成系统中人失误和物的故障的传播，最终导致系统故障或事故。该模型简称为 A－C 模型。

通常，系统元素间的作用形式可以分成以下 4 类：

① 能量传递型作用，用“a”表示；

② 信息传递型作用，用“b”表示；

③ 物质传递型作用，用“c”表示；

④ 不履行功能型作用，即元素故障，用“f”表示。

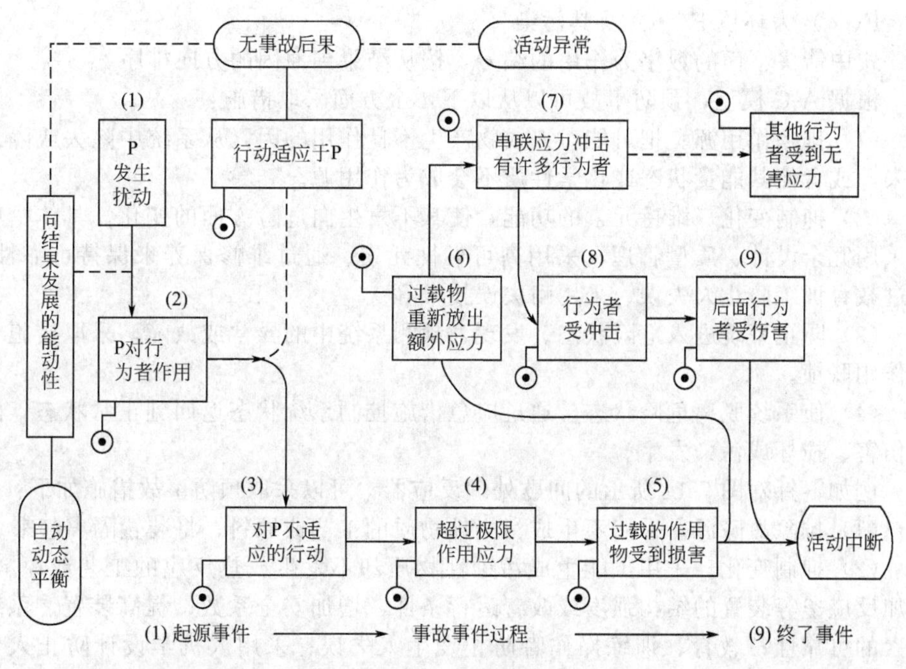

图 7-10　扰动理论

为了表示元素间的作用，采用下面的特殊记号：

Xa-W，作用 a 从元素 X 传递到 W；

Xa-W(·)，作用 a 从元素 X 传递到 W，并引起伤害或损坏（·）。

这样，可以根据导致某种事故的作用链来识别事故致因。例如，图 7-11 所示的间歇处理反应器，反应釜 R 内物质发生放热反应，釜内温度、压力上升，当釜内温度超过正常反应温度 91℃并达到极限值时，反应釜破裂；反应釜内的生成物泄漏将严重地污染环境。该事故的原因可由下述作用联锁描述：

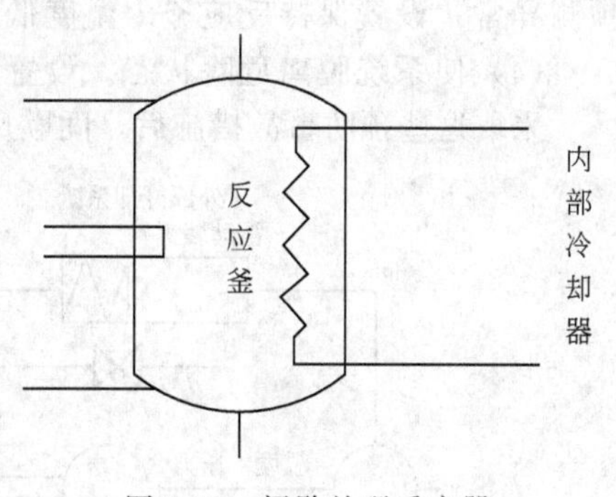

图 7-11　间歇处理反应器

$$M(m)a \xrightarrow[3]{} M(m')a \xrightarrow[2]{} M(m'')a \xrightarrow[1]{} R(\cdot)c \xrightarrow[0]{} E(\cdot)$$

系统要素及其变化如下：

M(m) 为反应物质 M 及其反应（m）；

M(m′) 为反应物质 M 及其温度上升到 1 的状态（m′）；

M(m″) 为反应物质 M 及其温度上升到 2 的状态（m″）；

R(·) 为反应釜 R 及其破裂（·）；

E(·) 为环境 E(·) 及其污染（·）。

式中箭头下面的数字为作用的编号，按从结果到原因的方向排序。

根据 A-C 模型，预防事故可以从以下 4 个方面采取措施：

（1）排除作用源。把可能对人或物产生不良作用的因素从系统中除去或隔离开来，或者使其能量状态或化学性质不会成为作用源。

（2）抑制变化。维持元素的功能，使其不发生向危险方面的变化。具体措施有采用冗余设计、质量管理、采用高可靠性元素、通过维修保养来保持可靠性、通过教育训练防止人失误、采用耐失误技术等。

（3）防止系统进入危险状态。发现、预测系统中的异常或故障，采取措施中断作用联锁。

（4）使系统脱离危险状态。通过应急措施控制系统状态返回到正常状态，防止伤害、损坏或污染发生。

例如，针对图 7-11 所示的间歇处理反应器，可以采取预防事故措施如下：

（1）排除故障源。采用不生成污染性物质的工艺或原料，将装置隔离起来。

（2）抑制变化。采用虽能生成污染性物质却不发生放热反应的工艺或原料；增加反应釜等装置的结构强度或改善运行条件，增加安全系数；提高装置、系统元素的可靠性；教育、训练操作者防止发生人失误；采用人机学设计防止人失误；加强维修保养。

（3）防止系统进入危险状态。设置与工艺过程联锁的异常诊断装置，发现、预测异常；设置保持反应釜内温度低于内部冷却系统。

（4）使系统脱离危险状态。设置应急反应控制系统；设置外部冷却系统。

采取这些预防事故措施后，间歇反应器及其安全措施形成图 7-12 所示的系统。

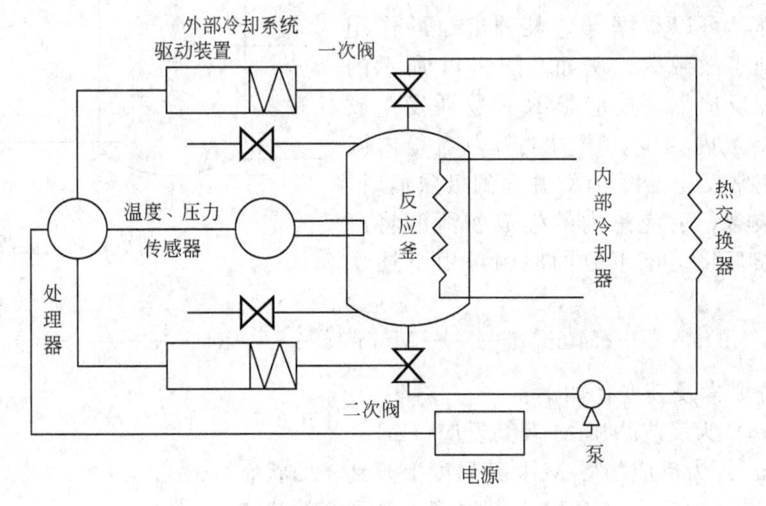

图 7-12　增加事故预防措施后的间歇反应器

第二节　事故预测原理

工业事故的发生表面上具有随机性和偶然性，但其本质上更具有因果性和必然性。对于个别事故具有不确定性，但对大样本则表现出统计规律性。概率论、数理统计与随机过程等数学理论，是研究具有统计规律现象的有力工具。

目前，比较成熟的预测方法有：①以头脑风暴、德尔菲法等为代表的直观预测法。②以移动平均法、指数平滑法、趋势外推法、自回归 $A_R(n)$ 等为典型的时间序列预测法。③以直线、曲线、二元线性及多元线性回归等为代表的反映相关因素因果关系的回归预测方法。④利用齐次或非齐次泊松过程模型、马尔柯夫链模型进行预测的方法。⑤以数据生成、弱化随机、残差辨识等为特点的灰色预测模型等。

一、事故指标预测及其原理

事故指标是指诸如千人死亡率、事故直接经济损失等反映生产过程中事故伤害情况的一系列特征量。事故指标预测是依据事故历史数据，按照一定的预测理论模型，研究事故的变化规律，对事故发展趋势和可能的结果预先作出科学推断和测算的过程。简言之，事故预测就是由过去和现在事故信息推测未来事故信息，是由已知推测未知的过程。

事故指标是衡量系统安全的重要参数，国家有关部门在制定安全目标时，往往要考虑各项事故指标的现状和未来的变化趋势。因此，进行事故指标预测可以为国家的宏观安全决策和事故控制提供重要的理论依据，使其决策合理，控制正确。同时，事故指标的高低取决于系统中人员、机械（物质）、环境（媒介）、管理 4 个元素的交互作用，是人-机-环-管系统内异常状况的结果。进行事故指标预测，有助于进一步的事故隐患分析和系统安全评价工作。许多成功的事故指标预测案例也充分说明它对安全管理与决策具有重要指导作用。

安全生产及其事故规律的变化和发展是极其复杂和杂乱无章的，但杂乱无章的背后往往隐藏着规律性。工业事故的发生表面上具有随机性和偶然性，但其本质上更具有因果性和必然性。对于个别事故具有不确定性，但对大样本则表现出统计规律性。概率论、数理统计与随机过程等数学理论，是研究具有统计规律性的随机现象的有力工具。惯性原理、相似性原则、相关性原则，为事故指标预测提供了良好的基础。事故指标预测的成败，关键在于对系统结构特征的分析和预测模型的建立。

二、事故隐患辨识预测法

基本方法：企业生产过程中的事故隐患辨识预测方法主要有经验分析法、故障树分析法、事件树分析法、因果分析法、人的可靠性分析法、人机环系统分析

法等。在优选方法时，可在初步分析的基础上，采用人机环与故障树分析相结合的方法进行分析预测。

这种方法的预测对象是以人为主体的人-机-环，分析预测能直接分析人的不安全行为、物的不安全状态、环境的不安全条件等直接隐患，同时还能揭示深层次的本质原因，即管理方面的间接隐患。借助故障树分析技术对存在危险的隐患进行定性定量分析，预测隐患导致事故发生的定性定量结论，并得出直接隐患之间的逻辑层次关系。

预测事故类型：这一预测模型主要用于企业生产过程中的机械伤害、压力容器爆炸、火灾等事故隐患的定性分析预测。

重大危险源辨识方法：20 世纪 70 年代以来，随着工业生产中火灾、爆炸、毒物泄漏等重大恶性事故不断发生，预防工业灾害引起了国际社会的广泛重视。重大工业事故大体可分两类，一类是可燃性物质泄漏，与空气混合形成可燃性烟云，遇到火源引起火灾或爆炸，或两者一起发生；另一类是大量有毒物质的突然泄漏，在大面积内造成死亡、中毒和环境污染。这些涉及各种化学品的事故，尽管其起因和影响不尽相同，但都有一些共同特征。它们是不受控制的偶然事件，会造成工厂内外大批人员伤亡，或是造成大量的财产损失或环境损害，或者两者兼而有之。根源是储存设施或使用过程中存在有易燃、易爆或有毒物质。这清楚地说明，造成重大工业事故的可能性既与化学品的固有性质有关，又与设施中实有危险物质的数量有关。防止重大工业事故的第一步是辨识或确认高危险性工业设施（危险源）。

国际经济合作与发展组织（OECD）列出了表 7-7 所示的重点控制的危害物质。

表 7-7　OECD 用于重大危险源辨识的重点控制危害物质

物质名称	限量	物质名称	限量
1. 易燃、易爆或易氧化物质			
易燃气体(包括液化气)	200 吨	极易燃液体	50000 吨
环氧乙烷	50 吨	氯酸钠	250 吨
硝酸铵	2500 吨		
2. 毒物			
氨气	500 吨	氯气	25 吨
氰化物	20 吨	氟化氢	50 吨
甲基异氰酸盐	150 千克	二氧化硫	250 吨
丙烯腈	200 吨	光气	750 千克
甲基溴化物	200	四乙铅	50 吨
乙拌磷	100 千克	硝苯硫磷脂	100 千克
杀鼠灵	100 千克	涕天威	100 千克

根据《塞韦索法令》提出的重大危险源辨识标准，1994 年，英国已确定了 1650 个重大危险源，其中 200 个为一级重大危险源；1985 年，德国确定了 850

个重大危险源，其中60%为化工设施，20%为炼油设施，15%为大型易燃气体、易燃液体储存设施，5%为其他设施。1992年，美国劳工部职业安全卫生管理局（OSHA）颁布了“高危险性化学物质生产过程安全管理”标准，该标准提出了137种易燃、易爆、强反应性及有毒化学物质及其临界量，OSHA估计，符合该标准规定的危险源超过10万个，要求企业在1997年5月26日前必须完成对上述规定的危险源的分析和评价工作。

国际劳工组织认为，各国应根据具体的工业生产情况制定适合国情的重大危险源辨识标准。标准的定义应能反映出当地急需解决的问题以及一个国家的工业模式。可能需有一个特指的或是一般类别或是两者兼有的危险物质一览表，并列出每个物质的限额或允许的数量，若设施现场的有害物质超过这个数量，就可以定为重大危害设施。任何标准一览表都必须是明确的和毫不含糊的，以便使雇主能迅速地鉴别出他控制下的哪些设施是在这个标准定义的范围内。要把所有可能会造成伤亡的工业过程都定为重大危险源是不现实的，因为由此得出的一览表会太广泛，现有的资源无法满足要求。标准的定义需要根据经验和对有害物质了解的不断加深进行修改。

三、直观预测法

直观预测法以专家为索取信息对象，是依靠专家的知识和经验进行预测的一种定性预测方法。它多用于社会发展预测、宏观经济预测、科技发展预测等方面，其准确性取决于专家知识的广度、深度和经验。专家主要指在某个领域中或某个预测问题上有专门知识和特长的人员。直观预测典型的代表方法有头脑风暴法、德尔菲法等。在工业生产事故预测中，中长期安全发展规划、系统安全评价指标等可依靠专家知识，参考头脑风暴、德尔菲等直观预测方法确定。

四、时间序列预测法

时间序列是指一组按时间顺序排列的有序数据序列。时间序列预测是从分析时间序列的变化特征等信息中选择适当的模型和参数，建立预测模型，并根据惯性原则，假定预测对象以往的变化趋势会延续到未来，从而作出预测。该预测方法的一个明显特征是所用的数据都是有序的。移动平均法、指数平滑法、趋势外推法、周期预测法、自回归$A_R(n)$、自回归$A_R(n,m)$等为典型的时间序列预测方法。这类方法预测精度偏低，通常要求研究系统相当稳定，历史数据量要大，数据的分布趋势较为明显。

五、回归预测法

除了预测对象随时间自变量变化外，许多预测对象的变化因素之间是相互关联的，它们之间往往存在着互相依存的关系，将这些相关因素联系起来进行因果关系分析，才可能进行预测。回归预测方法就是因果法中常用的一种分析方法，

它以事物发展的因果关系为依据，抓住事物发展的主要矛盾因素和它们之间的关系，建立数学模型进行预测。回归预测方法有直线回归、曲线回归、二元线性回归及多元线性回归等。同时间序列预测模型类似，使用回归预测模型时，预测对象与影响因素之间必须存在因果关系，且数据量不宜太少，通常应多于20个，过去和现在数据的规律性应适用于未来。石油钻井事故指标预测也不适宜于用该方法。

六、齐次、非齐次泊松过程预测模型

把未来时间段$(0,t)$内发生事故的次数$N(t)$看作非齐次泊松过程，根据历史事故统计资料确定出均值$E[N(t)]=m(t)$，$m(t)$是时间的普通函数，这样在未来时间段$(0,t)$内发生k次事故的概率以及在未来时间段$(t,t+s)$内发生事故次数在$[k_1,k_2]$之间的概率便可以用非齐次泊松过程模型计算出来。k、k_1、k_2分别取不同的值，便可以得到不同的概率，概率高的k、$[k_1,k_2]$便是未来时间段$(0,t)$、$(t,t+s)$内发生事故次数$N(t)$的结果。当均值函数$E[N(t)]=\lambda t$是t的线性函数（λ是常数）时，就成为齐次泊松过程。该模型的关键是求$m(t)$或λ。对于一些非平稳的随机过程，求$m(t)$或λ并非易事，有时还要对其进行回归，与其这样，还不如直接利用样本数据在其他预测模型上下工夫。

七、马尔柯夫链模型

如果事物每次状态的转移只与互相接引的前一次有关，而与过去的状态无关，则称这种无后效性的状态转移过程为马尔柯夫（Markov）过程。具备这种时间离散、状态可数的无后效随机过程，称为马尔柯夫链。通常用概率来计算和分析具有随机性质的这种马尔柯夫链状态转移的各种可能性大小，以预测未来特定时刻的状态。该方法对过程的状态预测效果较好，可考虑用于生产现场危险状态的预测，不适宜于系统中长期预测。

八、微观事故状态预测

预测对象：该预测模型主要用于生产工艺的工作状态的安全预测。

预测方法：通常有模糊马尔柯夫链预测法，其特点是系统某一时刻状态仅与上一时刻状态有关，与以前时刻状态无关。

预测模型：其$t+1$时刻的状态预测模型可表示为：

$$P_{sik}=\max\{P_{si1},P_{si2},\cdots,P_{sij}\}$$

九、灰色预测模型

灰色系统（Grey System）理论是我国著名学者邓聚龙教授20世纪80年代初创立的一种兼备软硬科学特性的新理论。该理论将信息完全明确的系统定义为白色系统，将信息完全不明确的系统定义为黑色系统，将信息部分明确、部分不明确的系统定义为灰色系统。由于客观世界中，诸如工程技术、社会、经济、农业、环境、军事等许多领域大量存在着信息不完全的情况，要么系统因素或参数不完全明确，因素关系不完全清楚；要么系统结构不完全知道，系统的作用原理不完全明了等，从而使得客观实际问题需要用灰色系统理论来解决。十余年来，灰色系统理论已逐渐形成为一门横断面大、渗透力强的新兴学科。

灰色预测则是应用灰色模型 GM（1,1）对灰色系统进行分析、建模、求解、预测的过程。由于灰色建模理论应用数据生成手段，弱化了系统的随机性，使紊乱的原始序列呈现某种规律，规律不明显的变得较为明显，建模后还能进行残差辨识，即使较少的历史数据，任意随机分布，也能得到较高的预测精度。因此，灰色预测在社会经济、管理决策、农业规划、气象生态等各个部门和行业都得到了广泛的应用。

一般考虑到事故变化趋势属于非平稳的随机过程，选用具有原始数据需求量小、对分布规律性要求不严、预测精度较高等优点的模糊灰色预测模型 GM（1,1），同时考虑到减小预测误差，将其与时间序列自相关预测模型 A_R（n）相结合。

预测模型：其 GM（1,1）和 $A_R(n)$ 的组合模型为：

$$x^{(0)}(t+1)[-ax^{(0)}(1)+b]e^{-at}+\sum\phi_i\varepsilon_i$$

示例 1：根据 GM（1,1）模型原理和中国新星石油公司以及华东石油局的钻井事故数据资源，得到的千人死亡率和钻井孔内事故次数灰色预测模型分别为：

$$\hat{x}_1^{(1)}(t+1)=-7.084e^{-0.062t}+7.487$$

$$\hat{x}_2^{(1)}(t+1)=-506.08e^{-0.0835t}+558.08$$

千人死亡率、钻井孔内事故次数预测值与原值的对比情况见表 7-8、图 7-13。

表 7-8　石油钻井事故指标预测对比表

部门	年份		1985	1986	1987	1988	1989	1990	1991
中国新星石油公司	千人死亡率	原值	0.433	0.433	0.467	0.400	0.267	0.300	0.267
		预测值	0.433	0.433	0.399	0.375	0.353	0.331	0.311
第六普查大队	孔内事故次数	原值	52	40	35	37	25	38	26
		预测值	52	41	37	34	31	29	27

年份	1992	1993	1994	1995	1996	1997	1998	误差检验
原值	0.300	0.267	0.233	0.300	0.267			$c=0.54,p=0.85$ 精度符合要求
预测值	0.293	0.275	0.295	0.243	0.228	0.215	0.202	
原值	32	18	16	19				$c=0.44,p=0.82$ 精度符合要求
预测值	25	22	20	19	18	16		

十、趋势外推预测

预测对象：趋势外推预测技术是建立在统计学基础上，应用大数理论与正态

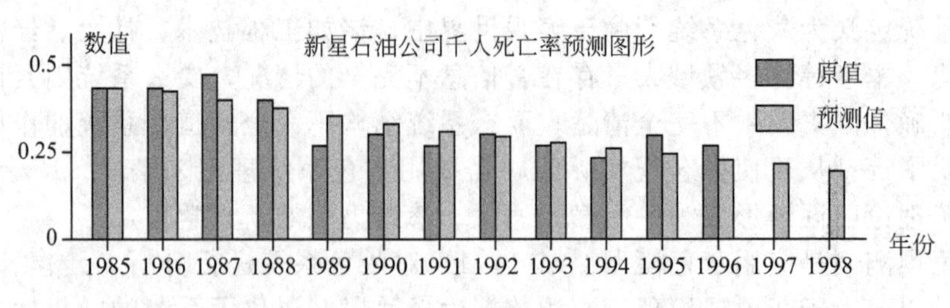

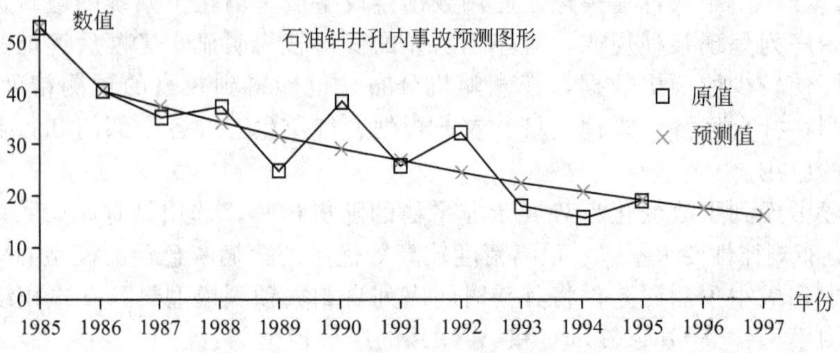

图 7-13 石油钻井事故指标预测图

分布规律的方法，以前期已知的统计数据为基础，对未来的事故数据进行相对精确定量预测的一种实用方法。这种方法对于具有一定生产规模和事故样本的系统具有较高的预测准确性。

预测模型：趋势外推预测数学模型为

$$X=A\lambda X_0$$

式中，X 为未来事故预测指标；A 为生产规模变化系数，A=未来计划生产规模/已知生产规模；λ 为安全生产水平变化系数，λ=未来安全生产水平/原有安全生产水平；X_0 为已知事故指标（如当年事故指标）。

预测指标：趋势外推预测法可以预测的指标是广泛的。如绝对指标，包括生产过程中的火灾事故次数、交通事故次数、事故伤亡人次、事故损失工日、火灾频率、事故经济损失等；相对指标，包括千人伤亡率、亿元产值伤亡率、亿元产值损失率、百万吨公里事故率、人均事故工日损失、人均事故经济损失等。

示例 2：已知某企业 1999 年工业产量 5000 万单位，千人伤亡率是 0.25‰；如果来年产量计划增加 20%，但要求安全生产水平提高 10%。试预测 2000 年本企业的千人伤亡率是多少？

解：已知 $A=6000/5000=1.2$；$\lambda=1.1/1=1.1$；$X_0=0.25$；则

2000 年千人伤亡率$=1.2\times1.1\times0.25=0.33$‰。

十一、专家系统预测法

一般来说，由于事故的发生是一个非平稳的随机过程，并且由于一些重大事故的样本数据量缺乏和信息量不足，这样一般统计预测模型的误差就会较大。基于计算机专家系统之上的预测法，应用专家知识与预测定量模型相结合，能做到定性、定量分析，误差量将会降低。这样就会有必要采用高精度的预测方法，如专家系统预测方法。根据预测结果，结合相关决策方法，调用知识库安全专家知识，运用推理技术，选择事故隐患库、安全措施库相关内容，作出合理的事故预防决策。决策方法及模型如下：

（1）事故预防多目标决策。因为事故预防决策要考虑科技水平、经济条件、安全水准等边界限制条件，还要考虑降低事故、提高效益和企业能力等多方面因素，所以拟选用多目标决策法（加权评分法、层次分析法、目标规划法等）为宜。其问题的实质是有 k 个目标即 $f_1(x), f_2(x), \cdots, f_k(x)$，求解 x，使各目标值从整体上达到最优，即 $\max[f_1(x), f_2(x), \cdots, f_k(x)]$。该方法主要用于事故预防的多方案决策。

（2）安全投资决策。为降低事故，需增加投资。安全投资决策主要运用风险决策、综合评分决策、模糊灰色决策等方法，以使决策方案最优，即达到 $\max[E(B)_i]$。

（3）隐患及薄弱环节控制决策。决策目标是应用预测或实际统计的数据，在合理的安全评价理论和方法的基础上，对人、机、环境、管理等石油勘探开发生产的事故隐患和薄弱性环节进行对策性决策，以指导人们科学和准确地采取事故预防措施。

决策方法：最大薄弱环节准则；主次因素分析技术；信息量决策技术等。

决策内容：能给出隐患控制和事故薄弱性环节的优选级措施方案。如采用的技术、装置、事故预防效果、安全措施或方案的难度级、措施投资参考等内容。

十二、事故死亡发生概率测度法

直接定量地描述人员遭受伤害的严重程度往往是非常困难的，甚至是不可能的。在伤亡事故统计中，通过损失工作日来间接地定量伤害严重程度，有时与实际伤害程度有很大偏差，不能正确反映真实情况。最严重的伤害——“死亡”，概念界限十分明确，统计数据也最可靠。于是，往往把死亡这种严重事故的发生概率作为评价系统的指标。

确定作为评价危险目标值的死亡事故率时，有两种考虑：

（1）与其他灾害的死亡率相对比。一般是与自然灾害和疾病的死亡率比较，评价危险状况。

（2）死亡率降到允许范围内的投资大小。即预测到死亡 1 人的危险性后，为了把危险性降低到允许范围，即拯救一个人的生命，则必须花费的投资和劳动力的多少。

现以美国交通事故为例，说明确定公众所接受的风险指标的方法以及死亡概率与之对比后的危险性评价。

假设美国每年发生的小汽车相撞事故有 1500 万次，其中每 300 次造成 1 人死亡，则每年死亡人数为：

$$死亡人数/事故次数\times 事故总次数/单位时间=1/300\times 1500000/1\ 年=50000\ 人/年$$

美国有 2 亿人口，则每人每年所承担的死亡风险率为：

$$50000/200000000=2.5\times 10^{-4}/(人\cdot 年)$$

这个数值意味着一个 10 万人的集体每年有 25 人因车祸死亡的风险，或 4000 人的集体每年承担着 1 人死亡的风险，或每人每年有 0.00025 的因车祸死亡的可能性。

另一种表示风险率的单位，就是把每 10^8 作业小时的死亡人数作为单位，称为 FAFR（Fatal Accident Frequency Rate）或称为 1 亿工时死亡事故频率（致使事故的发生频率）。这个单位用起来方便，便于比较。若 1000 人一生按工作 40 年，每月 25 天，每天 8 小时计的话，则有：

$$1000\times 40\times 25\times 8\times 12=0.96\times 10^8\approx 10^8$$

所以 FAFR 可以理解为 1000 人干一辈子只死 1 人的比例。

把上述汽车风险率换算为 FAFR 值（若每天用车时间为 4 小时，每年 365 天，总共接触小汽车的时间为 1460 小时），则为：

$$2.5\times 10^{-4}\times 1/1460=17.1\times 10^{-8}$$

即 FAFR 值为 17.1。

这个风险率可以作为使用小汽车的一个社会公认的安全指标，也可以作为死亡事故发生概率评价的依据。也就是说，人们愿意随受这样的风险而享受小巧玲珑汽车的利益。如果还想进一步降低风险，必然要花更多的资金改善交通设备和汽车性能。因此，没有人愿意再花更多的钱去改变这个数值，也没有人因害怕这样的风险而放弃使用小汽车。将合理的风险率定为评价标准是很重要的。

表 7-9、表 7-10 分别列出了美国、英国各类工业所承担的风险率情况。表 7-11、表 7-12、表 7-13 分别列出了非工业活动、疾病死亡、自愿和非自愿活动所承担的风险死亡率。

表 7-9　美国各类工作地点死亡安全指标

工业类型	FAFR 值	死亡率/[死亡/(人·年)]
工业	7.1	1.4×10^{-4}
商业	3.2	0.6×10^{-4}
制造业	4.5	0.9×10^{-4}
服务业	4.3	0.86×10^{-4}
机关	5.7	1.14×10^{-4}
运输及公用事业	16	3.6×10^{-4}
农业	27	5.4×10^{-4}
建筑业	28	5.6×10^{-4}
采矿、采石业	31	6.2×10^{-4}

表 7-10　英国工厂的 FAFR 值

工业类型	FAFR 值	工业类型	FAFR 值
制衣和制鞋业	0.15	煤矿	40
汽车工业	1.3	铁路	45
化工	3.5	建筑	67
全英工业	4	飞机乘务员	250
钢铁	8	职业拳击手	7000
农业	10	赛车	50000
捕鱼	35		

表 7-11　非工业活动的 FAFR 值

类型	FAFR 值	类型	FAFR 值
家中	3	飞机	240
乘下列交通工具旅行		轻骑	260
公共汽车	3	低座摩托车	310
火车	5	摩托车	660
小汽车	57	橡皮艇	1000
自行车	96	登山运动	4000

表 7-12　疾病死亡的 FAFR 值

疾病	FAFR 值	死亡率(每年 8760 小时)/[死亡/(人·年)]
死亡合计(男、女)	133	9.8×10^{-3}
心脏病(男、女)	61	5.3×10^{-3}
恶性肿瘤合计(男)	23	2.0×10^{-3}
呼吸系统疾病(男)	22	1.9×10^{-3}
肺癌(男)	10	0.8×10^{-3}
胃癌(男)	4	0.35×10^{-3}
男人在事故中的死亡	9	

表 7-13　自愿和非自愿活动承担的风险死亡率

类型	死亡率/[死亡/(人·年)]	类型	死亡率/[死亡/(人·年)]
自愿承担风险		飞机失事(英)	0.2×10^{-7}
足球	4×10^{-5}	压力容器爆炸(英)	0.5×10^{-7}
爬山	4×10^{-5}	闪电雷击(英)	1×10^{-7}
驾车	17×10^{-5}	堤坝决口(荷)	1×10^{-7}
吸烟(20 支/日)	500×10^{-5}	核电站泄漏(1 千米内)(英)	1×10^{-7}
非自愿承担风险		火灾(英)	150×10^{-7}
陨石	6×10^{-11}	白血病	800×10^{-7}
石油及化学品运输(英)	0.2×10^{-7}		

从上述各表的数据可以看出各种工业所承担的风险率情况。如何对待不同的风险率，应该是采取措施的重要依据。

若风险率以死亡/(人·年)表示，则：

10^{-3}数量级操作危险特别高，相当于由生病造成死亡的自然死亡率，因而必须立即采取措施予以改进。

10^{-4}数量级操作系中等程度危险，遇到这种情况应该采取预防措施。

10^{-5}数量级和体育活动的事故风险率为同一数量级，人们对此是关心的，也愿意采取措施加以预防。

10^{-6}数量级相当于地震和天灾的风险率，人们并不担心这类事故发生。

10^{-7}～10^{-8}数量级相当于陨石坠落伤人，没人愿意为这种事故投资加以预防。

必须指出的是，上面各表所列的FAFR值是根据多年统计得来的数字，在此主要说明死亡风险率评价方法。在实际应用评价中，一方面要按10～20倍的保险系数来计算，另一方面要考虑时代进步，科技发展，物质生活水准提高，人们承受死亡能力降低方面的因素。

第三节　事故预防原理

一、事故可预防性理论

根据事故特性的研究分析，可认识到如下事故性质：

(1) 事故的因果性。工业事故的因果性是指事故由相互联系的多种因素共同作用的结果，引起事故的原因是多方面的。在伤亡事故调查分析过程中，应弄清事故发生的因果关系，找到事故发生的主要原因，才能对症下药，有效地防范。

(2) 事故的随机性。事故的随机性是指事故发生的时间、地点、事故后果的严重性是偶然的。这说明事故的预防具有一定的难度。但是，事故这种随机性在一定范畴内也遵循统计规律。从事故的统计资料中可以找到事故发生的规律性。因而，事故统计分析对制定正确的预防措施有重大的意义。

(3) 事故的潜伏性。表面上，事故是一种突发事件，但是事故发生之前有一段潜伏期。在事故发生前，人、机、环境系统所处的这种状态是不稳定的，也就是说系统存在着事故隐患，具有危险性。如果这时有一触发因素出现，就会导致事故的发生。在工业生产活动中，企业较长时间内未发生事故，如麻痹大意，就是忽视了事故的潜伏性，这是工业生产中的思想隐患，是应予克服的。掌握了事故潜伏性对有效预防事故起到关键作用。

(4) 事故的可预防性。现代工业生产系统是人造系统，这种客观实际给预防事故提供了基本的前提。所以说，任何事故从理论和客观上讲都是可预防的。认识这一特性，对坚定信念、防止事故发生有促进作用。因此，人类应该通过各种合理的对策和努力，从根本上消除事故发生的隐患，把工业事故的发生降低到最小限度。

二、事故的宏观战略预防对策

采取综合、系统的对策是搞好职业安全卫生和有效预防事故的基本原则。随着工业安全科学技术的发展，安全系统工程、安全科学管理、事故致因理论、安全法制建设等学科和方法技术的发展，在职业安全卫生和减灾方面总结和提出了一系列的对策。安全法制对策、安全管理对策、安全教育对策、安全工程技术对策、安全经济手段等都是目前在职业安全卫生和事故预防及控制中发展起来的方法和对策。

1. 安全法制对策

安全法制对策就是利用法制的手段对生产的建设、实施、组织，以及目标、过程、结果等进行安全的监督，使之符合职业安全卫生的要求。

职业安全卫生的法制对策是通过如下 4 个方面的工作来实现的：

(1) 职业安全卫生责任制度。职业安全卫生责任制度就是明确企业一把手是职业安全卫生的第一责任人；管生产必须管安全；全面综合管理，不同职能机构有特定的职业安全卫生职责。如一个企业，要落实职业安全卫生责任制度，需要对各级领导和职能部门制定出具体的职业安全卫生责任，并通过实际工作得到落实。

(2) 实行强制的国家职业安全卫生监督。国家职业安全卫生监督就是指国家授权劳动行政部门设立的监督机构，以国家名义并运用国家权力对企业、事业和有关机关履行劳动保护职责、执行劳动保护政策和劳动卫生法规的情况依法进行的监督、纠正和惩戒工作，是以国家名义依法进行的具有高度权威性、公正性的监督执法活动。

(3) 建立健全安全法规制度。这是指行业的职业安全卫生管理要围绕着行业职业安全卫生的特点和需要，在技术标准、行业管理条例、工作程序、生产规范，以及生产责任制度方面进行全面的建设，从而实现专业管理的目标。

(4) 有效的群众监督。群众监督是指在工会的统一领导下，监督企业、行政和国家有关劳动保护、安全技术、工业卫生等法律、法规、条例的贯彻执行情况；参与有关部门职业安全卫生和劳动保护法规、政策的制定；监督企业安全技术和劳动保护经费的落实和正确使用情况；对职业安全卫生提出建议等方面。

2. 工程技术对策

工程技术对策是指通过工程项目和技术措施实现生产的本质安全化，或改善劳动条件提高生产的安全性。例如，对于火灾的防范，可以采用防火工程、消防技术等技术对策；对于尘毒危害，可以采用通风工程、防毒技术、个体防护等技术对策；对于电气事故，可以采取能量限制、绝缘、释放等技术方法；对于爆炸事故，可以采取改良爆炸器材、改进炸药等技术对策，等等。在具体的工程技术对策中，可采用如下技术原则：

(1) 消除潜在危险的原则。即在本质上消除事故隐患，是理想的、积极的、进步的事故预防措施。其基本的做法是以新的系统、新的技术和工艺代替旧的不

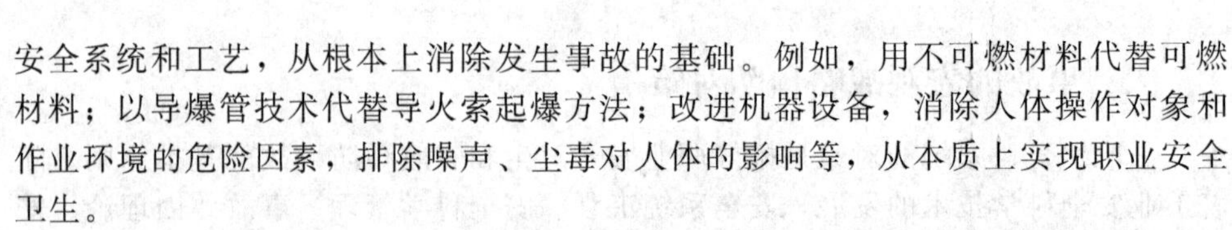

安全系统和工艺，从根本上消除发生事故的基础。例如，用不可燃材料代替可燃材料；以导爆管技术代替导火索起爆方法；改进机器设备，消除人体操作对象和作业环境的危险因素，排除噪声、尘毒对人体的影响等，从本质上实现职业安全卫生。

(2) 降低潜在危险因素数值的原则。即在系统危险不能根除的情况下，尽量地降低系统的危险程度，使系统一旦发生事故，所造成的后果严重程度最小。如手电钻工具采用双层绝缘措施；利用变压器降低回路电压；在高压容器中安装安全阀、泄压阀，抑制危险发生等。

(3) 冗余性原则。就是通过多重保险、后援系统等措施，提高系统的安全系数，增加安全余量。如在工业生产中降低额定功率；增加钢丝绳强度；飞机系统的双引擎；系统中增加备用装置或设备等措施。

(4) 闭锁原则。在系统中，通过一些元器件的机器联锁或电气互锁作为保证安全的条件。如冲压机械的安全互锁器；金属剪切机室安装出入门互锁装置；电路中的自动保安器等。

(5) 能量屏障原则。在人、物与危险之间设置屏障，防止意外能量作用到人体和物体上，以保证人和设备的安全。如建筑高空作业的安全网，反应堆的安全壳等，都起到了屏障作用。

(6) 距离防护原则。当危险和有害因素的伤害作用随距离的增加而减弱时，应尽量使人与危险源距离远一些。噪声源、辐射源等危险因素可采用这一原则减小其危害。化工厂建在远离居民区的地方，爆破作业时的危险距离控制，均是这方面的例子。

(7) 时间防护原则。是使人暴露于危险、有害因素的时间缩短到安全程度之内。如开采放射性矿物或进行有放射性物质的工作时，缩短工作时间；粉尘、毒气、噪声的安全指标随工作接触时间的增加而减少。

(8) 薄弱环节原则。即在系统中设置薄弱环节，以最小的、局部的损失换取系统的总体安全。如电路中的保险丝、锅炉的熔栓、煤气发生炉的防爆膜、压力容器的泄压阀等。它们在危险情况出现之前就发生破坏，从而释放或阻断能量，以保证整个系统的安全性。

(9) 坚固性原则。这是与薄弱环节原则相反的一种对策。即通过增加系统强度来保证其安全性。如加大安全系数，提高结构强度等措施。

(10) 个体防护原则。根据不同作业性质和条件配备相应的保护用品及用具。采取被动的措施，以减轻事故和灾害造成的伤害或损失。

(11) 代替作业人员的原则。在不可能消除和控制危险、有害因素的条件下，以机器、机械手、自动控制器或机器人代替人或人体的某些操作，摆脱危险和有害因素对人体的危害。

(12) 警告和禁止信息原则。采用光、声、色或其他标志等作为传递组织和技术信息的目标，以保证安全。如宣传画、安全标志、板报警告等。

显然，工程技术对策是治本的重要对策。但是，工程技术对策需要安全技术及经济作为基本前提。因此，在实际工作中，特别是在目前我国安全科学技术和社会经济基础较为薄弱的条件下，这种对策的采用受到一定的限制。

3. 安全管理对策

管理就是创造一种环境和条件，使置身于其中的人们能进行协调的工作，从而完成预定的使命和目标。安全管理是通过制定和监督实施有关安全法令、规程、规范、标准和规章制度等，规范人们在生产活动中的行为准则，使劳动保护工作有法可依，有章可循，用法制手段保护职工在劳动中的安全和健康。安全管理对策是工业生产过程中实现职业安全卫生的基本的、重要的、日常的对策。工业安全管理对策具体由管理的模式、组织管理的原则、安全信息流技术等方面来实现。安全的手段包括：法制手段——监督；行政手段——责任制等；科学的手段——推进科学管理；文化手段——进行安全文化建设；经济手段——伤亡赔偿、工伤保险、事故罚款等。

4. 安全教育对策

安全教育是对企业各级领导、管理人员以及操作工人进行安全思想政治教育和安全技术知识教育。安全思想政治教育的内容包括国家有关安全生产、劳动保护的方针政策、法规法纪。通过教育提高各级领导和广大职工的安全意识、政策水平和法制观念，牢固树立“安全第一”的思想，自觉贯彻执行各项劳动保护法规政策，增强保护人、保护生产力的责任感。安全技术知识教育包括一般生产技术知识、一般安全技术知识和专业安全生产技术知识的教育。安全技术知识寓于生产技术知识之中，在对职工进行安全教育时必须把二者结合起来。一般生产技术知识含企业的基本概况、生产工艺流程、作业方法、设备性能及产品的质量和规格。一般安全技术知识教育含各种原料、产品的危险危害特性，生产过程中可能出现的危险因素，形成事故的规律，安全防护的基本措施和有毒有害的防治方法，异常情况下的紧急处理方案，事故时的紧急救护和自救措施等。专业安全技术知识教育是针对特别工种所进行的专门教育。例如，锅炉、压力容器、电气、焊接、化学危险品的管理，防尘防毒等专门安全技术知识的培训教育。安全技术知识的教育应做到应知应会，不仅要懂得方法原理，还要学会熟练操作和正确使用各类防护用品、消防器材及其他防护设施。

安全教育的对策是应用启发式教学法、发现法、讲授法、谈话法、读书指导法、演示法、参观法、访问法、实验实习法、宣传娱乐法等，对政府官员、社会大众、企业职工、社会公民、专职安全人员等进行意识、观念、行为、知识、技能等方面的教育。安全教育的对外通常有政府有关官员、企业法人代表、安全管理人员、企业职工、社会公众等。教育的形式有法人代表的任职上岗教育；企业职工的三级教育、特殊工种教育、企业日常性安全教育；安全专职人员的学历教育等。教育的内容涉及专业安全科学技术知识、安全文化知识、安全观念知识、安全决策能力、安全管理知识、安全设施的操作技能、安全特殊技能、事故分析

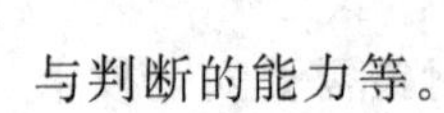

与判断的能力等。

三、人为事故的预防

人为事故在工业生产发生的事故中占有较大比例。有效控制人为事故，对保障安全生产发挥重要作用。

人为事故的预防和控制，要求在研究人与事故的联系及其运动规律的基础上认识到人的不安全行为是导致与构成事故的要素。因此，要有效预防、控制人为事故的发生，依据安全与管理的需求，运用人为事故规律和预防、控制事故原理联系实际，从而产生的一种对生产事故进行超前预防、控制的方法。

1. 人为事故的规律

在生产实践活动中，人既是促进生产发展的决定因素，又是生产中安全与事故的决定因素。在第二章中，我们已清楚地揭示了人方面是事故要素，另一方面是安全因素。人的安全行为能保证安全生产，人的异常行为会导致与构成生产事故。因此，要想有效预防、控制事故的发生，必须做好人的预防性安全管理，强化和提高人的安全行为，改变和抑制人的异常行为，使之达到安全生产的客观要求，以此超前预防、控制事故的发生。

表 7-14 揭示了人为事故的基本规律。为了深入地研究人为事故规律，我们还可利用安全行为科学的理论和方法，有关内容见第七章。

表 7-14　人为事故规律

异常行为系列原因		内在联系	外延现象
产生异常行为内因	一、表态始发致因	1. 生理缺陷	耳聋、眼花、各种疾病、反应迟钝、性格孤僻等
		2. 安全技术素质差	缺乏安全思想和安全知识，技术水平低，无应变能力等
		3. 品德不良	意志衰退、目无法纪、自私自利、道德败坏等
	二、动态续发致因	1. 违背生产规律	有章不循、执章不严、不服管理、冒险蛮干等
		2. 身体疲劳	精神不振、神志恍惚、力不从心、打盹睡觉等
		3. 需求改变	急于求成、图懒省事、心不在焉、侥幸心理等
产生异常行为外因	三、外侵导发致因	1. 家庭社会影响	情绪反常、思想散乱、烦恼忧虑、苦闷冲动等
		2. 环境影响	高温、严寒、噪声、异光、异物、风雨雪等
		3. 异常突然侵入	心烦意乱、惊慌失措、恐惧失措、恐惧胆怯、措手不及等
	四、管理延发致因	1. 信息不准	指令错误、警报错误
		2. 设备缺陷	技术性能差、超载运行、无安技设备、非标准等
		3. 异常失控	管理混乱、无章可循、违章不纠

在掌握了人们异常行为的内在联系及其运行规律后，为了加强人的预防性安全管理工作，有效预防、控制人为事故，我们可从以下 4 个方面入手。

(1) 从产生异常行为表态始发致因的内在联系及其外延现象中得知：要想有效预防人为事故，必须做好劳动者的表态安全管理。例如，开展安全宣传教育、安全培训，提高人们的安全技术素质，使之达到安全生产的客观要求，从而为有效预防人为事故的发生提供基础保证。

（2）从产生异常行为动态续发致因的内在联系及其处延现象中得知：要想有效预防、控制人为事故，必须做好劳动者的动态安全管理。例如，建立健全安全法规，开展各种不同形式的安全检查等，促使人们的生产实践规律运动及时发现并及时改变人们在生产中的异常行为，使之达到安全生产要求，从而预防、控制由于人的异常行为而导致的事故发生。

（3）从产生异常行为外侵导发致因的内在联系及其外延现象中得知：要想有效预防、控制人为事故，还要做好劳动环境的安全管理。例如，发现劳动者因受社会或家庭环境影响，思想散乱，有产生异常行为的可能时，要及时进行思想工作，帮助解决存在的问题，消除后顾之忧等，从而预防、控制由于环境影响而导致的人为事故发生。

（4）从产生异常行为管理延发致因的内在联系及其处延现象中得知：要想有效预防、控制人为事故，还要解决好安全管理中存在的问题。例如，提高管理人员的安全技术素质，消除违章指挥，加强工具、设备管理，消除隐患等，使之达到安全生产要求，从而有效预防、控制由于管理失控而导致的人为事故。

2. 强化人的安全行为，预防事故发生

强化人的安全行为，预防事故发生，是指通过开展安全教育，提高人们的安全意识，使其产生安全行为，做到自为预防事故的发生。主要应抓住两个环节：一要开展好安全教育，提高人们预防、控制事故的自为能力；二要抓好人为事故的自我预防。如何开展安全教育、提高人的预防、控制事故能力，在第三章第五节已作叙述。下面就人为事故的自我预防加以概述。

（1）劳动者要自觉接受教育，不断提高安全意识，牢固树立安全思想，为实现安全生产提供支配行为的思想保证。

（2）要努力学习生产技术和安全技术知识，不断提高安全素质和应变事故能力，为实现安全生产提供支配行为的技术保证。

（3）必须严格执行安全规律，不能违章作业，冒险蛮干，即只有用安全法规统一自己的生产行为，才能有效预防事故的发生，从而实现安全生产。

（4）要做好个人使用的工具、设备和劳动保护用品的日常维护保养，使之保持完好状态，并要做到正确使用，当发现有异常时要及时进行处理，控制事故发生，保证安全生产。

（5）要服从安全管理，并敢于抵制他人违章指挥，保质保量地完成自己分担的生产任务，遇到问题要及时提出，求得解决，确保安全生产。

3. 改变人的异常行为，控制事故发生

改变人的异常行为，是继强化人的表态安全管理之后的动态安全管理。通过强化人的安全行为预防事故的发生，改变人的异常行为控制事故发生，从而达到超前有效预防、控制人为事故的目的。

如何改变人的异常行为，控制事故发生，主要有如下 5 种方法：

（1）自我控制。指在认识到人的异常意识具有产生异常行为，导致人为事故

的规律之后，为了保证自身在生产实践中的自为改变异常行为，控制事故的发生。自我控制是行为控制的基础，是预防、控制人为事故的关键。例如，劳动者在从事生产实践活动之前或生产之中，当发现自己有产生异常行为的因素存在时，像身体疲劳、需求改变，或因外界影响思想混乱等，能及时认识和加以改变，或终止异常的生产活动，均能控制由于异常行为而导致的事故。又如，当发现生产环境异常，工具、设备异常时，或领导违章指挥有产生异常行为的外因时，能及时采取措施，改变物的异常状态，抵制违章指挥，也能有效控制由于异常行为而导致的事故发生。

（2）跟踪控制。指运用事故预测法，对已知具有产生异常行为因素的人员做好转化和行为控制工作。例如，对已知的违安人员指定专人负责做好转化工作和进行行为控制，防止其异常行为的产生和导致事故发生。

（3）安全监护。指对从事危险性较大生产活动的人员，指定专人对其生产行为进行安全提醒和安全监督。例如，电工在停送电作业时，一般要有两人同时进行，一人操作，另一人监护，防止误操作的事故发生。

（4）安全检查。指运用人自身技能对从事生产实践活动人员的行为进行各种不同形式的安全检查，从而发现并改变人的异常行为，控制人为事故发生。

（5）技术控制。指运用安全技术手段控制人的异常行为。例如，绞车安装的过卷装置能控制由于人的异常行为而导致的绞车过卷事故；变电所安装的联锁装置能控制人为误操作而导致的事故；高层建筑设置的安全网能控制人从高处坠落后导致人身伤害的事故发生等。

四、设备因素导致事故的预防

设备与设施是生产过程的物质基础，是重要的生产要素。物作为事故第二大要素，已在上述的安全系统论原理中得到揭示。为了有效预防、控制设备导致的事故发生，运用设备事故规律和预防、控制事故原理联系生产或工艺实际，即提出了这种超前预防、控制事故的方法。

在生产实践中，设备是决定生产效能的物质技术基础。没有生产设备，特别是现代生产是无法进行的。同时，设备的异常状态又是导致与构成事故的重要物质因素。例如，没有机械设备的异常运行，就不会发生与锅炉相关的各种事故等。因此，要想超前预防、控制设备事故的发生，必须做好设备的预防性安全管理，强化设备的安全运行，改变设备的异常状态，使之达到安全运行要求，才能有效预防、控制事故的发生。

1. 设备因素与事故的规律

设备事故规律，是指在生产系统中，由于设备的异常状态违背了生产规律，致使生产实践产生了异常运动而导致事故发生所具有的普遍性表现形式。

（1）设备故障规律。设备故障规律，是指由于设备自身异常而产生故障及导致发生的事故在整个寿命周期内的动态变化规律。认识与掌握设备故障规律，是从设备的实际技术状态出发，确定设备检查、试验和修理周期的依据。例如，一台新设备和同样一台长期运行的老旧设备，由于投运时间和技术状态不同，其检查、试验、检修周期是不应相同的。应按照设备故障变化规律来确定其各自的检查、试验、检修周期。这样既可以克服单纯以时间周期为基础表态管理的弊端，减少一些不必要的检查、试验、检修的次数，节约一些人力、物力、财力，提高设备安全经济运行的效益，又能提高必要检查、试验、检修的效果，确保设备安全运行。

设备在整个寿命期内的故障变化规律大致分为3个阶段：第一阶段是设备故障的初发期；第二阶段是设备故障的偶发期；第三阶段是设备故障的频发期。

设备故障初发期是指设备在开始投运的一段时间内，由于人们对设备不够熟悉，使用不当，以及设备自身存在一定的不平衡性，因而故障率较高。这段时间也称设备使用的适应期。

设备故障偶发期是指设备在投运后，由于经过一段运行，其适应性开始稳定，除在非常情况下偶然发生事故外，一般是很少发生故障的。这段时间较长，也称设备使用的有效期。

设备故障频发期是指设备经过了一阶段、二阶段长时期运行后，性能严重衰退，局部已经失去了平衡，因而故障—修理—使用—故障的周期逐渐缩短，直至报废为止。这段时间故障率最高，也称设备使用的老化期。

从设备故障变化规律中得知，设备在第一阶段故障初发期，尽管故障率较高，但多半是属于局部的、非实质性故障，因而只需增加安全检查的次数，即检查周期要短。其定期试验、定期检修的周期可同第二阶段故障偶发期的试验、检修周期相同。但到了第三阶段故障频发期时，随着设备故障频率的增高，其定期检查、试验、检修的周期均要相应地缩短，这样才能效预防、控制事故发生，保证设备安全运行。

(2) 与设备相关的事故规律。设备不仅因自身异常能导致事故发生，而且与人、环境的异常结合也能导致事故发生。因此要想超前预防、控制设备事故的发生，除要认识掌握设备故障规律外，还要认识掌握设备与人、与环境相关的事故规律，并相应地采取保护设备安全运行的措施，这样才能达到全面有效预防、控制设备事故的目的。

(3) 设备与人相关的事故规律。设备与人相关的事故规律，是指由于人的异常行为与设备结合而产生的物质异常运动在导致事故中的普遍性表现形式。例如，人们违背操作规程使用设备、超性能使用设备、非法使用设备等所导致的各种与设备相关的事故，均属于设备与人相关事故规律的表现形式。

(4) 设备与环境相关的事故规律。设备与环境相关的事故规律，是指由于环境异常与设备结合而产生的物质异常运动在导致事故中的普遍性表现形式。其中，一种是固定设备与变化的异常环境相结合而导致的设备故障，如由于气温变化或环境污染导致的设备故障；另一种是移动性设备与异常环境结合而导致的设

备事故，如汽车在交通运输中由于路况异常而导致的交通事故等。

2. 设备故障及事故的原因分析

导致设备发生事故的原因从总体上分为内因耗损和外因作用两大原因。内因耗损是检查、维修问题，外因作用是操作使用问题。具体原因又分为：是设计问题还是使用问题；是日常维修问题还是长期失修问题；是技术问题还是管理问题；是操作问题还是设备失灵问题等。

设备事故的分析方法同其他生产事故一样，均要按“三不放过”原则进行，即事故原因查不清不放过，事故的责任者及群众受不到教育不放过，没有制定防范措施不放过。

通过设备事故的原因分析，针对导致事故的问题采取相应的防范措施，如建立健全设备管理制度，改进操作方法，调整检查、试验、检修周期，加强维护保养，以及对老旧设备进行更新、改造等，从而防止同类事故重复发生。

3. 设备导致事故的预防、控制要点

在现代化生产中，人与设备是不可分割的统一整体。没有人的作用，设备是不会自行投入生产使用的；同样，没有设备，人也是难以从事生产实践活动的，只有把人与设备有机地结合起来，才能促进生产的发展。但是人与设备又不是同等的关系，而是主从关系。人是主体，设备是客体，设备不仅是人设计制造的，而且是由人操纵使用的，服从于人、执行人的意志。同时，人在预防、控制设备事故中，始终是起着主导支配的作用。

因此，对设备事故的预防和控制要以人为主导，运用设备事故规律和预防、控制事故原理，按照设备安全与管理的需求，重点做好如下预防性安全管理工作：

（1）首先要根据生产需求和质量标准，做好设备的选购、进厂验收和安装调试，使投产的设备达到安全技术要求，为安全运行打下基础。

（2）开展安全宣传教育和技术培训，提高人的安全技术素质，使其掌握设备性能和安全使用要求，并要做到专机专用，为设备安全运行提供人的素质保证。

（3）要为设备安全运行创造良好的条件，如为设备安全运行保持良好的环境，安装必要的防护、保险、防潮、防腐、保暖、降温等设施，以及配备必要的测量、监视装置等。

（4）配备熟悉设备性能、会操作、懂管理、能达到岗位要求的技术工人。其中，危险性设备要做到持证上岗，禁止违章使用。

（5）按设备的故障规律，定好设备的检查、试验、修理周期，并要按期进行检查、试验、修理，巩固设备安全运行的可靠性。

（6）要做好设备在运行中的日常维护保养，如该防腐的要防腐，该降温的要降温，该去污的要去污，该注油的要注油，该保暖的要保暖等。

（7）要做好设备在运行中的安全检查，做到及时发现问题，及时加以解决，使之保持安全运行状态。

（8）根据需要和可能，有步骤、有重点地对老旧设备进行更新、改造，使之达到安全运行和发展生产的客观要求。

(9) 建立设备管理档案、台账，做好设备事故调查、讨论分析，制定保证设备安全运行的安全技术措施。

(10) 建立健全设备使用操作规程和管理制度及责任制，用以指导设备的安全管理，保证设备的安全运行。

4. 设备的检查、修理及报废

设备的检查、修理及报废，是对设备进行预防性管理，保证安全运行的3个相互联系的重要环节。

五、环境因素导致事故的预防

安全系统的最基础要素就是人-机-环-管4要素。显然，环境因素也是重要方面。通过环境揭示环境与事故的联系及其运动规律，认识异常环境是导致事故的一种物质因素，使之能有效地预防、控制异常环境导致事故的发生，并在生产实践中依据环境安全与管理的需求，运用环境导致事故的规律和预防、控制事故原理联系实际，最终对生产事故进行超前预防、控制的方法，这就是研究环境因素导致事故的目的。

1. 环境与事故的规律

环境，是指生产实践活动中占有的空间及其范围内的一切物质状态。其中，又分为固定环境和流动环境两种类别。

固定环境是指生产实践活动所占有的固定空间及其范围内的一切物质状态。

流动环境是指流动性的生产活动所占有的变动空间及其范围内的一切物质状态。

环境包括的内容，依据其导致事故的危害方式分为如下5个方面内容：①环境中的生产布局、地形、地物等；②环境中的温度、湿度、光线等；③环境中的尘、毒、噪声等；④环境中的山林、河流、海洋等；⑤环境中的雨水、冰雪、风云等。

环境是生产实践活动必备的条件，任何生产活动无不置于一定的环境之中，没有环境，生产实践活动是无法进行的。例如，建筑楼房不仅要占用自然环境中的土地，而且施工过程还要人为形成施工环境，否则无法建筑楼房。又如，船舶须置于江河湖海的环境之中才能航行，否则寸步难行。

同时，环境又是决定生产安危的一个重要物质因素。其中，良好的环境是保证安全生产的物质因素；异常环境是导致生产事故的物质因素。例如，在生产过程中，由于环境中的温度变化，高温天气能导致劳动者中暑，严寒能导致劳动者冻伤，也能影响设备安全运行而导致设备事故。又如，生产环境中的各种有害气体能引起爆炸事故和导致劳动者窒息；尘、毒危害能导致劳动者患职业病；以及生产环境中的地形不良、材料堆放混乱，或有其他杂物等，均能导致事故发生。

总之，环境是以其中物质的异常状态与生产相结合而导致事故发生的。其运

动规律是生产实践与环境的异常结合，违反了生产规律而产生的异常运动在导致事故中的普遍性表现形式。

2. 环境导致事故的预防、控制要点

在认识到良好的环境是安全生产的保证、异常环境是导致事故的物质因素及其运动规律之后，依据环境安全与管理的需求对环境导致事故的预防和控制，主要应做好如下4个方面工作：①运用安全法制手段加强环境管理，预防事故的发生；②治理尘、毒危害，预防、控制职业病发生；③应用劳动保护用品，预防、控制环境导致事故的发生；④运用安全检查手段改变异常环境，控制事故发生。

因此，为了使生产环境的安全管理、尘毒危害治理及劳动保护用品的使用均能达到管理标准的要求，防止其发生异常变化，就要坚持做好生产过程中的安全检查，做到及时发现并及时改变生产的异常环境，使之达到安全要求；同时对不能加以改变的异常环境，如临电作业、危险部位等，还要设置安全标志，从而控制异常环境，防止事故的发生。

六、时间因素导致事故的预防

时间导致事故的预防和控制，是在揭示了时间与事故的联系及其运动规律、认识到时间变化是导致事故的一种相关因素之后，为了有效预防、控制由于时间变化导致发生的事故，依据安全生产与管理的需求，运用时间导致事故的规律和预防、控制事故原理联系实际而产生的一种对生产事故进行超前预防、控制的方法。

1. 时间导致事故的规律

任何生产劳动无不置于一定的时间之内。时间表明生产实践经历的过程。正确运用劳动时间能保证安全生产，提高劳动效率，促进经济发展。反之，异常的劳动时间则是导致事故的一种相关因素。

时间导致事故的规律，是指生产实践与时间的异常结合违反了生产规律而产生的异常运动在导致事故中的普遍性表现形式。其具体表现如下：

(1) 失机的时间能导致事故。失机的时间能导致事故，是指在生产实践中，出现了改变原定的时间而导致发生的事故。如火车在抢点、晚点中发生的撞车事故；电气作业不能按规定时间按时停送电，发生的触电事故等。

(2) 延长的时间能导致事故。延长的时间能导致事故，是指在生产实践中，超过了常规时间而导致发生的事故。如职工加班、加点搞大干，或不能按规定时间休息，由于疲劳而导致的各种事故；设备不能按规定时间检修，由于故障不能及时消除而导致的与设备相关的事故等。

(3) 异变的时间能导致事故。异变的时间能导致事故，是指在生产实践中，由于时间变化而导致发生的事故。如由于季节变化而导致发生的各种季节性事故；节日前后或下班前后，由于时间变化，人们心散意乱而导致发生的各种事故等。

(4) 非常时间能导致事故。非常时间能导致事故，是指在出现非常情况的特殊时间里而导致发生的事故。如在抢险救灾中发生的与时间相关的事故；在生产中争时间抢任务而导致发生的各种事故等。

2. 时间导致事故的预防技术

在认识到正常劳动时间能保证安全生产、异常的劳动时间具有导致事故的因素及其运动规律之后，依据安全生产与管理的需求对时间导致事故的预防和控制，主要应抓住两个环节。

（1）正确运用劳动时间，预防事故发生。这一环节是依据劳动法规定结合本企业安全生产的客观要求，正确处理劳动与时间的关系，合理安排劳动时间，保证必要的休息时间，做到劳逸结合，以此预防事故的发生。

（2）改变与掌握异常的劳动时间，控制事故发生。这一环节是指在生产过程中，由于时间变化而具有导致事故因素的非正常生产时间。为了控制由于异常劳动时间导致发生的事故，依据安全生产与管理的需求，运用时间导致事故的规律，要做好如下工作。

① 限制加班、加点控制事故发生。职工在法定的节日或公休日从事生产或工作的，称为加班。在正常劳动时间外又延长时间进行生产或工作的，称为加点。加班加点属于异常的劳动时间，具有导致事故的因素，因此在一般情况下严禁加班加点，只有在特殊情况下才可以加班加点，但必须做好在加班加点中的安全管理。例如，生产设备、交通运输线路、公共设施发生故障，影响生产和公众利益，必须加班加点及时抢修时，在抢修前要有应急的安全技术措施，抢修中严禁违章蛮干，不要因抢修而扩大事故的发生。

② 抓好季节性事故的预防和控制。季节性事故，是指随着季节时间的变化而导致发生的与气候因素相关的事故。例如，雷害、火灾、风灾、水灾、雪灾，以及中暑、冻伤、冻坏设备等季节性事故。季节性事故的预防和控制，首先要认识与掌握本企业可能发生的季节性事故，根据季节的特点制定安全防范措施，如夏季要做好防雷、防排水、防暑降温的准备工作，冬季做好防寒、防冻的准备工作等。然后还要根据实际变化情况具体做好防范工作，如开展安全宣传教育提高人们的安全生产思想，加强劳动者的劳动保护和设备的安全运行保护，以及开展安全检查，整改存在问题，从而达到预防、控制季节性事故的目的。

③ 做好异常劳动时间的安全管理控制事故发生。要掌握在异常的劳动时间里导致生产发生异常变化的原因，以及发展变化的动态，如停电作业为什么不能按时停电，做到心中有数，及时提出应变措施；如作业前必须检电、接地等，从而控制事故的发生。其次，要做好在异常劳动时间里的安全宣传教育工作和信息沟通，如在抢险救灾中人们要保持清醒的头脑，做到忙而不乱，有序地完成任务，不能因抢险而扩大事故。再次，要及时组织人力、物力，积极有效地排除异常变化中的问题，如抢修线路、排除设备故障、救护人员等，要努力缩短异常变化的时间，控制事故的扩大，减少灾害损失。

第八章 事故应急救援

重要概念 事故应急体系，事故应急计划，事故应急预案。

重点提示 事故应急体系的设计；事故应急体系的5个中心；事故应急预案的编制理论及技术；企业事故应急预案的编制；政府事故应急预案的编制。

问题注意 应急救援体系的构成，应急救援体系的设计流程；主要事故类型的预防与应急措施。

从风险的理论出发，降低和控制风险的策略之一是降低事件、事故发生的可能性，这需要采取预测、监测、预警、控制等预防性措施，同时还需要减轻事件、事故的严重度，这就需要采取应急救援措施。

第一节 事故应急体系设计

一、制定事故应急预案的法规要求

作为企业和各级政府都应针对重大危险源制定有效的应急预案。为此，相关法律法规都有明确规定。

2014年出台的《中华人民共和国安全生产法》第五章“生产安全事故的应急救援与调查处理”指出：事故应急救援预案、应急救援体系对发生事故后，及时组织抢救，防止事故扩大，减少人员伤亡和财产损失具有十分重要的作用。其中，第七十七条要求：县级以上地方各级人民政府应当组织有关部门制定本行政区域内特大生产安全应急救援预案，建立应急救援体系。第七十九条要求：危险物品的生产、经营、储存单位以及矿山、金属冶炼、城市轨道交通运营、建筑施工单位应当建立应急救援组织；生产经营规模较小的，可以不建立应急救援组织，但应当指定兼职的应急救援人员。危险物品的生产、经营、储存、运输单位以及矿山、金属冶炼、城市轨道交通运营、建筑施工单位应当配备必要的应急救援器材、设备和物资，并进行经常性维护、保养，保证正常运转。新《安全生产法》第九十八条规定：生产经营单位有下列行为之一的，责令限期改正，可以处十万元以下的罚款；逾期未改正的，责令停产停业整顿，并处十万元以上二十万元以下的罚款，对其直接负责的主管人员和其他直接责任人员处两万元以上五万元以下的罚款；构成犯罪的，依照刑法有关规定追究刑事责任：（一）生产、经营、运输、储存、使用危险物品或者处置废弃危险物品，未建立专门安全管理制度、未采取可靠的安全措施的；（二）对重大危险源未登记建档，或者未进行评估、监控，或者未制定应急预案的；（三）进行爆破、吊装以及国务院安全生产监督管理部门会同国务院有关部门规定的其他危险作业，未安排专门人员进行现场安全管理的；（四）未建立事故隐患排查治理制度的。

另外，新《安全生产法》进一步强化了企业在应急救援及事故调查处理中的责任。新《安全生产法》第五章中，新增第七十八条规定：生产经营单位应当制定本单位生产安全事故应急救援预案，与所在地县级以上地方人民政府组织制定的生产安全事故应急救援预案相衔接，并定期组织演练。在第八十三条中，补充明确了“事故调查报告应当依法及时向社会公布”任务，以及“事故发生单位应当及时全面落实整改措施，负有安全生产监督管理职责的部门应当加强监督检查”等相关要求。第九十四条中，新增对“未按照规定制定生产安全事故应急救援预案或者未定期组织演练”的生产经营单位“责令限期改正，可以处五万元以下的罚款；逾期未改正的，责令停产停业整顿，并处五万元以上十万元以下的罚款，对其直接负责的主管人员和其他直接责任人员处一万元以上两万元以下的罚款”。

二、事故应急体系的设计

在任何工业活动中都有可能发生事故。无应急准备状态下，事故发生后往往造成惨重的生命和财产损失；有应急准备时，利用预先的计划和实际可行的应急对策，充分利用一切可能的力量，在事故发生后迅速控制其发展，保护现场工人和附近居民的健康与安全，并将事故对环境和财产造成的损失降至最小程度。

虽然应急系统随事故的类型和影响范围而异，但企业事故应急系统一般都由应急计划、应急组织、应急技术、应急设施和外援机构 5 部分组成，如图 8-1 所示。

三、事故应急计划

制订应急计划的目的是：①将紧急事件局部化，如可能并予以消除；②尽量缩小事故对人和财产的影响，防止事故扩大到附近的其他设施，以减少伤害。

消除事故要求操作人员和工厂紧急事件人员必须迅速行动，使用消防设备、紧急关闭阀门和水幕等。降低事故后果包括：营救、急救、疏散和恢复正常生产，并立即通知附近居民。

企业管理部门负责制定事故应急计划，并为与事故预防有关的机构和人员提供应急手册，详细说明危险源（事故隐患）的状况、有关单位的职责、主要控制措施、风险分析报告等。为便于应急处理事故，应急计划报告中应附一张标明工厂、

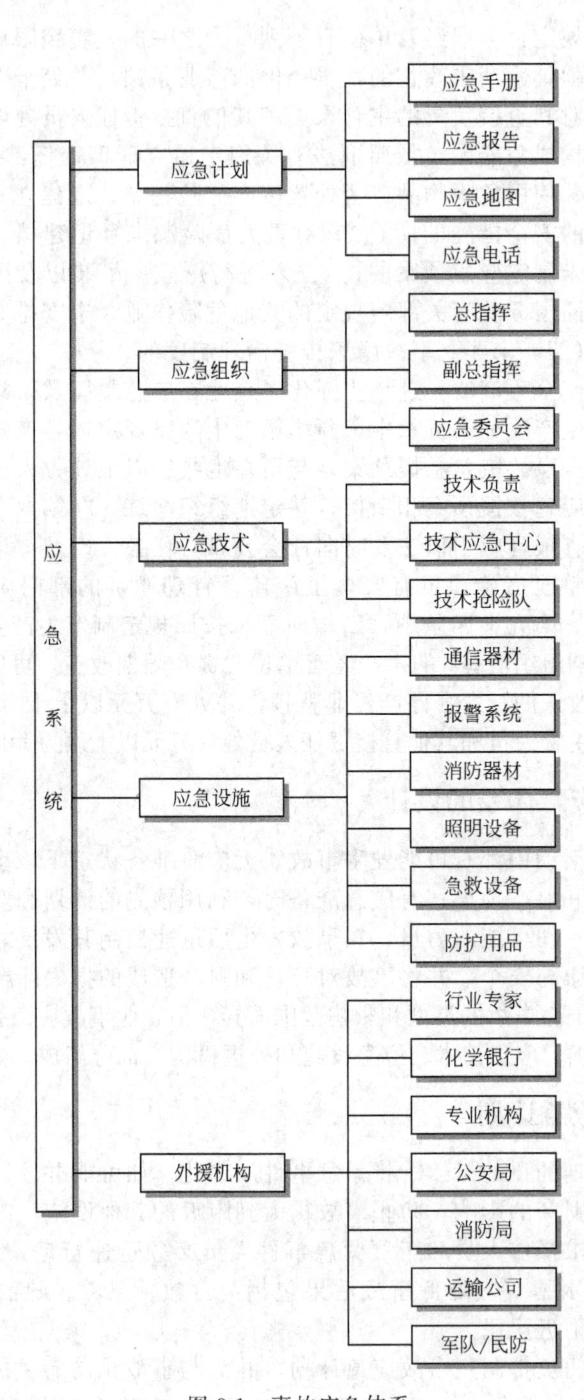
应急系统
应急计划
应急手册
应急报告
应急地图
应急电话
应急组织
总指挥
副总指挥
应急委员会
应急技术
技术负责
技术应急中心
技术抢险队
应急设施
通信器材
报警系统
消防器材
照明设备
急救设备
防护用品
外援机构
行业专家
化学银行
专业机构
公安局
消防局
运输公司
军队/民防

图 8-1 事故应急体系

办公室、重要设施、医疗、急救、避难场所、疏散路线、指挥中心的详图，列出有关协作单位及联络方法一览表，并对工厂警报系统和报警信号的类别加以说明。

在应急计划中应包含足够的灵活性，以保证在现场能采取适当的措施和决定。

企业在应急计划中应考虑怎样进行下列各方面的工作。

(1) 非相关工人可沿着具有清晰标志的撤离路线到达预先指定的集合点；

(2) 指定某人记录所有到达集合点的工人，并将此信息报告应急控制中心；

(3) 考虑由于节日、生病和当时现场人员的变化，需根据不在现场人员的情况更新应急控制中心所掌握的名单；

(4) 安排对工人进行记录，包括其姓名、地址，并保存在应急控制中心且定期更新；

(5) 紧急状态的关键时期，授权披露有关信息，并指定一名高级管理人员作为该信息的唯一出处；

(6) 紧急状态结束后，恢复步骤中应包括对再次进入事故现场的指导说明。

计划的评估和修订：在制定计划和演练过程中，应让熟悉设施的工人，包括相应的安全小组共同参与。企业应让熟悉设施的工人参加应急计划的演习和操练；与设施无关的人，如高级应急官员、政府监察员，也应作为观察员监督整个演练过程。每一次演练后，应核对该计划是否被全面执行，并发现不足和缺陷。企业应在必要的时候修改应急计划以适应现场设施和危险物的变化。这些修改应通知所有与应急计划有关的人员。

四、应急组织机构和指挥中心

有效的应急计划要求在事故应急处理时，各级人员职责分明。因此，企业应建立由不同部门人员组成的事故应急咨询委员会，任命指挥者和协调人员。指挥者应是企业最高管理机构的成员，能代表企业进行决策。指挥者负责通信联络、消防、安全、抢救、医护、运输、公共关系等，估计事故发生的原因和可能发展的情况，及时作出人员疏散和工厂停产等决定。灾难控制机构的协调指令应从装备精良和保护完好的指挥中心发出，指挥中心应有足够的内外通信联系设备、应急计划，标明危害物质和设施位置，安全装备、救护设备、水源、进出口路线、避难场所的位置图以及危险源周围环境平面图。

作为应急计划的一部分，企业应委派一名现场事件管理者（如果必要，委派一名副手），以便及时采取措施控制、处理事故。

总指挥的责任如下：

(1) 决定是否存在或可能存在重大紧急事故，要求应急服务机构提供帮助，并实施厂外应急计划；

(2) 复查和评估事件的可能发展方向，确定事件可能的发展过程；

(3) 指挥设施现场人员的撤离；

(4) 确保任何伤害都能得到足够的重视；

(5) 与消防人员、地方政府和政府监察员取得联系；

(6) 在设施内实施交通管制；

(7) 对保持紧急情况的记录作出安排；

(8) 给新闻媒介发送有权威的信息；

(9) 在紧急状况结束之后，控制受影响地点的恢复。

当应急计划确定其他由工人承担的主要任务时（如急救人员、大气监测人员、照顾受伤人员），企业应确保工人知道其准确的任务。

五、事故应急技术

估计事故类型及影响范围：根据危险源所涉及的危险品的性质、生产工艺过程、气象条件的事故类型和影响范围。如化学品毒性、挥发性、扩散性、氧化速率，可能释放量及预期浓度等。

研究可采取什么样的防护及补救措施，将事故对人与环境造成的有害影响降至最低限度。对可能事件的评价应形成报告，应指明：①考虑到的各种最严重事件；②导致这些最严重事件的过程；③非严重事件可能导致严重事件的时间间隔；④如果非严重事件被中止时，它的规模如何；⑤这些事件发生的可能性；⑥每一事件的后果。

六、事故应急设施

应急设施包括：通信器材、警报系统、消防器材、紧急照明设备、个人防护用品、疏散通道、安全门、急救器材与设备等。

通信联系在应急系统中是一个决定性因素。企业应建立可靠的通信联络与警报系统，确保一旦现场发出警报，就能立即通知应急服务机构，同时必须将事故的性质、正在采取的行动以及控制后果的措施等信息及时向有关人员和公众提供。对警报系统应经常检查和测试，以确保处于正常工作状态。控制中心应具有接收和传送从中心到事件现场管理者和设施其他部分以及外部的信息和指示的能力。

七、外部援助系统

外部援助系统包括上级指挥中心、特殊专业人员（如分析化学家、毒理学家、气象专家等）、事故应急处理数据库、实验室、消防队、警察局、军事或民防机构、公共卫生机构、医院、运输公司等。

第二节　事故应急预案编制

一、事故应急预案概述

保障安全生产的对策，除了预防的对策——事前之策以外，还需要应急处理对策——事中之策。通过对重特大事故的应急计划，使事故对社会、企业和国家造成的危害最小化。

事故应急救援工作涉及众多部门和多种救援队伍的协调配合，所以重特大事故应急救援是一项社会性的系统工程，应受到政府、有关部门主生产经营单位的重视。

重大事故的应急计划对于预防和控制重特大事故的发生和一旦发生重特大事故以后有条不紊地开展应急救援工作、最大限度地减少人员伤亡和财产损失具有重要意义。因此，各级政府和企业管理部门都应把制定、完善应急计划作为预防和控制重特大事故的重要工作来抓，这是真正贯彻落实“安全第一、预防为主、综合治理”安全生产方针的重要方面。

根据ILO《重大工业事故预防规程》，应急计划的定义是：基于在某一处发现的潜在事故及其可能造成的影响所形成的一个正式书面计划，该计划描述了在现场和场外如何处理事故及其影响。

重大危险设施的应急计划应包括对紧急情况的处理。对于社区，应急计划应该包括现场（企业为主实施）应急计划和场外（政府为主实施）应急计划两个重要组成部分。

企业管理部门应确保遵守符合国家法律规定的标准要求，不应把应急计划作为在设施内维持良好标准的替代措施。

1. 应急计划的目的

建立事故应急计划的目的是：①使任何可能引起的紧急情况不扩大，并尽可能地排除它们；②减少紧急事件对人、财产和环境所产生的不利影响。

2. 应急计划的依据——危险评估

对于现场和场外应急计划的第一步来说，企业应系统地确定和评估在其设施或生产系统可能产生什么样的事故，并导致紧急事件。

现场和场外应急计划，这种分析应基于那些容易产生的事故，但其他虽不易产生却会造成严重后果的事故也应考虑进去。

企业管理部门所作的潜在事故分析应指明：

① 被考虑的最严重事件；

② 导致那些最严重事件的过程；

③ 非严重事件可能导致严重事件的时间间隔；

④ 如果非严重事件被中止，它的规模如何；

⑤ 事件相关的可能性；

⑥ 每一个事件的后果。

若必要，应从供货商处索取危险物质的危害性质的说明。此外，如有必要，还应咨询国家应急中心，甚至联合国环境计划署、国际劳工组织ILO、世界卫生组织化学安全国际计划处，以获取可行的建议。例如，在安全储存、化学品的管理和处置方面。

二、企业事故应急救援体系设计

企业事故应急体系也称现场应急计划或体系。

1. 计划制定的依据

现场应急计划应由企业管理部门准备并应包括重大事故潜在后果的评估。

计划制定的依据为危险评估，即事故后果分析，包括：

① 对潜在事故的描绘（如容器爆炸、管道破裂、安全阀失灵、火灾等）；

② 对泄漏物质数量的预测（有毒、易燃、爆炸）；

③ 对泄漏物质扩散的计算（气体或蒸发液体）；

④ 有害效应的评估（毒、热辐射、爆炸波）。

2. 企业事故应急设计的基本内容

企业在生产作业过程中，突发的危及事件是避免不了的，为了使危及事件造成的伤害和损失减少到最低限度，必须建立系统、实用、有效的应急程序和系统，这是现代管理体系“预防为主”方针的重要体现。

危及事件的发生，其原因是多方面的，一般有：健康、安全与环境管理体系存在着某些不完善之处；员工不了解健康、安全与环境体系的要求；员工了解要求但没有按要求去操作；意外事件的发生。

因此，企业应建立并保持处理事故和潜在事故的应急程序。程序的内容应包括以下几点：应急工作的组织和职责；参与处理事故的人员；应急服务信息；内、外部联络；发生某一事故时应采取的相应应急措施；危险材料的潜在危害及应采取的措施；培训计划及有效性试验。

对于一般工业生产的应急计划应包括：①应急情况分类；②紧急情况报告程序、联系人员和联系方法；③现场应急报警程序；④各类事故（火灾、爆炸、泄漏、放射性物质、中毒等）应急程序及措施；⑤现场急救医疗措施；⑥恶劣天气应急程序；⑦其他应急措施和程序。

对于企业制定应急反应计划，应传达到：①指挥和控制人员；②应急服务部门；③可能受到影响的员工和承包方；④其他可能受到影响的相关方。

为掌握和评价应急反应计划的效果，企业要制定有关定期进行训练、演习和其他合适的方法来检查完善应急反应计划的程序，在必要时根据所获得的经验对计划进行修订。

应急反应计划的制定非常重要。例如，某一有毒物品的仓库没有制定发生洪水时的应急反应措施，当洪水来临时，管理人员不知如何采取措施，也不知向哪个部门汇报，产生的后果是不堪设想的。

3. 应急控制中心（指挥部）建设

应急控制中心是实施应急体系的最核心部分，其建设至关重要。其体系包括：

① 足够的内外线电话和无线通信设备；

② 危险物质数据库：危险物质名称、数量、存放地点及其物理化学特性；

③ 救援物资数据库：应急救援物资和设备名称、数量、型号大小、存放地点、负责人及调动方式；

④ 设施示意：救援设备存放点；消防系统；污水和排水系统；设施接口；

⑤ 风速、风向和气温等测量仪器；

⑥ 个人防护和其他救护设备；

⑦ 厂内职工名单表；

⑧ 关键岗位人员的住址和联系方式；

⑨ 现场其他人员名单，如承包商和参观者等；

⑩ 当地政府和紧急服务机构的地址和联系方式；

⑪ 应急与事故处理法规标准手册。

应尽量将应急控制中心设在风险最小的地方，如果应急中心在区域上还具有一定的风险，就有必要建立后备应急中心，以确保应急救援指挥系统功能的有效实施。

4. 现场应急计划的注意事项

制定现场应急计划应注意以下事项：

① 每一个危险设施都应有一个现场应急计划；

② 现场应急计划由企业制定并实施；

③ 企业负责人应确保应急所需的各种资源（人、财、物）及时到位；

④ 企业负责人应与紧急服务机构共同评估，是否有足够的资源来执行这个计划；

⑤ 应急计划要定期演习；

⑥ 确保现场人员和应急服务机构都知道；

⑦ 根据内外情况的变化，应急计划要进行评估和修改。

5. 报警和信息传递

在报警和信息传递方面有以下要求：

① 企业管理部门应能将任何突发的事故或紧急状态迅速通知给所有有关工人和非现场人员，并作出安排；

② 企业管理部门应将报警步骤通知所有工人以确保能尽快采取措施，控制势态发展；

③ 企业管理部门应根据设施规模考虑紧急报警系统的需求；

④ 应在多处安装报警系统，并达到一定的数量，这样报警系统才能工作；

⑤ 在噪声较高的地方，企业管理部门应考虑安装显示性报警装置以提醒作业人员；

⑥ 在工作场所警报响起来时，为能尽快通知应急服务机构，企业管理部门应保证有一个可靠的通信系统。

6. 关键岗位的确定和责任划分

(1) 作为应急计划的一部分，企业管理部门应委派一名现场事件管理者。如果必要，还可委派一名副手，以便及时采取措施控制、处理事故。

（2）现场事件管理者应肩负如下责任：①评估事件的规模（为内部和外部应急机构）；②建立应急步骤，确保工人的安全，减少设施和财产的损失；③在消防队到来之前，（如有必要）直接参与救护和灭火活动；④安排寻找受伤者；⑤安排非重要工人撤离到集中地带；⑥设立与应急中心的通信联系点；⑦在现场主要管理者到来之前担当起其责任；⑧如有要求，应给应急服务机构提供建议和信息。

（3）现场事件管理者应从服装或帽子的穿戴上很容易辨认。

（4）作为应急计划的一部分，企业管理部门应委派一名现场主要管理者，或者根据需要委派一名副手，在应急中心开始负责全面的事故管理。

（5）现场主要管理者的责任如下：①决定是否存在或可能存在重大紧急事故，要求应急服务机构帮助，并实施场外应急计划；②在受影响以外的地方，尝试进行设施的直接操作控制；③继续复查和评估事件的可能发展方向，以决定事情可能的发展过程；④指导设施的部分停车，并与现场事件管理者和关键工人配合，指挥这些设施的现场撤离；⑤确保任何伤害都能得到足够的重视；⑥与消防人员、地方当局和政府监察员取得联系；⑦在设施内实施交通管制；⑧对保持紧急情况的记录作出安排；⑨给新闻媒介发送有权威的信息；⑩在紧急状态结束之后，控制受影响地点的恢复。

（6）当应急计划确定其他由工人承担的主要任务时（如急救人员、大气监测人员、照顾受伤人员），企业管理部门应确保这些工人知道他们准确的任务。

7. 现场措施

（1）现场应急计划的首要任务是控制和遏制事故，从而防止事故扩大到附近的其他设施，以减少伤害。

（2）企业管理部门应在应急计划中包含足够的灵活性，以保证在现场能采取合适的措施和决定。

（3）企业管理部门应考虑在应急计划中怎样进行下列各方面的工作：①非相关工人可沿着具有清晰标志的撤离路线到达预先指定的集合点；②指定某人记录所有到达集合点的工人，并将此信息告之应急控制中心；③指定控制中心某人核对与事故有关的那些人到达集合点的名单，然后再核对那些被认为在现场的人员名单；④由于节日、生病和当时现场人员的变化，需根据不在现场人的情况，更新应急控制中心所掌握的名单；⑤安排对工人进行记录，包括其姓名、地址，并保存在应急控制中心并定期更新；⑥在紧急状态的关键时期，授权披露有关信息，并指定一名高级管理人员作为该信息的唯一出处；⑦在紧急状态结束后，恢复步骤中应包括对再次进入事故现场的指导。

8. 规划关闭设施程序

企业管理部门应确保对于复杂设施的应急计划充分考虑他们不同部分的内部关系，这样当需要时，停车可依次进行。

9. 应急程序演习

（1）一旦应急计划被确定下来，企业管理部门应确保让所有工人以及外部应急服务机构都知道。

（2）企业管理部门应对应急计划进行定期检查，检查应包括下列内容：①在事故期间，通信系统是否能运作；②撤离步骤。

10. 计划评估与修订

（1）在制定计划和演练过程中，企业管理部门应让熟悉设施的工人，包括相应的安全小组一起参与。

（2）企业管理部门应让熟悉设施的工人参加应急计划的演习和操练，与设施无关的人，如高级应急官员、政府监察员也应作为观察员监督整个演练过程。

（3）每一次演练后，企业管理部门应核对该计划是否被全面检查并找出不足和缺点。

（4）企业管理部门应在必要的时候修改应急计划以适应现场设施和危险物的变化。

（5）这些修改应让所有与应急计划有关的人知道。

11. 先进应急反应计划的实例

在美国得克萨斯州的萨拜因河化工厂，它不但保持了州工业界的最好安全记录，而且在整个杜邦公司系统内也是名列前茅的。它的主要经验是：不但有一套两大类工艺安全的联锁和报警系统，而且有完整的试验、预防维护、系统管理的制度。即使这样，他们仍然提出“没有安全联锁系统，我们不能保护自己；单靠安全联锁装置，仍不能绝对防止灾难”，而且配备了一套相当先进的急救和自救装置。

再如，杜邦公司的一个生产光气的化工厂的事故控制中心用了27台工业闭路电视机，可以把工厂的生产全过程都置于它的监视之下，生产中的主要参数（如温度、压力、液面、风力、风向、温度、气压等）数据都随时可以得到。一旦发生泄漏，计算机可根据风向计算出周围空气中有毒气体的含量，用图像显示出3种不同浓度区，一是对皮肤有影响的，二是对呼吸有影响的，三是对生命有影响的，据此可以组织厂内周围人员撤离或疏散。同时，该控制中心还能对200米以外的码头火灾在控制室内给水扑救，实现远距离灭火控制。

三、政府社区的事故应急处理体系设计

国务院2001年302号文《特大安全事故行政责任追究的规定》第七条指出：市（地、州）、县（市、区）人民政府必须制定本地区特大安全事故应急处理预案。本地区特大安全事故应急处理预案经政府主要领导人签署后，报上一级人民政府备案。新《安全生产法》第七十七条明确：县级以上地方各级人民政府应当组织有关部门制定本行政区域内特大生产安全事故应急救援预案，建立应急救援体系。当一个地区发生重大安全事故，作为最大限度地减少伤害和损失，地方政府要制定严密、科学、有效的事故应急处理系统。

政府社区的应急计划相对企业应急计划，也称现场外应急计划。

1. 政府社区应急计划的制定原则

（1）根据当地政府的安排，社区应急计划应由地方政府和企业管理部门负责。

（2）应急计划应针对企业管理部门辨识出的意外事件，这些意外事件对设施外部（社区）的人员生命财产和环境可能会造成影响。

（3）对现场应急计划所使用过的评价原则，社区应急计划也可效仿。

（4）除了社区应急计划中的特定内容外，其计划应能灵活地处理紧急情况。

2. 政府社区应急计划所应包括的内容

（1）组织。指令系统、报警系统、执行步骤、应急控制中心、应急协调人姓名、现场主要管理者及代理人姓名。

（2）通信。公安、消防、卫生、安全监察、新闻等有关部门和人员的联系方式。

（3）应急设施。列出提升、挖掘、消防等特殊设备名称、型号大小、数量、存放位置、负责人及调用方法。

（4）专家系统。应急事故救援和调查分析专家名单及联系方式。

（5）气象服务。紧急情况时气候条件、天气预报。

（6）救援物资。如交通工具、药品和衣物、食品、临时避难场所、资金等。

（7）公开信息。接待新闻媒介并告之紧急事件的发展情况和救援情况。

注意事项：

① 政府社区应急计划由企业协助政府制订并实施；

② 政府社区应急计划与场内应急计划同时演练，及时修改补充和更新。

3. 应急协调机构和人员的作用

（1）政府社区应急计划应确定一个相应机构，确定应急协调主任和代理人，如必要，根据授权可调用应急服务机构。

（2）应急协调主任应担任政府社区应急的总指挥。

（3）应急协调主任应与现场主管人员在整个紧急状态过程中保持密切联系，定期通报现场事故的势态。

4. 地方政府的作用

（1）准备政府社区应急计划是地方政府的责任。如合适，他们应制订所有的必要的管理或安排，任命应急计划主任负责这项工作。此外，他们应任命一名应急协调主任承担全部的场外紧急指挥。

（2）为应急计划提供基本资料，应急计划主任应与企业管理部门联系以获得信息，应保持这种联系使计划不断更新，如地方政府管辖区内存在一个以上重大危险设施，该政府应对每一个设施的场外应急计划的协调作出适当的安排。如需要，可制定一个总体计划。

（3）应急计划主任应确保所有参与场外紧急处理的那些组织熟悉他们的任务，并能实施这些任务。

(4) 地方政府应在应急计划过程中设法寻求新闻媒介的帮助。

(5) 应急计划主任应安排与现场演练相结合，对场外应急计划进行操练和测试，并从这些操练中获得经验，以进行更新。

(6) 如一个重大事故可能导致引起重大溢出或产生环境危害，并需要引起重视和进行调查时，应急计划主任应寻找可承担这些任务的机构，并以适当的方式告之他们在场外应急计划中的任务。

5. 应急机构的作用

(1) 公安、消防、卫生机构及其他应急服务机构的任务应与每一个国家的通常惯例相一致，每个国家可能需要对下述任务进行安排。

(2) 公安应在紧急状态中负责保护生命和财产的安全，管理交通运输。

(3) 根据地方安排，公安机关也应负责这类工作，如控制旁观者、撤离公众、确定死者、处理伤员、通知死者和伤者家属。

(4) 现场火情控制由到达现场的高级消防官员负责，同时与企业管理部门进行合作。

(5) 根据地方安排，高级消防官员对其他重大事故有类似的责任，如爆炸和毒物泄漏。

(6) 在消防机关管辖内有重大危险设施，消防机关应在早期熟悉其易燃物质储存的位置、水和泡沫材料点和消防设备的位置。

(7) 卫生机关，包括医院、毒物中心和救护中心等应在重大事故中起关键作用。

(8) 卫生服务机关应是场外应急计划的一部分。

(9) 卫生机关应熟悉在他们管辖区内重大危险设施所造成的重大事故对人们的短期和长期影响。

(10) 在卫生机关管辖区内的重大危险设施存有危险物质或处置危险物质，卫生机关应熟悉对受这类物质影响的人们的治疗方法。

(11) 能产生现场外后果的事故可能需要一些附加的医疗设备和设施，以补充在他们区域内现有的设备，卫生机关应安排“多方位援助”计划以保证能得到相邻单位的支持。

6. 政府安全监督管理机构的作用

(1) 检查以保证企业管理部门已经正确识别出影响设施以外的居民和环境的重大潜在事故，并已经向地方主管机构提供了所需的信息。

(2) 检查企业管理部门是否已经准备现场应急计划，并已将计划提交给地方主管机构。

(3) 检查负责制定场外应急计划的组织，对处理所有类型的紧急事件作出了安排。

(4) 检查保证应急计划的各个部分是否都已进行了测试和操练。

(5) 像预计的那样清楚他们在实际紧急状态中的任务，包括建议和监督责任。

(6) 紧急情况下，一旦事件结束，对能否再次进入和使用受影响的地方向企

业管理部门和应急协调主任提出建议。

（7）为现场检测和后来的测试而用，考虑设施和设备的部分是否被保护起来。

（8）紧急状态后尽可能快地询问目击人。

（9）根据从重大事故中获得的教训来再次准备所有措施，包括评估应急计划的有效性。

7. 演习和练习

负责准备政府社区应急计划的组织应与现场应急计划演练相结合，适当测试它的实用性。特别是在紧急条件下，应保证总体协调所需的各种通信联络能有效地传递。每一次操练之后，负责准备计划的组织应彻底地复查这次演练，以改正场外应急计划的缺点和不足。在一次重大事故之后，这个计划的有效性也应被复查。

第三节　各类事故预防与应急实例

一、压力容器事故的预防与应急

事故危害	泄压膨胀爆炸		
事故原因	压力容器的设计、制造、安装不符合安全要求，致使容器存在强度不够、设计结构不合理、焊接质量低劣等先天性隐患 压力容器缺少必要的安全装置和监视仪表，或者这些装置、仪表失效 操作人员缺乏安全教育培训思想麻痹或不懂安全知识，以致违反安全操作规程 没有按照规定对容器及其附件进行定期技术检验和及时检修 检修压力容器未按规定采取严格的安全措施，有的还带压力检修容器受压部件		
事故预防	法规	“压力容器安全监察规程”、“锅炉、压力容器安全监察暂行体例”	
	压力容器焊接	焊接质量是压力容器安全的主要环节。容器焊缝表面质量应符合下列要求： 焊缝外形尺寸应符合技术标准的规定和图样的要求，焊缝与母材应圆滑过渡 焊缝热影响区表面不允许有裂纹、气孔、弧坑和肉眼可见的夹渣等缺陷 焊缝的局部咬边深度不得大于0.5毫米，低温容器焊缝不得有咬边。对于任何咬边缺陷都应进行修磨或焊补磨光，并做表面探伤，经修磨部位的厚度不应小于设计要求的厚度。焊接质量不合格时，同一部位的返修次数一般不应超过2次	
	安全附件	安全阀	安装：安全阀应装在容器本体上，汽化气体储槽的安全阀必须装在它的气相部位。容器与安全阀之间不得装有任何阀门；但对于某些盛装易燃、有毒或黏性介质的容器，为了便于安全阀的检修、更换，在容器与安全阀之间装了阀门；但正常运行时，阀门必须保持全开，并加铅封 维护：为保持安全阀正常有效，必须加强安全阀的维护 经常保持安全阀的清洁，防止阀体弹簧被油垢脏物等粘住或锈蚀，及排放管被油垢、异物堵塞。室外的安全网在冬季气温过低时应检查有无冻结的可能性 经常检查安全阀铅封是否完好，杠杆式安全阀的重锤有无松动、移动以及另挂重物的现象 发现安全阀渗漏应及时检修，禁止用增加载荷的方法，例如，加大弹簧的压缩量或增加重锤对阀瓣的力矩来排除阀的渗漏

续表

事故预防	安全附件	安全阀	为了防止阀瓣与阀座被油污、水垢粘住或堵塞，应定期作提升排气试验，应轻提轻放，不允许将提升把手或重锤迅速提起又突然放下，以防冲击损坏密封面 安全阀应定期校验，每年至少一次
		压力表	压力表要直接、垂直地安装在容器本体上，要有足够的照明，避开高温辐射和振动的影响 每台容器至少安装一个压力表，并根据容器工作压力在压力表刻度盘上画出警戒红线，但严禁画在玻璃上，以免玻璃转动产生错读 压力表最大量程应与容器工作压力相适应 为了使操作人员能够准确看清压力值，压力表表盘直径不得小于100毫米 定期检验，每年至少一次，检验合格后应有铅封和检验合格证
		其他安全装置	有的压力容器，如盛装易燃或剧毒介质的液化气体的容器，应增设板式玻璃液面计或自动液面指示器，液面计或液面指示器上应有防止泄漏的装置和保护罩 有的容器需要控制温度，必须装设温度测量或自动控温仪表，防止超温
	安全管理		每台压力容器必须建立完整的技术档案。包括容器原始资料和使用、检验、修理记录。应有容器设计总图和受压部件图纸，出厂合格证，技术说明书和质量证明书，以及安装竣工资料 制定压力容器安全操作规程，内容包括： 容器最高工作压力和温度 容器正常操作方法 开停的操作程序和注意事项 运行中检查的项目、部位及异常现象的判断和应急措施 容器停用时的检查和维护 建立检验制度 建立容器的检查及检修制度
应急			在压力容器发生爆炸时，立即由安环部或公司总部成立指挥中心，抢救受伤人员。若有毒物泄露，立即组织专业人员抢修

二、锅炉的事故预控与应急

事故危害			爆炸
锅炉的危险因素			由于压力表、安全阀失灵或操作不当引起的超压，锅筒爆炸 由于积灰、积垢、腐蚀、磨损引起的爆管 由于仪表失灵或操作失职引起的缺水，锅炉烧干，此时进水，引起爆炸 由于积灰、结垢或水循环不正常引起的省煤器损坏 由于炉排、煤层调节不当，煤炭含水量过低引起的煤斗内着火
事故预防	安全附件	规范	《蒸汽锅炉安全技术监察规程》
		压力表	压力表选用应符合下列规定要求： 对于额定蒸汽压力小于2.45兆帕的锅炉，压力表精确度不应低于2.5级；对于额定蒸汽压力大于或等于2.45兆帕的锅炉，压力表的精度不应低于1.5级 压力表应根据工作压力选用。压力表盘刻度极限值应为工作压力的1.5～3.0倍，最好选用2倍 压力表表盘大小应保证司炉工人能清楚地看到压力指示值，表盘直径不应小于100毫米

续表

事故预防	安全附件	压力表	压力表的装置、校验和维修应符合国家计量部门的规定。装前应进行校验，并在刻度盘上划红线指示出工作压力
		水位表	水位表应装在便于观察的地方。水位表距离操作地面高于6米时，应加装低地位水位表 低地位水位表的连接管应单独接到锅筒上，其连接管内径不应小于18毫米，并需有防冻措施，以防止出现假水位 水位表应有下列标志和防护装置： 水位表应有指示最高、最低安全水位的明显标志。水位表玻璃板(管)的下部可见边缘应比最低安全水位至少低25毫米。对于锅壳式锅炉，水位表玻璃板(管)下都可见边缘的位置应比最高火界至少高75毫米。对于直径小于或等于1500毫米的卧式锅壳式锅炉，水位表玻璃板(管)的下部可见边缘的位置应比最高火界至少高50毫米。水位表玻璃板(管)的上部可见边缘应比最高安全水位至少高25毫米 为防止水位表损坏时伤人，玻璃管式水位表应有防护装置(如保护罩、快关阀、自动闭锁珠等)，但不得妨碍观察真实水位 水位表应有放水阀门(或放水旋塞)和接到安全地点的放水管
	其他保护装置	蒸发量大于或等于2吨/时的锅炉应装设高低水位警报器(高低水位警报信号须能区分) 蒸发量大于或等于6吨/时的锅炉，还应安装蒸汽超压的报警和联锁保护装置 用煤粉、油或气体做燃料的锅炉，应装有下列功能的联锁装置：全部引风机断电时，自动切断全部送风和燃料供应；全部送风机断电时，自动切断全部燃料供应；燃油、燃汽压力低于规定值时，自动切断燃油或燃气的供应 用煤粉、油或气体做燃料的锅炉，应装设点火程序控制和熄火保护装置 煤粉锅炉应有炉膛风压保护装置。炉膛风压(负压)过高或过低时发出警报 蒸发量大于或等于400吨/时的悬浮式燃烧锅炉，应装设防止炉膛风压负波动超过安全允许范围的自动切断燃料供应的装置 几台锅炉共用一个总烟道时，在每台锅炉支烟道内应装设烟道挡板。挡板应有可靠的固定装置，以保证锅炉运行时，挡板处在全开启位置，不能自行关闭	
	水质	水质应符合GB 1576—85《低压锅炉水质标准》	
	锅炉检验	运行锅炉的检验包括外部检验、定期停炉内外部检验和水压试验。运行的锅炉每两年应进行一次停炉内、外部检验；新锅炉运行的头两年及实际运行时间超过10年的锅炉、汽改水的卧式锅壳式锅炉，每年应进行一次内、外部检验；移装锅炉投运、锅炉停止运行一年以上需恢复运行、受压元件经重大修理改造及重新运行一年后和锅炉运行对设备可靠性有怀疑等情况，均应进行内外部检验。水压试验一般每6年进行一次	
锅炉事故应急预案	燃煤锅炉： 超压：停鼓引风，开大主汽阀，拉起安全阀，适量进水 爆管：轻微渗漏可降负荷运行，监视水位，待停炉修理；严重爆管则紧急停炉，然后安排修理 缺水：轻微缺水则缓慢进水，减小负荷，停风，待水位正常后恢复运行。严重缺水则紧急停炉，然后再作事故处理，此时严禁进水 省煤器损坏：紧急停炉，检修调换 煤斗内着火：关小送风，适当加快炉排速度，调节煤层厚度，处理掉煤斗内火种 燃油锅炉： 发生火警时，应立即上报，并组织进行灭火 发生锅炉爆炸时，应立即上报，并封锁现场然后拉好警戒线组织抢救 爆炸发生后，应立即关闭燃油装置，并关闭各类启动装置 将受伤人员立即送往急诊室抢救		

三、电气事故的预控与应急

电气事故原因		缺乏用电安全常识：在操作、移动、清洁电气设备时，不检查外壳是否带电，不戴绝缘手套，不切断电源等 违犯操作规程：如在高压设备操作、检修中不严格执行“二票一制”，造成倒闸误操作、提前送电、检修中误触带电部分；在低压设备上带电工作措施不力 电气设施、各线路安装不合格：高压架空线路架设不符合安全距离要求；电力线同广播电话线同杆架设；机床设备接零线不符合要求；电气设备带电部分裸露无防护；闸刀开关安装倒置或平放；照明线路的开关不控制火线；“四防一通”没有做好，使小动物进入室内易发生短路事故 维修防护不善：用电配电设备和电气线路长期不进行检修，以至绝缘损坏、机械磨损、过热开关、灯头插座盖子损坏长期不修理、不更换；保险丝超容使用或用铜、铝线代替等。电缆等其他用电设施遭到破坏等。电气周围存在发生事故的重要隐患，如雨水、潮湿、积灰油污、带电性粉尘、高温等
预防措施	组织保障	组织管理：健全规章制度，安全检查，安全教育和培训 电气检修工作制度：电工工作票制度，变配电室的倒闭操作票制度 安全措施：采用安全电压；保证电气设备的绝缘性能；做好屏蔽与保护；保证安全间距；合理选用电气装置和漏电保护装置等
	车间用电安全	车间电气设备应符合以下要求：①设备上安装的开关设备、保护装置、控制装置、信号装置必须齐全完好；②所有不带电的金属外壳都应根据其供电系统的特点进行接地或接零；③设备上的裸露带电体要有防护；④设备的相间绝缘电阻、对地绝缘电阻必须合格 电气设备发生故障时，应首先断开电源，由电工进行处理，严禁非电气人员修理，以免发生事故。电气设备在没有验明无电时，一律认为有电，不能盲目触及 清理擦拭设备卫生时，应首先停电，电气设备不准用水冲洗，更不准用酸碱水擦洗 落实停电挂牌制度和准挂牌准摘牌的程序
	爆炸、火灾危险场所电气安全	爆炸、火灾危险场所电气设备选用：防爆型（标志 A）、隔爆型（标志 B）、防爆充油型（标志 C）、防爆通风充气型（标志 F）、防爆安全火花型（标志 H）、防爆特殊型（标志 T） 爆炸、火灾危险场所电气安全管理： 在爆炸、火灾危险场所的电气线路不允许有中间接头 线路与设备的接地保护应选用高灵敏度的漏电继电器或漏电开关 接地电阻应严格按要求保证设备上的保护装置、闭锁装置、监视指示装置等不得随意拆除，并应保持其灵敏性、完整性和可靠性 检查设备时，禁止解除保护、联锁和信号 禁止在故障停电后强行送电 禁止在防爆设备处带电对接电线 禁止使用能产生火花的工具 清理设备时一定要先断电 在确认设备内部符合条件时方可动火
	防止静电危害的措施	防止静电引起火灾的措施包括：①接地；②等电位；③导电或低导电的物质中，掺入导电件能好的物质，降低其起电能力；④在有火灾危险的生产场所，应尽量避免皮带传动，采用轴传动可避免产生静电；⑤降低易燃液体、可燃气体在管道中的流速；⑥倾倒或灌注易燃液体时应防止飞溅冲击，最好用导管在液面下接近容器的地方导出；⑦在易燃易爆场所，要严格防止设备、容器、阀门等处的泄漏，应积极加强通风，以降低场所内可燃气体、粉尘的浓度，在易产生静电的场所，禁止存放易燃易爆物品；⑧在条件允许时，可采用提高作业场所相对湿度的办法，以控制静电；⑨在危险场所的作业人员应穿用防静电服和鞋；⑩用电离中和的方法导除静电

续表

应急措施	一旦发生事故，应切断电源，防止上一级电器设备事故的扩大 若遇火灾：切断电源，控制明火，做好现场监护，根据事故汇报制度及时汇报，查明火源，以便采取相应的灭火措施 若遇触电：切断电源，现场组织抢救，并向有关部门汇报，做好现场监护，若有人触电，则应先进行现场急救再送医院

四、高温作业区的预防与应急

高温危害		在从事各类高温作业时，人体都可能出现一系列生理功能改变，其主要表现是体温调节、水盐代谢、循环系统、消化系统、神经系统、泌尿系统、肝脏等方面的变化。长期从事高温作业，心脏经常处于紧张状态，久而久之，可使心脏发生生理性肥大，甚至可能转为病态。中枢神经系统受到抑制，注意力不集中，肌肉工作能力降低，动作的准确性及协调性也降低，反应迟钝，致使工作能力下降，容易发生工伤事故。如果补充盐分不及时，就会使尿液浓缩，加重肾脏负担，有时甚至可能出现肾功能不全。上呼吸道感染患病率较一般车间增加10%乃至一倍，降低人体的免疫力
防范措施	制度措施	合理安排劳动时间，实行工间休息制度，或工间插入短暂的休息制度，以利于人体机能的恢复。在炎热季节露天作业，应合理调整作息时间，中午延长休息时间。有条件时应设立冷气休息室等
	技术措施	合理改革或设计工艺过程，改进生产设备和操作方法，改善高温作业的劳动条件 合理安排热源 通风降温
	卫生保健	加强医疗预防工作：凡患心脏病、高血压、肝肾病、中枢神经系统器质性病变，以及体弱多病者，均不宜从事高温作业 供给合理饮料和补充营养：为了补偿高温作业工人因大量出汗而损失的水分及盐分，最好供给含盐饮料。一般每天每人供给5～6升水，20～24克盐。此外，还可供应盐汽水、盐茶水、绿豆汤等
应急措施		中暑患者应迅速离开高温作业环境，在通风处休息，必要时可采用针刺、中药或静脉滴注葡萄糖生理盐水等治疗措施。对严重者，应采用物理降温与药物降温，防止休克

五、辐射类危险源的预防与应急

非电离辐射	射频辐射	场源	非电离辐射包括：射频辐射、红外辐射、紫外辐射、激光 射频辐射包括高频电磁场和微波，也称为无线电波。射频辐射是电磁辐射中量子能量最小，波长最长的频段，波长范围1×10^{-6}～3千米 工业上射频辐射场源主要有： ① 高频感应加热。如高频淬火，高频熔炼，高频焊接，半导体材料的加工等 ② 高频介质加热。如塑料制品热合，木材、棉纱、菜叶的烘干，橡胶的硫化等 ③ 高频广播通信设备。主要有发射机 ④ 微波发射设备。主要有通信、雷达导航、探测、电视等 ⑤ 微波加热设备。如木材、纸张、药材、皮革的干燥，食品加工，理疗等，还有家庭烹调

续表

非电离辐射	射频辐射	危害	较大强度的射频辐射对人体的主要作用是：引起中枢神经和植物神经系统的机能障碍，导致神经衰弱综合征。常有：头痛、乏力、睡眠障碍，记忆力减退等症状。此外还有：情绪不稳定、多汗、脱发、消瘦等 较具有特征的是植物神经功能紊乱，出现心动过缓、血压下降，在持续影响后阶段，有的呈相反症状，有出现心悸心区疼痛等症状 微波接触者除有上述神经衰弱症状外，往往还伴有其他方面的改变，如心血管系统。此外微波辐射会加速晶状体正常老化的过程，影响视力 射频辐射对人体引起的机能性改变一般在停止接触数周后可以恢复
		防护	高频电磁场的防护： ① 场源的屏蔽。即以金属材料包围场源，以吸收和反射场能，使操作地点电磁场强度降低，屏蔽材料以铁、铝、铜、铝最佳，屏蔽还应接地 ② 远距离操作。对难以屏蔽的场源，应实行远距离操作 ③ 合理的车间布局。高频加热车间应较屏蔽，各高频机之间有一定的间距，使场源尽可能地远离操作岗位和休息地 ④ 严格的卫生标准。即规定工作地点射频辐射场强的最大允许值，以保障工人的身体健康 微波的防护： ① 微波辐射能的吸收。调试微波机时应安装功率吸收器，如等效天线以吸收微波能量，使微波不向空间发射。需在屏蔽小室中调试时，室内上下四周应敷设微波吸收材料，以免工作人员受到较强反射波的作用 ② 合理配置工作位置。微波辐射有较强的方向性，工作地点位于辐射强度最小的部位 ③ 采用个体防护用品。如防护衣帽、防护眼镜等 ④ 定期体检。重点是晶状体和心血管系统有无异常变化
	红外辐射	场源	红外辐射也称为热射线辐射。温度在 0K(－273℃)以上的物体，都能发射出红外线。物体温度越高，辐射强度越大，辐射波长愈短(即远红外成分愈多)。自然界中所有物体都可看作红外辐射源，但以太阳为最强。在生产中存在大量的人工红外辐射源。如加热的金属，熔融的玻璃，强发光体(如碳弧汞气灯等)，红外探照灯，红外激光器，还有黑体型辐射源，如用电阻丝加热的球、柱、锥型腔体。直接从事炼钢、轧钢、铸锻、玻璃熔吹、焊接等工作可受到红外线照射
		危害	适量的红外线对人体无损且有益于健康，但过量照射会对人体造成以下伤害作用： 对人体皮肤的影响：红外线照射皮肤时大部分被吸收，较大强度的照射使皮肤温度局部升高，血管扩张，出现红斑，色素沉着，皮肤急性灼伤，损害皮下组织、血液及深部组织 对眼睛的影响：眼睛吸收大剂量红外辐射可导致热损伤，使角膜表皮细胞受到破坏，导致红外线白内障、视网膜脉络灼伤等
		防护	对红外辐射的防护措施，主要有严禁裸眼看强光源。接触红外辐射的操作应戴绿色玻片防护镜。镜片中需含氧化亚铁或其他能有效滤过红外线的成分，如钴等
	紫外辐射	场源	紫外线来自于太阳及温度 1200℃以上的物体，如炼钢的马丁炉、高炉、电炉炼钢、电焊、氩弧焊等离子焊接等

续表

非电离辐射	紫外辐射	危害	紫外线对人体的影响主要有： 对皮肤的作用。不同波长的紫外线为不同深度的皮肤组织所吸收，波长小于20纳米的紫外线，几乎全部被角化层吸收。波长297纳米的紫外线对皮肤的作用最强，能引起红斑反应。红斑可在停止照射后几小时至几天内消退。若受到过强紫外线照射，可发生弥漫性红斑，有发痒或烧灼感，可形成小水泡或水肿，还往往伴有全射症状，如头痛、疲劳、周身不适等，一般可在几天内消退 对眼睛的损伤。波长在250～320纳米的紫外线可引起急生角膜结膜炎，常因电弧光引起，所以称为电光性眼炎。一般在受照后6～8小时发病，最长不超过24小时，且多在清晨或夜间发病。发病早期，轻症仅有双眼异物感和轻度不适。重症者则有眼部烧灼感或剧痛，并伴有高度畏光，流泪和眼痉挛。短时重复照射，有累积作用，可引起慢性睑缘炎和结膜炎，并引起角膜变形而造成视力障碍
		防护	为防止紫外线对人体的危害，可采取以下措施： 采用半自动化或自动化焊接，以增大与辐射源的距离。还可改革工艺过程实现“无光焊接” 采用合理的防护用品，如能阻挡或吸收紫外线的防护面罩及眼镜 电焊作业地点应隔离或单设房间，以防止其他人受紫外线照射
	激光	场源	激光是由处于激发状态的原子、离子或分子，在光子的作用下形成受激辐射而产生的 激光具有亮度、单色性、方向性、相干性好等优异特性。激光的亮度可以比太阳高几十亿倍。可产生几百万度高温和几百个大气压，能使陶瓷熔化、气化 产生激光的装置称为激光器。目前已有数百种之多。有固体激光器（如红宝石激光器）、气体激光器（如二氧化碳）、液体激光器和半导体激光器 典型应用：工业上用于激光加工、激光划线，激光焊接；农业上用于激光育种；医学上用于眼科、皮肤科及外科的激光手术；军事上用于通信、测距、瞄准和导弹制导等
		危害	激光对人体的作用主要有： 对眼睛的伤害：激光的高能量能烧伤生物组织，尤其是视网膜 激光对皮肤的伤害：大功率激光器在较远距离即可灼伤皮肤，甚至能引燃工作服。灼伤的皮肤可出现红斑、水泡，甚至焦化、溃疡、结疤
		防护	对激光的防护可采取以下措施： 严格安全制度。各类激光作业场所均应制定安全操作规程，特别要严禁用眼直观激光束 防护设施。激光室的墙壁应采用暗色吸光材料制成，室内不应安放能较强反射、折射光的物品，激光束的防光罩应以耐火材料制成
电离辐射	场源		能引起物质电离的辐射称为电离辐射。α、β和P等带电粒子穿入物质时，能直接引起物质电离，因此称为直接电离粒子。X和γ射线及中子等不带电粒子容易穿透物质，是通过与物质作用时产生的次级带电粒子引起物质电离的，因而称为间接电离粒子 接触电离辐射的工作主要有：核工业系统，如核原料的勘探、开采、冶炼、加工；核燃料及反应堆的生产使用，研究部门；射线发生器的生产、使用部门，如各种加速器，X射线发生器，以及电子显微镜、彩电显像管等；放射性核素及其制剂的生产、加工、使用部门；如夜光粉、γ射线治疗机等。此外，还有宇宙航行等

续表

<table>
<tr>
<td rowspan="2">电离辐射</td>
<td>危害</td>
<td>辐射粒子作用于机体时，一部分打到细胞的生物大分子上，直接使其受到损伤；另一部分先引起水分子电离，再通过次级带电粒子间接使生物大分子损伤，如使蛋白质分子链断裂，核糖核酸或脱氧核糖核酸链断裂等。生物分子损伤可导致细胞代谢失常，结构破坏以至死亡，从而导致组织和器官的损伤
(1)急性放射病。在短时间内受到过一定剂量的照射，称为急性照射。全身照射超过 100 拉德时，可引起急性放射病或综合症，急性放射伤害仅见于核事故和放射治疗的病人，或战时核武器袭击
急性放射病可分为以下几种：
① 造血型急性放射病。人体受到 100～1000 拉德照射后，可出现造血系统损伤为主的造血型急性放射病。白血球显著减少。重者会有咯血、尿血、便血等症状。2000 拉德以上可引起死亡。重者可留下贫血等后遗症
② 肠型急性放射病。人体受到 1000～1500 拉德的照射，可出现以消化道症状为主的肠型急性放射病。它使造血机能严重受损，但肠道损伤更为严重。病程短，在 2 周内可 100%死亡
③ 脑型急性放射病。受到 5000 拉德以上照射，即可发生此病。此病病程短，可在 2 天内死亡
(2)慢性放射病。在较长时间内分散接受一定剂量的照射，称为慢性照射，可引起慢性放射病。以神经衰弱综合征为主要症状，并伴有造血系统或有关脏器功能改变。如白血球数量减少，视力减退，牙齿松动，脱发，白发及免疫机能障碍
(3)远期随机效应
① 辐射致癌。在受到急性或慢性照射的人群中，白血病、肺癌、甲状腺癌、乳腺癌、骨癌等各种癌症的发生率随着受照射剂量的增加而增高
② 遗传损伤。辐射能使生殖细胞的基因突变和染色体畸变。例如染色体数目变化等，使受照者的后代各种遗传病的发生率增高
(4)辐射对胎儿的影响。对原子弹爆炸幸存者的调查表明，受到大剂量照射的胎儿，出生后小头症、智力障碍的发生率增高。在胎儿期曾受辐射的儿童中，白血病及某些癌症的发生率相对较高
(5)内照射伤害。一些放射性粒子可引起人体的内照射伤害。如 α、β 粒子。α 粒子穿透力较弱，一般在空气中运行 3～8 厘米后被吸收了。一张纸或健康的皮肤就能挡住它，但它的电离能力很强，一旦进人器官、组织就会造成很大伤害。应预防吸入或食入 α 粒子源，防止伤口污染。β 粒子穿透力比 α 粒子强，伤害力不如 α 粒子，但也要注意其内照射伤害</td>
</tr>
<tr>
<td>防护</td>
<td>遵守放射防护标准
尽量减少辐射源的用量
屏蔽防护。不同的辐射源用不同的屏蔽材料。如对 X、γ 射线，可用铅、铁、混凝土、砖石等高原子序数物质。防其他辐射的材料还有：铝、有机玻璃、塑料、石蜡、硼酸、水等
作业人员应远离辐射源。采用自动化或遥控装置、机械手等进行作业，以防止或减少辐射危害
尽量减少人员受照射时间，采取轮换工作制度，减少不必要停留时间等，以减少个人受照剂量
搞好个人防护</td>
</tr>
</table>

六、煤气事故预控及应急处理

<table>
<tr><td colspan="2">危险成分</td><td>硫化氢、一氧化碳、氨、苯、氢、甲烷、一氧化碳</td></tr>
<tr><td colspan="2">危险因素</td><td>中毒、燃烧、爆炸</td></tr>
<tr><td rowspan="3">预防</td><td>管理制度</td><td>认真贯彻落实国标(GB 6222—86)《工业企业煤气安全规程》
建立健全煤气设备“点检制”，除当班应进行常规性重点部位检查外，还应进行月、季、年度大检查，对设备的严密性、管道的壁厚、支架的标高、腐蚀老化，煤气、空气的高低压报警及泄爆装置，一氧化碳检测报警装置，防护仪器的反应灵敏性、准确性、可靠性等情况的检查，并作好记录
“三建”及技术改造项目的煤气工程竣工验收时，应按照国家规定的标准进行严格的气密性试验或强度试验
煤气管网、设施应明确划分管理区域，设施的管辖单位要建立严格的煤气操作、运行、检修、维护等有关规程，对各种主要的煤气设施，各类切断装置，放散装置，排水器、膨胀器、支架等附属设施编号，号码应写在明显的地方
煤气管理室应挂有“煤气工艺流程简图”，图上标明设备及附属装置的号码
煤气管网、设施的管辖单位应建立技术档案、设备图纸、技术文件、设备检修报告、竣工说明书等完整资料，并归档保存，对设备大、中修及重大情况的设备故障、设备缺陷、事故隐患及工艺变更作好详细记录</td></tr>
<tr><td>基本要求</td><td>一氧化碳含量及允许工作时间
<table>
<tr><th>工作区域中 CO 浓度</th><th>允许工作时间</th></tr>
<tr><td>CO 含量不超过 30 毫克/立方米</td><td>可较长时间工作</td></tr>
<tr><td>CO 含量不超过 50 毫克/立方米</td><td>连续工作时间不得超过 1 小时</td></tr>
<tr><td>CO 含量不超过 100 毫克/立方米</td><td>连续工作时间不得超过 30 分钟</td></tr>
<tr><td>CO 含量不超过 200 毫克/立方米</td><td>连续工作时间不得超过 15～20 分钟</td></tr>
<tr><td>注：每次工作时间间隔在 2 小时以上</td><td></td></tr>
</table></td></tr>
<tr><td>煤气设施的操作</td><td>在煤气燃烧时，看火人必须坚守岗位，防止煤气熄火、回火、脱火及爆炸性混合气体产生，发生煤气事故
送煤气操作要求：①送煤气前要制定送气方案，包括送气作业时间、地点、工作要求、操作步骤、安全注意事项，并做好送气前的全面检查工作。②关闭入孔，排水器充满水并保持溢流，关闭炉前烧嘴，打开末端放散管。③送煤气操作时，应通知用户并通入蒸汽或氮气进行置换，方可送煤气。④关闭蒸汽或氮气，送煤气。送煤气后，末端放散 5～10 分钟，经做爆发试验或做含氧量分析，3 次合格后，停止放散。⑤炉窑点火时，炉内燃烧系统应具有一定负压，点火程序：必须先点火后送煤气，严禁先送煤气后点火。凡送煤气前已烘炉的炉子，其炉膛温度超过 1073K(800℃)时，可不点火直接送煤气，但应严密监视是否燃烧。⑥送煤气时不着或着火后又熄灭，应立即关闭煤气阀门。查清原因，排净炉内混合气体后，再按规定程序重新点火。⑦凡强制通风的炉子，点火时应先开鼓风机，但不送风，待点火送煤气燃烧后，再逐渐增大供风量和煤气量，停煤气时，应先关闭所有的烧嘴，然后再停鼓风机。⑧点火时，煤气压力必须在 1000 帕以上，低于 1000 帕以下，停止使用
送煤气后应检查所有连接部位和隔断装置是否泄漏煤气</td></tr>
</table>

续表

	带煤气作业安全	(1)原则上夜间不适宜带煤气作业,特殊情况下,若在夜间进行,应设两处以上投光照明,照明应距离施工地点10米以上,并保证照度。(2)带煤气作业不准在低气压、大雾、雷雨天气进行。(3)操作时有大量煤气冒出时,应注意警戒煤气对周围环境的影响,周围40米内为禁区,有风力吹向下风侧应视情况延长禁区范围。(4)凡带压力进行的煤气危险作业,因压力过高影响施工,威胁到附近岗位人身安全和施工的顺利进行时,应通知煤气管理单位和生产单位降低煤气压力。(5)凡进行带煤气作业,应降低和维持煤气压力在1000帕至2000帕范围。(6)凡在室内进行带煤气作业,对室内操作岗位,加热炉的高温火源、电火花等可能引起煤气火灾等危险源应有防范措施。(7)带煤气作业不准穿钉子鞋,携带火柴、打火机等引火装置。(8)高空带煤气作业地点应设斜梯、平台、围栏等安全设施,并符合标准要求。(9)带煤气作业地点的现场负责人应配备对讲机,随时与总调、煤气生产、管理单位取得联系,以便掌握控制煤气压力波动,及时联系压力情况。(10)焦炉煤气带煤气抽堵盲板,更换流量孔领,抢修闸阀等项工作,应考虑法兰盘和螺栓年久腐蚀生成氧化铁,因受摩擦发热而引起火灾,为此应将氧化铁中和
预防	煤气动火安全	动火手续:①凡在煤气设备上动火,必须有动火单位提前一天到安环处煤气防护站填写办理《煤气动火许可证》。②计划检修动火时间和地点有变动,应重新办理手续 动火前要严格检查动火区域附近的易燃物、爆炸品和煤气可能泄漏点(法兰、焊口、阀门、水封等)的防范措施是否绝对可靠 带煤气动火要求:①煤气压力不低于2000帕,并保持正压稳定,高压管道的加压机必须保持正常运转,并做含氧量分析,含氧量不得超过1%。②在动火处附近设临时压力表或利用就近值班室的压力表来观察煤气压力的变化情况,要设专人看守压力表,当压力低于规定极限时,应立即通知动火现场,停止作业。③准备好灭火器,降温用具,如黄泥、湿草袋、蒸汽、氮气等,当压力突然降低,要立即停止动火。④动火现场除有关领导、安全人员、操作人员和监护人员外,其他无关人员不得靠近 停煤气动火:①煤气来源必须彻底切断,否则必须加盲板,严禁以阀门或水封代替盲板。②煤气切断后,煤气设备及管道必须彻底清扫,凡煤气管道要用蒸汽、氮气或自然通风进行清扫,在处理煤气的全过程要杜绝一切燃烧物和火源,清扫完毕要选代表性强、准确可靠的采样点进行CO采样分析,合格后方可动火。③取样分析确认无可燃气体存在,并经3次间隔测试合格为准。④焦炉煤气、混合煤气管道必须用蒸汽或氮气进行清扫,同时在动火过程中,管道内必须带有适量蒸汽或氮气,以防管道内其他易燃物质发生同样危险
	煤气检测设备	常用的检测仪器设备有: 检测管:分比长型和比色型两种。比长型是根据指示胶变色长度来测量气体浓度的;比色型检测管根据指示胶变色程度来测定气体浓度,适用于浓度较高的环境 便携式检测报警仪:可在现场直接给出气体浓度,但有量程范围限制,不能在较高浓度环境中使用 固定式检测报警仪:有在线测试型和扩散型两种,前者用于监测生产线中气体,后者用于监测气体的泄漏情况,有量程限制
	防护设备	轻防护:有毒有害气体体积浓度在1%以下,环境中氧含量在17%以上时采用的一种防护措施。轻防护一般采用各种型号带滤毒罐的鼻夹式、半面罩、全面罩式的防毒面具,以及逃生器等4种形式 重防护:有毒有害气体浓度大于1%时采取重防,自带呼吸气源,不使用现场环境的空气。重防护所使用的仪器、设备有:背负式压缩空气呼吸器、背负式氧气呼吸器、长管式呼吸器等

续表

煤气事故的应急	急救设备	最常见的急救设备： (1)自救苏生器。是一种自动进行正负压人工呼吸的急救设备，它能把含有氧气的新鲜空气(或纯氧)自动地输入伤员的肺内，然后又自动地将肺内的气体抽除，并连续工作，具有清理口腔、喉腔、人工呼吸及氧吸入功能，适于抢救呼吸麻痹或呼吸抑制的伤员。如胸外伤、一氧化碳(或其他有毒气体)中毒、溺水、触电等原因所造成的呼吸抑制或窒息，都能适应 (2)高压氧舱。是指医疗上给病人进行氧气治疗用的高压密封舱。将病人放入富氧空气的舱内，逐渐增加舱内气压到2～3个绝对大气压，然后让病人吸入并渗入氧气。在高压下给氧，可以迅速提高血液氧含量、血氧张力和氧弥散率，从而改善全身细胞和组织的氧合情况，对中毒的人员进行高压氧治疗，特别是对煤气中毒人员的抢救，治愈率高达97.6%，高压氧舱可同时供给7～8人使用
	通用处理	发生煤气中毒、着火、爆炸和大量泄漏煤气等事故，应立即报告生产总调度室和安全环保处煤气防护站，如发生煤气着火事故，应立即打火警电话119；发生煤气中毒事故应立即通知医院或安全环保处煤气防护站，前来现场急救 发生煤气事故后应迅速弄清事故现场情况，采取有效措施，严防冒险抢救，扩大事故，抢救事故的所有人员都必须服从统一领导和指挥，并由事故单位厂长、车间主任或班组长负责，并视事故性质和涉及范围划定危险区域，布置岗哨，阻止非抢救人员进入 进入煤气危险区域的抢救人员必须佩戴氧气呼吸器等防毒仪器，严禁只凭热情或一时冲动，以口罩或其他物品代替防毒误入险区，扩大事故
	煤气中毒的抢救	迅速将患者安置在空气新鲜的地方，解开衣扣、腰带(有湿衣时应脱掉)，使患者能自由呼吸到新鲜空气，冬季注意保暖，恢复后喝点浓茶，使血液循环加快，减轻症状，随后可根据症状轻重，对症治疗 及时输氧效果好，可加速一氧化碳排出体外。在有条件的情况下，可送高压氧舱进一步治疗 注射细胞色素C，可对细胞内氧化过程起重要作用，以改善组织缺氧，如呼吸衰竭时，应立即注射尼可刹米等 当呼吸停止或呼吸微弱时应立即进行人工呼吸(包括举臂压胸法、仰压法、口对口人工呼吸)和体外心脏按摩术
	煤气爆炸事故的处理	发生煤气爆炸事故，一般是煤气设备被炸坏，导致冒、跑煤气或冒出的煤气着火。因此，煤气爆炸事故发生后，可能会发生煤气中毒、着火事故或者产生二次爆炸。所以发生爆炸事故时，应立即切断煤气来源，并迅速把煤气处理干净；对出事地点严加警戒，绝对禁止通行，以防更多的人中毒；在爆炸地点40米之内禁止火源，以防着火事故；迅速查明事故原因，在未查明原因和采取可靠措施前，不准送煤气 煤气爆炸后，产生着火事故，按着火事故处理；产生煤气中毒事故，按煤气中毒事故处理
	煤气着火事故的处理	由设备不严密而轻微小漏引起着火时，可用湿泥、湿麻袋等堵住着火处灭火，火熄灭后，再按有关规定补漏 直径小于100毫米的管道着火时，可直接关闭阀门，切断煤气灭火 直径大于100毫米的管道着火，切记不能突然把煤气阀门关死，以防回火爆炸 对大于100毫米的煤气管线泄漏着火，采取逐渐关阀门降压，通入蒸汽或氮气灭火。在降压时必须在现场安装临时压力表。使压力逐渐下降，不致造成突然关死阀门引起回火爆炸，其压力不能低于100帕 煤气设备烧红时，不得用水骤然冷却，以防管道和设备急剧收缩造成变形或断裂 煤气设备附近着火，影响煤气设备温度升高，但还未引起煤气着火和设备烧坏时，可正常供气生产，但必须采取措施，将火源隔开并及时熄灭。当煤气设备温度不高时，可用水冷却设备 煤气设备内的沉积物如萘、焦油等着火时，可将设备的人孔、放气阀等一切与大气相通的附属孔关闭，使其隔绝空气自然熄灭或通入蒸汽或氮气灭火，熄火后切断煤气来源，再按有关规程处理

七、燃烧类事故的预防与应急

火灾预防	消除明火。明火是指敞开的火焰，如火炉、电炉、油灯、电焊、气焊、火柴与烟火等。易燃易爆场所严禁携带烟火；生产过程中加热易燃物料时应用热水或其他间接加热介质，不得采用火炉、电炉、煤气炉等；设备检修时必须停止生产、用水蒸气或惰性气体进行吹扫，并经安全技术部门检验合格后发给动火证才能动火 易燃易爆场所不得使用油灯、蜡烛等明火光源照明；普通电气照明灯具和开关使用中会发生火花，应采用防爆型或封闭式电气照明灯具或室外投光灯照明 消除电气火花。电气动力设备要选用防爆型或封闭式的；启动和配电设备要安装在另一房间；易燃易爆场所的电线应绝缘良好，并敷设在铁管内 消除静电放电火花。物料之间摩擦会产生静电，聚积起来可达到很高的电压。静电放电时产生的火花能点燃可燃气体、蒸汽或粉尘与空气的混合物，也能引爆火药 消除雷电火花。雷电产生的火花温度之高可以熔化金属，是引起燃烧爆炸事故的祸源之一。雷电对建筑物的危害也很大，必须采取排除措施，即在建筑物上或易燃易爆场所周围安装足够数量的避雷针，并经常检查，保持其有效 防止撞击摩擦产生火花。钢铁、玻璃、瓷砖、花岗石、混凝土等一类材料，在相互摩擦撞击时能产生温度很高的火花，在易燃易爆场合应避免这种现象发生 避免太阳能形成点火源。直射的太阳光通过凸透镜、圆形玻璃瓶、有气泡的平板玻璃等会聚焦形成高温焦点，能够点燃易燃易爆物质。为此，有爆炸危险的厂房和库房必须采取遮阳措施；窗户采用磨砂玻璃
灭火措施	消防用品：通常用水，但遇水反应能产生可燃气体，容易引起爆炸的物质着火时，不能用水扑救 泡沫灭火剂：用作泡沫灭火剂的气体可以是空气或二氧化碳，用水作为泡沫的液膜 卤代烷灭火剂：目前以1211灭火剂应用较广 惰性气灭火剂：二氧化碳是常用的惰性气灭火剂 不燃性挥发液：常用的灭火剂有四氯化碳和二氟二溴甲烷 干粉灭火剂：常用的干粉有碳酸氢钠、碳酸氢钾、磷酸二氢铵、尿素干粉等

八、气压毒物的危害与防治

毒物危害	刺激性气体	刺激性气体是化学工业中的重要原料产品和副产品，其种类繁多，最常见的有酸（硫酸、盐酸、硝酸等），卤族元素（氯、氟、溴、碘等），醚类，醛类，强氧化剂（臭氧）、金属化合物（氧化银）等刺激性气体，具有腐蚀性，在生产过程中容易跑、冒、滴、漏。外逸的气体通过呼吸道而进入人体，可造成中毒事件。它对人体的眼和呼吸道粘膜有刺激作用，以局部损害为主，但是在刺激作用过程时也会引起全身反应。下面介绍其中几种	
		氯	制造和使用氯气的工业有电解食盐、漂白粉、造纸、印染、颜料、制药、橡胶等。在这些产品的生产、使用及运输过程中，都会接触到氯气 在生产中常见的是急性吸入中毒，轻者表现为眼和上呼吸道黏膜刺激症状（流泪、流鼻涕、咽痛、胸闷等），此外，还有咯血、烦燥、呼吸困难、体温升高等症状，严重中毒的可引起肺炎、肺水肿和休克，突然吸入高浓度的氯气，会出现所谓“闪电式”中毒死亡
		二氧化硫及三氧化硫	燃烧含硫的煤，熔炼含硫矿物，制造硫酸及其盐类，利用二氧化硫漂白兽毛、纸浆、稻草，消毒，杀虫等都会接触到二氧化硫 在酸洗金属，电镀、蓄电池充电过程中，均会接触到二氧化硫酸雾，它主要在使用发烟硫酸或硫酸加热时，被释放出来

续表

<table>
<tr><td rowspan="6">毒物危害</td><td rowspan="2">刺激性气体</td><td>二氧化硫及三氧化硫</td><td>这两种物质引起的急性中毒，主要表现为上呼吸道刺激症，眼睛灼痛，眼结膜发红。浓度较高时，可产生咯血及呕吐，支气管炎、肺炎等。在大量吸入二氧化硫时，可因声门痉挛引起窒息死亡。慢性中毒主要表现为口腔及上呼吸道慢性炎症。牙齿被腐蚀，并有血液方面的病变</td></tr>
<tr><td>氨</td><td>氨可用于冷藏库、人造冰工业冷冻剂、石油提炼、水净化、化肥工业、硝酸、医药及化工原料等
氨中毒主要是由于阀门或管道外溢气体及使用液态氨时被人们接触所引起的，氨从呼吸道进入体内，或直接损坏皮肤。氨中毒轻者可引起上呼吸道炎症有时咯血，声音嘶哑不能讲话。重者在体表部位出现灼伤，眼皮、口、鼻、咽等溃烂、溃疡。眼睛溅入氟水，轻者刺痛、流泪，重者瞳孔散大、失明。吸入高浓度氨气，可因呼吸停止而造成闪电式死亡，高浓度氨气或氨水接触皮肤，可造成烧伤，水疱或坏死。此外，急性氨中毒还可引起中毒性肝坏死
由于刺激性气体容易跑、冒、滴、漏，因而外逸的气体波及面广，危害较大，不仅直接危害工人，而且还会污染环境，造成更大的危害</td></tr>
<tr><td rowspan="3">窒息性气体</td><td colspan="2">窒息性气体按其对人体的毒害作用可分为两类。一类称为单纯性窒息性气体，如氨气、甲烷和二氧化碳等。它本身无毒，但由于它们对氧的排斥，使肺内氧分压降低，因而造成人体缺氧窒息。另一类称为化学性窒息性气体，如一氧化碳，氰化物和硫化氢等。它的主要危害是对血液和组织产生特殊的化学作用，阻碍氧的输送，抑制细胞呼吸酶的氧化作用，阻断组织呼吸，引起组织的“内窒息”。下面简单介绍几种窒息性气体</td></tr>
<tr><td>二氧化碳</td><td>二氧化碳是空气的组成成分之一，在正常大气中，其含量约 0.04%，人体呼出气中约合 4.2%。在不通风的菜窖、矿井、装有腐烂物质的船舱、利用植物发酵制糖、酿酒、下水道作业、地质勘探、岩层中喷等情况下，都可能发生高浓度二氧化碳气体喷出的现象。高浓度的二氧化碳对人体有毒性，（如果此时空气中氧气供应充足，其害处会大为减小）。中毒症状主要表现为缺氧窒息。轻者头痛、头晕、无力、呕吐、呼吸困难。重者先兴奋，后抑制，最后可导致中枢神经麻痹、发烧、神志不清、肺水肿、脑水肿，甚至死亡</td></tr>
<tr><td>一氧化碳</td><td>一氧化碳是含碳物质不完全燃烧的产生，剧毒，是煤气和水煤气的主要成分。通常所说的煤气中毒，就是由于室内一氧化碳过多而引起的
在工业生产中，炼铁、炼钢、炼焦、采矿、爆破，机械制造的铸造、锻造，耐火材料、玻璃、建材等化工产品的生产，以及工业使用的窖炉、煤炉等，都会接触一氧化碳
以急性中毒最为常见，可分 3 级
① 轻度中毒：头疼、头晕、呕吐、无力、短暂昏厥，只要脱离现场，呼吸新鲜空气，就可迅速好转
② 中度中毒：除上述症状外，还有烦躁、多汗、脉搏加快、昏迷症状，抢救及时，可较快苏醒，一般没有后遗症
③ 重度中毒：因吸入高浓度一氧化碳而昏迷，离开现场后，可以昏迷几小时甚至几昼夜，同时可能伴发脑水肿、心肌损害、肺水肿、高烧等，抢救及时可恢复。但个别人在几天，几周，甚至 1～2 个月后，又可能出现癫痛，失语、失明、偏盲、烦躁、幻听幻觉、迫害妄想、麻痹、皮肤感觉丧失、水肿等症状</td></tr>
</table>

续表

毒物危害	窒息性气体	硫化氢	在生产中,硫化氢是作为废气排出的。工人接触硫化氢的机会很多。例如,含硫石油的开采和加工,粪坑下水道,废水井或矿井作业,制造二氧化碳,硫化染料,人造纤维,制革过程中使用硫化钠放出大量硫化氢,化学工业中使用硫化氢作为原料 硫化氢有臭鸡蛋气味,有毒性。高浓度吸入(1克/升)时可发生"电主样中毒",中毒者即刻昏倒,痉挛,失去意识,很快死亡 吸入浓度(0.7毫克/升)的硫化氢,引起急性中毒,呈昏迷、抽搐、瞳孔缩小,及时救出后,会发生头疼、头晕、肺水肿等 吸入浓度再低(0.2～0.3毫克/升)时引起头疼、头晕、恶心、流泪、咳嗽、眼结膜充血、视力模糊等刺激症状
		氢化物	各类氢化物都有很大毒性,而且作用迅速 接触氢化物的作业有:化工中制造草酸等,许多合成工业都要用到氢化物,制造高级油漆、塑料、有机玻璃、人造羊毛等以及钢的淬火、镀银、镀锌、清洗金及宝石制品等 氢化物主要经呼吸道进入人体,经口腔、消化道吸收速度也较快,在高温时,由于皮肤出汗及充血,也可加快吸收速度 在工业生产中,除发生事故外,氢化物急性中毒是很少见的。急性中毒初期,上呼吸道有刺激症状,头疼、乏力、流口水,接着会出现意识模糊、血压下降、呕吐,再后就会丧失意识、瞳孔散大、肺水肿、昏迷不醒、全身肌肉松弛,抢救不及时就会造成死亡 在工业生产中,长期吸入一定量氢化物可引起慢性中毒,产生神经衰弱、肌肉疼、过度健忘、语言不连贯、贫血、消瘦、皮炎等症状 为了防止各类气态毒物对人体的危害,应着重从改革生产技术和加强个人防护方面入手: ① 改革生产工艺,以无毒或毒小的物质代替 ② 实行生产过程自动化、机械化,加强管道密闭和通风,或远距离操作 ③ 灌注、储存、运输液态刺激性气体时,要注意防爆、防火、防漏 ④ 生产设备要有防腐蚀措施,经常检修,防止跑、冒、滴、漏 ⑤ 初建或扩建厂房时,对厂址的选择、安全设备和设施、尾气的排放,必须严格遵守国家规定 ⑥ 做好三废(废气、废水、废渣)的回收利用 ⑦ 定期检测空气中各类毒性气体的含量,如果超过了最高允许浓度,应及时采取措施 ⑧ 严格遵守安全操作规程,并采取轮换工作的方法 ⑨ 加强个人防护,工作时要穿戴采用过滤式防毒面具或蛇管式防毒面具、防护眼镜、胶靴、手套等,皮肤的暴露部位应涂防护油膏 ⑩ 实行就业前体检,凡有过敏性哮喘、皮肤病及慢性呼吸道炎症或肺结核患者,不应做这类工作。定期对工人进行体检,早发现,早治疗,早解决
毒物防治措施	组织管理措施		积极研究职业毒害、推广防毒经验、改进措施 严守有关防毒的操作规程、加强宣传教育,定期检查、加强设备维修等制度
	防毒技术措施		主要是控制有毒气体的粉尘,即有毒的气体、蒸气和气溶胶(雾、烟、尘)。技术措施: ① 以无毒、低毒的物料或工艺代替有毒、高毒的物料或工艺 ② 生产设备的密闭化、管道化和机械化 ③ 通风排毒和净化回收 ④ 隔离操作和自动化控制

续表

毒物防治措施	卫生保健	这是从医学卫生方面直接保护从事有毒作业工人的健康。主要措施有:保持个人卫生、增加营养、定期健康检查、做好中毒急救。对一些新的有毒作业和新的化学物质,应当请职业病防治院、卫生防疫站或卫生科研部门协助进行卫生学调查,做动物试验。弄清致毒物质、毒害程度、毒害机理等情况,研究防毒对策,以便采取有关的防毒措施
毒物应急	抢救和治疗急性中毒者	急性中毒一般是在生产中或生活中,系意外事故或其他原因,使毒害品经呼吸道进入人体内所引起。一旦发生急性中毒,必须立刻进行抢救 抢救急性中毒的原则是: 立即使患者脱离与毒物的接触,以避免毒物继续进入人体。将已进入体内的毒物尽快排出 尽快消除或中和进入体内毒害品的作用(解毒疗法) 解除毒物在体内已引起的某些病象,减少痛苦,促进机体恢复健康(对症及支持疗法) 排毒方法: 根据毒物进入途径不同,采取相应排除方法。如毒物是气体(氯气、一氧化碳等),从呼吸道吸入,应立即自中毒现场移走,加强室内通风,积极吸氧,以排除呼吸道内残留的毒气。如毒物是从皮肤吸收(如有机磷逐药中毒),应立即脱去污染衣服,迅速用大量微温水冲洗皮肤,特别注意毛发、指甲部位。对不溶于水的毒物,可用适当溶剂。例如,用10%酒精或植物油中洗酚类毒物污染,也可用适当的化学解毒剂加入水中冲洗。毒物污染限内,必须立即用清水冲洗,至少5分钟,并滴入相应中和剂。如碱性毒物用3%硼酸液冲洗等。绝大多数中毒患者是经口摄入,排毒的最好方法是催吐及洗胃
	治疗慢性中毒者	慢性中毒具体治疗办法分述如下: 使慢性中毒者暂时脱离与毒物的接触 大多数患者需要一段时间的休息。补充一些维生素,尤其是维生素B及维生素C 少数毒物的慢性中毒可使用驱毒剂。如依地酸钙可以驱铅,二巯基丙磺酸钠、二巯基丁二酸钠及青霉胺能驱铅、汞及砷等。这些药物的疗效较好。近年来的趋势是使用较小的剂量 对于很多毒物尚无特效驱毒药物。治疗时,主要依靠休息、营养与对症治疗 轻度与中度患者痊愈之后,若原单位的卫生条件已得到改善,一般则可回原单位工作。例外的,如中度苯中毒及四乙基铅中毒,治愈很不容易,一般不宜再回原单位工作。重度中毒患者获得良好治疗效果之后,一般应改变工作,不再接触毒物

第九章 风险管控理论与技术

重要概念 风险控制，风险管理，风险管控，风险“三预”理论，“六警”理论，RBS/M 等。

重点提示 风险管控是风险分析与评价的归宿，只有最终采取了科学、有效的风险管控措施，风险分析和评价的目的才能实现，最终达到风险最小化，风险可接受的水平。本章要掌握安全风险预警、安全风险预控、安全风险的分级理论与方法、安全风险的“三预六警”理论与方法、RBS/M-基于风险的监管的应用技术和方法。

问题注意 RBS/M-基于风险的监管是作者原创的理论和方法，已经在特种设备安全监管、政府地区层面的风险预警管控，以及诸多高危行业和企业得到推广应用。

第一节 风险预警理论与方法

一、安全风险预警理论及方法论体系

在结合自身生产特点和安全生产管理的实际情况，经过风险辨识、分析评价及风险控制，并有机整合现有的软硬件资源，建立起安全风险预警体系之后，如何确保体系的有效运行，最大程度地发挥安全风险预警体系“预警”的效能，实现对安全生产各种风险因素有效的预防及预控，需要研究建立一整套科学、系统的指导及支持实施运行安全风险预警的理论及方法论体系。

基于现代安全生产管理、安全风险管理及安全风险预控管理等相关理论，借鉴各行业领域预警研究的机制、模式及理论和方法，研究总结前人在安全风险预警领域的相关研究成果，并充分结合安全生产管理的实际情况和具体的课题研究实际需求，我们提出了实施运行安全风险预警“三预”和“六警”的理论及基于“三预”的“3R”、“多元”、“匹配”原则和相应的方法论体系。整个安全风险预警理论及方法论体系的架构、各理论及原则和方法论的具体内容、安全风险预警

体系实施运行过程中起到预警执行主体的作用。具体预警职能部门单位以及他们的一一对应关系，如表 9-1 所示。

表 9-1　安全风险预警理论及方法论体系

预警职能部门单位	安全风险预警理论体系		安全风险预警方法论体系	
	机制及模式“三预”理论	流程及程序“六警”理论	原则	方法论体系
生产作业现场	风险实时预报	辨识警兆	“3R”原则	“自动＋人工”
		探寻警源		
		报告警情		
安全专业部门	风险适时预警	确定警级 发布警戒	“多元”原则	“实时＋周期＋随机”
相关机构部门	风险及时预控	排除警患	“匹配”原则	“技术＋管理”

二、安全风险预警理论

我们提出的实施运行安全风险预警的理论体系包括两大核心理论：

(1) 安全风险预警机制与模式的“三预”理论。阐述具体实施运行安全风险预警体系的机制与模式的理论，主要涉及安全风险预警的执行主体、职能角色，以及整个安全风险预警体系结构框架、运行机制及模式等层面。

(2) 安全风险预警流程与程序的“六警”理论。阐述具体实施运行安全风险预警体系的流程与程序的理论，主要涉及安全风险预警的流程顺序、实施步骤，以及循环程序等层面。

1. 风险预警管理的“三预”理论

(1) 风险预警管理的“三预”理论内容。安全风险预警“三预”理论（The “Three Pres” Theory）是实际实施运行安全风险预警体系的核心理论之一，是安全风险预警体系运行的机制与模式理论。“三预”理论的基本内容是：生产作业现场风险实时预报，安全专业部门风险适时预警，各级部门单位风险及时预控。

① 生产作业现场风险实时预报：生产作业现场人员或自动监测及监控装置对各种风险因素状态通过安全风险预警管理平台进行人工或自动的实时预报。生产作业现场是直接面对及控制各种风险因素的第一现场，也是整个风险预警体系最关键的环节。在“三预”理论模式中，生产作业现场风险实时预报是安全风险预警体系的第一环节，生产作业现场人员或自动监测及监控装置作为风险预报的执行主体，在一定的规章制度或技术系统约束下，需要完成两个主要任务：一是通过一定的方式或措施实时识别各种风险因素的状态，也即“辨识警兆，探寻警源”；二是依托建立的安全风险预警管理平台，输入各种风险因素状态相关信息，对识别的各种风险因素的状态进行实时的预报，也即“报告警情”，这里的安全风险预警管理平台是指风险管理信息的计算机软件系统平台。这两个任务的共同要求是“实时”，这也是“三预”在安全风险预警体系运行第一环节的重要原则。

② 安全专业部门风险适时预警：安全专业部门对表征各种风险因素状态的预报信息通过安全风险预警管理平台进行人工或自动的适时预警。安全专业部门是直接面对及控制各种风险预报信息的最重要的环节，也是整个风险预警体系中发布预警信息最主要的部门机构。在“三预”理论模式中，安全专业部门风险适时预警是安全风险预警体系的核心环节，安全专业部门人员作为风险预警的执行主体，在一定的规章制度约束下，需要完成两个主要任务：一是依托一定的方式或措施适时对生产作业现场实时预报的各种风险因素状态信息，以及其他部门风险预报信息及安全指令等进行核查评价，确定各风险预报信息的风险等级，也即“确定警级”；二是通过建立的安全风险预警管理平台对核查评价的各种风险因素的预报信息按照其风险等级进行适时的预警信息发布，并根据各具体的预警信息状况适时发布相应的预警等级信息，也即“发布警戒”。由于不同的风险因素状态，其风险等级、控制部门及措施各异，对于各风险预报信息的预警处理要有轻重缓急之分。因此，这两个任务的共同要求是“适时”，这也是“三预”在安全风险预警体系运行核心环节的重要原则。

③ 各级部门单位风险及时预控：各级部门单位对表征各种风险因素预警状态的预警信息采取及时的预控措施，或通过安全风险预警管理平台对相应的风险控制责任部门进行及时的风险预控指令发布。各级部门单位包括与生产作业现场直接相关的各生产管理及辅助职能部门，以及安全生产领导部门，是根据各预警信息进行直接的风险预控管理、协调以及宏观决策的必要环节，也是整个风险预警体系中进行风险预控统筹组织管理最主要的部门机构。在“三预”理论模式中，各级部门单位风险及时预控是安全风险预警体系的最后环节，各级部门单位人员作为风险预控管理的执行主体，在一定的规章制度约束下，需要根据相关的规定，并依据预警信息的属性及预警等级，对安全专业部门发布的各种预警信息通过建立的安全风险预警管理平台或采取一定的措施及时直接管理或协调统筹决策预控各种风险因素，也即“排除警患”。对于不同部位、不同属性的风险因素以及不同的风险预警级别，“三预”理论要求各级部门单位要结合实际，按照一定的规章制度，依据风险预控的 ALARP 原则，及时地采取相应的风险预控措施。

(2) 风险预警管理的“三预”理论模式。安全风险预警“三预”理论中实施运行安全风险预警体系的执行主体分别是生产作业现场、安全专业部门和各级部门单位，其各自在“三预”理论体系中的职能分别为对各风险因素的实时预报、适时预警和及时预控。对于整个“三预”过程中的各风险因素，均基于前期风险管理（单元划分、风险辨识、风险分析评价、风险控制措施等）工作的成果。从结构流程的层面来看，安全风险预警“三预”理论的模式及与前期风险管理成果的具体关系为：生产作业现场依据前期风险辨识的成果对风险因素状态的变化进行实时预报；安全专业部门针对风险预报的情况，依据前期风险评价的成果对预报的风险因素风险状态进行适时预警；各级部门单位依据前期风险控制工作的成果，对发布风险预警信息的各风险因素进行及时预控，如图 9-1 所示。

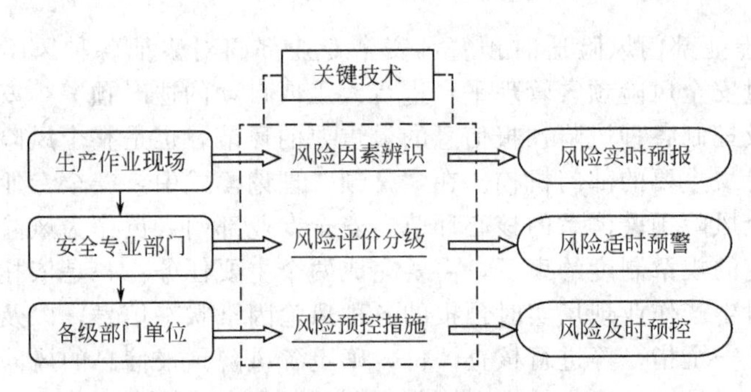

图 9-1　安全风险预警“三预”理论模式

2. 风险预警管理的“六警”理论

安全风险预警“六警”理论（The“Six Warnings” Theory）是实际实施运行安全风险预警体系的另一核心理论，是安全风险预警体系运行的流程与程序理论。“六警”理论的基本内容是：辨识警兆→探寻警源→报告警情→确定警级→发布警戒→排除警患。

(1) 风险预警管理的“六警”理论内容

① 辨识警兆：生产作业现场人员通过某种方式或手段，或者生产装置自动监测/监控设备、系统等自动获取，确定管理对象（即警素）的风险因素状况变化趋势以及实时风险因素的状态情况。“警兆”即为警情（即风险状态或危机状态）发生前的先兆现象，能够及时、准确地识别警兆是安全风险预警体系中能够超前、实时、有效预控风险的基础和关键。根据事故致因原理和事故链理论，对于按照不同分类角度和原则而划分的不同类型的风险因素，两类风险因素之间可能互为因果关系。也就是说，某种需要辨识的风险类型可能就是另一种风险类型的“警兆”。在安全风险预警体系中，每种风险类型同样对待，均作为安全风险预警体系预控的对象。因此，前期风险辨识过程中，风险辨识模式及风险类型集合的确定需要一定的系统性及全面性。此外，根据事故的演变过程，在整条事故链的最初期能够发现并采取控制措施无疑是最理想与有效的，也即将这个“最初期”风险态作为警兆应该是风险防控效果最好、安全系数最高的，但是这个警兆的选取需要注意以下问题：

a. 具有预警的必要性及可行性：预警的必要性是指从辨识警兆的成本和对于警兆导致的风险态的可接受程度等角度考虑，如果辨识警兆成本可接受，并且警兆导致的风险态属于不可接受风险范围，则此时该警兆具有预警的必要性；预警的可行性，也即预警的可操作性，是指从管理或技术角度能否在该状态下有效辨识警兆的可能性，如果现有管理或技术手段能够在一定状态及时间范围内有效辨识出警兆，则该警兆具有预警的可行性。

b. 具有可感知性、可预警性或可预控性：参见第八章对于风险因素这 3 个预警性质的释义。警兆的可感知性表征生产作业现场对警兆实时识别的可能性；

警兆的可预警性和可预控性从时间上表征了警兆保持一定状态或程度的持续性，同时也从另一个侧面表明了安全风险预警体系中现实的预警响应、预控措施生效等的及时性。

c. 保证一定的（可接受的）预警精度：参见第八章对于预警精度的释义。预警精度主要表征安全风险预警体系警兆识别和分析评价的准确性，衡量装置设备和人为误差的大小。预警精度也是警兆选取过程中必须考虑的因素。

② 探寻警源：生产作业现场人员通过某种方式或手段，或者生产装置自动监测/监控设备、系统等自动获取、识别警兆产生的机制及原因，寻找警源（警情产生的根源）。认识致灾现象的潜在风险是增强减灾效果的关键因素之一，在生产作业现场实时识别警兆之后，还要进一步分析探寻警兆的致因机理，以便区分生产过程中的正常状态波动和警情状态趋势，对识别的警兆进行准确的判断，采取科学的处理措施。在安全风险预警体系中，通常探寻警源的过程在前期建立风险预警体系的风险基础数据库时已经完成了这一部分内容。在实际实施运行过程中，探寻警源过程由安全风险预警管理平台自动完成，对于某些新变化引发的特殊情况，也由生产作业现场人员进行及时的分析探寻。

③ 报告警情：生产作业现场采用人工或设备系统自动的方式，通过安全风险预警管理平台对警情进行实时的预报。如前所述，警情即为风险状态或危机状态。在预报警情的过程中，生产现场要将警兆、警源等警情的相关详细、准确信息及时预报。通常，在实际运行安全风险预警过程中，上述相关信息在建立安全风险预警体系的过程中，已经作为风险基础数据库信息嵌入安全风险预警管理平台，生产现场只需进行简单的确认操作，即可由风险基础数据库将预先确定的警情相关信息预报给安全风险预警管理平台。

④ 确定警级：警级主要包括两个方面，一是生产现场实时预报的警情风险等级，二是安全专业部门根据警情具体情况确定的风险预警等级。在实际的安全风险预警实施运行过程中，安全专业部门依托安全风险预警管理平台，针对生产作业现场实时的警情预报信息，通过系统平台按照一定的模型算法或机制自动的方式，或者安全专业部门根据每条警情预报信息的具体实际情况采用人工的方式，准确确定警情预报信息的风险等级，以及相应的安全生产预警等级。

⑤ 发布警戒：安全专业部门根据确定的警情预报信息的风险等级，以及相应的安全生产预警等级，通过安全风险控制机制进行相应的安全风险预控等级匹配，通过安全风险预警管理平台或者其他及时有效的方式向相应的实施部门、管理部门及关注部门及时发布一定安全风险预控级别的安全风险预警预控的警戒信息。

⑥ 排除警患：各级部门机构通过安全风险预警管理平台或者其他及时有效的方式接收安全专业部门发布的一定级别的安全风险预警及预控警戒信息，针对发布的警戒信息，根据相应的风险预警预控机制，按照相应警级下的各自职责进行风险预警预控的响应，适时采取有效的风险预控措施，控制警情，消除警患。

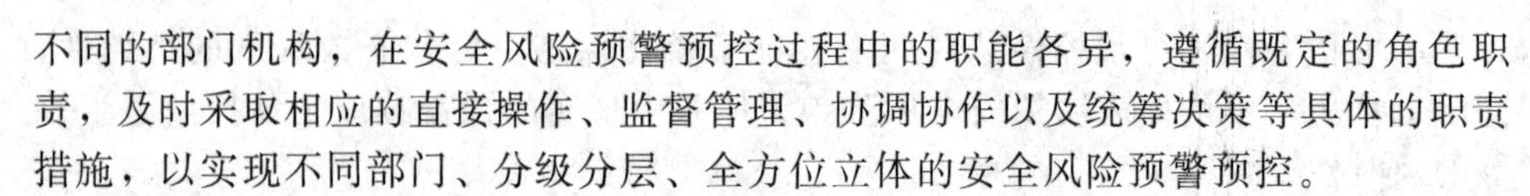

不同的部门机构，在安全风险预警预控过程中的职能各异，遵循既定的角色职责，及时采取相应的直接操作、监督管理、协调协作以及统筹决策等具体的职责措施，以实现不同部门、分级分层、全方位立体的安全风险预警预控。

（2）风险预警管理“六警”理论模式。安全风险预警“六警”理论的整体构架模式、具体步骤及实施运行流程程序为：安全风险预警管理平台系统通过一定的自动或人工的方式，实时监测识别影响安全生产各风险因素状态变化的指标体系（已经识别的警兆），当有指标发生有效变化（非生产正常波动且具有可预控性）时，分析查询警源，如果通过一定的警源分析，认为该警情的警度为可接受时，系统保持继续监测；当警源分析认为该警情的警度为不可接受时，则生产现场通过安全风险预警管理平台向安全专业部门进行警情预报，启动相应的预警程序，安全专业部门根据生产现场预报的警情信息，依托安全风险预警管理平台进一步分析评价警情的实际情况，并及时、准确地确定警情的风险警级及预警警级，根据安全风险预警预控机制向各级部门单位发布警戒信息，进入风险控制程序，各级部门单位按照相应警级下的各自职责进行风险预警预控的响应，适时采取有效的风险预控措施。当风险预控不成功时，则进入危机状态，启动相应的应急救援预案；当风险预控成功时，警情得到控制，警患消除，进入安全风险预警效果评估程序，至此一次安全风险预警预控流程结束。在安全风险预警“六警”理论体系中，安全风险预警预控的管理并不仅仅是一次单向流程管理，而是必须通过不断地循环往复，从而达到安全风险预警预控效果的不断提升。安全风险预警“六警”理论体系实施流程构成 PDCA 循环改进过程，如图 9-2 所示。

三、基于“三预”理论的安全风险预警方法论

基于前述安全风险预警的“三预”机制与模式理论，我们提出的实施运行安全风险预警的方法论体系包括与“三预”相应的 3 大原则要求以及对应的 3 种方法论：

（1）生产作业现场风险实时预报。“3R”原则，表征生产作业现场风险预报的实时性、正确性以及规范性的原则与要求；以及相应的“自动＋人工”的方法论，从预报主体类型的角度阐述了生产作业现场风险预报的模式及方法。

（2）安全专业部门风险适时预警。“多元”原则：表征安全专业部门风险预警的全方位、多角度、多层面预警的原则与要求；以及相应的“实时＋周期＋随机”的方法论，从预警的时间及方式的角度阐述了安全专业部门风险预警的模式及方法。

（3）各级部门单位风险及时预控。“匹配”原则：表征各级部门单位风险预控需要统筹兼顾经济投入、预控效果、安全系数等方面，达到资源与安全最优化配置的原则与要求；以及相应的“技术＋管理”的方法论，从预控的手段及措施类型的角度阐述了各级部门单位风险预控的模式及方法。

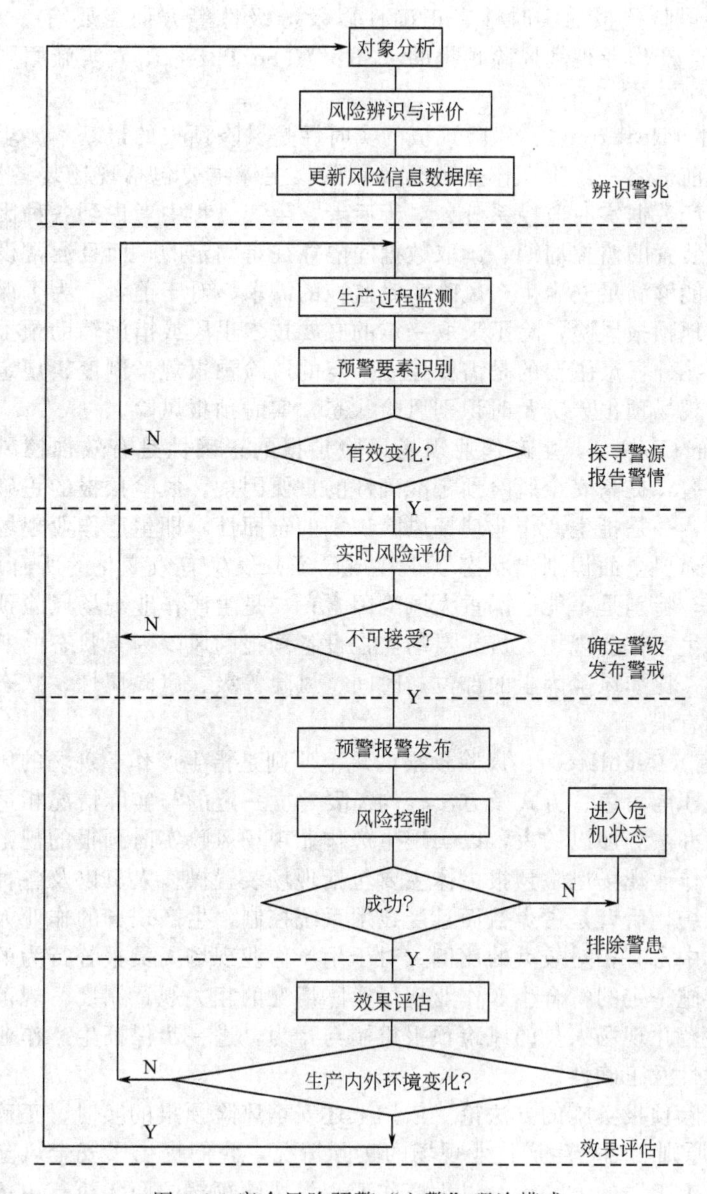

图 9-2 安全风险预警“六警”理论模式

1. 风险预报原则及方法论

(1) 风险预报实施原则（“3R”原则）。如前所述，生产作业现场是直接面对及控制各种风险因素的第一现场，也是整个风险预警体系最关键的环节。在“三预”理论模式中，生产作业现场风险实时预报是安全风险预警体系的第一环节，为了保证实施运行安全风险预警体系的超前、实时、动态、有效，对生

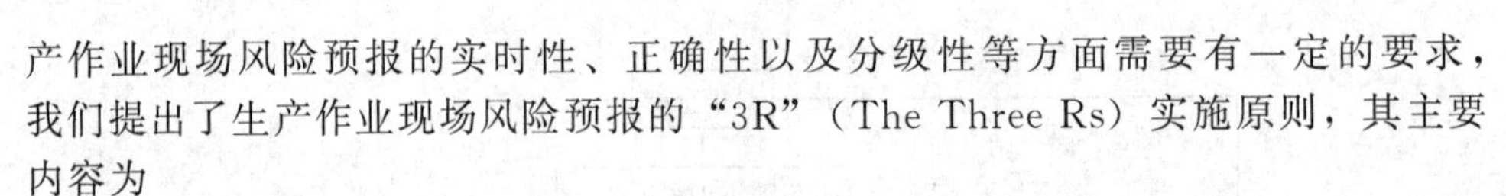

产作业现场风险预报的实时性、正确性以及分级性等方面需要有一定的要求，我们提出了生产作业现场风险预报的“3R”（The Three Rs）实施原则，其主要内容为

① 实时（Real-time）：风险预报的实时性是风险预报的最基本要求，是实时预警的必要前提之一。生产作业现场风险预报主体主要包括现场装置操作人员，以及各种生产数据实时监控系统。对于后者，生产过程中考虑到各种因素，自动监控设备及装置的监控周期、读取数据间隔往往是固定的，而且通常设定的时间周期及频率能够满足安全生产风险实时监控的需求；对于前者，为了保证现场人员能够实时地预报风险，除了采取一定的必要技术手段或措施辅助预报人员能够实时识别警兆外，最主要的是需要建立一定的风险预报规章制度、规定办法等来约束及指导现场预报人员及时识别风险状态，实时预报风险。

② 正确（Right）：生产作业现场风险预报的正确性是有效预控风险、减少误差及误报警，提高安全风险预警准确性的重要因素。风险预报的正确性包含两方面的要求：一是指生产作业现场风险识别的全面性，即生产作业现场人员或自动监控设备需要全面识别出状态（正在或已经）发生有效变化的所有风险因素，不能有遗漏，特别是不能遗漏重大风险因素；二是生产作业现场风险预报信息的准确性，即生产作业现场人员或自动监控设备预报的风险因素状态的所有相关信息需要准确，比如风险因素的部位、时间、风险等级、风险属性、状态趋势等重要信息不能有误。

③ 规范（Regulated）：风险预报的规范原则是指生产作业现场的风险预报机制、模式、职能角色、方式及方法等均需要建立一定的与实际情况相适应的规章制度、实施办法等加以约束，以实现生产作业现场风险实时预报的规范性。如前所述，生产作业现场风险预报主体主要包括现场装置操作人员以及各种生产数据实时监控系统，后者是占少数而且受技术系统控制，生产现场的作业人员在风险预报的主体中占有相对较大的比例，对于生产作业现场人员报警行为的约束，需要建立并实施一定的符合生产作业现场实际情况的相关规章制度、规范办法等来标准化、规范化现场人员的风险预报机制与行为，进一步保证生产作业现场风险预报的实时性及正确性。

（2）风险预报实施的方法论。依据上述安全风险预报的实时、正确、规范的“3R”实施原则，结合生产作业现场的实际情况，我们提出了安全风险预报实施的“自动＋人工”的方法论，以生产作业现场风险预报的两大执行主体：现场装置操作人员以及各种生产数据实时监控系统为主线，从预报执行主体类型的角度阐述了生产作业现场风险预报的模式及方法。

安全风险预报实施的“自动＋人工”的方法论的主要内容是

①“自动”型：指安全风险的自动预报方式。风险预报的执行主体为非现场人员，在生产作业现场，风险预报的这类执行主体主要包括生产作业现场自动监测及监控装置设施以及计算机软件信息管理系统等。从预报的方法论层面来看，

执行主体为非人员的自动预报方式主要包括

a. 现场监控技术自动预报：由生产作业现场的自动监测及监控装置设施等来完成对风险因素的自动预报；主要应用于设施设备（点）和工艺流程（线）的风险预报；其功能作用主要为对生产装置关键部位、关键点，以及重要工艺流程参数的风险因素自动预报；报警方式通常为装置声光报警；运作方式为自下而上，由生产现场的传感器/一次仪表向上预报给风险预警管理平台；预报状态为动态或实时的；实施部门一般为生产作业现场；预报类型属于技术自动型；预报周期通常为短周期（实时预报）。

b. 信息管理系统自动预报：由安全风险预警管理信息系统平台来完成对工作票以及作业预审报情况等的自动风险预报；主要应用于设施设备（点）、工艺流程（线）和作业岗位（面）的风险预报；其功能作用主要为根据系统设定的作业风险因素管理信息，对某些固定格式或程序的工作票以及作业预审报信息进行分析及自动风险预报；报警方式通常为终端声音、闪烁或者弹出提示框；运作方式为自上而下，由安全风险预警管理信息平台自动预报给相应各部门单位；预报状态兼顾动态预报和静态预报；实施部门为安全风险预警管理信息平台自身；预报类型属于技术自动型；预报周期通常为中等周期或较长周期。

②“人工”型：指安全风险的人工预报方式。风险预报的执行主体为现场人员。在生产作业现场，风险预报的这类执行主体主要包括生产作业现场的所有相关作业人员及管理人员。从预报的方法论层面来看，执行主体为现场人员的人工预报方式主要包括

a. 现场作业人员人工预报：由生产作业现场的各操作人员以及相关管理人员来完成对风险因素的人工预报；主要应用于设施设备（点）、工艺流程（线）和作业岗位（面）的风险预报；其功能作用主要为对各装置系统、各类管理对象所有风险因素的人工预报；报警方式通常为装置声光报警，以及文字滚动提示等；运作方式为自下而上，由生产现场的相关预报人员通过安全风险预警预报终端向上预报给风险预警管理信息平台；预报状态为动态或实时的；实施部门一般为生产作业现场的操作人员及相关管理人员；预报类型属于管理人工型；预报周期通常为短周期或中等周期。

b. 部门管理人员专业预报：由各级部门单位依托安全风险预警管理信息平台对各类风险因素状态、安全指令、风险预控效果、风险状态趋势等进行人工的专业预报；主要应用于设施设备（点）、工艺流程（线）和作业岗位（面）的风险预报；其功能作用主要为各级部门单位根据安全生产的各种实际需求进行风险专业预报；报警方式通常为终端声音、闪烁或者弹出提示框；运作方式为自上而下，由各级部门单位依托安全风险预警管理信息平台向各安全风险预警预控相应职能部门及单位人工发布专业预报信息；预报状态兼顾动态预报和静态预报；实施部门一般为各级部门单位；预报类型属于管理人工型；预报周期为随机预报。

安全风险预报实施的方法论及各种预报方法的具体特征描述，如表 9-2 所示。

表 9-2　风险预报实施方法论及特征描述

分类	预报方法	特征描述							
		应用管理对象	功能作用	报警方式	运作方式	预报状态	实施部门	预报类型	预报周期
“自动”型	现场监控技术自动预报	设施设备（点）工艺流程（线）	关键部位、关键点及重要工艺参数自动预报	专项报警（声、光）	自下而上	动态/实时	作业现场	技术自动型	短周期/实时
	信息管理系统自动预报	设施设备（点）工艺流程（线）作业岗位（面）	安全风险预警管理信息平台自动风险预报	专项报警（闪烁、弹出提示框）	自上而下	动态/静态	系统自身	技术自动型	中等周期/较长周期
“人工”型	现场作业人员人工预报	设施设备（点）工艺流程（线）作业岗位（面）	各装置系统、各类管理对象所有风险因素人工预报	专项报警（声、光、文字滚动提示）	自下而上	动态/实时	作业现场	管理人工型	短周期/中等周期
	部门管理人员专业预报	设施设备（点）工艺流程（线）作业岗位（面）	各级部门单位根据各种需求进行风险专业预报	专项报警（终端声音、闪烁、弹出提示框）	自上而下	动态/静态	各级部门	管理人工型	随机

2. 风险预警原则及方法论

（1）风险预警实施原则（“多元”原则）。依据安全风险预警“三预”理论，风险预警实施的执行主体是安全专业部门人员，根据实时的风险状态预报或历史报警记录统计分析，对风险状态、趋势的预先警示警告，一般是安全部门专业人员根据上述信息作出的专业化预警预告。安全专业部门是直接面对及控制各种风险预报信息的最重要的环节，也是整个风险预警体系中发布预警信息最主要的部门机构。安全专业部门风险适时预警是安全风险预警体系的核心环节，是风险预控的必要根据。我们提出安全风险预警实施的“多元”（The Multiple）原则，其主要内容是：安全专业部门实施安全风险预警应遵循全方位、多角度、多层面预警的原则与要求，力求风险预警的多方位、多模式、系统性以及全面性。

（2）风险预警实施的类型划分。依据不同角度，风险预警预告可有如下划分方式：

① 按照预警预告的属性及特征。

a. 依据时间周期尺度，可有如下划分方式。

长期预警：对于风险存在时间（风险寿命）较长的风险因素的预警，通常此类型的风险因素在较短时间内其风险状态并无明显变化，如对于危险源的固有危险性风险状态的预警；

短周期/实时预警：对于风险存在时间（风险寿命）相对较短的风险因素的

预警，通常此类型的风险因素在较短时间内其风险状态会发生明显变化，如对于特殊工况的风险预警。当风险存在时间小于一定值时，需要对此类风险因素进行实时预警，比如对某些重要工艺参数异常变化的实时风险预警；

中等周期预警：对于风险存在时间（风险寿命）介于上述长期和短期之间的风险因素的预警，通常此类型的风险因素在一定时间内其风险状态并无明显变化，如对于某些发生频率较高、且后果严重度不大的隐患、缺陷以及不符合等风险因素的预警；

随机预警：预警操作人员根据安全风险预警管理需求以及安全生产实际情况随机进行的风险预警，具有较强的随意性和随时性，如操作人员随时登陆安全风险预警管理信息平台查看系统风险状态、安全指令、预控状态、趋势变化等，随机发布预警信息。

b. 依据操作自动化情况，可有如下划分方式。

自动预警：通过自动监控设施、设备，或者计算机管理系统等能够实现全过程或大部分过程自动处理（全/半自动）进行的预警，如生产现场自动监测数据异常预警、安全风险预警管理信息系统自动提示预警等；

人工预警：需要通过相关规章制度、办法、规定等的约束及指导，全过程主要由安全风险预警人员由人工完成的预警方式，如需要人员识别风险因素状态、登陆安全风险预警管理信息系统操作预报或发布的预警。

c. 依据管理技术方式，可有如下划分方式。

技术型预警：通过设施、设备、仪器、仪表、装置、冗余设计、安全附件及装备等能够实现对风险的管理及控制，此类风险的预警称为技术型预警，如常见的可燃气体、有毒气体浓度监测预警；

管理型预警：需要通过建立实施一系列的管理措施、规章、制度、办法、规定等来实现对风险的管理及控制，此类风险的预警称为管理型预警，如常见的大部分非自动监测或监控的风险因素的预警。

d. 依据实时状态方式，可有如下划分方式。

静态预警：指通过对一定时间周期内的报警、预警历史记录的统计分析，在此基础之上经过分析预测而进行的趋势或状态预警，如高危季度、风险多发月份预警；

动态预警：指针对系统在某一时刻（或较短的一定时间周期内）的风险因素状态进行的短周期/实时的风险预警方式，通常的非统计分析预警都属于动态预警。

② 按照预警预告的实施方式

a. 依据管理对象类型，可有如下划分方式。

设施设备：对来自于生产装置设施、设备的各种风险因素的预警，即我们研究中对于“点”的管理对象辨识成果风险的预警，如对设施、设备故障、缺陷等的预警；

工艺流程：对来自于生产工艺流程的各种风险因素的预警，即我们研究中对

于"线"的管理对象辨识成果风险的预警，如对工艺流程的异常、特殊工况等的预警；

作业岗位：对来自于生产作业岗位的各种风险因素的预警，即我们研究中对于"面"的管理对象辨识成果风险的预警，如对作业岗位各种作业活动中危险和危害因素的预警。

b. 依据责任归属部门，可有如下划分方式。

各级部门预警：风险防控的责任归属为各级部门，对于此类风险的防控管理主要由各级部门负责；

安全专业部门预警：风险防控的责任归属为安全专业部门，对于此类风险的防控管理主要由安全专业部门负责；

生产作业现场预警：风险防控的责任归属为生产作业现场，对于此类风险的防控管理主要由生产作业现场负责。

c. 依据风险特征及属性，可有如下划分方式。

风险等级预警：以风险等级（Ⅰ级、Ⅱ级、Ⅲ级、Ⅳ级等）为管理对象所进行的风险等级分析预警；

风险部位预警：以风险存在部位（装置系统、子系统、设备；工艺流程、子流程；作业岗位、作业范围、作业活动等）为管理对象所进行的风险存在部位分析预警；

风险关注层面预警：以风险关注层面（公司级、分厂级、现场级、岗位级等）为管理对象所进行的风险关注层面分析预警；

风险种类预警：以风险种类（显性/隐性风险、长期/短期风险、静态/动态风险、技术型/管理型风险、自动型/人工型风险等）为管理对象所进行的风险种类分析预警；

其他风险特征及属性预警：以其他的风险特征及属性项目为管理对象所进行的相应风险特征及属性分析预警，参见表 9-3。

③ 风险预警实施的方法论。安全风险预警是指安全专业部门根据实时的风险状况预测、风险状态预报或历史报警记录统计分析，对风险状态、趋势的预先警示及警告，一般是安全部门专业人员根据上述信息作出的专业化预警。风险预警是风险预控的必要根据，依据上述安全风险预警的全方位、多角度、多模式以及多层面的"多元"实施原则，结合安全专业部门的实际情况，我们提出了安全风险预警实施的"实时＋周期＋随机"的方法论，以预警时间周期及频率为主线，从预警的时间及方式的角度阐述了安全专业部门风险预警的模式及方法。

安全风险预警实施的"实时＋周期＋随机"的方法论的主要内容如下。

a. "实时"型：指安全风险预警的周期频度为实时型。按照前述的风险预警实施类型划分，实时型是指当短周期型的时间周期小于某一值时，可以视为实时型预警。这个界定取值通常取决于技术监控装置的获取数据频度以及安全风险预警预控的响应速度。从预警的方法论层面来看，实时预警方式主要包括如下几种。

表 9-3　风险预警实施方法论及特征描述

分类	预警方法	特征描述							
		应用管理对象	功能作用	预警方式	运作方式	预警状态	实施部门	预警类型	预警周期
“实时”型	环境异常状态预警	作业岗位	预警预告	专项预警	自上而下	动态/实时	安全部门	管理人工型	短周期/中等周期
	隐患项目状态预警	设施设备	预警预告	专项预警	自下而上	动态/实时	安全部门	管理人工型	中等/长周期
	关键工序作业预警	作业岗位	预警预告	专项预警	自下而上	动态	安全部门	管理自动型	短周期
	生产数据监控预警	工艺流程	预警预告	自动预警	自下而上	实时	作业现场	技术自动型	短周期/实时
	风险因素状态预警	通用	预警预告	专项预警	自下而上	动态	安全部门	管理自动型	短周期中等周期
	系统自动提示预警	系统操作	警示警告	自动预警	自上而下	动态	系统自动	技术自动型	短周期/实时
“周期”型	风险类型-频率预警	通用	警示警告	专项预警	自上而下	静态	安全部门	管理自动型	中等/长周期
	风险级别-频率预警	通用	警示警告	专项预警	自上而下	静态	安全部门	管理自动型	中等/长周期
	历史数据统计分析-状态趋势专项预警	通用	警示警告	专项预警	自上而下	静态	安全部门/各级部门	管理自动型	中等/长周期
“随机”型	责任/关注分析预警	通用	预警分析	分析预警	自上而下	动态/静态	安全部门	管理人工型	随机
	风险部位分析预警	通用	预警分析	分析预警	自上而下	动态/静态	安全部门	管理人工型	随机
	预警级别分析预警	通用	预警分析	分析预警	自上而下	动态/静态	安全部门	管理人工型	随机
	管理对象分析预警	通用	预警分析	分析预警	自上而下	动态/静态	安全部门	管理人工型	随机
	预警要素专项预警	设施设备	预警预告	专项预警	自下而上	动态	安全部门/各级部门	管理自动型	随机
	风险属性分析预警	通用	预警分析	分析预警	自上而下	动态/静态	安全部门	管理人工型	随机

环境异常状态预警：由安全专业部门的预警人员针对风、雨、雪、雷、电、高低温、雾、冰雹、地震等安全生产外部环境异常状态，以及水、电、气、风、开停工、检修、施工等安全生产内部环境异常状态进行实时风险预警；主要应用于警示警告生产现场各作业岗位，以及警示其他生产相关部门；其功能作用主要为对安全生产内外部环境异常状态的实时风险预警预告；预警方式通常为专项预警；运作方式为自上而下，由安全专业部门预警人员通过安全风险预警管理信息平台发布给所有需要警示警告的生产现场及相关部门；预警状态为动态或实时预警；实施部门一般为安全专业部门；预警类型属于管理人工型；预警周期通常为短周期或中等周期。

隐患项目状态预警：由安全专业部门的预警人员基于生产作业现场预报的设施设备等隐患信息而发布的隐患情况预警；主要应用于预警预告各隐患整改责任部门；其功能作用主要为对设施设备隐患项目状态以及隐患整改情况的警示警告；预警方式通常为专项预警；运作方式为自下而上，由生产作业现场预报人员通过安全风险预警管理信息平台将隐患项目状态信息预报给安全专业部门；预警状态为动态或实时预警；实施部门一般为安全专业部门；预警类型属于管理人工型；预警周期通常为中等周期或长周期。

关键工序作业预警：由安全专业部门的预警人员根据生产作业现场预报的关键工序作业情况而发布的关键工序作业预警信息；主要应用于警示警告关键工序作业的监管部门以及其他相关部门单位；其功能作用主要为对生产作业现场即将进行的关键工序作业进行提前风险预警预告；预警方式通常为专项预警；运作方式为自下而上，由生产作业现场预报人员通过安全风险预警管理信息平台将待执行的关键工序作业信息预报给安全专业部门；预警状态为动态预警；实施部门一般为安全专业部门；预警类型属于管理自动型，由预警系统平台根据关键工序作业信息（作业票）、作业时间、作业部位等自动发布相应警级的风险预警；预警周期通常为短周期。

生产数据监控预警：由安全风险预警管理信息平台共享生产作业现场的生产监控实时数据信息，按照后台的分析及评价模式，对生产情况及趋势进行实时风险预警；主要应用于预警预告生产作业现场，以及警示其他生产相关部门；其功能作用主要为对生产作业现场工艺状态的实时风险预警预告；预警方式为系统自动预警；运作方式为自下而上，由安全风险预警管理信息平台共享生产作业现场的生产监控实时数据信息，并经过自动分析后转化为相应警级的预警信息；预警状态为实时预警；实施部门为生产作业现场；预警类型属于技术自动型；预警周期为短周期/实时。

风险因素状态预警：由安全专业部门的预警人员基于生产作业现场的预报信息而发布的设施设备、工艺流程以及作业岗位的风险因素状态预警；主要应用于警示警告各风险因素预控责任部门；其功能作用主要为对生产作业现场各类管理对象（点、线、面）风险因素状态的实时风险预警预告；预警方式通常为专项预警；运作方式为自下而上，由生产作业现场预报人员通过安全风险预警管理信息平台将风险因素状态信息预报给安全专业部门；预警状态为动态预警；实施部门一般为安全专业部门；预警类型属于管理自动型，生产作业现场风险预报人员依托《风险预警信息标准数据库》，由风险预警管理信息平台自动提示各风险因素的详细信息；预警周期通常为短周期或中等周期。

系统自动提示预警：由安全风险预警管理信息系统平台按照设定的模式或方法，对特定预警项目（安全指令、定期操作、逾期未执行等）向相应责任归属部门自动发布风险预警提示；主要应用于提示警告所有具有相应预警项目责任的部门进行相关执行操作；其功能作用主要为对生产各级责任部门预警预控职责的及时提示警告；预警方式为系统自动预警；运作方式为自上而下，由安全风险预警管理信息平台按照责任归属信息，自动发布给相关职责归属部门；预警状态为动态预警；实施部门为系统平台自动实施；预警类型属于技术自动型；预警周期为短周期/实时。

b. “周期”型：指安全风险预警的周期频度为长周期、中等周期或短周期型。从预警的方法论层面来看，周期预警方式主要包括如下几种。

风险类型-频率预警：由安全专业部门的预警人员根据一定周期（长周期、中等周期或短周期）内安全生产风险预报的历史记录，遵循一定方式进行统计分析后，按照风险类型的出现频率情况进行相关预警；主要应用于警示警告安全生产作业现场以及各级部门单位；其功能作用主要为对一定周期内安全生产特定风险类型的出现频率情况以及预测状态趋势进行预警预告；预警方式通常为专项预警；运作方式为自上而下，由安全专业部门预警人员利用安全风险预警管理信息平台的自动统计分析预测功能进行相关统计分析后，向所有安全生产相关部门单位发布预警信息；预警状态为静态预警；实施部门一般为安全专业部门；预警类型属于管理自动型；预警周期通常为中等周期或长周期。

风险级别-频率预警：由安全专业部门的预警人员根据一定周期（长周期、中等周期或短周期）内安全生产风险预报的历史记录，遵循一定方式进行统计分析后，按照风险级别的出现频率情况进行相关预警；主要应用于警示警告安全生产作业现场以及各级部门单位；其功能作用主要为对一定周期内安全生产某一风险级别的出现频率情况以及预测状态趋势进行预警预告；预警方式通常为专项预警；运作方式为自上而下，由安全专业部门预警人员利用安全风险预警管理信息平台的自动统计分析预测功能进行相关统计分析后，向所有安全生产相关部门单位发布预警信息；预警状态为静态预警；实施部门一般为安全专业部门；预警类型属于管理自动型；预警周期通常为中等周期或长周期。

历史数据统计分析-状态趋势专项预警：由安全专业部门或各级部门单位的预警相关人员根据一定周期（长周期、中等周期或短周期）内安全生产风险预报的历史记录，按照不同的方式进行统计分析后，对安全生产风险趋势状态进行预测预警；主要应用于警示警告安全生产作业现场以及各级部门单位；其功能作用

主要为对一定周期内安全生产风险状况以及预测状态趋势进行预警预告；预警方式通常为专项预警；运作方式为自上而下，由安全专业部门预警人员利用安全风险预警管理信息平台的自动统计分析预测功能进行相关统计分析及预测后，向所有安全生产相关部门单位发布预警信息；预警状态为静态预警；实施部门为安全专业部门或各级部门单位；预警类型属于管理自动型；预警周期通常为中等周期或长周期。

c."随机"型：指安全风险预警的周期频度为随机型。从预警的方法论层面来看，随机预警方式主要包括如下几种。

责任/关注分析预警：由安全专业部门的预警人员根据《风险预警信息标准数据库》对所预报的风险因素按照其责任归属和关注层面进行查询分析预警；主要应用于安全生产风险的预警分析，以及对安全生产作业现场以及各级部门单位的预警警示；其功能作用主要为对安全生产预报风险因素的责任归属及关注层面属性进行查询统计分析预警；预警方式通常为分析预警；运作方式为自上而下，由安全专业部门预警人员利用安全风险预警管理信息平台的查询统计功能进行相关统计分析后，向所有安全生产相关部门单位发布预警信息；预警状态为动态预警或静态预警；实施部门一般为安全专业部门；预警类型属于管理人工型；预警周期为随机预警。

风险部位分析预警：由安全专业部门的预警人员根据《风险预警信息标准数据库》对所预报的风险因素按照其风险部位进行查询分析预警；主要应用于安全生产风险的预警分析，以及对安全生产作业现场以及各级部门单位的预警警示；其功能作用主要为对安全生产预报风险因素的风险部位属性进行查询统计分析预警；预警方式通常为分析预警；运作方式为自上而下，由安全专业部门预警人员利用安全风险预警管理信息平台的查询统计功能进行相关统计分析后，向所有安全生产相关部门单位发布预警信息；预警状态为动态预警或静态预警；实施部门一般为安全专业部门；预警类型属于管理人工型；预警周期为随机预警。

预警级别分析预警：由安全专业部门的预警人员根据《风险预警信息标准数据库》对所预报的风险因素按照其预警级别进行查询分析预警；主要应用于安全生产风险的预警分析，以及对安全生产作业现场以及各级部门单位的预警警示；其功能作用主要为对安全生产预报风险因素的预警级别属性进行查询统计分析预警；预警方式通常为分析预警；运作方式为自上而下，由安全专业部门预警人员利用安全风险预警管理信息平台的查询统计功能进行相关统计分析后，向所有安全生产相关部门单位发布预警信息；预警状态为动态预警或静态预警；实施部门一般为安全专业部门；预警类型属于管理人工型；预警周期为随机预警。

管理对象分析预警：由安全专业部门的预警人员根据《风险预警信息标准数据库》对所预报的风险因素按照其管理对象进行查询分析预警；主要应用于安全生产风险的预警分析，以及对安全生产作业现场以及各级部门单位的预警警示；其功能作用主要为对安全生产预报风险因素的管理对象属性进行查询统计分析预警；预警方式通常为分析预警；运作方式为自上而下，由安全专业部门预警人员利用安全风险预警管理信息平台的查询统计功能进行相关统计分析后，向所有安全生产相关部门单位发布预警信息；预警状态为动态预警或静态预警；实施部门一般为安全专业部门；预警类型属于管理人工型；预警周期为随机预警。

预警要素专项预警：由安全专业部门或各级部门单位的预警相关人员对生产作业现场预报的特定预警要素（指令、操作、期限等），利用安全风险预警管理信息平台的自动设定功能向相应责任归属部门发布预警要素预警信息；主要应用于警示警告所有具有相应预警要素管理责任的部门进行相关执行操作；其功能作用主要为对生产各级责任部门预警要素管理的预警预告；预警方式为专项预警；运作方式为自下而上，由生产作业现场通过安全风险预警管理信息平台将特定预警要素状态信息预报给安全专业部门；预警状态为动态预警；实施部门为安全专业部门或各级部门单位；预警类型属于管理自动型；预警周期为随机预警。

风险属性分析预警：由安全专业部门的预警人员根据《风险预警信息标准数据库》对所预报的风险因素按照其风险属性进行查询分析预警；主要应用于安全生产风险的预警分析，以及对安全生产作业现场以及各级部门单位的预警警示；其功能作用主要为对安全生产预报风险因素的各种属性进行查询统计分析预警；预警方式通常为分析预警；运作方式为自上而下，由安全专业部门预警人员利用安全风险预警管理信息平台的查询统计功能进行相关统计分析后，向所有安全生产相关部门单位发布预警信息；预警状态为动态预警或静态预警；实施部门一般为安全专业部门；预警类型属于管理人工型；预警周期为随机预警。

安全风险预警实施的方法论及各种预警方法的具体特征描述如表 9-3 所示。

3. 风险预控原则及方法论

（1）风险预控实施原则（“匹配”原则）。基于安全风险预警“三预”理论的风险预控是指各级部门单位针对安全专业部门发布的具体风险预警信息，按照风险预警等级，根据各自的安全风险预警预控职责，采取有效控制风险的防控措施，包括具体的技术措施及管理措施等。各级部门单位是根据各预警信息进行直接的风险预控管理、协调以及宏观决策的必要环节，也是整个风险预警体系中进行风险预控统筹组织管理最主要的部门机构。在“三预”理论模式中，各级部门单位风险及时预控是安全风险预警体系的最后环节，必须保证采取风险控制措施的及时性以及风险防控的有效性。

各级部门单位采取各种风险控制措施，均需要投入一定的时间及人力、物力、成本，当所追求的安全性越高时，投入的资源成本越大。因此，在实际风险预控的过程中，除了要保证预控的及时性和有效性之外，还要根据自身的实际情况和需求分析风险的可接受情况，对于不同预警等级的风险因素，不能采取同样程度的风险控制措施，需要统筹兼顾实际的风险承受能力、资源成本投入能力，以及风险控制的成效，对采取的风险预控措施划分不同的级别，对于一定的风险预警等级采取相适合级别的风险预控措施。

针对上述风险预控资源投入与控制成效的问题，我们提出了实施安全风险预警的“匹配”（The Match）原则。所谓“匹配”是指安全风险预警级别与采取的风险防控措施的级别的相互匹配，旨在寻求资源投入与安全绩效的最优化匹配组合。实施安全风险预警的“匹配”原则的主要内容是：必须采取与风险预警级别相对应等级的风险防控措施。

依据GB 2893—2001《安全色》、GB/T 2893.1—2004《图形符号 安全色和安全标志 第1部分——工作场所和公共区域中安全标志的设计原则》和GB/T 4025—2003《人-机界面标志标识的基本和安全规则 指示器和操作器的编码规则》，以及我国注册安全工程师安全管理知识教材中对于事故预警机制的介绍，结合安全生产实际情况，我们提出将安全风险预警分为4个预警级别，分别为“Ⅰ”级预警、“Ⅱ”级预警、“Ⅲ”级预警和“Ⅳ”级预警，对应的预警颜色分别用“红色”、“橙色”、“黄色”和“蓝色”的安全色表征；将安全风险预控措施也分为4个防控级别，分别为“高”级预控、“中”级预控、“较低”级预控和“低”级预控，对应的预控颜色同样分别用“红色”、“橙色”、“黄色”和“蓝色”的安全色表征。风险预警级别与风险预控级别的各种“匹配”情况具体分析如下。

① 当风险防控措施等级低于风险预警级别时：这种状态属于“控制不足”的情况。例如，对于“Ⅰ级”的风险预警等级，当采用低于其对应预控级别的“中”、“较低”或“低”级的风险防控措施时，所投入的风险控制资源有限，达不到有效控制风险的绩效，此时生产的安全性不能保证。因此，这种匹配情况在理论上不合理，实际情况也不能接受，故匹配的结果为“不合理、不可接受”。

② 当风险防控措施等级高于风险预警级别时：这种状态属于“控制过量”的情况。例如，对于“Ⅱ级”、“Ⅲ级”或“Ⅳ级”的风险预警等级，如果采用高于其对应预控级别的“高”级风险防控措施时，此时理论上能够有效地控制风险，生产的安全性能够得到保证，这种匹配情况在理论上“可接受”。但是，此时显然造成了资源的过量投入以及浪费，即从实际情况来看，这种匹配结果“不合理”，故匹配的结果为“不合理、可接受”。

③ 当风险防控措施等级对应于风险预警级别时：这种状态属于“当量控制”的情况。例如，对于“Ⅰ级”的风险预警等级，如果采用对应于其预警等级的“高”级风险防控措施，此时理论上能够有效地控制风险，生产的安全性能够得到保证，这种匹配情况在理论上“可接受”；而且，此时资源的投入量为“当量值”，属于“恰好足以有效控制风险”的状态，即从实际情况来看，这种匹配结果“合理”。因此，只有当采取匹配于风险预警等级的相应级别的风险防控措施时，才能够达到资源投入与安全绩效的最优配比，此时的匹配结果为“合理，可接受”。

（2）风险预控实施的方法论。安全风险预控是指安全生产各级部门单位针对安全专业部门发布的预警信息所作出的相应防控级别的风险预控措施。依据上述安全风险预控实施的“匹配”原则，结合安全生产各级部门单位的实际情况，我们提出了安全风险预控实施的“技术+管理”的方法论，从预控的手段及措施类型的角度阐述了各级部门单位风险预控的模式及方法。

安全风险预控实施的“技术+管理”的方法论的主要内容如下。

①“技术”型：指采取一定的技术手段措施来实施安全风险预控。从预控的方法论层面来看，技术型预控方式主要包括如下几种。

a. 系统自动调节预控：由生产作业现场的技术自动监控系统进行生产工艺运行状态风险的自动预控；主要应用于生产作业现场PCS的生产自动控制；其功能作用主要为对生产工艺数据的自动监测，对超过警戒阈值的状态参数进行实时自动调节预控；预控方式通常为自动预控；运作方式为自下而上，由生产作业现场的PCS进行实时自动监控，相关部门实时掌握自动监控状态及信息；预控状态为实时预控；实施部门一般为生产作业现场技术自动控制系统；预控类型属于技术自动型；预控周期通常为短周期或实时预控。

b. 安全及冗余预控：由生产作业现场的装置安全设施或冗余设计系统进行装置设备、生产工艺运行状态或操作岗位风险的自动预控；主要应用于生产作业现场安全装置或冗余设计系统的生产自动控制；其功能作用主要为通过对装置设备、生产工艺运行状态或操作岗位风险的及时预控，起到自动保护的作用；预控方式通常为自动预控；运作方式为自下而上，由生产作业现场的装置安全设施或冗余设计系统进行及时自动控制，相关部门实时掌握自动控制状态及信息；预控状态为实时预控；实施部门一般为生产作业现场安全或冗余技术自动控制系统；预控类型属于技术自动型；预控周期通常为短周期或实时预控。

②“管理”型：指通过管理手段措施来实施安全风险预控。从预控的方法论层面来看，管理型预控方式主要包括如下几种。

a. 定期/随机检查预控：由安全专业部门通过安全风险预警管理信息平台或通过现场方式对生产作业现场的安全生产各项工作进行定期或随机的监督检查型预控；主要应用于安全专业部门的常规或专项安全检查工作；其功能作用主要为通过对生产作业现场风险因素状态或安全风险预警实施状况进行监督检查，起到及时预控的作用；预控方式通常为综合管理预控；运作方式为自上而下，由安全专业部门对生产作业现场进行定期或随机的检查预控；预控状态为动态或静态预控；实施部门一般为安全专业部门；预控类型属于管理人工型；预控周期为定期或随机预控。

b. 风险动态分级预控：由各级部门单位根据安全专业部门通过安全风险预警管理信息平台发布的预警信息，按照评定的预警警级和既定预控职责，采取与自身预警职能相应的动态分级风险预控措施；主要应用于各级部门单位针对风险因素的动态分级预控；其功能作用主要为根据风险因素的预警级别和职责归属，构建各司其职、各尽其责的分级分层立体风险预控体系；预控方式通常为综合管理理预控；运作方式为自上而下，由各级部门单位按照自己的职能责任，采取本职

范围内的风险预控措施；预控状态为动态或实时预控；实施部门一般为安全风险预控各级部门单位；预控类型属于管理自动型；预控周期为短周期预控。

c. 隐患项目预控：由各级部门单位根据安全专业部门通过安全风险预警管理信息平台发布的由生产作业现场预报的设施设备隐患项目预警信息，按照评定的预警警级和既定预控职责，采取与自身预警职能相应的风险预控措施；主要应用于各级部门单位针对隐患项目状态按照职责归属采取分级预控；其功能作用主要为根据隐患项目状态和预控职责归属，由各级部门单位及时采取预控措施；运作方式为自上而下，由各级部门单位按照自己的职能责任，采取本职范围内的隐患预控措施；预控状态为动态或实时预控；实施部门一般为隐患预控各级部门单位；预控类型属于管理人工型；预控周期为短周期或中等周期预控。

d. 作业预申报预控：由安全专业部门利用安全风险预警管理信息平台的自动统计预警功能，对生产作业现场的关键工序作业预申报情况进行及时预控；主要应用于安全专业部门对日常关键工序作业的常规预控；其功能作用主要为通过对生产作业现场待执行的关键工序作业情况的掌握，提前采取措施，有效预控作业风险的作用；预控方式通常为综合专项预控；运作方式为自上而下，由安全专业部门对生产作业现场的关键工序作业进行超前预控；预控状态为动态或静态预控；实施部门一般为安全专业部门；预控类型属于管理自动型；预控周期通常为短周期预控。

e. 作业过程预控：由生产作业现场管理人员通过安全风险预警管理信息平台或通过现场方式，按照操作规程或作业规定，对生产作业现场操作人员的各项常规及特殊作业过程进行实时监管预控；主要应用于生产作业现场的作业过程程序及步骤执行情况的监督管理；其功能作用主要为通过对生产作业现场操作人员作业过程情况的监督及掌握，起到量化操作、步步确认的预控作用；预控方式通常为专项预控；运作方式为自上而下，由生产作业现场管理人员对操作人员的作业过程进行实时监管预控；预控状态为动态或实时预控；实施部门一般为生产作业现场管理层；预控类型属于管理人工型；预控周期为短周期期或实时预控。

安全风险预控实施的方法论及各种预控方法的具体特征描述，如表 9-4 所示。

表 9-4 风险预控实施方法论及特征描述

分类	预控方法	特征描述							
		应用管理对象	功能作用	预控方式	运作方式	预控状态	实施部门	预控类型	预控周期
"技术"型	系统自动调节预控	工艺流程	调节预控	自动预控	自下而上	实时	作业现场	技术自动型	短周期/实时
	安全及冗余预控	通用	保护预控	自动预控	自下而上	实时	作业现场	技术自动型	短周期/实时

续表

分类	预控方法	特征描述							
		应用管理对象	功能作用	预控方式	运作方式	预控状态	实施部门	预控类型	预控周期
"管理"型	定期/随机检查预控	通用	定期预控	综合预控	自上而下	动态/静态	安全部门	管理人工型	定期/随机
	风险动态分级预控	通用	分级预控	综合预控	自上而下	动态/实时	各级部门	管理自动型	短周期
	隐患项目预控	设施设备	报告预控	专项预控	自上而下	动态/实时	各级部门	管理人工型	短周期/中等周期
	作业预申报预控	作业岗位	报告预控	专项预控	自上而下	动态/静态	安全部门	管理自动型	短周期
	作业过程预控	作业岗位	过程预控	专项预控	自上而下	动态/实时	作业现场	管理人工型	短周期/实时

第二节　安全风险管理"三预"方法技术

一体化作为世界范围内高危行业发展的一种趋势，集成度较高的大型企业的发展将会越发迅速。然而，作为具有高危特点的高危行业中的一种生产工艺，生产由于工艺条件苛刻，生产装置大型化、连续化的特点，本身存在许多高危系统，需要通过科学、系统的技术和管理手段来加强对这些高危系统的安全风险的预防及预控，以进一步加强企业的安全生产。

基于我们提出的安全风险预警"三预"理论模式，结合我们研究所依据的企业科研项目课题实际需求，以及通过企业高危系统生产实地调研掌握的实际情况，我们将对"三预"理论模式与企业高危系统生产的实际结合展开详细论述，即风险预报技术、风险预警技术，以及风险预控的方法与技术。

一、风险管理的预报方法技术

1. 生产作业现场安全管理系统基础

根据基于"三预"的企业安全风险预警实施流程（图 9-1），企业生产作业现场风险预报包括两大主体，除了技术自动预报系统外，主要是企业生产作业现场车间人员的人工风险预报。要充分发挥企业安全风险预警人工风险预报的作用，则必须全面掌握企业生产作业现场车间的安全生产管理体系。

（1）车间人员及职能系统。在企业中，一般按照生产方式的不同，可将企业划分为各分厂或大队等生产二级单位；按照具体生产区域及装置种类的不同，又将各生产二级单位划分为各生产车间。各分厂或大队一般都设有相应级别的安全

机构，统管下属各生产车间的安全生产管理。生产车间的人员情况及安全生产主要职责一般为

① 车间主任：对车间安全生产全面负责，组织制订并实施车间安全管理规定以及安全技术操作规程，组织车间、班组安全教育，车间安全检查，以及组织开展各项安全生产活动等。

② 车间书记：主要负责车间党政工作，负责贯彻国家、上级部门关于设备检修、维护保养及施工方面的安全规定、标准，以及车间职工的上岗考试及培训等工作。

③ 车间生产副主任：负责车间安全生产工作，贯彻执行工艺操作纪律和操作规程，及时处理不安全因素、险情及事故等。

④ 车间设备副主任：负责车间设备安全管理，制订有关设备改造方案和编制设备检修计划，组织设备安全检查，及时整改问题，保证设备完好备用。

⑤ 车间工艺技术人员：负责安全生产中的工艺技术工作，确保各项技术工作的安全可靠性，负责对新建、改建、扩建项目及在役生产设施、装备的安全评价以及车间检修、停工、开工安全技术方案的制定。

⑥ 车间设备技术人员：负责车间设备安全管理，编制车间设备操作安全技术规程及管理制度，深入现场检查设备安全运行情况以及对车间职工进行设备安全操作技术知识培训等。

⑦ 车间安全技术人员：负责车间的安全技术工作，负责或参与制订、修订以及检查执行车间有关安全生产管理制度和安全技术操作规程、车间安全技术措施计划和隐患整改方案等。

⑧ 车间综合管理员：全面负责综合管理员岗位的各项工作，掌握及负责车间尘毒、灭火器材、防护器具以及人员正确佩戴安全帽，穿戴合乎要求的工作服等情况。

⑨ 车间班长：全面负责本班组的安全生产，对当班时段内各岗位安全生产操作负全面责任，组织并负责车间各项安全生产规章制度和安全技术操作规程的学习、岗位安全教育、班组安全检查等。

⑩ 车间各操作岗位人员：认真学习和严格遵守各项规章制度，遵守劳动纪律，精心操作，不超温，超压保证设备安全运行，正确分析、判断和处理各种事故苗头，把事故消灭在萌芽状态等。车间各操作岗位人员主要包括如下几种。

a. 车间控制室操作人员：主要在车间控制室内进行键盘操作，具有正确操作，精心维护设备，正确分析、判断和处理风险态等职责。

b. 车间装置现场操作人员：主要在装置现场进行巡检以及各种现场作业操作，具有按时认真进行巡回检查，发现异常情况及时处理和报告等职责。

（2）车间人员常规作业。基于生产的特点，生产现场车间操作人员日常需要执行一些生产常规作业。此外，针对一些特殊装置、工艺以及特殊情况，车间操作人员通常也会有一些特殊作业操作。在实施运行企业安全风险预警体系中，作为预警预控对象需要加强管理的高危系统生产现场常规作业及特殊作业主要包括如下几种。

① 用火作业：在生产中，凡是动用明火或有可能产生火花的一切作业都属于用火管理的范围。包括各种焊接作业、金属切割作业、明火作业以及其他产生火花的作业等。在生产作业现场，用火作业是一项复杂、危险的作业活动，通常建立分级管理的制度。

② 进入受限空间作业：作业人员进入生产中的炉、塔、釜、罐、管道以及装置各种附属设备等封闭、半封闭，作业条件差且多数含有有毒、有害及窒息性介质的设施及场所的操作。

③ 抽堵盲板作业：为了进行必要的检修、用火、进入受限空间等作业，在相关设备处进行对于盲板的加拆作业。

④ 高处作业：凡距离坠落高度基准面 2 米及其以上，有可能坠落的高处进行的作业称为高处作业。高处作业分为特殊高处作业、化工工况高处作业和一般高处作业 3 类。

⑤ 起重吊装作业：采用桥式起重机、门式起重机、装卸桥、缆索起重机、汽车起重机、轮胎起重机、履带起重机、塔式起重机、门座起重机、桅杆起重机、升降机、电葫芦及简易起重设备和辅助用具（如吊篮）等起重机械进行的作业。

⑥ 射线探伤作业：采用 X 射线机或放射性同位素射线探伤机等对装置、设备、管线等进行的射线探伤、拍片检测等作业。

⑦ 动土作业：指在生产厂区内部地面、埋地电缆、电信及地下管道区域范围内，以及交通道路、消防通道上开挖、掘进、钻孔、打桩、爆破等各项破土作业。

⑧ 临时用电作业：临时用电作业一般包括检修、抢修用电，安装施工用电等在正式运行的电源上所接的一切临时用电。在运行的生产装置、罐区和具有火灾爆炸危险场所内一般不允许接临时电源，确属生产必须时，先按照规定办理“用火作业许可证”，再办理“临时用电作业许可证”。

⑨ 一般施工作业：在生产区域内进行新建、改扩建、检修、维修等施工作业项目。包括在生产作业区域进行建筑施工、装置维修、机泵仪表维修、设备防腐、管线保温、场地清理、绿化、检修或抢修设备的首次拆卸和最后安装等各种作业。生产区域包括企业的生产装置、罐区、油库、液化气和油品充装站台、爆炸物品库等生产装置和要害部位。进入生产装置进行一般作业，需办理“进入生产区域一般作业许可证”。

⑩ 检修作业：生产操作现场车间的检修作业一般包括如下几种。

a. 日常检修：在装置正常运行状况下的日常检修，如通过备用设备的更替来实现对故障设备的维修。

b. 计划检修：根据设备的管理、使用经验和生产规律进行的计划检修，根据检修内容、周期和要求的不同，又可分为小修、中修和大修。

c. 计划外检修：生产过程中设备突然发生故障或事故，必须进行不停车或

停车的临时检修。

（3）安全生产管理文件体系。由于行业自身的高危特点，行业的安全生产管理的各种体系及程序文件系统已经较完善且成熟，结合我们的实际课题需求，通过实际企业的实地调研及资料研究，目前企业中与企业安全风险预警相关的安全生产管理文件体系以如下形式存在。

① 公司级

a. 公司级 HSE/QHSE 体系程序文件及作业文件。

b. 公司级安全管理规定（公司级安全生产责任制，安全检查审核管理规定，防火、防毒、卫生安全管理规定，特种设备管理规定，关键装置和要害部位安全管理规定，应急通信、事故管理、安全检修、突发事件信息报送等公司级管理规定）。

c. 公司级应急预案（防汛、地震、大风、雪灾等自然灾害）。

d. 公司级作业安全规定（采样、动土、用火、高处作业、检维修施工、临时用电、进入受限空间等公司级作业安全规定）。

② 生产二级单位（分厂级、大队级）

a. 安全生产责任制。

b. 地面工程技术管理档案（安全部分、电气部分、工艺部分、仪表部分）。

c. 事故应急预案。

d. 作业计划指导书。

③ 车间及岗位级

a. 车间级安全生产责任制。

b. 车间级装置应急预案。

c. 装置操作规程。

d. 车间级各操作岗位操作卡。

e. 车间级 HSE 台账（岗位风险管理台账、重大危险源台账、设备设施台账、特种设备台账、人力资源台账、隐患台账、消防设施台账、特种设备操作人员台账、危险化学品台账等）。

f. 装置大事记。

g. 车间级作业计划指导书。

2. 风险预报的方法与技术

依据企业安全风险预报的“3R”原则和“自动＋人工”的方法论，参照表9-2“风险预报实施方法论及特征描述”，企业安全风险预报实施的执行主体包括企业生产作业现场、企业各级部门单位以及安全风险预警管理信息平台，其中以企业生产作业现场为安全风险预报的主要机构。从安全风险预报的方法来看，企业生产作业现场的风险预报方法主要为现场监控技术自动预报和现场作业人员人工预报；企业各级部门单位的风险预报方法为部门管理人员专业预报；安全风险预警管理信息平台的风险预报方法为信息管理系统自动预报。

按照执行主体的不同，企业安全风险预报的方法包括企业生产作业现场安全风险预报、企业各级部门单位安全风险预报以及安全风险预警管理信息平台自动预报。

① 企业生产作业现场安全风险预报：企业生产作业现场的安全风险预报的方式主要有现场监控技术自动预报和现场作业人员人工预报两种方式。

a. 现场监控技术自动预报：主要是生产作业现场车间的自动控制系统进行生产数据的实时监控，包括生产现场 PCS 层的 DCS、PLC、FCS 或 SCADA 系统，企业生产风险预警管理信息系统平台通过共享生产执行层 MES 的实时数据进行生产作业现场生产实时数据的自动风险报警。

b. 现场作业人员人工预报：是企业安全风险预警的重要部分，也是安全风险人工预报的主要部分。主要指高危系统生产作业现场车间的操作人员按照安全风险预报角色，通过企业安全风险预警管理信息平台进行相应职能的安全风险预报。按照风险预报角色的不同，现场作业人员人工预报主要包括以下方式。

a）主预报员：企业生产作业现场车间的各岗位主操（或者称为主岗）。在企业实际生产中，主操/主岗主要在车间控制室内进行键盘操作。在安全风险预报过程中，各岗位主操/主岗作为主预报员角色，按照相应的安全风险预报实施办法，在车间控制室内通过计算机终端直接登陆访问企业办公网的安全风险预警管理信息平台进行安全风险实时预报工作。

b）副预报员：企业生产作业现场车间的各岗位副操（或者称为副岗）以及车间工艺技术员、设备技术员和安全技术员。在企业实际生产中，副操/副岗主要在装置现场进行各种实地作业操作；工艺技术员、设备技术员和安全技术员分别对车间的工艺流程、设施设备以及安全进行综合管理。在安全风险预报过程中，各岗位副操/副岗以及车间工艺技术员、设备技术员和安全技术员作为副预报员角色，按照相应的安全风险预报实施办法，通过告知、协作等方式辅助主操/主岗进行安全风险实时预报工作。

c）预报监管员：企业生产作业现场车间的设备副主任、工艺副主任、综合员以及车间班长。在企业实际生产中，车间设备副主任和工艺副主任主要对车间的设施设备和工艺流程的安全状况进行监督管理；车间综合员全面负责综合管理员岗位的各项工作；车间班长全面负责本班组的安全生产；在安全风险预报过程中，车间的设备副主任、工艺副主任、综合员以及班长作为预报监管员角色，按照相应的安全风险预报实施办法，在生产车间或装置现场，或通过安全风险预警管理信息平台，监督管理生产作业现场车间的安全风险实时预报工作。

② 企业各部门安全风险预报：主要是企业各职能部门（如生产运行处、机动设备处、科技信息处等）的风险预报人员。在企业实际生产中，企业各职能部门主要对各生产装置车间进行各种辅助支持；在安全风险预报过程中，企业各职能部门作为协同预警预控管理员角色，同样具有一定的风险预报职能，按照相应的安全风险预报实施办法，通过计算机终端直接登陆访问企业办公网的安全风险预警管理信息平台，对各类风险因素状态、安全指令、风险预控效果、风险状态

趋势等进行人工的专业安全风险预报。

③ 风险预警信息平台系统自动预报：由企业安全风险预警管理信息系统平台通过后台程序设定来完成的系统自动安全风险状态趋势预报。主要针对系统设定的定期风险因素，以及系统一定运行周期的风险状态趋势进行自动分析预报。在搭建企业安全风险预警管理信息系统平台运行环境时，通常其服务器置于企业安全环保部门或企业信息中心，在实际实施运行企业安全风险预警管理信息系统平台时，由这两个部门共同完成对系统的管理维护和升级工作。

3. 风险预报的岗位职能结构

针对上述高危系统安全风险预报的方法和技术，结合企业安全生产管理的实际情况和需求，我们提出高危系统安全风险预报各部门岗位及职能结构（参见表 9-5）。

表 9-5　高危系统安全风险预报各部门岗位及职能

预报职能机构	风险预报方式	预报角色	企业实际部门	企业实际岗位	预警职能	预报操作
企业生产作业现场	现场监控技术自动预报	技术系统	车间	车间自动控制系统	生产自动预报	数据共享预报
	现场作业人员人工预报	主预报员		主操/主岗	预报操作	登陆预报
		副预报员		副操/副岗、工艺技术员 设备技术员、安全技术员	辅助预报	预报辅助 登陆查看
		预报监管员		设备/工艺副主任、综合员、班长	预报监管	预报监管 登陆查看
企业各级部门单位	部门管理人员专业预报	协同管理员	生产运行处 机动设备处 科技信息处等	生产运行处、机动设备处、科技信息处等风险预报人员	协同安全风险预报及管理	安全风险预报及管理
		统筹决策综合管理员	企业领导部门	企业领导	宏观综合管理	状况查看 指令发布
安全风险预警平台	信息管理系统自动预报	系统自身	企业信息中心	企业信息中心安全风险预警平台服务器	系统自身预报	系统后台程序自动预报

4. 风险预报的模式及流程

依据企业安全风险预报实施的“3R”原则和“自动＋人工”的方法论，按照上述高危系统安全风险预报各部门岗位及职能结构，并结合企业安全生产管理的实际情况和需求，我们提出高危系统安全风险预报实施流程。按照安全风险预报的类型，安全风险预报可包括如下方式（高危系统安全风险预报实施流程如图

9-3所示）。其中，具体的预报方法类型描述参见风险预报实施的方法论内容。

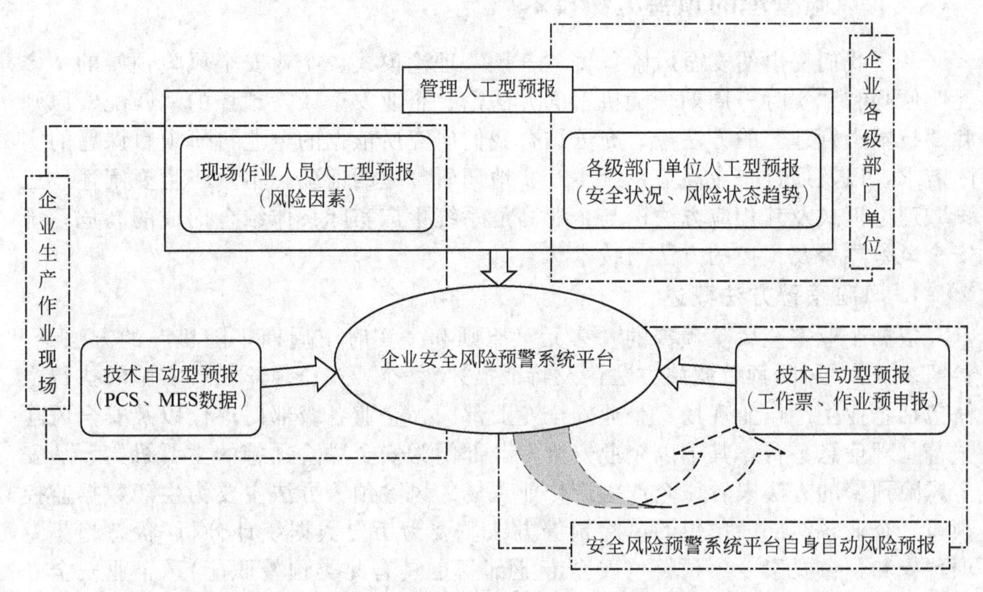

图9-3　高危系统安全风险预报实施流程简图

（1）技术自动型预报。主要包括如下几种。

a. 现场监控技术自动预报：由企业生产作业现场的自动监测及监控装置设施（PCS、MES）来完成对风险因素的自动预报；主要应用于设施设备（点）和工艺流程（线）的风险预报；其功能作用主要为对生产装置关键部位、关键点，以及重要工艺流程参数的风险因素自动预报。

b. 安全风险预警管理信息平台自动预报：由企业安全风险预警管理信息系统平台来完成对工作票以及作业预审报情况等的自动风险预报；主要应用于设施设备（点）、工艺流程（线）和作业岗位（面）的风险预报；其功能作用主要为根据系统设定的作业风险因素管理信息，对某些固定格式或程序的工作票（作业票）以及作业预审报信息等进行分析及自动风险预报。

（2）管理人工型预报。主要包括如下几种。

a. 现场作业人员人工预报：由企业生产作业现场的各操作人员以及相关管理人员来完成对风险因素的人工预报；主要应用于设施设备（点）、工艺流程（线）和作业岗位（面）的风险预报；其功能作用主要为对各装置系统、各类管理对象所有风险因素的人工预报。

b. 企业各级部门单位风险预报：由企业各职能部门（生产运行处、机动设备处、科技信息处等）依托企业安全风险预警管理信息平台对各类风险因素状态、安全指令、风险预控效果、风险状态趋势等进行人工的专业预报；主要应用于设施设备（点）、工艺流程（线）和作业岗位（面）的风险预报；其功能作用主要为各级部门单位根据企业安全生产的各种实际需求进行风险专业预报。

二、风险管理的预警方法技术

基于我们提出的安全风险预警“三预”理论模式、企业安全风险预警的“多元”原则和“实时＋周期＋随机”的方法论、企业安全风险预控的“匹配”原则和“技术＋管理”的方法论，充分结合我们研究所依据的企业科研项目课题的实际需求，以及通过企业高危系统生产实地调研掌握的情况，本章将主要阐述“三预”理论模式及其相应方法论与企业高危系统生产实际具体结合而成的高危系统安全风险预警及预控的方法与技术。

1. 风险预警方法概述

依据企业安全风险预警的“多元”原则和“实时＋周期＋随机”的方法论，参照表9-3“风险预警实施方法论及特征描述”，企业安全风险预警实施的执行主体包括企业生产作业现场、企业安全专业部门、企业各级部门单位以及安全风险预警管理信息平台，其中以企业安全专业部门为安全风险预警的主要机构。从安全风险预警的方法来看，企业生产作业现场的风险预警方法主要为生产数据监控预警；企业各级部门单位的风险预警方法主要为历史数据统计分析-状态趋势专项预警和预警要素专项预警（安全专业部门也具有此类预警职能）；企业安全专业部门的风险预警方法包括环境异常状态预警、隐患项目状态预警、关键工序作业预警、风险因素状态预警、风险类型-频率预警、风险级别-频率预警、责任/关注分析预警、风险部位分析预警、预警级别分析预警、管理对象分析预警以及风险属性分析预警；企业安全风险预警管理信息平台的风险预警方法主要为系统自动提示预警。

按照执行主体的不同，企业安全风险预警的方法包括企业生产作业现场安全风险预警、企业各级部门单位安全风险预警、企业安全专业部门安全风险预警以及安全风险预警管理信息平台系统自动预警。

2. 生产作业现场安全风险预警

企业生产作业现场的安全风险预警主要利用装置车间现场PCS各种系统的生产实时监控数据技术进行自动风险预警。在安全风险预警体系实施运行过程中，生产作业现场车间的自动控制系统（DCS、PLC、FCS或SCADA系统等）的实时监控生产数据直接（或者通过企业生产执行层MES后）传输给安全风险预警管理信息平台的动态数据库，通过安全风险预警管理信息平台后台的风险评价模型及算法，自动以各种预警等级的形式呈现出来，直接输出各种预警信息，完成企业生产作业现场生产实时监控数据的自动风险预警。

3. 企业相关部门安全风险预警

企业各级部门单位包括企业领导部门和各职能部门。在企业安全风险预警体系中，企业领导部门作为统筹决策综合管理员的角色，主要具有状态查看和安全指令发布的职能；具有较直接明确预警职能的是作为协同管理员角色的企业各职能部门，其本身具有安全风险预报、预警及预控的职能，以及相应的协同“三预”管理职能。从风险预警的方法来看，企业各职能部门风险预警的方法主要包括：

（1）历史数据统计分析-状态趋势专项预警。企业各职能部门（生产运行处、机动设备处、科技信息处等）的安全风险预警相关人员通过安全风险预警管理信息平台操作，选取一定周期、特定对象的安全风险预报、预警及预控历史记录情况进行统计分析，由安全风险预警管理信息平台的相应模型及算法自动分析出企业一定周期的安全风险状态及趋势状况，完成相应的安全风险状态及趋势的管理自动型预警。

（2）预警要素专项预警。企业各职能部门（生产运行处、机动设备处、科技信息处等）的安全风险预警相关人员通过安全风险预警管理信息平台操作，针对特定对象的若干预警要素（如定期检验、定期检修、限期整改等），由安全风险预警管理信息平台的设定程序自动完成相应的安全风险预警要素的管理自动型预警。

4. 安全专业部门安全风险预警

企业安全专业部门包括企业安全机构以及企业生产二级单位的安全机构。作为企业安全风险预警体系风险预警的主要部门，承担着对所有的管理型风险预警信息进行发布的职责。从风险预警的方法来看，企业安全专业部门除了同样具有上述各级部门单位的历史数据统计分析-状态趋势专项预警和预警要素专项预警的职能外，还包括环境异常状态预警、隐患项目状态预警、关键工序作业预警、风险因素状态预警、风险类型-频率预警、风险级别-频率预警、责任/关注分析预警、风险部位分析预警、预警级别分析预警、管理对象分析预警以及风险属性分析预警等风险预警方法。在企业实施运行安全风险预警的过程中，按照风险预警角色的不同，企业安全专业部门人员管理型风险预警主要包括以下方式：

（1）主预警员。企业安全环保处安全科长和分厂安全环保处安全员。在企业实际生产中，企业安全环保处安全科长主要负责企业各项安全生产工作；分厂安全环保处安全员主要负责该二级单位及下属所有车间的各项安全生产工作。在企业安全风险预警过程中，企业安全环保处安全科长和分厂安全环保处安全员作为主预警员角色，按照相应的安全风险预警实施办法，通过计算机终端直接登陆访问企业办公网的安全风险预警管理信息平台进行安全风险适时预警工作。

（2）预警监管员。企业安全环保处安全副处长和分厂安全环保处安全副总监。在企业实际生产中，企业安全环保处安全副处长主要负责监督管理企业安全环保部门工作及企业各项安全生产工作；分厂安全环保处安全副总监主要负责监督管理该二级单位及下属所有车间的各项安全生产工作。在企业安全风险预警过程中，企业安全环保处安全副处长和分厂安全环保处安全副总监作为预警监管员角色，按照相应的安全风险预警实施办法，在主预警员操作现场或通过安全风险预警管理信息平台，对主预警员的安全风险适时预警工作进行监督管理。

5. 风险预警信息平台系统自动预警

企业安全风险预警管理信息系统平台自动预警主要为将各种状态信息、安全指令等按照信息或指令所包含的预警责任部门及关注部门的信息，发布给相应的企业各级部门，主要针对各种短周期/实时的风险因素及状态信息或安全指令等，进行系统自动提示的技术自动型安全风险预警。

6. 风险预警的岗位职能结构

针对上述高危系统安全风险预警的方法和技术，结合企业安全生产管理的实际情况和需求，我们提出高危系统安全风险预警各部门岗位及职能结构（参见表9-6）。

表 9-6　高危系统安全风险预警各部门岗位及职能

预警职能机构	风险预警方式	预警角色	企业实际部门	企业实际岗位	预警职能	预警操作
企业生产作业现场	生产数据监控预警	技术系统	车间	车间 PCS 自动监控系统	数据监控预警	共享数据预警
企业安全专业部门	环境异常状态预警；隐患项目状态预警；关键工序作业预警；风险因素状态预警；风险类型-频率预警；风险级别-频率预警；责任/关注分析预警；风险部位分析预警；预警级别分析预警；管理对象分析预警；风险属性分析预警	主预警员	企业安全环保处 分厂安全环保处	企业安全环保处安全科长 分厂安全环保处安全员	预警操作	登陆预警 预警查看
		预警监管员		企业安全环保处安全副处长 分厂安全环保处安全副总监	预警监管	预警监管 登陆查看
企业各级部门单位	历史数据统计分析-状态趋势专项预警；预警要素专项预警；（企业安全专业部门也具有上述两项预警职能）	协同管理员	生产运行处 机动设备处 科技信息处等	生产运行处、机动设备处、科技信息处等风险预警人员	协同安全风险预警及管理	安全风险预警及管理
		统筹决策综合管理员	企业领导部门	企业领导	宏观综合管理	状况查看 指令发布
安全风险预警平台	系统自动提示预警	系统自身	企业信息中心	企业信息中心安全风险预警平台服务器	系统自身预警	系统后台程序自动预警

7. 风险预警的模式及流程

依据企业安全风险预警实施的“多元”原则和“实时+周期+随机”的方法论，按照上述高危系统安全风险预警各部门岗位及职能结构，并结合企业安全生产管理的实际情况和需求，我们提出高危系统安全风险预警实施流程。按照安全风险预警的类型，安全风险预警可包括如下方式（高危系统安全风险预警实施流程如图 9-4 所示）。其中，具体的预警方法类型描述参见风险预警实施的方法论部分。

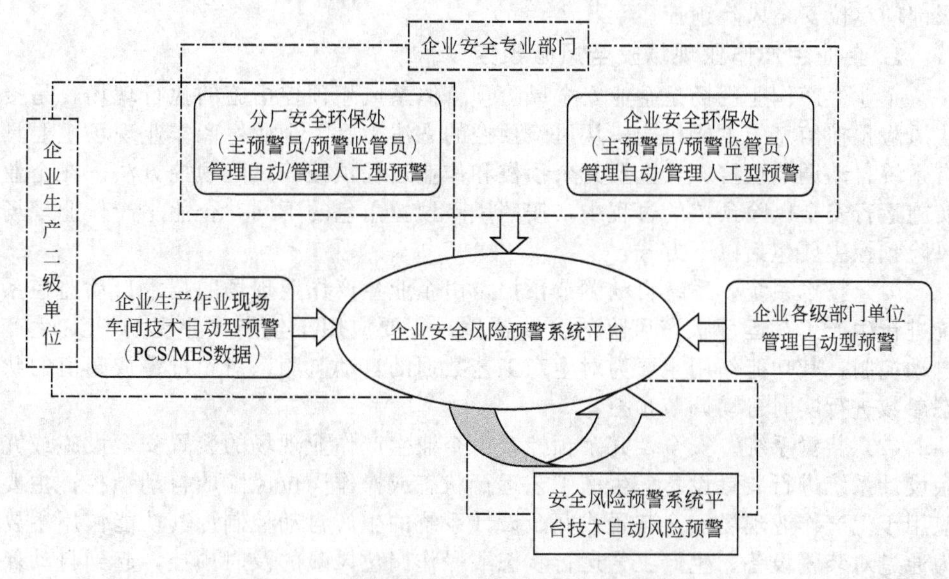

图 9-4　高危系统安全风险预警实施流程简图

（1）技术自动型预警。主要包括：企业生产作业现场车间技术自动型预警和安全风险预警系统平台技术自动风险预警；

（2）管理自动型预警。主要包括如下几种。

a. 企业各级部门单位管理自动型预警：包括历史数据统计分析-状态趋势专项预警和预警要素专项预警；

b. 企业安全环保处/分厂安全环保处管理自动型预警：包括关键工序作业预警、风险因素状态预警、风险类型-频率预警、风险级别-频率预警、历史数据统计分析-状态趋势专项预警和预警要素专项预警。

（3）管理人工型预警。主要为企业安全环保处/分厂安全环保处管理人工型预警，包括环境异常状态预警、隐患项目状态预警、责任/关注分析预警、风险部位分析预警、预警级别分析预警、管理对象分析预警和风险属性分析预警。

三、风险管理的预控方法技术

依据企业安全风险预控的“匹配”原则和“技术+管理”的方法论，企业安全风险预控实施的执行主体包括企业生产作业现场、企业安全专业部门和企业各

级部门单位，其中以企业各级单位为安全风险预控的主要机构。从安全风险预控的方法来看，企业生产作业现场的风险预控方法主要为系统自动调节预控、安全及冗余预控以及作业过程预控；企业各级部门单位的风险预控方法主要为风险动态分级预控和隐患项目预控；企业安全专业部门的风险预控方法主要为定期/随机检查预控和作业预审报预控。按照执行主体的不同，企业安全风险预控的方法包括企业生产作业现场安全风险预控、企业安全专业部门安全风险预控和企业各级部门单位安全风险预控。

1. 企业生产作业现场安全风险预控

企业生产作业现场是企业安全风险预警体系风险预控措施的执行现场，是接收风险预控信息的主要机构。从风险预控的方法来看，企业生产作业现场主要具有系统自动调节预控、安全及冗余预控和作业过程预控等风险预控方法。在企业实施运行安全风险预控的过程中，按照风险预控角色的不同，企业生产作业现场风险预控主要包括以下方式：

（1）技术系统。系统自动调节预控，由企业生产作业现场的技术自动监控系统进行生产工艺运行状态风险的自动预控；主要应用于生产作业现场 PCS 生产自动控制；其功能作用主要为对生产工艺数据的自动监测，对超过警戒阈值的状态参数进行实时自动调节预控。

（2）装置系统。安全及冗余预控，由企业生产作业现场的装置安全设施或冗余设计系统进行装置设备、生产工艺运行状态或操作岗位风险的自动预控；主要应用于生产作业现场安全装置或冗余设计系统的生产自动控制；其功能作用主要为通过对装置设备、生产工艺运行状态或操作岗位风险的及时预控，起到自动保护的作用。

（3）主预控员。车间主操/主岗、副操/副岗或安全技术员。在安全风险预控过程中，承担直接操作执行现场作业过程风险预控的职能。对各项常规及特殊作业要求，按照操作规程或作业规定进行直接作业操作，同时接受副预控员的监督和管理。

（4）副预控员。车间工艺/设备副主任、班长、工艺技术员或设备技术员。在安全风险预控过程中，承担预控辅助和协同主预控员进行现场作业过程风险预控的职能。车间工艺/设备副主任、班长、工艺技术员或设备技术员通过安全风险预警管理信息平台或通过现场方式，按照操作规程或作业规定，对生产作业现场车间主操/主岗、副操/副岗或安全技术员的各项常规及特殊作业过程进行实时监管预控，起到量化操作、步步确认的预控作用。

2. 企业安全专业部门安全风险预控

企业安全专业部门包括企业安全机构以及企业生产二级单位的安全机构。作为企业安全风险预警体系风险预控的主要监督部门，承担着预控监督员的角色，具有监督管理企业所有安全风险预控执行状况的职能。从风险预控的方法来看，企业安全专业部门的风险预控方式主要包括定期/随机检查预控和作业预申报预控：

（1）定期/随机检查预控。企业安全环保处安全科长和分厂安全环保处安全员通过安全风险预警管理信息平台或通过现场方式对生产作业现场的安全生产各项工作进行定期或随机的监督检查型预控；主要应用于企业安全专业部门的常规或专项安全检查工作；其功能作用主要为通过对生产作业现场风险因素状态或安全风险预警实施状况进行监督检查，起到及时预控的作用。

（2）作业预申报预控。企业安全环保处安全科长和分厂安全环保处安全员利用安全风险预警管理信息平台的自动统计预警功能，对生产作业现场的关键工序作业预申报情况进行及时预控；主要应用于企业安全专业部门对企业日常关键工序作业的常规预控；其功能作用主要为通过对生产作业现场待执行的关键工序作业情况的掌握，提前采取措施，有效预控作业风险的作用。

3. 企业相关部门安全风险预控

企业各级部门单位包括企业领导部门以及企业各职能部门（生产运行处、机动设备处、科技信息处等）。作为企业安全风险预警体系风险预控的主要部门，承担着对所有的安全风险发布相应的预控指令和协同监督管理安全风险预控的职责。在企业实施运行安全风险预控的过程中，企业各级部门单位的风险预控角色主要为：企业领导部门作为统筹决策综合管理员，具有风险预控状况查看以及预控指令发布的职能；具有较直接明确预控职能的是作为协同管理员的企业各职能部门，其本身具有安全风险预报、预警及预控的职能，以及相应的协同“三预”管理职能。从风险预控的方法来看，企业各职能部门风险预控的方法主要包括风险动态分级预控和隐患项目预控：

（1）风险动态分级预控。由企业各职能部门（生产运行处、机动设备处、科技信息处等）的安全风险预控人员根据安全专业部门通过安全风险预警管理信息平台发布的预警信息，按照评定的预警警级和既定预控职责，采取与自身预警职能相应的动态分级风险预控措施；主要应用于企业各职能部门针对风险因素的动态分级预控；其功能作用主要为根据风险因素的预警级别和职责归属，构建各司其职、各尽其责的分级分层立体风险预控体系。

（2）隐患项目预控。由企业各职能部门（生产运行处、机动设备处、科技信息处等）的安全风险预控人员通过安全风险预警管理信息平台发布的由生产作业现场预报的设施设备隐患项目预警信息，按照评定的预警警级和既定预控职责，采取与自身预警职能相应的风险预控措施；主要应用于企业各职能部门针对隐患项目状态按照职责归属采取分级预控；其功能作用主要为根据隐患项目状态和预控职责归属，由各级部门单位及时采取预控措施。

针对上述高危系统安全风险预控的方法和技术，结合企业安全生产管理的实际情况和需求，我们提出高危系统安全风险预控的各部门岗位及职能结构，如表9-7所示。

表 9-7　高危系统安全风险预控各部门岗位及职能

预报职能机构	风险预控方式	预控角色	企业实际部门	企业实际岗位	预警职能	预控操作
企业生产作业现场	系统自动调节预控	技术系统	车间	车间自动调节系统	生产自动预控	自动调节装置作用
	安全及冗余预控	装置设施		车间装置安全设计 安全设施及设备	装置自动预控	安全及冗余装置作用
	现场作业过程预控	主预控员		主操/主岗 副操/副岗 安全技术员	预控执行	预控操作
		副预控员		工艺/设备副主任，班长 工艺技术员，设备技术员	辅助预控	预控辅助协同预控
企业安全专业部门	定期/随机检查预控作业预申报预控	预控监督员	企业安全环保处 分厂安全环保处	企业安全环保处安全科长 分厂安全环保处安全员	预控监督	监督管理风险预控执行状况
企业各级部门单位	风险动态分级预控 隐患项目预控	协同管理员	生产运行处 机动设备处 科技信息处等	生产运行处、机动设备处、科技信息处等风险预控人员	协同安全风险预控及管理	安全风险预控及管理
		统筹决策综合管理员	企业领导部门	企业领导部门	宏观综合管理	状况查看指令发布

4. 风险预控的模式及流程

依据企业安全风险预控实施的"匹配"原则和"技术＋管理"的方法论，按照上述高危系统安全风险预控各部门岗位及职能结构，并结合企业安全生产管理的实际情况和需求，我们提出高危系统安全风险预控的实施流程。按照安全风险预控的类型，安全风险预控可包括如下方式。高危系统安全风险预控实施流程，如图 9-5 所示。其中，具体的预控方法类型描述参见风险预控实施的方法论部分内容。

(1) 技术自动型预控。包括企业生产作业现场的系统自动调节预控和安全及冗余预控。

(2) 管理自动型预控。主要包括：①企业安全专业部门：作业预申报预控；②企业各级部门单位：包括风险动态分级预控和隐患项目预控。

(3) 管理人工型预控。主要包括：①车间作业现场：车间作业过程预控；②企业安全专业部门：定期/随机检查预控。

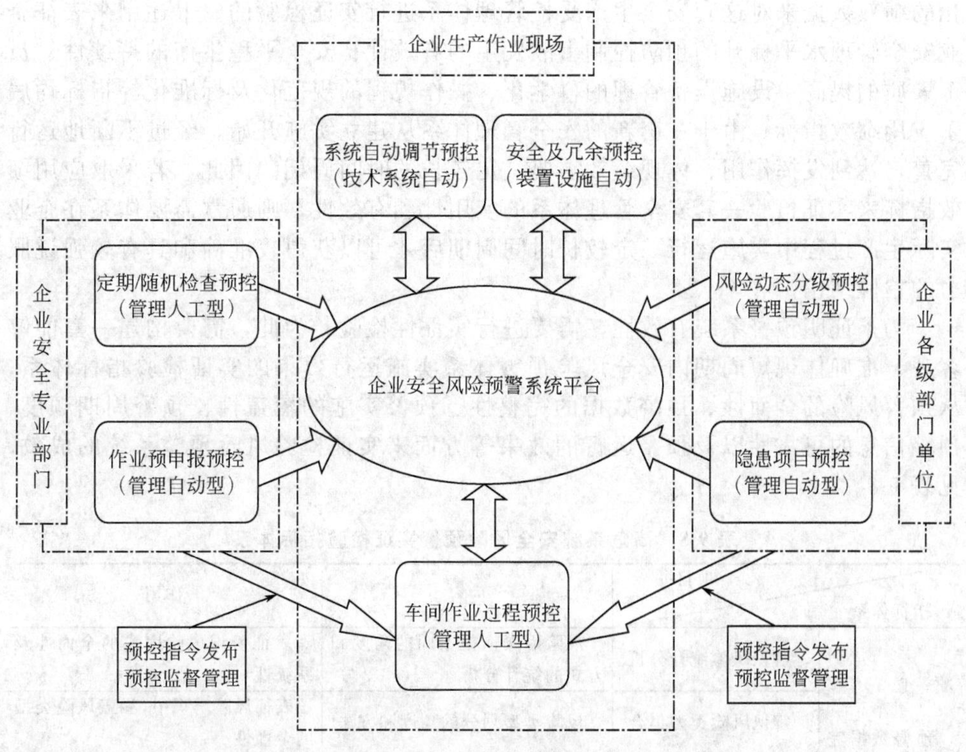

图 9-5　高危系统安全风险预控实施流程简图

四、安全风险预警管理实证检验方法

1. 安全风险预警实证研究检验的作用与要求

根据我们研究的实际课题要求，先后在生产中的油气初加工系统和石油催化裂化系统进行了安全风险预警系统的建立及试运行研究。本章主要通过选取构建一套能够客观、准确体现安全风险预警体系实施运行效果的实证检验指标体系，再依据课题在上述高危系统的安全风险预警研究的实际情况，对本章所研究的高危系统安全风险预警理论和方法论体系进行实证检验研究。

我们研究的主要内容是针对高危系统安全风险预警的理论和方法，从企业实际应用的角度来看，主要是一整套风险预警及预控的方法、技术、规定及办法、机制及模式体系等，并依托所开发的安全风险预警信息管理系统软件平台为载体实施运行。对于这种研究成果的实证检验，通常是以实际应用的绩效来衡量的。如对于中石油大连西太平洋石油化工有限公司的安全生产受控管理体系的效果评价，是从该公司实现了 2000 年以来各项经济技术指标都有很大进步；能耗、加工损失率、现金加工费等重要指标达到国内同行业先进水平；实现了生产装置、设施设备两个“三年一修”长周期运行目标；连续 9 年安全生产无上报事故等量

化的绩效数据来对这套安全生产受控管理体系进行实证检验的。上述用来表征企业安全管理水平提升的预防控制事故发生的有效性、安全平稳生产的持续性、员工素质的提高、设施设备管理的科学化、操作规程的规范化及标准化等指标均属于应用绩效指标。由于一套新的安全管理体系从建立实施开始，经过不断地运行完善，达到发挥作用、体现绩效需要一定较长的时间周期。因此，若采取应用绩效指标来实证检验一套安全管理体系的实用性和有效性，则通常需要体系在企业实际生产过程中实施运行一定较长时间周期后才可以获得较准确和具有较强说服力的检验结论。

为了证明预警系统有效性，需要进行实证性检验。为此，需要构建一套能够客观、准确体现短周期内安全风险预警体系实施运行效果的实证检验指标体系，从预警风险的全面性、预警数据的完整性、预警实施的覆盖性、预警周期频度、预警信息的可靠性以及预警运行的效果等方面来实证检验风险预警系统的成效，见表 9-8。

表 9-8　高危系统安全风险预警实证检验指标体系

指标体系	项目	内容	作用
预警数据完整性指标	辨识风险统计分析	风险因素依据不同的角度和方式的统计分析	表征辨识风险因素的全面性及系统性
	辨识风险类型集合	风险类型划分的角度和方法	表征风险辨识中，涵盖风险类型的全面性
	风险级别-数目分布规律	不同风险级别的风险因素数目统计分布规律	表征风险因素辨识的完整性及科学性
	预警数据库的结构	风险预警数据库的结构、字段情况	表征风险因素管理的系统性及完整性
预警实施覆盖性指标	预警实施的广度	企业实施风险预警的横向覆盖范围	表征预警系统在企业的横向覆盖范围
	预警实施的深度	企业实施风险预警的纵向深度概况	表征预警系统在企业的纵向覆盖深度
预警信息可靠性指标	预警执行的周期及频度	风险预警执行的各种周期及频率情况	表征风险预警执行的实时性和可靠性
	警级评定的模式及方法	风险预警级别评定的模式及方法	表征风险预警信息的科学性和准确性
	预警操作的机制及方式	预报、预警及预控具体操作的机制及方式	表征风险预警操作的准确性和可靠性
预警运行效果定性指标	预警的效果及作用	企业实施风险预警的效果及作用	定性表征企业实施风险预警的效用
	预警效用对比分析	企业实施风险预警前后安全生产层面的比较	对比分析企业实施风险预警前后状况
	预警实施运行流程	企业结合自身实际，实施风险预警的流程	表征企业实际实施风险预警的流程程序

2. 预警数据完整性指标

如前所述，我们研究的高危系统安全风险预警理论和方法体系是建立在前期风险管理的单元划分、风险辨识、风险分析及评价等关键技术成果之上的，其核心是基于“三预”的安全风险预警的机制、模式及相应的方法技术。因此，单元划分、风险辨识、风险评价及分析成果是衡量风险预警的基本属性的重要因素。预警风险的全面性主要包括风险辨识单元划分模式、辨识风险类型涵盖情况以及对辨识出的所有风险的统计及分析等3个方面。

(1) 辨识风险统计分析。我们所研究的安全风险预警理论和方法技术体系对管理对象的单元划分均采用的是“点、线、面”的模式。辨识风险统计分析系指对于按照上述单元划分模式以及采用一定的风险辨识方法辨识出的所有风险因素，依据不同的角度和方式（辨识单元、风险属性、风险级别等）进行统计分析，考察风险辨识的全面性和系统性。

(2) 辨识风险类型集合。辨识风险类型集合系指风险辨识所针对的风险类型集合及其所有元素，也即风险类型划分的角度和方法。依据不同的分类角度和原则，风险可有不同的分类方式，为了保证辨识的全面性，需要综合采用多种不同的分类方式及方法，同时又要避免其中的重复及交叉。我们需求课题研究过程中，风险辨识所选取的风险类型集合均为第六章第二节所述的风险类型集合的子集，根据课题需求和管理对象实际情况选取相适合的风险类型组合分别与3类管理对象进行匹配。

(3) 风险级别-数目分布规律。风险级别-数目分布规律系指对每个管理对象（高危系统）风险辨识出的所有风险因素，按照评价的风险级别来统计风险因素的数目情况，考察各个风险级别的数目分布规律。根据行业安全生产的实际特点以及人员的风险敏感程度，辨识风险因素的级别-数目统计应该呈现“正置三角形”、“倒置三角形”或“橄榄球形”的规律性分布。根据风险级别-数目统计的分布规律情况，可以考察风险辨识的完整性和科学性。

(4) 预警数据库的结构。对于辨识出的所有风险因素，在安全风险预警系统构建过程中，需要建立一套完善的风险因素信息数据库，对每条风险因素的名称、存在部位、起因、现状描述、可能后果、识别方法、预防措施、控制手段、风险等级、属性特征、责任归属、关注层面等所有相关信息进行详细、准确、系统的管理，为风险预警实施运行提供必要支持。预警数据库的结构表征了对每条风险的所有预警相关信息记录的全面性，从数据库的字段模式上能够客观反映出安全风险预警数据的系统性和完整性。

3. 预警实施覆盖性指标

预警实施覆盖性指标系指企业实际实施运行安全风险预警系统所涉及的范围和层面。这里所谓的范围和层面，可以指物质上的各区域生产装置以及设施设备，也可包括人员上所涵盖的各级、各部门组织机构人员。对于企业不同的部门以及不同的人员，其自身对具体实施运行安全风险预警系统的需求程度，及其在

安全风险预警系统中的具体权责和角色均各异。因此，安全风险预警系统对其可以是强制性的也可以是推荐性的，这主要由企业实际需求以及相关的规定办法来约束。不论是强制性的还是推荐性的，安全风险预警理体系的实用性、适用性以及可操作性等均能影响各部门及人员对其的使用情况。因此，预警实施的覆盖性指标不仅可以体现出企业主观上对建立实施运行安全风险预警系统的需求和依赖程度，还可以通过企业实际参与到安全风险预警系统的覆盖面情况从客观上反映出安全风险预警系统的实用性、适用性以及可操作性。预警实施的覆盖性具体可从以下两个方面考察：

(1) 预警实施的广度。预警实施的广度系指横向上企业实施运行安全风险预警系统所涉及范围的覆盖面积。主要从地域及横向覆盖面情况进行考察，包括覆盖职能部门、生产二级单位、车间、装置、技术监控点等方面。

(2) 预警实施的深度。预警实施的深度系指纵向上企业实施运行安全风险预警系统所涉及纵深的层次情况。主要从企业管理职能结构层次方面进行考察，包括覆盖的各个管理层面、计划层面、执行层面、生产层面等情况。

4. 预警信息可靠性指标

风险预警信息的可靠性系指基于“三预”的企业安全风险预报、预警及预控信息的可靠性。通常可以从风险预警执行的周期及频度、风险警级评定的模式及方法以及预警操作的机制及方式3个方面来考察。

(1) 预警执行的周期及频度。企业安全风险预警系统实施运行主要有自动及人工两类执行主体。按照不同的管理对象、不同的风险因素、不同的预警要求及方式，安全风险预警的周期及频度大相径庭。风险预警的周期可以分为长周期、中等周期、短周期/实时以及随机四种方式。依据不同的预警对象和实际情况，选取相匹配的风险预警周期及频度，是保证风险预警信息的精确性、可靠性以及风险预警可操作性的重要因素之一。

(2) 警级评定的模式及方法。警级评定的模式及方法系指对于辨识出的所有风险因素评定系统某一时刻（或某一周期）风险因素状态的预警级别时所采取的评定模式和方法，其实质为对各风险因素进行风险评价的模式及方法。不同的管理对象，其生产环境、装置属性、设施设备、工艺流程、操作及作业方式各异，依据不同的预警需求和各自安全生产的实际情况，需要对辨识出所有风险的类型、属性、特征等进行系统分析，并采用相适应且具有可操作性的评价模式及方法，从而保证风险评价的科学性以及风险预警级别评定的准确性和预警信息的可靠性。

(3) 预警操作的机制及方式。预警操作的机制及方式系指按照企业安全风险预警流程，具体执行风险预报、预警及预控操作的机制以及每个步骤的操作方式。为了确保风险预报、预警及预控信息的可靠性，通常需要利用技术自动手段，或者通过建立一定的规章制度来约束操作人员人工执行一定的操作步骤，或者通过执行一定的操作及信息记录的保存措施来进一步保证风险“三预”信息的准确性、可靠性以及可追溯性。

5. 预警运行效果定性指标

本节提出风险预警运行效果定性指标，以求在研究实际进展情况下，通过预警的效果及作用、预警效用对比分析以及预警实施运行流程3个方面的定性阐述，能够达到对研究成果进行客观、准确且具有较强说服力的实证检验的目的。

(1) 预警的效果及作用。预警的效果及作用系指通过对于企业实施运行安全风险预警系统实际效果情况的具体描述，以及具体实现功能及作用的定性阐述，来对企业实施运行安全风险预警的效果进行实证检验。

(2) 预警效用对比分析。预警效用对比分析系指采用对比的方式，通过对企业实施运行安全风险预警前后安全生产各环节层面的情况进行比对分析研究，来对企业实施运行安全风险预警的效果进行实证检验。

(3) 预警实施运行流程。预警实施运行流程系指企业的具体高危系统结合自身安全生产的需求和实际情况，实施运行安全风险预警的流程概况。

公共安全监管的工作模式大致能分成3种：一是迫于事故教训的工作方式，这是传统的经验型监管模式；二是依据法规标准的工作方式，这是现实必要的规范型监管模式；三是基于安全本质规律的工作方式，这就是RBS/M基于风险的监管模式。显然，基于安全本质规律的监管模式具有科学性和有效性。在针对当前我国公共安全监管资源有限、监管工作复杂的势态下，研究、探索、应用更为科学有效的安全监管理论和方法显得极为重要和具有现实意义。

第三节　RBS/M的理论与方法

一、RBS/M的理论基础

1. RBS/M的涵义

RBS/M (Risk Based Supervision/Management)——基于风险的监管是一种科学、系统、实用、有效的安全管理技术和方法体系。相对于传统的基于事故、事件，基于能量、规模，基于危险、危害，基于规范、标准的安全管理，RBS/M方法以风险管理理论作为基本理论，结合风险定量、定性分级，要求以风险分级水平实施科学的分级、分类监管。因此，监管对策和措施与监管对象的风险分级相匹配（匹配管理原理）是RBS/M的本质特征。应用RBS/M的优势在于：具有全面性——进行全面的风险辨识；体现预防性——强调系统的潜在的风险因素；落实动态性——重视实时的动态现实风险；实现定量性——进行风险定量或半定量评价分析；应用分级性——基于风险评价分级的分类监管。RBS/M的应用对提高安全监管效能和安全保障水平发挥高效的作用。

2. RBS/M的价值及意义

RBS/M力求使安全监管做到最科学、最合理、最有效，最终实现事故风险

的最小化。这是由于：第一，基于风险的管理对象是风险因子，依据是风险水平，目的是降低风险，其管理的出发点和管理的目标是一致和统一的，监管的准则体现了安全的本质和规律；第二，基于风险的管理能够能保证管理决策的科学化、合理化，从而减少监管措施的盲目性和冗余性；第三，基于风险的管理以风险的辨识和评价为基础，可以实现对事故发生概率和可能损失程度的综合防控。建立在这种系统、科学的风险管理理论方法上的监管方法能全面、综合、系统地实现政府的科学安全监察和企业的有效安全管理。

3. RBS/M 的基本理论

RBS/M 的理论基础首先是安全度函数（原理），反映安全的定量规律的数学模型，即安全的定量描述可用“安全性”或“安全度”来描述。安全度函数表述如下：

$$S=F(R)=1-R(P,L,S) \tag{9-1}$$

式中，R 为系统或监管对象的风险；P 为事故发生的可能性（发生概率）；L 为可能发生事故的严重性；S 为可能发生事故危害的敏感性。

RBS/M 的第二基本原理就是事故的本质规律，“事故是安全风险的产物”是客观的事实，是人们在长期的事故规律分析中得出的科学结论，也称安全基本公理。安全的目标就是预防事故、控制事故，这一公理告诉我们，只有从全面认知安全风险出发，系统、科学地将风险因素控制好，才能实现防范事故、保障安全的目标。

在安全度函数（1）式的基础上，RBS/M 理论涉及如下 4 个基本函数。

风险函数：$\mathrm{MAX}(R_i)=F(P,L,S)=PLS$

概率函数：$P=F(4M)=F$（人因，物因，环境，管理）

后果函数：$L=F$（人员影响，财产影响，环境影响，社会影响）

情境函数：$S=F$（时间敏感，空间敏感，系统敏感）

4. RBS/M 分级原理

分级性是 RBS/M 应用的基本特征。风险的三维分级原理如图 9-6 所示。

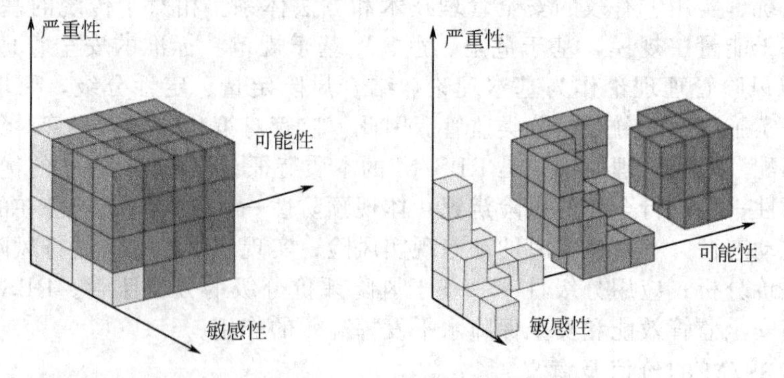

图 9-6 风险三维分级原理及模型

设可能性 P 分级为 A、B、C、D 4 级，严重性 L 分级为 a、b、c、d 4 级，敏感性 S 分级为 1、2、3、4 级，则三维组合的风险分级如表 9-9 所示。

表 9-9 RBS/M 可能性 P、严重性 L、敏感性 S 三维组合风险分级表

风险等级	要素风险组合
低风险	Aa1 Aa2 Aa3 Aa4 Ab1 Ab2 Ac1 Ad1Ba1 Ba2 Bb1 Ca1 Da1
中等风险	Ab3 Ab4 Ac2 Ac3 Ac4 Ad2 Ad3 Ad4Ba3 Ba4 Bb2 Bb3 Bb4 Bc1 Bc2 Bd1 Bd2 Ca2 Ca3 Ca4 Cb1 Cb2 Cc1 Cd1Da2 Da3 Da4 Db1 Db2 Dc1 Dd1
高风险	Bc3 Bc4 Bd3 Bd4Cb3 Cb4 Cc2 Cc3 Cc4 Cd2 Cd3 Cd4 Db3 Db4 Dc2 Dc3 Dc4 Dd2 Dd3 Dd4

二、RBS/M 理论的应用原理及模式

1. RBS/M 的运行模式

RBS/M 的运行模式给出了 RBS/M 的应用原理，如图 9-7 所示。以 5W1H 的方式展现了 RBS/M 的运行规律。即：

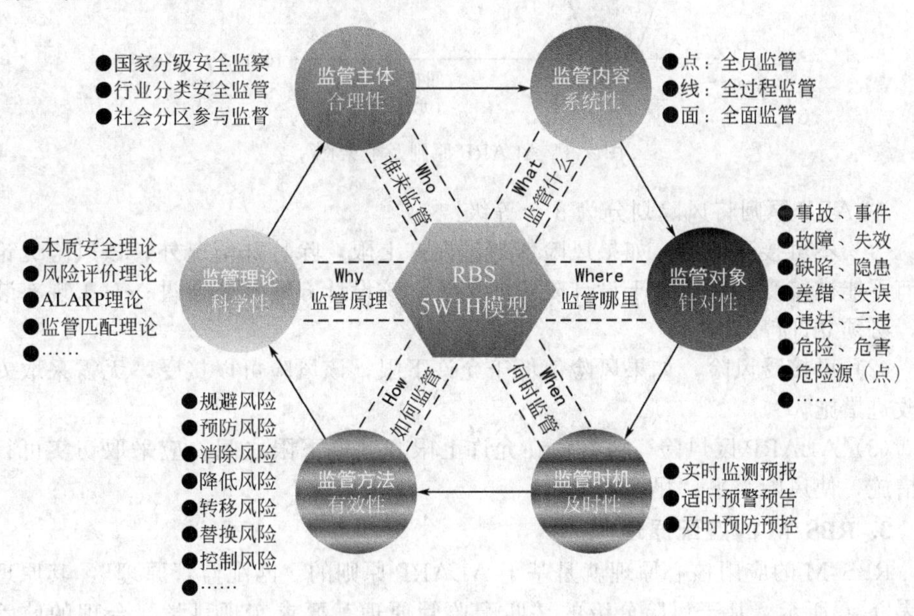

图 9-7 RBS/M 监管原理及方法体系

Why：安全监管的理论基础，追求科学性。本质是什么？规律是什么？依据是什么？

Who：安全监管的对象，追求合理性。让谁监管？谁来监管？监管的主体是谁？

What：安全监管的内容，追求系统性。监管的客体是什么？

Where：安全监管的对象。

When：安全监管的时机，追求针对性。监管的对象是什么？监管的对象体系和类型。

How：如何实施监管，追求科学性。监管的策略和方法是什么？

2. RBS/M 应用的 ALARP 原理

RBS/M 应用的基本原理之一是 ALARP 风险可接受准则。ALARP 即“风险最合理可行原则”。在公共安全管理实践中，理论上可以采取无限的措施来降低事故风险，绝对保障公共安全。无限的措施意味着无限的成本和资源，但是，客观现实是安全监管资源有限、安全科技和管理能力有限。因此，科学、有效的安全监管需要应用 ALARP 原则，如图 9-8 所示。

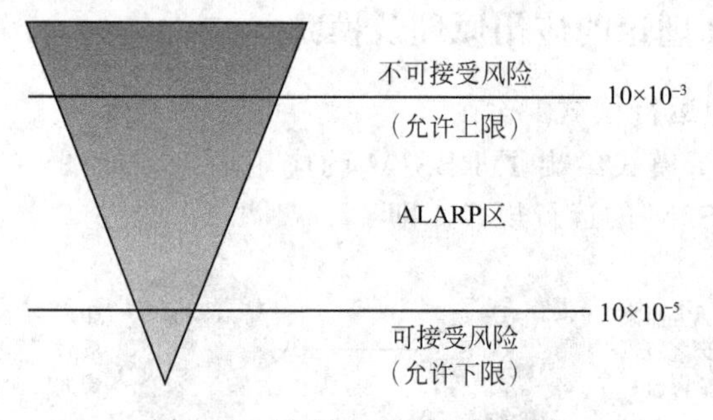

图 9-8　ALARP 原则及框架图

ALARP 原则将风险划分为 3 个等级：

（1）不可接受风险。如果风险值超过允许上限，除特殊情况外，该风险无论如何不能被接受。对于处于设计阶段的装置，该设计方案不能通过；对于现有装置，必须立即停产。

（2）可接受风险。如果风险值低于允许下限，该风险可以接受，无需采取安全改进措施。

（3）ALARP 区风险。风险值在允许上限和允许下限之间。应采取切实可行的措施，使风险水平“尽可能低”。

3. RBS/M 的匹配原理

RBS/M 的应用核心原理就是基于 ALARP 原则的“匹配监管原理”，其原理如表 9-10 所示。基于风险分级的“匹配监管原理”要求实现科学、合理的监管状态，即应以相应级别的风险对象实行相应级别的监管措施，如高级别风险的监管对象实施高级别的监管措施，如此分级类推。有两种偏差状态是不可取的，如高级别风险实施了低级别的监管策略，这是不允许的；如果低级别的风险对象实施了高级别的监管措施，这是不合理的，但在一定范围内是可接受的。因此，最科学合理的方案是与相应风险水平相匹配的应对策略或措施。表 9-10 表明了风险监管原理和科学化、合理化的系统策略。

表 9-10　基于风险分级的监管原理与风险水平相应的“匹配监管原理”

监管等级 / 风险等级	风险状态/监管对策和措施	监管级别及状态			
		高	中	较低	低
Ⅰ(高)	不可接受风险:高级别监管措施-一级预警;强力监管;强制中止、全面检查;否决制等	合理 可接受	不合理 不可接受	不合理 不可接受	不合理 不可接受
Ⅱ(中)	不期望风险:中等监管措施-二级预警;较强监管;高频率检查等	不合理 可接受	合理 可接受	不合理 不可接受	不合理 不可接受
Ⅲ(较低)	有限接受风险:一般监管措施-三级预警;中等监管;局部限制;有限检查;警告策略等	不合理 可接受	不合理 可接受	合理 可接受	不合理 不可接受
Ⅳ(低)	可接受风险:委托监管措施-四级预警;弱化监管;关注策略;随机检查等	不合理 可接受	不合理 可接受	不合理 可接受	合理 可接受

三、RBS/M 理论的应用方法及实证

1. RBS/M 的应用范畴有程式

RBS/M 方法可以应用于针对行业企业、工程项目、大型公共活动等宏观综合系统的风险分类分级监管，也可以针对具体的设备、设施、危险源（点）、工艺、作业、岗位等企业具体的微观生产活动、程序等进行安全分类分级管理，可以为企业分类管理、行政分类许可、危险源分级监控、技术分级检验、行业分级监察、现场分类检查、隐患分级排查等提供技术方法支持。RBS/M 的应用流程是：确定监管对象→进行风险因素辨识→进行风险水平评估分级→制订分级监管对策→实施基于风险水平的监管措施→实现风险可接受状态及目标，如图 9-9 所示。

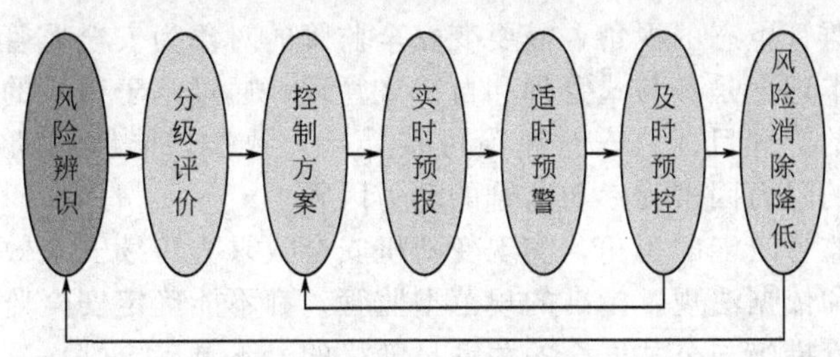

图 9-9　RBS/M 应用程式

2. RBS/M 方法的应用特点

应用 RBS/M 监管的理论和方法，将为公共安全监管带来如下转变：

第一，从监管对象的视角，需要实现变静态危险监管为动态风险监管。目前普遍采用的基于物理、化学特性的危险危害因素辨识和基于能量级的重大危险源辨识和管控，以及当前推行的隐患排查治理的监管方式，前者是针对固有危险性的监管，实质是一种静态的监管方式；后者是局部、间断的监管方式，缺乏持续的全过程控制。重大危险源不一定有重大隐患，重大隐患不确定有重大风险，小隐患有高风险，重大风险才是系统安全的本质核心。现行的以固有危险作为监管

分级依据的作法，往往放走了“真老虎”、“大老虎”、“活老虎”，以重大风险作为监管目标，才能实现真正意义的科学分类分级监管。因此，在安全监管的对象上，需要变静态局部的监管为动态系统的监管。

第二，从监管过程的视角，实现变事故结果、事后、被动的监管为全过程的、主动的、系统的监管。安全系统涉及的风险因素事件链从上游至下游涉及危险源、危险危害、隐患、缺陷、故障、事件、事故等，传统的经验型监管主要以事故、事件、缺陷、故障等偏下游的监管。显然，这种监管方式没有突出源头、治本、超前、预防的特征，不符合“预防为主”的方针。同时，还具有成本高、代价大的特点。应用RBS/M的监管理论和方法，将实现风险因素的全过程，并突出超前、预防性。

第三，从监管方法的视角，需要变形式主义式的约束监管方式为本质安全的激励监管方式。目前，普遍以安全法规、标准作为监管依据的做法是必要的，但是是不够的。因为，做到符合、达标是安全的底线，是基本的，不是充分的。因此，安全的监管目的不能仅仅是审核行为符合、形式达标，而要以是否实现本质安全为标准，追求安全的更好，安全的卓越。为此，就需要以风险最小化、安全最大化为安全监管的目标，这样的方式、方法才是最科学合理的。

第四，从监管模式的视角，需要变缺陷管理模式为风险管理模式。以问题为导向的管理，如隐患管理和缺陷管理，具有预防、超前的作用。但是，仅仅是初级的科学管理，常常是从上到下的管理模式缺乏基层、现场的参与。风险管理模式需要监管与被监管的互动，并且具有定量性和分级性，可实现多层级的匹配监管。

第五，从监管生态的视角，需要变安全监管的对象为安全监管的动力。现代安全管理的基本理念是参与式管理和自律式管理。通过基于风险的管理方式将监管者与被监管的管理目标（安全风险可接受）一致性，能够调动被监管的积极性，变被监管的阻力因素为参与监管的动力因素。

第六，从监管效能的视角，实现变随机安全效果为持续安全效能。迫于事故的经验型监管和依据法规、标准的规范型监管，都不能确定安全监管对事故预防的效果，即监管措施与公共安全的关系是随机的，不具确定性。这也是合法、达标、审核、检查等通过的企业还会常常发生重大事故的原因。应用基于风险的监管符合安全本质规律，能够在安全监管资源有限的条件下达到监管交通最优化和最大化。因此，RBS/M是持续安全、安全发展的必须的有效工具。

3. RBS/M的应用实证

RBS/M（基于风险的监管）与国际的RBI（基于风险的检验）原理与方法一脉相承。RBI在石油工程领域长输管线的检验、检查等风险管理方面获得了巨大成功。在特种设备的安全监管领域，依托“十二五”国家科技支撑课题“基于风险的特种设备安全监管关键技术研究”，研发、探索了基于风险的企业分类监管、设备分类监管、事故隐患分级排查治理、典型事故风险预警、高危作业风险预警、行政分级许可制度、政府职能转变风险分析等特种设备风险管理技术和方法。在公共安全综合监管领域，一些地区采取了公共安全分级监管的方案，如北京市顺义区《公共安全分类分级管理工作实施方案》，对公共安全监管手段作了新的尝试；泰安市安监局正在研究开发针对高危行业重大事故、人员密集场所活动、工程建设项目、危险源（点）、事故隐患排查、气象灾害、特种设备、高危作业、职业危害等方面的基于风险的监测、预警、预控监管模式及信息系统。

RBS/M 方法具有全面性、系统性、针对性、动态性、科学性和合理性的特点，能够解决政府和企业安全管理现实中监管资源不足、监管对象盲目、监管过程失控、监管效能低下等现实问题，从而对提高公共安全监管水平和事故防控能力发挥作用。目前 RBS/M 的理论和方法还在发展和完善中，在理论上需要深入地研究探索和培训，在实践上需要广泛地应用实验和验证。我们坚信，作为基于安全本质和规律的 RBS/M 方法必然对提升我国的公共安全监管水平发挥积极重要的作用。

参考文献

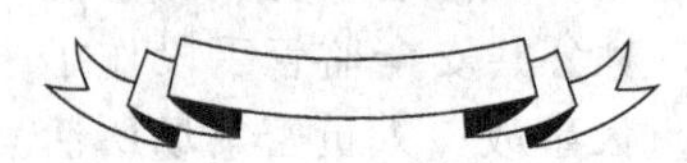

[1] 罗云，许铭等．公共安全科学公理与定理的分析探讨．中国公共安全：学术版，2012，(3).
[2] 何学秋等编著．安全科学与工程．徐州：中国矿业大学出版社，2008.
[3] 罗云，黄毅．中国安全生产发展战略——论安全生产五要素．北京：化学工业出版社，2005.
[4] 罗云等．注册安全工程师手册．第2版．北京：化学工业出版社，2013.
[5] 吴超．安全科学方法学．北京：中国劳动社会保障出版社，2011.
[6] 隋鹏程，陈宝智，隋旭．安全原理．北京：化学工业出版社，2005.
[7] 金龙哲，杨继星．安全学原理．北京：冶金工业出版社，2010.
[8] 蒋军成．事故调查及分析技术．北京：化学工业出版社，2004.
[9] 孙华山．安全生产风险管理．北京：化学工业出版社，2006.
[10] 周世宁，林柏泉，沈斐敏．安全科学与工程导论．北京：中国矿业大学出版社，2005.
[11] 吴宗之．中国安全科学技术发展回顾与展望 [J]．中国安全科学学报，2000，10.
[12] 吴宗之．基于本质安全的工业事故风险管理方法研究 [J]．中国工程科学，2007，9 (5)：46-49.
[13] 吴宗之，樊晓华，杨玉胜．论本质安全与清洁生产和绿色化学的关系 [J]．安全与环境学报，2008，8 (4)：135-138.
[14] 吴宗之，任彦斌，牛和平．基于本质安全理论的安全管理体系研究 [J]．中国安全科学学报，2007，17 (7)：54-58.
[15] 金磊，徐德蜀，罗云．21世纪安全减灾战略．开封：河南大学出版社，1999.
[16] 何学秋．安全工程学．徐州：中国矿业大学出版社，2000.
[17] 范维澄等．火灾科学导论．武汉：湖北科学技术出版社，1993.
[18] 陈宝智，王金波．安全管理．天津：天津大学出版社，1999.
[19] 罗云，官运华，刘斌．企业安全管理诊断与优化技术．北京：化学工业出版社，2010.
[20] 罗云．特种设备风险管理．北京中国质检出版社，中国标准出版社，2013.
[21] 黄国栋．安全生产学．北京：兵器工业出版社，1987.
[22] 周炯亮，李鸿光，Alison Margary．涉外工业职业安全卫生指南．广州：广东科技出版社，1997.
[23] 罗云．安全经济学导论．北京：经济科学出版社，1993.
[24] 罗云，张国顺，孙树涵．工业安全卫生基本数据手册．北京：中国商业出版社，1997.
[25] 金磊，徐德蜀，罗云．中国现代安全管理．北京：气象出版社，1995.
[26] 徐德蜀等．中国企业安全文化活动指南．北京：气象出版社，1996.

[27] 隋鹏程．安全原理与事故预测．北京：冶金工业出版社，1988.
[28] 冯肇瑞等．安全系统工程．北京：冶金工业出版社，1993.
[29] [英] 李鸿光．安全管理——香港的经验．赵欲李译．北京：中国劳动出版社，1995.
[30] 孙树菡，陈全生，罗云等．劳动安全卫生法律实务全书．北京：中国商业出版社，1997.
[31] 劳动部职业安全卫生与锅炉压力容器监督局编．OSH 职业安全卫生现行法规汇编．北京：民族出版社，1995.
[32] 劳动部职业安全卫生监察局．国内外职业安全卫生法规及监察体制研究资料汇编．北京：北京科学技术出版社，1989.
[33] 全国总工会经济工作部．工会劳动保护培训教材．北京：航空工业出版社，1997.
[34] 罗云．安全培训教程．北京：中国地质大学出版社，1990.
[35] 罗云．安全管理教程．北京：中国地质大学出版社，1990.
[36] 罗云．工业安全卫生基本数据手册．北京：中国商业出版社，1997.
[37] 罗云．防范来自技术的风险．济南：山东画报出版社，2001.
[38] 国家安全生产监督管理局政策法规司．安全文化新论．北京：煤炭工业出版社，2002.
[39] 国家安全生产监督管理局政策法规司．安全文化论文集．北京：中国工人出版社，2002.
[40] 国际原子能机构国际核安全咨询组．安全文化．北京：原子能出版社，1992.
[41] 宋大成．事故信息管理．北京：中国科学技术出版社，1989.
[42] 樊运晓，罗云．系统安全工程．北京：化学工业出版社，2009.
[43] 刘铁民．迈向新世纪的中国劳动安全卫生．北京：中国社会出版社，2000.
[44] 吴宗之等．危险评价方法及其应用．北京：冶金工业出版社，2002.
[45] 吴宗之，高进东编著．重大危险源辨识与控制．北京：冶金工业出版社，2002.
[46] [德] A·库尔曼著．安全科学导论．赵云胜，魏伴云，罗云等译．北京：中国地质大学出版社，1991.
[47] 石油工业安全专业标准化技术委员会秘书处．石油天然气工业健康、安全与环境管理体系宣贯教材．北京：石油工业出版社，1997.
[48] 吴宗之．OHSMS 职业安全卫生管理体系试行标准应用指南．国家职业安全卫生管理体系认证(北京)，1999.
[49] 全国总工会经济工作部．国有企业劳动保护的现状调查与建议．劳动保护，1996，4.
[50] 中国劳动保护科技学会．安全工程师专业培训教材（安全生产法律基础与应用）．北京：海洋出版社，2001.
[51] 罗云．试论安全科学原理．上海劳动保护科技，1998，(2).
[52] 罗云．安全文化的基石——安全原理．科技潮，1998，(3).
[53] 罗云．关于编研 21 世纪国家安全文化建设纲要的建议．科学，1997，(7).
[54] 罗云．安全科学原理的体系及发展趋势探讨．兵工安全技术，1998，(4).
[55] 罗云．Exploration on the Modern Enterprise Safety Management Mode，POHSH．亚太职业安全健康国际会议论文集，桂林，2001.
[56] 李传贵．城市与工业安全工程计划，中国国际安全生产论坛论文集，2002：407-411.
[57] 邸妍．英国安全卫生委员会 2001 至 2004 年战略计划．现代职业安全，2001，(4).
[58] 罗云等．安全生产成本管理．北京：煤炭出版社，2007.
[59] 罗云等．安全生产指标管理．北京：煤炭出版社，2007.
[60] 罗云等．落实企业安全生产主体责任．北京：煤炭工业出版社，2011.

[61] 罗云等. 安全行为科学. 北京: 北京航空航天大学出版社, 2012.
[62] 罗云等. 安全科学导论. 北京: 中国质检出版社, 2013.
[63] 罗云等. 特种设备风险管理. 北京: 中国质检出版社, 2013.
[64] 罗云等. 安全生产系统战略. 北京: 化学工业出版社, 2014.
[65] 罗云等. 安全生产法专家解读. 北京: 煤炭出版社, 2014.
[66] 罗云等. 安全生产法班组长读本. 北京: 煤炭出版社, 2014.
[67] Charles Jeffress. United States Safety Legislation, China Safety Work Forum 2001.
[68] Ferry T. Home Safety. Career Press, 1994.
[69] Hussia A H. Progressing towards a new safety culture in Malaysia. Asian-Pacific Newsletter on Occupational Health and safety, 1994, (2).
[70] Fennelly L J. Handbook of Loss Prevention and Crime Prevention. Butterworths Press, 1982.
[71] F. David Pierce. Rethinking Safety Rules and Enforcement. Professional Safety, 1996.
[72] HSE (OU). The Costs of Accidents at Work. HSE Books, 1997.
[73] Faisal I Kban, Abbasi S A. The World's Worst Industrial Accident of the 1990s—What Happened and What Might Have Been: A Quantitive Study. Progress Safety Progress, 1999, 18 (3).
[74] He Xueqiu. General Law of Safety Science—Rbeological Safety Theory, Proceedings of The Second Asia-pacific Workshop on Coal Mine Safety, Tokyo, Japan, Oct. 1993.
[75] Geysen W J. The Structure of Safety Science: Definition, Goals and Instruments. 1st World Congress on Safety Science.
[76] Lawrence W W. Of Acceptable Risk. Los Angeles: William Kaufman Inc., 1976.
[77] Istvan Begardi, Lucien Duckstein, Andras Bardossy. Uncertenty in Environment Risk Analysis. Risk Analysis and Management of Natural and Man-made Hazard, 1989: 154-171.
[78] System Safety Program for System and Associated Subsystems and Equipment. MIL-STD-882, 1966.
[79] Roland H E, Moriarty B. System Safety Engineering and Management. J. Wiley Co., 1990.
[80] Andseoni D. The Cost of Occupational Accidents. International Labour office, ILO. Accident Prevention. A Workers' Education Manual.
[81] Petersen, Dan, Techniques of Safety Management: a Systems Approach. 3rd Ed. New York: Aloray, 1989.
[82] Kavianian H R, Wentz C A, Jr. Occupational and Environmental Safety Engineering and Management. New York: Van Nostrand Reinhold, 1990.
[83] Chartered Institute of Management Accoutants, CIMA Study Text: Stage 1, Quantitative ethods. 4th Ed. London: BPP, 1990.
[84] Hussia A H. Progressing towards a new safety culture in Malaysia. Asian-Pacific Newsletter on Occupational Health and safety, 1994.
[85] De Petris. Preliminary Results for the Characterization of the Failure Processes in FRP by Acoustic Emission, 中国国际安全生产论坛论文集, 2002.
[86] Fennelly L J. Handbook of Loss Prevention and Crime Prevention. London: Butterworths Press, 1982.
[87] McAlinden L P, Sitoh P J, Norman P W. Integrated Information Modeling Strategies For Safe Design in the Process Industries. Computers Chemical Engineering, 1997, 21.